教育部高等学校高职高专测绘类专业教学指导委员会“十二五”规划教材
全国测绘地理信息类职业教育规划教材

测量学基础

（修订版）

主　编　谢跃进　于春娟
副主编　姚文云　郭红霞
　　　　刘小慧　盛庆伟
主　审　张晓东

黄河水利出版社
·郑州·

内 容 提 要

本书为教育部高等学校高职高专测绘类专业教学指导委员会“十二五”规划教材。主要介绍测绘人员所必需的测量基本技能。全书共分9章，内容包括测量学基本知识、水准测量、角度测量、距离测量、方向测量、测量误差基本知识、小区域控制测量、大比例尺地形图测绘及地形图的应用，并附有测量实训指导。

本书可作为高职高专测绘类相关专业的基础教材，也适用于高职高专院校工程测量、土木工程、土地资源管理、房地产开发、水利水电工程、城乡规划、道路工程及相关专业的测量教学和学生阅读使用，亦可作为有关技术人员的参考用书。

图书在版编目(CIP)数据

测量学基础/谢跃进，于春娟主编.—修订本.—郑州：黄河水利出版社，2021.9　(2022.9　重印)

教育部高等学校高职高专测绘类专业教学指导委员会“十二五”规划教材　全国测绘地理信息类职业教育规划教材

ISBN 978-7-5509-3074-2

Ⅰ.①测…　Ⅱ.①谢…　②于…　Ⅲ.①测量学-高等职业教育-教材　Ⅳ.①P2

中国版本图书馆 CIP 数据核字(2021)第 164352 号

策划编辑：陶金志　电话：0371-66025273　E-mail：838739632@qq.com

出 版 社：黄河水利出版社　网址：www.yrcp.com

地址：河南省郑州市顺河路黄委会综合楼 14 层　邮政编码：450003

发行单位：黄河水利出版社

发行部电话：0371-66026940、66020550、66028024、66022620(传真)

E-mail：hhslcbs@126.com

承印单位：河南承创印务有限公司

开本：787 mm×1 092 mm　1/16

印张：18.5

字数：450 千字

版次：2021 年 9 月第 1 版　印次：2022 年 9 月第 2 次印刷

定价：49.00 元

序 一

职业教育是为我国国民经济建设和发展作出重要贡献的教育类型。近20年来,我国高职高专教育得到了迅速发展,可以说现在已经占据了我国高等教育的半壁江山。特别是近几年来,被定位于“以就业为导向”的职业教育,为国家第二、第三产业的发展培养出了大批技能型高端人才,为国家的经济建设和社会发展,以及为我国建成世界第二大经济实体国家发挥着积极的作用,并作出了重要贡献。其中,我国测绘类高职高专教育及其人才培养同样取得了巨大的进展。为了不断推动测绘类高职高专人才培养工作的建设、改革和发展,2004年教育部委托国家测绘局组建和管理高等学校高职高专测绘类专业教学指导委员会,并作为一个分委员会隶属教育部高等学校测绘学科教学指导委员会。分委员会成立后即开展了高职高专测绘类专业设置的研制,继而规划、组织了“十五”规划教材的编写,并经过教材审定委员会严格审定后,经协商确定,该套教材统一由黄河水利出版社出版。“十五”规划教材的按期出版和投入使用,满足了高职高专测绘类专业的教学需求,起到了有力的教学保障作用,收到了良好的效果。

2006年教育部提出,高等学校高职高专专业教学指导委员会(包括测绘类专业)独立设置开展工作,并由教育部高教司直接管理。在此期间,教学指导委员会按照教育部的要求开展了“高职高专测绘类专业规范”和“高职高专测绘类专业教学基本要求”的研制和上报工作。为了适应当前国内外测绘技术的新进展和经济社会发展对高职高专人才培养的新要求,高等学校高职高专测绘类专业教学指导委员会重新规划并组织“十二五”规划教材的编写和出版。新一批成套的规划教材是按照教育部的要求,依据“高职高专测绘类专业规范”和“高职高专测绘类专业教学基本要求”的规定编写而成的,此套教材仍然按照第一批规划教材出版协议,由黄河水利出版社统一出版。希望本套教材能在高职高专测绘类专业的人才培养中发挥更好的作用。借此机会,再次对黄河水利出版社长期给予高职高专测绘类专业人才培养工作的支持表示衷心的感谢!

虽然有“十五”规划教材的基础,也有了20年来高职高专测绘类专业人才培养的成绩和经验,但是在高职高专人才培养中仍存在地区和行业的差异,以及其自身的特点。既是规划教材,我们希望有测绘类专业的高职高专院校能在教学中使用这套教材,并在使用中发现问题,提出意见,以便今后教材的修订和不断完善。

教育部高等学校测绘学科教学指导委员会主任委员
中国工程院院士

2011年12月10日　于武汉

序　二

近年来，我国高等职业教育蓬勃发展，测绘高等职业教育也随之大发展。目前，已有120余所高职院校设立了测绘类专业，每年有数万名在校生就读，有上万名测绘类专业的高职高专毕业生走向测绘与地理信息生产一线岗位，以及为相关行业部门提供测绘与地理信息保障的服务岗位。测绘类专业应用性技能型高端人才的培养，显现出招生、就业两旺的良好发展态势。

人才培养的教育教学工作，需要有教材的基础支持。早在2004年，教育部高等学校测绘学科教学指导委员会主任委员、中国测绘学会教育委员会主任委员、中国工程院院士宁津生倡导并亲自规划和组织，由教育部高等学校测绘学科教学指导委员会组织落实编写全国第一套测绘类专业高职高专规划教材。教材编写得到了各院校教学一线老师们的积极响应和支持。教材编写出版的整个过程，得到了宁津生院士等老专家的全程关心、支持和帮助。在初稿完成后，由宁津生院士任主任委员、陶本藻教授和王依教授任副主任委员组成的教材编写审定委员会，对初稿进行了一一审查，并提出了修改意见，经主编修改再次审查通过后，经过审定委员会同意后出版。宁津生院士亲自和黄河水利出版社进行了商议，并达成协议，由黄河水利出版社给予支持和帮助，并承担出版任务。经过共同努力，教材按期出版和投入使用。该套在中原大地母亲河边出生的教材成为了我国高职高专测绘类专业整体规划设计的第一套教材，为高职高专测绘类专业人才培养发挥了基础性作用，改写了测绘高职高专教育没有成套教材的历史。该套教材受到了各院校的热烈欢迎，并得到了广泛的使用，其中的不少种教材由教育部批准成为了国家级“十一五”规划教材。

近年来，测绘新技术的应用发展迅速，测绘生产技术平台不断提升，需要迅速将测绘新技术引进课堂、引进教材；在教育部的大力推动下，对应用性技能型高端人才培养从实践到教育理论都进行了广泛而深刻的探索，并得到了新的经验。以系统化职业能力构建为本位，以与之相适应的理论知识为基础，走校企合作的道路，用工学结合的模式，以系统化的工作过程和项目为载体，追求实现人才培养的“知行合一”的目标，这样的教育思想得到了广泛的认可，并在人才培养中得到应用。培养出来的高职人才以其对就业岗位较强的切入能力、较好的适应能力和较高的职业发展能力逐渐得到社会的认可。

同时，经济、技术和社会的发展，对高职人才的培养也提出了新的要求。教育部高等学校高职高专测绘类专业教学指导委员会和黄河水利出版社遵照协议，共同商议组织高职高专测绘类专业“十二五”规划教材的编写和出版。在策划和组织的时候，教育部组织研制的专业规范和教学基本要求已经完成，这为教材的编写奠定了基础。教育部高等学校高职高专测绘类专业教学指导委员会期望通过编写团队、专家和出版社的共同努力，立足已有基础，高水平编写并按期出版新一套规划教材，希望各院校积极使用新编“十二五”规划教材，让教材为促进高职测绘教育的可持续科学发展发挥积极作用。

衷心感谢宁津生院士、陶本藻教授、王依教授对高职高专测绘类专业人才培养工作一路走来的支持、关心和帮助！衷心感谢为本套教材的编写付出了心血的每一位老师！感谢黄河水利出版社为本套教材的出版而默默付出的每一位同志！

尽管有了良好基础，但由于地区、装备水平、服务行业等的差异，以及各院校老师对课程教学组织的个性化设计，对教材会有不同的要求，因此希望各院校在教材使用过程中能发现问题，提出意见，以便今后教材的修订和完善。

教育部高等学校高职高专测绘类专业教学指导委员会主任委员

2011 年 12 月 6 日　于昆明

前 言

为了适应我国高职高专教育的发展，在教育部高等学校高职高专测绘类专业教学指导委员会的组织和指导下，依据高职高专测绘类专业课程的要求，组织编写了教育部高等学校高职高专测绘类专业教学指导委员会“十二五”规划教材，《测量学基础》这本教材是这个系列教材之一。

测量学基础是测绘类专业的专业基础课程，也是其他测量专业的基础课程。因此，在编写过程中充分考虑到这一特点，力求做到由浅入深、通俗易懂，内容充实、文字流畅，图文并茂，努力体现教育面向现代化、面向世界、面向未来的要求。充分考虑高职高专教育的特点，以及当前测绘新技术的发展，适当减少传统测量技术内容，增加现代测量技术内容；减少公式推导过程及传统测绘技术方面的知识；精减部分理论阐述，强化基本技能的训练；既介绍了常规测绘的使用，又反映了数字化测绘、GPS 定位等测绘新技术的发展与应用，使前瞻性、科学性和实用性在教材中得以体现。

本书共分 9 章，第一章介绍测量学的基本知识；第二至五章介绍常用的测量仪器和测量的基本工作；第六章对测量误差作简要的介绍；第七章介绍小区域控制测量；第八、九章介绍大比例尺地形图测绘和地形图的应用。每章前有重点提示，后有本章小结及思考题与习题，以帮助读者梳理各章知识内容和复习所学知识。教材在附录中编写有测量实训指导，作为课间实训项目前的预习以及对实训项目的指导，不同的专业可根据课程的要求选择实训项目。

各章节编写分工如下：铜仁职业技术学院谢跃进编写第五章的第三至五节、第八章、第九章、附录Ⅰ、实训十、实训十二；陕西铁路工程职业技术学院于春娟编写第三章，第五章的第一、二节，实训四至实训七；广西安全工程职业技术学院姚文云编写第一章、第六章、实训三；河南测绘职业学院郭红霞编写第七章、实训十一；宁夏建设职业技术学院刘小慧编写第二章、实训一、实训二；河南测绘职业学院盛庆伟编写第四章、实训八、实训九。本书由谢跃进任第一主编，负责教材内容的策划、各章节内容的编排，于春娟任第二主编，姚文云、郭红霞、刘小慧、盛庆伟任副主编。全书由谢跃进统稿，在统稿过程中对有关章节的内容作了较大的改动。

教育部高等学校高职高专测绘类专业教学指导委员会为本书组织审稿，由甘肃工业职业技术学院张晓东教授任主审，提出了许多宝贵的意见，在此表示感谢！对黄河水利出版社为本书出版所做的辛勤工作表示衷心感谢！

本书可作为高职高专测绘类相关专业的基础教材，也适用于高职高专院校工程测量、土木工程、土地资源管理、房地产开发、水利水电工程、城乡规划、道路工程及相关专业的测量教学和学生阅读使用，亦可作为有关技术人员的参考用书。

由于受环境局限性和编者水平所限，本书不当之处甚至错误在所难免，恳请广大师生和读者批评指正，以使本教材更加完善。

编　者

2021 年 6 月

目　录

第一章 测量学基本知识

重点提示:本章要求了解测量学的概念、任务、作用及分类;掌握地球的形状和大小及地面点位置的表示方法(坐标和高程);熟悉测量工作的基本内容和原则;了解地球曲率对测量工作的影响;能正确使用测量常用计量单位并能进行换算等。本章的概念较多,要求能正确理解。重点内容是地面点位置的表示方法;难点是高斯平面直角坐标和地球曲率对测量工作的影响。

第一节 绪 论

一、测量学的研究对象和任务

传统的测量学研究的对象是确定地球的形状和大小,测定地面点的位置,以及如何将地球表面测绘成图。但随着科学技术的发展,测量学已发展到地球的外层空间,并且观测研究的对象由静态发展到动态;所获得的量既有宏量,也有微量;使用的手段和仪器设备,逐步向自动化、遥测、遥控和数字化方向发展。目前,测量学是研究三维空间中各种物体的形状、大小、位置、方向及其分布的学科。

为了研究地表的构成,在测量学中,将地表构成分为地物和地貌两部分。地面上各种天然或人工构筑的固定物体,称为地物。地物又分为天然地物和人工地物,如河流、小溪、森林、湖泊等为天然地物,房屋、道路、铁路、稻田、池塘、高压输电线、大坝等为人工地物。地球表面高低起伏的形态称为地貌,如山脉、平原、洼地、深谷等。地形是地物和地貌的总称。

测量学的主要任务包括测定和测设两部分。测定就是按照一定方法,使用测量仪器和工具,通过测量和计算确定地面点的位置(三维坐标),或把地球表面的形状测绘成地形图,因此测定又称测绘。这些资料可供经济建设、规划设计、工程建设、科学研究和国防建设使用,是认识自然的过程。测设则与测定相反,就是使用测量仪器和工具,按照相关设计的要求,用一定的方法,把图纸上已规划设计好的建筑物或构筑物的位置在地面上标定出来,作为施工的依据,这是改造自然的过程,因此测设又称放样。

二、测量学学科分类

根据研究范围、对象、工作任务及采用的技术手段的不同,传统测量学主要分为以下几个分支学科。

(一)大地测量学

大地测量学是以地球表面大区域为研究对象,确定地球形状、大小、重力场、整体与局部运动和地表面点的几何位置,以及它们的变化的理论和技术的学科。其基本任务是建立国家大地控制网,测定地球的形状、大小和重力场,为地形测图和各种工程测量提供基础起算数据;为空间科学、军事科学及研究地壳变形、地震预报等提供重要资料。按照测量手段的不同,大地测量学又分为常规大地测量学、卫星大地测量学及物理大地测量学等。

(二)普通测量学

研究测量的基本原理,大比例尺地形图测绘理论、技术和工程测量基本方法的学科,称为普通测量学或测量学,它不是独立的学科,而是测绘类各专业的公共基础。测量学是以地球表面小区域为研究对象,因地球曲率半径很大(平均为6 371 km),可视小区域球面为平面而不必顾及地球的曲率影响,这样在研究和应用时,使理论与方法都得以简化。在测量学中,如果只研究如何将地球表面局部地区的地貌、地物测绘成地形图或编制地籍图的基本理论和方法,称为地形测量学。地形测量的任务就是将地球表面小区域内的地貌、地物及其他信息测绘成图,以满足各个领域、各个方面的需要。

(三)摄影测量与遥感

摄影测量与遥感是研究利用电磁波传感器获取目标物的影像数据信息,从中提取语义和非语义信息,以确定物体的形状、大小、属性及空间位置,并用图形、图像和数字形式表达的学科。其基本任务是通过对摄影像片或遥感图像进行处理、量测、解译,以测定物体的形状、大小和位置,进而制作成图,其中用摄影测量的手段成图是当今大面积地形图测绘的主要方法。根据获得影像的方式及遥感距离的不同,本学科又分为地面摄影测量学、航空摄影测量学和航天遥感测量学等。

(四)地图制图学

地图制图学是利用测量所得的资料,研究如何投影编制成地图,以及地图制作的理论、工艺技术和应用等方面的测绘科学。它的基本任务是利用各种测量成果编制各类地图,用地图图形反映自然界和人类社会各种现象的空间分布、相互联系及其动态变化。它能够提供一种科学的手段来提高工作效率与工程质量,以完善、丰富、强大的数据信息为科技人员和各级管理人员提供良好的决策基础和决策环境,为社会广大民众提供各种咨询和信息服务。

(五)工程测量学

研究各项工程建设和资源开发,在规划设计、施工建设、运营管理各个阶段中进行控制测量、地形图测绘、施工放样、设备安装、变形监测及分析和预报等的理论、技术和方法,以及对测量和工程建设有关的信息进行管理和使用的学科称为工程测量学。主要任务有:将图纸上设计好的建筑物(或构筑物)标定于实地,确保其形状、大小、位置和相互关系正确;在施工阶段进行各种施工测量,以确保工程质量和安全生产;工程竣工之后,要对所建设的工程项目测绘竣工图,作为质量验收和今后维护的依据;大型工程在建设过程中和交付使用运营阶段,需要进行变形监测,以确保安全运营。

工程测量学是一门应用学科,其服务的领域非常广泛,按其研究的对象不同可分为建筑工程测量、铁路工程测量、公路工程测量、桥梁工程测量、隧道工程测量、水利工程测量、地下工程测量、管线工程测量、矿山测量、城市建设工程测量、军事工程测量、三维工业测量、精密工程测量和工程摄影测量等。

三、测绘工作在国民经济建设中的地位和作用

测量和地图制图简称测绘,测绘工作在国民经济建设、国防建设以及科学研究领域中具有重要作用。测绘工作常被人们称为工程建设的尖兵,表明测绘工作是一项重要的先行性、

基础性并具有精确性特点的工作。例如,在修建铁路、高速公路以及它们的附属工程设施时,初步方案需要在地形图上来制订,这就要求测绘部门为工程设计提供地形图,设计部门在地形图上进行路线方案的设计。在施工过程中,须将设计好的路线位置用测量的方法测设在实地上,以指导工程的施工。当路线须跨越河流时,必须建造桥梁,而桥梁的设计需要有桥梁所修建区域的河流两岸地形图,河流的水位、流速、流量及河床地形等相关资料。进入施工时,得先将设计的桥台、桥墩的中心位置用测量的方法在实地标出。当路线因通过山地需要开挖隧道时,必须在地形图上设计出隧道的位置。在隧道施工过程中,通常是从隧道的两端同时相向进行开挖施工,须经计算测量的相关数据后,确定隧道中心线方向上的有关点位,以准确知道隧道的开挖方向和便于日常的施工放样,保证隧道的正确贯通。

在水利建设工程中,例如举世闻名的长江三峡大坝综合水利枢纽工程,在进行规模如此巨大的工程建设时,首先要根据详细的地形图作出初步的方案研究,然后进行勘察、设计、施工。测量工作应在勘察过程中为工程设计提供原始资料。在施工过程中的坝体放样、混凝土坝施工、水闸施工及设备安装等都离不开测量工作。目前,工程建设虽已经基本完成并交付使用,但仍然还须进行精度较高的测量工作,以观察和发现整个工程所产生的变形、下沉和偏移,并提供准确的资料给有关部门作决策。

在城市建设中,科学地规划城镇布局、给水排水、城市扩充与改建计划、建设城市交通系统及敷设地下管线等,都离不开测量工作,在整个实施阶段必须以测量工作为先行。

总之,在国民经济建设的方方面面,测绘信息都是国民经济和社会发展规划中最为重要的基础信息之一。测绘工作为国土资源开发利用、工程设计和施工、城市建设、工业、农业、林业、土地管理、地质勘探、交通、通信工程及房产开发等部门的规划和管理提供地形图及相关的测绘资料。

在国防建设上,测绘工作为现代化战争提供测绘保障,各种国防工程的规划、设计和施工都需要测绘工作。在战略的部署、战役的指挥中,除必需的军用地形图(包括电子地图、数字地图)外,还需要目标的观测定位,以便准确地打击目标。在现代化战争中,现代化测绘科学技术对保障远程导弹、人造卫星或航天器的发射及精确入轨起着非常重要的作用,现代化军事科学技术与现代化测绘技术已紧密结合起来,是军事决策的重要依据之一。

在科学技术方面,如地震预测预报、灾情监测和防护、空间技术研究、海底资源探测、大坝变形监测、环境保护、加速器和核电站运营的监测,以及其他的科学研究等,都需要测绘工作配合。地理信息系统(GIS)、数字城市、数字中国、数字地球的建设,无一不需要现代化测绘技术提供基础数据信息。

随着科学技术的发展,测绘科学技术也在不断发展,目前GNSS(全球导航卫星系统)已经广泛应用到大地测量、工程测量、军事测量等方面。由地面投影测量和航空摄影测量发展到遥感系统(RS),已广泛应用于资源环境、水文、气象、地质地理等领域,成为一门实用的、先进的空间探测技术。在地理学、地图学、测量学和计算机科学等学科的基础上发展起来的地理信息系统(GIS),广泛应用于资源调查、环境评估、灾害预测、国土管理、城市规划、邮电通信、交通运输、军事公安、水利电力、公共设施管理、农林牧业、统计、商业金融等国民经济各个领域。

从以上测绘学在国民经济各个领域中的应用可以看到,测绘学服务的范围和对象在不断扩大,技术更加融合和先进。所以,作为一名测绘技术人员,必须学习和掌握必要的测量知识和技能。

四、测绘学科的发展概况

测绘科学在我国具有悠久的历史。远在 4 000 多年前，夏禹治水时，就发明和应用了“准、绳、规、矩”等测量工具和方法。春秋战国时期发明的指南针，至今还在广泛使用。东汉张衡创造的“天球仪”对天象做了形象和正确的表述，在天文测量史上留下了光辉的一页。公元 724 年唐代南宫说在现今河南丈量了 300 km 的子午线弧长，是世界上第一次的子午线弧长测量。宋代的沈括曾使用罗盘、水平尺进行了地形测量。元代的郭守敬拟订了全国纬度测量计划，并测定了 27 个点的纬度。清代康熙年间进行了全国测绘工作，1718 年完成了世界上最早的地形图之一《皇兴全图》，是我国第一部实测的省级图集和国家图集。

在世界上，17 世纪初望远镜的发明和应用，对测量技术的发展起了很大作用。1683 年法国进行了弧度测量，证明了地球是两极略扁的椭球体。1794 年德国高斯创立的最小二乘法理论，对测量理论作出了宝贵的贡献，至今仍是处理测量成果的理论基础。20 世纪初飞机的发明和使用，使航空摄影测量技术得到了迅速发展，大大减轻了野外测图的劳动强度。

新的科学技术的发展，大大推动了测绘事业的发展。20 世纪 60 年代初激光红外技术的兴起，开辟了电磁波测距的新天地，目前各类电磁波测距仪在测量工作中得到了广泛的应用。电子计算机的出现，使计算技术得到了根本性的变革，几十年来，电子计算机类型之多，更新之快，发展之迅速实属空前，用计算机实施测量计算，尤其对大规模控制网的严密平差既迅速、又准确，减轻了繁重的内业计算工作。十几年来制成的电子经纬仪，与电磁波测距仪、电子计算器和记录装置相配合组成了全站型的电子速测仪，可以自动地记录和运算，迅速获得地面点的三维坐标，构成由外业测量到数据存储、计算机处理乃至打印与绘图的自动化流程，大大加快了工作速度。随着航天技术和遥感技术的迅速发展，测量技术已由常规的大地测量发展到人造卫星大地测量，由航空摄影发展到航天遥感，测量对象已由单一的地球和地球表面扩展到空间星体，由静态发展到动态。目前，测量工作正向着多领域、多品种、高精度、自动化、数字化的方向发展，以 GPS（全球定位系统）、GIS（地理信息系统）、RS（遥感系统）即 3S 技术为核心的测量高科技时代已经到来。

总之，随着传统测绘技术走向数字化测绘技术，测绘科学服务面不断拓宽，各种新技术和新方法更加融合。今后测量科学总的发展趋势是：测量数据采集和处理向一体化、实时化、数字化方向发展；测量仪器和技术向精密化、自动化、智能化、信息化方向发展；测量产品向多样化、网络化、社会化方向发展。

第二节　地球的形状和大小

测量工作的主要研究对象是地球的自然表面，我们理所当然应对地球的形状和大小有所了解。地球表面是极不规则的，有山地、丘陵、平原、盆地、海洋等起伏变化，陆地上最高处珠穆朗玛峰高出平均海水面 8 844.43 m（这个数据是 2005 年 10 月 5 日国家测绘局公布的最新测量数据，高程测量精度为 ±0.21 m，峰顶冰雪深度为 3.50 m），海洋最深处马里亚纳海沟，低于平均海水面 10 994 m（误差 40 m）。由此可见，地球的自然表面最高处与最低处相差约 20 km，其起伏变化看起来非常之大，但从宏观上看，这种起伏变化和庞大的地球（平均半径约 6 371 km）比较起来是微不足道的，可以忽略不计。就地球表面而言，海洋的面积约占 71%，陆地仅占 29%，所以海水面所包围的形体基本上代表了地球的形状和大小。

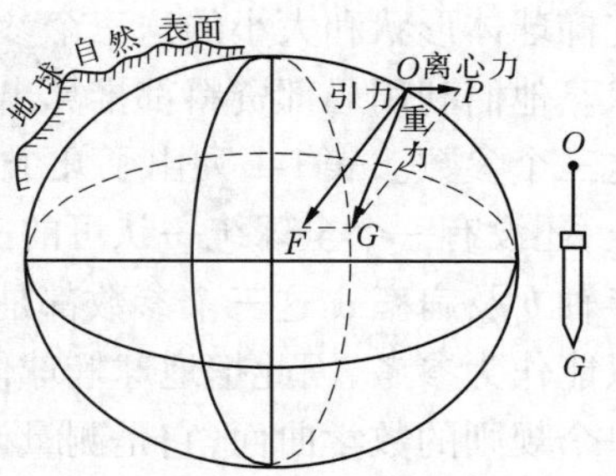

图 1-1　铅垂线方向

如图 1-1 所示，由于地球的自转运动，地球上任何一质点 O 都要受到离心力 P 和地球引力 F 的双重作用，因此地球上任一质点所受到的力是离心力 P 和地球引力 F 这两个力的合力 G，这个力称为重力。重力的作用线称为铅垂线。铅垂线是显而易见的，悬挂物体静止时自然下垂的线即为铅垂线。铅垂线是测量工作的基准线。

一、大地水准面

水面自然静止时，表面上的每一个质点都受到重力的作用，在重力位相同的情况下，这些水分子便不流动而呈静止状态，形成一个重力等位面，这个面称为水准面。通俗一点说，水准面就是设想将一个静止不动的海水面向陆地延伸，形成的一个封闭的曲面。水准面由于是受重力影响而形成的，因此是一个处处与重力方向垂直的连续曲面，即过水准面上的任意一点所作的铅垂线，在该点均与水准面正交。与水准面相切的平面称为水平面。由于受太阳、月亮、地球三者引力的影响，出现潮汐，海水面时高时低，因此水准面有无穷多个，我们把其中与平均海水面吻合的水准面称为大地水准面，大地水准面是测量工作的基准面。大地水准面所包围的地球形体称为大地体，它代表了地球的自然形状和大小。

二、参考椭球体

由于地球内部物质分布不均匀，致使铅垂线方向产生不规则变化，因而使大地体的表面（大地水准面）成为一个有微小起伏变化的不规则曲面，如图 1-2 所示。由此可知，大地体并非是一个规则的几何体，其表面是一个不规则的非数学曲面，在这个不规则的曲面上无法进行测量的计算工作。因此，必须寻求一个与大地体非常接近，并可以用数学式表示的规则的数学曲面来替代大地体，以便在其表面上解决测量的计算问题。

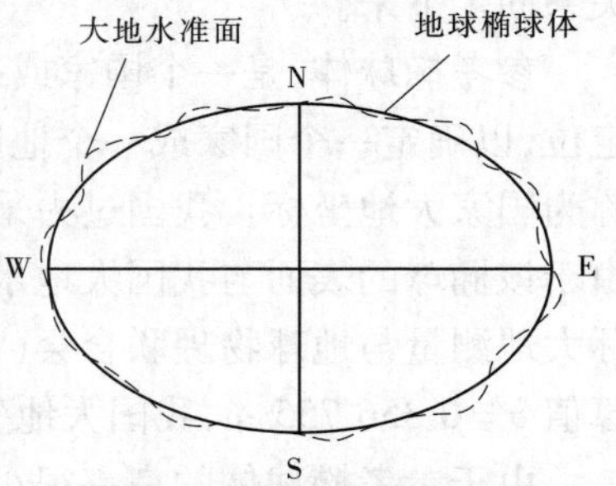

图 1-2　大地水准面与椭球面

长期的测量和研究表明，大地体是一个形状极接近于一个两极略扁的椭球体，它是一个以椭圆的短轴为旋转轴旋转而成的数学形体，这个数学形体称为“旋转椭球体”，也称地球椭球体，它的形状与大地体非常接近，而这个地球椭球体是可以用数学公式来表示的。因此，在测量中采用了地球椭球体来代替大地体，如图 1-2 所示。

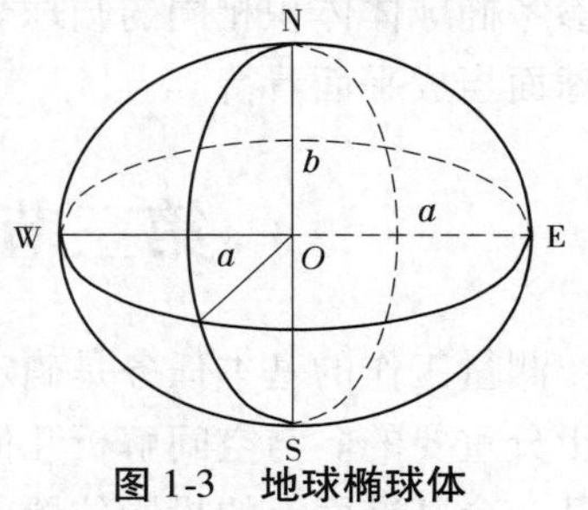

图 1-3　地球椭球体

地球椭球体的形状和大小主要由长半轴 a、短半轴 b 和扁率 $\alpha(\alpha=(a-b)/a)$ 这三个参数来确定，只要知道其中的两个元素，即可确定地球椭球体的形状和大小，如图 1-3 所示。近两个世纪，各国学者都在致力于研究确定椭球体形状和大小的这三个参数,以使椭球体的大小和形状最接近于大地体的大小和形状。他们利用局部资料都推算出了表达椭球体大小和形状的长半轴 a、短半轴 b 与扁率 α 这三个参数。表 1-1 列出了几个具有代表性的学者所推算出的椭球体参数,但是到目前为止,还没有一个全球统一认可的三个参数值。由于确定椭球体形状和大小的长半轴 a 和短半轴 b 及扁率 α 这三个参数都是由局部资料推算出的,所确定的地球椭球体的形状和大小只能作为参考,因此把地球椭球体称为参考椭球体,简称椭球,其表面称为椭球面,椭球面是一个规则的数学曲面,它是测量计算和投影制图工作的基准面。

表 1-1　各国学者推算的参考椭球体参数

参数推算者	长半轴 a(m)	短半轴 b(m)	扁率 α	推算年代和国家(协会)
德兰布尔	6 375 653	6 356 564	1∶334.0	1800 年,法国
贝塞尔	6 377 397	6 356 079	1∶299.2	1841 年,德国
克拉克	6 378 249	6 356 515	1∶293.5	1880 年,英国
海福特	6 378 388	6 356 912	1∶297.0	1909 年,美国
克拉索夫斯基	6 378 245	6 356 863	1∶298.3	1940 年,苏联
IUGG	6 378 140	6 356 755	1∶298.257	1975 年,国际大地测量与地球物理联合会
IUGG	6 378 137	6 356 752	1∶298.257	1980 年,国际大地测量与地球物理联合会
中国	6 378 143	6 356 758	1∶298.255	1978 年,中国

注:IUGG 为国际大地测量与地球物理联合会的英文缩写。

确定了椭球体的形状和大小后,还必须确定椭球面与大地水准面的相关位置,使这个椭球体形体的形状和大小与大地体间达到最好的密合,才能将地面上的观测成果解算到地球椭球体上,这项工作称为椭球定位。通过椭球定位,将椭球面在相应位置上与大地水准面的关系固定下来。

参考椭球体,是一个国家或一个地区与大地水准面最为密合的地球椭球体。通过椭球定位,以确定一个国家或一个地区的大地基准点或大地原点。采用椭球定位得到的坐标系称为国家大地坐标。我国过去采用的是克拉索夫斯基椭球(a = 6 378 245 m,α = 1∶298.3),由于该椭球的表面与我国大地水准面的情况不相适应,故自 1980 年以后,采用了 1975 年国际大地测量与地球物理联合会(IUGG)推荐的椭球参数 a = 6 378 140 m,α = 1∶298.257,推算值 b = 6 356 755 m,我国大地坐标系的原点位于陕西省西安市附近的泾阳县永乐镇。

由于参考椭球体的扁率很小,在普通测量中可以近似地将地球视为圆球体,其半径采用与参考椭球体体积相同的圆球半径,其值 R = 6 371 km。当测区范围较小时,又可以将该部分球面当成平面看待。

第三节　地面点位置的表示方法

测量工作的基本任务是确定地面点的空间位置,所以了解和掌握地面点位的表示方法是十分重要的。与空间解析几何中空间点位的表示方法相类似,地面点的空间位置是以它在某一个基准面上的投影位置(即地面点的坐标)和它相对于某一个基准面的高度位置(即地面点的高程)来表示的。

一、测量坐标系

在测量工作中,常用以下几种坐标系来确定点的坐标。

(一)地理坐标系

在大区域内确定地面点在球面上的位置采用经纬度表示时,称为地理坐标,它是球面坐标,坐标值都是角值。地理坐标又因采用的基准面和基准线不同及坐标方法不同,可分为大地坐标和天文坐标。

1. 大地坐标

如图 1-4 所示,O 为参考椭球的球心,NS 为椭球的旋转轴,通过该轴的平面称为子午面(如图中的 $NPMS$ 面)。子午面与椭球面的交线称为子午线,又称经线,其中通过英国伦敦格林尼治天文台的子午面称为起始子午面,也称为首子午面,其子午线称为起始子午线,或称首子午线。过 P 点的子午面 NPS 与首子午面 NM_0S 之间所夹的二面角 L,称为 P 点的经度,同一子午线上各点的大地经度相同。通过球心 O 且垂直于 NS 轴的平面称为赤道面,赤道面与参考椭球面的交线称为赤道。垂直于地轴且平行于赤道平面与地球表面的交线称为纬线或平行圈。通过椭球面上任一点 P 且与过该点切平面垂直的直线 PK,称为 P 点的法线。地面上任一点都可以向参考椭球面作一条法线。地面点在参考椭球面上的投影,即通过该点的法线与参考椭球面的交点。通过地面点 P 的地球椭球法线与赤道面之间的夹角 B,称为 P 点的纬度。

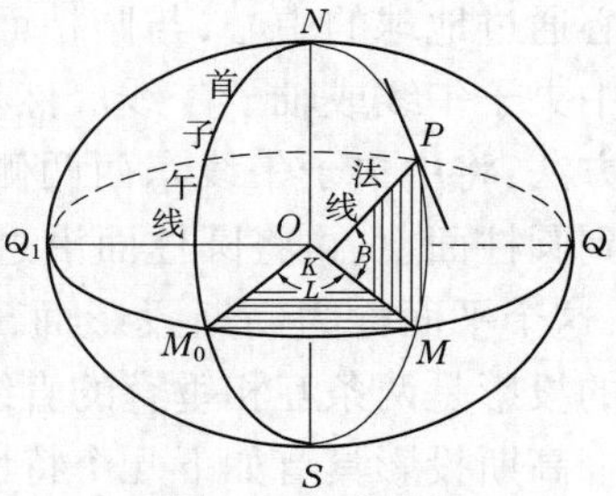

图 1-4　大地坐标

大地经度、纬度是根据大地原点的起算数据,再按大地测量得到的数据推算而出的,我国曾采用 1954 年北京坐标系,已于 1987 年废止。目前采用的 1980 年国家大地坐标系是我国大地坐标系中的一种。在国家各等级平面控制测量中,实际测定和应用的是大地坐标。

用大地经度 L 和大地纬度 B 表示地面点在参考椭球面上投影位置的坐标,称为大地坐标,又称大地地理坐标,它的基准是法线和地球椭球面。

2. 天文坐标

天文坐标又称为天文地理坐标,它用天文经度 λ 和天文纬度 φ 表示地面点在大地水准面上的位置。

如图 1-5 所示,地面上 P 点的天文经度是通过 P 点的子午面与起始子午面之间的夹角 λ;P 点的天文纬度是通过 P 点的铅垂线与赤道面之间的夹角 φ。

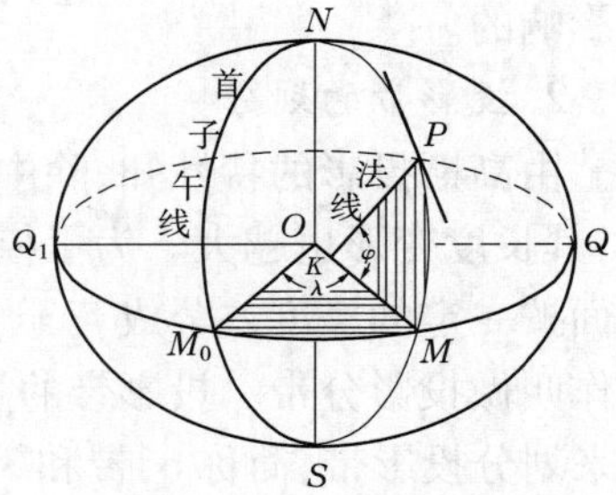

图 1-5　天文坐标

天文经度和天文纬度需要用天文测量方法获得。

不论是大地坐标还是天文坐标,都是由起始子午面起算,向东 0°~180°称为东经,向西 0°~180°称为西经。从赤道面起算,向北 0°~90°称为北纬,向南 0°~90°称为南纬。我国位于首子午面以东的东半球和赤道以北的北半球,因此我国的地理坐标都是东经和北纬。

(二)高斯平面直角坐标系

地球表面是一个曲面,当测区范围较小时,可以将测区的球面当成平面看待。但当测区范围较大时,如果还当成平面看待,地球表面上的图形投影到平面上必然会产生变形,必须采用适当的投影方法解决这一问题。我国在大地测量和地形测量中采用的是横切圆柱投影——高斯-克吕格投影方法来建立平面直角坐标系,称为高斯-克吕格直角坐标系,简称高斯坐标系。

1. 高斯投影的概念

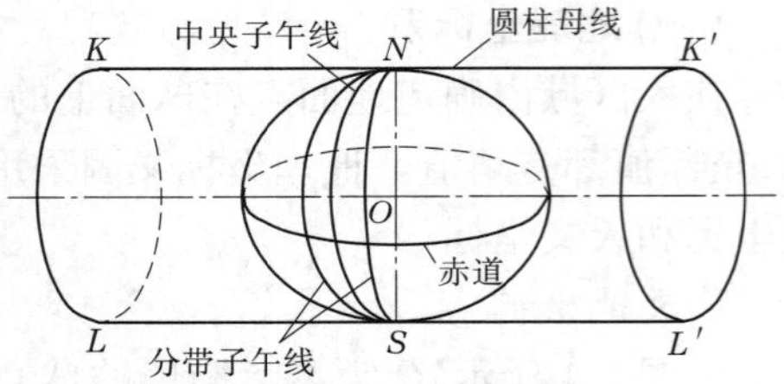

图 1-6 高斯投影原理

如图 1-6 所示,将地球视做一个圆球,设想用一直径与地球等大的圆柱筒横套在地球上,并让圆柱面与圆球面上的某子午线相切,使横圆柱的轴心通过地球的中心,与圆柱面相切的子午线称为中央子午线或轴子午线。然后,按照一定的数学方法,将中央子午线东西两侧球面上的图形投影到圆柱面上,再将圆柱面沿过南北极的母线 KK'、LL' 剪开成平面,这个平面称为高斯投影面,如图 1-7 所示。中央子午线和赤道的投影是两条互相垂直的直线。

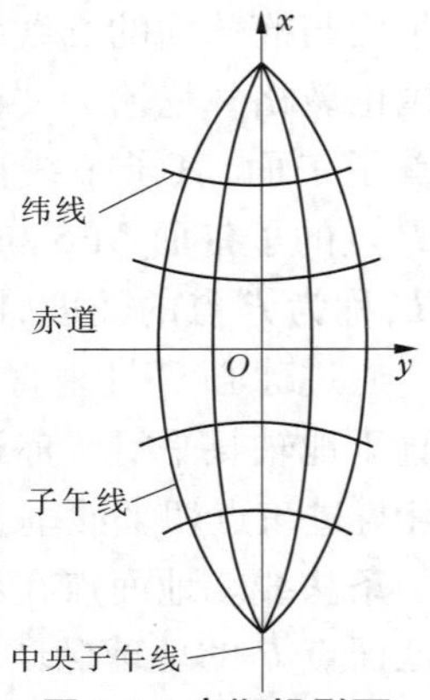

图 1-7 高斯投影面

高斯投影具有如下几个特性:

(1)对于赤道的纬圈,投影后仍为成对的曲线,并与子午线的投影曲线互相垂直,即在投影过程中,所有角度在投影前后保持不变。所以,高斯投影又称为保角投影。

(2)中央子午线投影后为一直线,且长度保持不变;赤道投影后为一与中央子午线正交的直线。

(3)除中央子午线外,其余经线和纬线投影后均为曲线,存在长度变形,曲线对称地凹向中央子午线,而且离中央子午线越远,投影后弯曲的程度越大,长度变形也越大。

计算结果表明,离中央子午线两侧经差在 3°的范围内,其长度变形量不超过 1/1 000,这样的误差对于测绘小于 1∶1万比例尺地形图的影响是可以忽略不计的。而在离中央子午线两侧各 1.5°的范围内,其长度最大的变形量对于 1∶1万、1∶5 000 比例尺地形图也是无实际影响的。

2. 投影带的划分

由高斯投影的特性知,除中央子午线外,其他各点都存在长度变形,且离中央子午线越远,其长度变形也越大。为了控制长度的变形,使投影误差不致影响测图的精度,将地球椭球面按一定的经度差分成若干个范围不大的瓜瓣形地带,称为投影带。确定投影带宽度的工作叫做投影分带。投影带的宽度是以相邻两子午面间的经度来划分的,一般以经差 6°或 3°来划分投影带,简称 6°带和 3°带。每一个投影范围称为一个投影带。

如图 1-8 所示,6°带的划分是自起始子午线开始,自西向东以经差每 6°划分为一带,将整个地球分成 60 个 6°投影带,编号依次为 1 ~ 60,各带的中央子午线经度 L_0 依次为 3°、9°、15°、…、357°。我国疆域内有 11 个 6°带,自西向东编号为 13 ~ 23,各带的中央子午线经度从 73°开始,到 135°为止。

6°带中任意的中央子午线经度 L_0 为

$$L_0 = 6N - 3 \tag{1-1}$$

式中　N——6°带的带号。

如图 1-8 所示,3°带的划分是在 6°带的基础上分成的,它是从经度 1.5°的子午线起,自西向东每隔经差 3°划分为一带,将整个地球分成 120 个 3°投影带,编号依次为 1 ~ 120,各带的中央子午线经度 L_0 依次为 3°、6°、9°、…、360°。我国疆域内有 21 个 3°带,自西向东编号为 25 ~ 45。从图 1-8 中不难看出,3°带的中央子午线经度有一半与 6°带的中央子午线经度相同,另一半是 6°带分带子午线的经度,并且 3°奇数带的中央子午线各与 6°带的中央子午线重合,而 3°偶数带的中央子午线则分别与 6°带的分带子午线重合。

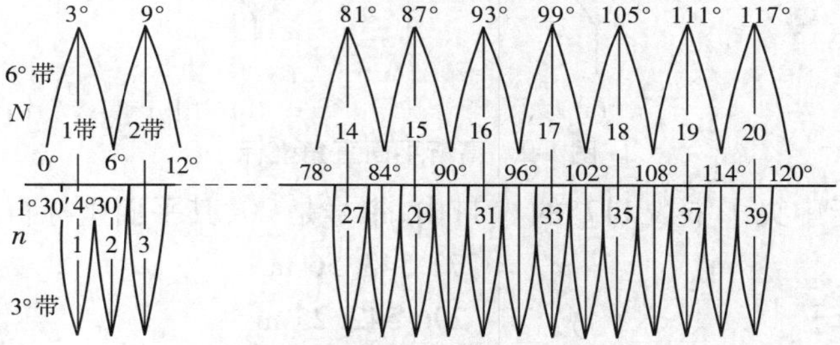

图 1-8　高斯投影 6°和 3°分带

3°带中任意的中央子午线经度 L_0' 为

$$L_0' = 3n \tag{1-2}$$

式中　n——3°带的带号。

式(1-1)和式(1-2)可用来求带号或中央子午线经度。

例如,北京所在 6°带的中央子午线的经度 $L_0 = 117°$,由式(1-1)有

$$N = \frac{L_0 + 3}{6} = \frac{117° + 3}{6°} = 20$$

即北京在 6°带的带号为 20。为满足大比例尺测图的需要,也可以任意划分投影带。

3. 高斯平面直角坐标

规定以每一带中央子午线的投影线为坐标纵轴(x 轴),赤道投影线为坐标横轴(y 轴),两投影线的交点 O 为坐标原点。坐标值自原点向北为正、向南为负,向东为正、向西为负。这样建立的坐标系称为高斯平面直角坐标系,如图 1-9(a)所示。地面点在高斯平面直角坐标系的坐标,用点到两条坐标轴的垂直距离度量,点到横坐标轴的距离为点的纵坐标 x,点到纵坐标轴的距离为点的横坐标 y。点的纵横坐标均会有正负值出现,位于赤道以北的点,x 值均为正值,位于赤道以南的点,则 x 值均为负值;在一个投影带内,位于中央子午线以东的点,y 值均为正值,位于中央子午线以西的点,y 值均为负值。

由于我国位于北半球,故在高斯平面直角坐标系中,所有点的纵坐标值均为正值。由于每一带内的横坐标值有正有负,为了方便计算,避免横坐标出现负值,规定将各带的坐标原点向西平移 500 km,如图 1-9(b)所示,这样,投影带内所有点的横坐标值均增加 500 km,可使每带所有点的横坐标值均为正值,并且都是以 m 为单位的 6 位整数。

由于各投影带内都有相同的坐标值的点,为了区分某点位于哪一个投影带内,亦即为了使椭球上每一点的位置能与高斯平面直角坐标一一对应,规定在每点横坐标值之前冠以该点所在投影带的带号。通常将未加 500 km 和未加带号的横坐标值,叫做自然值,将加上 500 km,并冠以带号的坐标值叫做通用值。

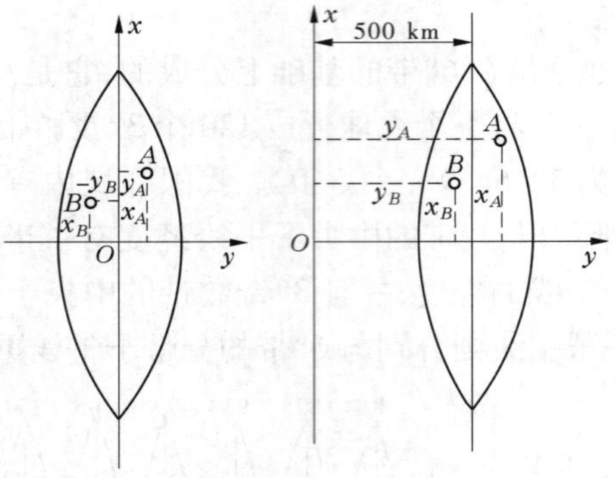

(a)　　　　　　　　(b)

图 1-9　高斯平面直角坐标

例如，A 点位于中央子午线 117°的 6°带内，带号是 20，其平面坐标自然值为

$$x_A' = 271\ 543.56\ \text{m}$$

$$y_A' = -296\ 542.25\ \text{m}$$

则将坐标原点向西平移 500 km，并在 A 点横坐标前冠以带号 20，得该点的平面坐标通用值为

$$x_A = 271\ 543.56\ \text{m}$$

$$y_A = (\text{带号})y_A' + 500\ 000 = 203\ 457.75(\text{m})$$

测绘部门提供的坐标成果均为通用值。

(三) 平面直角坐标系

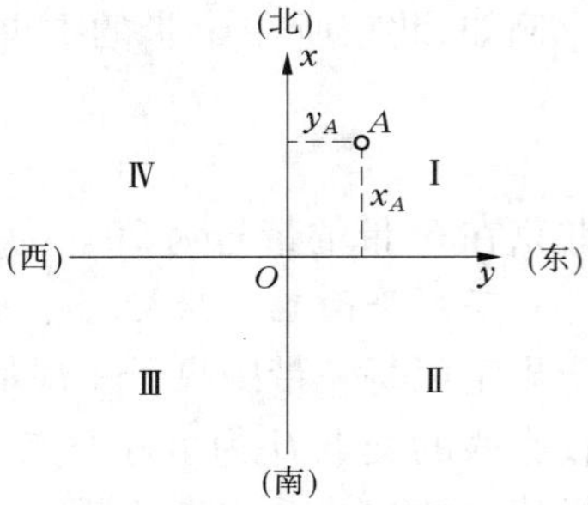

图 1-10　平面直角坐标

对于小范围的测区，以水平面作为投影面，地面点在水平面上的投影位置用平面直角坐标表示。如图 1-10 所示，测量上所采用的平面直角坐标系与数学中的平面直角坐标系基本相同，即在水平面上选定一点 O 作为坐标原点，建立平面直角坐标系。但规定与数学上的坐标系不同，测量上的平面直角坐标系以纵轴为 x 轴，它与南北方向一致，向北为正，向南为负；以横轴为 y 轴，它与东西方向一致，向东为正，向西为负。将地面点 A 沿着铅垂线方向投影到该水平面上，则平面直角坐标(x_A，y_A)就表示了 A 点在该水平面上的投影位置。如果坐标系的原点是任意假设的，则称为独立的平面直角坐标系。为了不使坐标出现负值，对于独立测区，往往把坐标原点选在测区西南角以外适当位置。应当指出，测量上采用的平面直角坐标系与数学中的平面直角坐标系从规定上看是不同的，这是由于测量上所用的方向是从北方向(纵轴方向)起按顺时针方向以角度计值的，同时它的象限划分也是按顺时针方向编号的，因此它与数学上的平面直角坐标系(角值从横轴正方向起按逆时针方向计值，象限按逆时针方向编号)没有本质区别，所以数学上的三角函数计算公式可不加任何改变地直接应用于测量的计算中。

(四) 我国的大地坐标系

新中国成立初期，我国是以苏联选定的克拉索夫斯基椭球和普尔科夫天文台为大地原点的椭球定位为依据，建立了我国的大地坐标系，称为“1954 年北京坐标系”。1980 年，我国采用了1975年国际大地测量与地球物理联合会(IUGG)第十六届大会推荐的椭球参数，大地坐标原点设在陕西省泾阳县内，进行了椭球定位。在大地原点上进行了精密天文测量和精密水准测量，获得了大地原点的平面起算数据，建立了真正意义上我国自己的大地坐标系，称为“1980年国家大地坐标系”。两个坐标系统的坐标可以相互转换，但不同地区坐标转换参数不一样。

(五)WGS－84坐标系

WGS－84坐标系是为GPS全球定位系统使用而建立的坐标系统。坐标系的原点位于地球的质心，z轴指向(国际时间局)BIH1984.0定义的协议地球极(CTP)方向，x轴指向BIH1984.0的零度子午面和CTP赤道的交点，y轴通过右手规则确定。WGS－84地心坐标系可以与1954年北京坐标系或1980年国家大地坐标系等参心坐标系相互转换。

(六)2000坐标系

这是我国当前最新的国家大地坐标系，英文名称为China Geodetic Coordinate System 2000，英文缩写为CGCS2000。

坐标系的原点为包括海洋和大气的整个地球的质量中心，2000国家大地坐标系的z轴由原点指向历元2000.0的地球参考极的方向，该历元的指向由国际时间局给定的历元为1984.0的初始指向推算，定向的时间演化保证相对于地壳不产生残余的全球旋转，x轴由原点指向格林尼治参考子午线与地球赤道面(历元2000.0)的交点，y轴与z轴、x轴构成右手正交坐标系。自2008年7月1日起启用2000国家大地坐标系，它与现行国家大地坐标系转换、衔接的过渡期为8～10年。

二、地面点的高程

地面点的高程是指地面点到基准面的铅垂距离。显然，确定地面点的高程，需要有一个确定高程的基准面。选取的高程基准面不同，可得到不同的高程系统。同一个地面的点高程，如果采用的是不同的高程基准，则其高程是不相同的。根据不同的高程基准，测量工作中地面点的高程有绝对高程和相对高程两种。

(一)绝对高程

地面点沿铅垂线方向至大地水准面的距离称为该点的绝对高程，亦称为海拔，简称高程，用H表示。如图1-11所示，地面点A、B的高程分别为H_A、H_B。

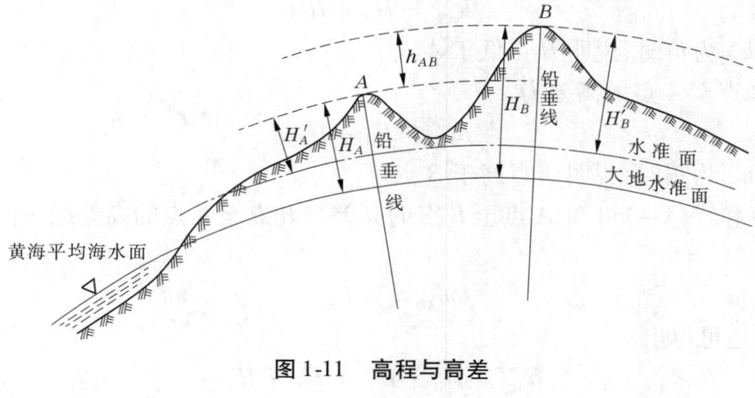

图1-11　高程与高差

绝对高程的高程基准面是大地水准面,由此可知,一个国家或者地区为了得到统一的高程系统,必须建立高程基准。在测量工作中,通常采用大地水准面作为高程基准面。

我国以黄海平均海水面作为大地水准面,黄海平均海水面的位置,是通过对青岛验潮站潮汐观测井的水位进行长期观测确定的。验潮站以该站 1950 ~ 1956 年 7 年间的潮汐水位观测资料,推求的黄海平均海水面作为我国的高程基准面,用该高程基准面精确测得水准原点的高程为 72. 289 m,以此高程基准面作为我国统一起算面的高程系统,名谓"1956 年黄海高程系统"。由于平均海水面不便于随时联测使用,故在青岛观象山建立了"中华人民共和国水准原点",作为全国推算高程的依据。

1956 年黄海高程系统的高程基准面的确立,对统一全国高程有极其重要的历史意义,在国防和经济建设、科学研究等方面都起了重要的作用。但从潮汐变化周期来看,确立 1956 年黄海高程系统的平均海水面所采用的验潮资料时间较短,还不到潮汐变化的一个周期(一个周期一般为 18. 61 年),同时又发现验潮资料中含有粗差,因此有必要重新确定新的国家高程基准。

新的国家高程基准面是根据青岛验潮站 1952 ~ 1979 年间的潮汐观测资料计算确定的,以这个高程基准面作为全国高程的统一起算面,称为"1985 国家高程基准"。用该高程基准面再次测得水准原点的高程为 72. 260 m,于 1987 年 5 月正式启用。

(二)相对高程

在统一的高程系统下,全国各地都布设有各种等级的高程网,我们可以引用这个高程网中已知地面点的绝对高程,用水准测量方法去测定其他地面点的绝对高程。但在局部地区,如果无法引用绝对高程或引用有困难,可采用假定高程系统,即以任意一个水准面作为高程起算面。地面点沿铅垂线方向至任意假定水准面的距离称为该点的相对高程,亦称为假定高程。在图 1-11 中,地面点 A 和 B 的相对高程分别为 H'_A 和 H'_B。在建筑工程中所使用的标高,就是相对高程,它是以建筑物室内地坪(±0. 000)为高程基准面起算的。

(三)高差

两点的高程之差称为高差,以符号 h 表示。

如图 1-11 中,设 A 点的绝对高程为 H_A、相对高程为 H'_A,B 点的绝对高程为 H_B、相对高程为 H'_B,用 h_{AB} 表示 A、B 两点间的高差。因高差有方向和正负之分,所以由 A 点至 B 点的高差为

$$h_{AB} = H_B - H_A \tag{1-3}$$

式(1-3)中,当 h_{AB} 为负时,说明 B 点低于 A 点。

同理,由 B 点至 A 点的高差为

$$h_{BA} = H_A - H_B \tag{1-4}$$

式(1-4)中,当 h_{BA} 为正时,说明 A 点高于 B 点。

由式(1-3)和式(1-4)可知,A 点至 B 点的高差与 B 点至 A 点的高差绝对值相等,而符号相反,即

$$h_{AB} = - h_{BA}$$

由图 1-11 我们还可得出

$$h_{AB} = H_B - H_A = H'_B - H'_A$$

此式表明,地面上两个点间的高差与高程基准面的选取无关,仅仅体现地面上两个点间

的高低关系。

第四节　测量工作的基本内容和原则

一、测量的基本工作

测量的中心工作是确定地面点的空间位置，地面的位置可以用它在投影面上的坐标和高程来确定。在实际的测量工作中，地面点的坐标和高程并不是直接测定的，往往都是通过测量已知点与待定点之间的相关数据，然后计算出待定点的坐标与高程。

如图 1-12 所示，设 P、A、B 为地面上的三点，它们在水平面上的投影分别为 p、a、b。如果已知 P 点的坐标和高程，现要确定 A 点在图上的位置 a，由数学知识可知，需要测定在水平面内 P 点到 A 点的水平距离 D_{PA} 和直线 PA 的方位（即纵坐标轴与 pa 投影线之间的夹角）α_{PA}。再运用几何关系和已知点 P 的坐标便可推算出 A 点的坐标。另外，还需要测量 P 点与 A 点的高差 h_{PA}，才能确定出 A 点的高程。这样，地面上的 A 点在图上的位置 a 就可以确定下来了。类似地，如果要确定 B 点的位置，需要测定出 A 点与 B 点之间的水平距离 D_{AB}，a 点处 PA 与 AB 相邻两边所夹的水平角 β，以及测量 A 点与 B 点的高差 h_{AB}。

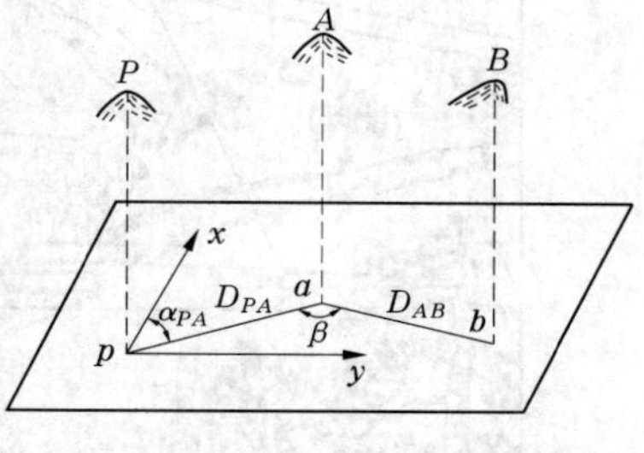

图 1-12　确定点位的基本测量工作

由此可见，水平距离、水平角和高程是确定地面点相对位置的三个基本要素。所以，距离测量、角度测量和高程测量是测量工作的三个基本工作。

二、测量工作应遵循的原则

测绘地形图是测量学的主要任务之一。在测绘地形图时，通常是在选定的点位上安置仪器，再对测区内地物和地貌进行施测。但是只在一个选定的点位上施测整个测区所有的地物和地貌，是十分困难甚至是不可能的。如图 1-13 所示，要测绘该区域的地形图，测区内有房屋、道路、河流、小桥、农田、工厂、山丘等。若以 A 点作为一个测站进行测绘工作，这个测站只能测绘 A 点附近的地物和地貌，如房屋、道路、地面起伏等，由于 A 点北面有座山丘，因此对于山的另一面的工厂或较远地方的地物和地貌，这个测站就观测不到了，这就需要增加测站。如果在站 A 的基础上再发展一个测站，以测绘该测站附近的地物和地貌，从方法上来讲是可行的，但随之而来的问题是误差的传递，A 站的测量误差必然传递给新的测站，新的测站又会将新的误差传递给下一个新的测站，以这种方法顺序将测站发展下去，误差将会累积下去，以致最后的累积误差达到不能容许的程度，这将使测图成果失去意义和无法使用。所以，测量工作是先用一定的方法和精度较高的仪器施测各控制点，在其精度达到要求后，再利用控制点测定附近的地物和地貌。首先在整个测区范围内选择一定数量有控制意义的点子，以控制整个测区，这些点子称为控制点，如图 1-13 中的 A、B、C、D、E、F 诸点。选定的控制点按照一定的方式联结成网形，称为控制网，如图 1-13 中的闭合多边形 $ABCDEFA$。以较精密的方法测定网中各个控制点的平面位置和高程，这项工作称为控制测量。然后分别以这些控制点为依据，测定点位附近的地物、地貌，并勾绘成图，这项工作称为碎部测量，又叫碎部测图。由于控制点的数量少，并且用较精密的仪器和方法测定，易于保证较高的精度，而碎部的精度虽较控制测量的精度低，但由于碎部点是根据控制点测定的，它们之间是相互独立的，可有效地防止误差累积。

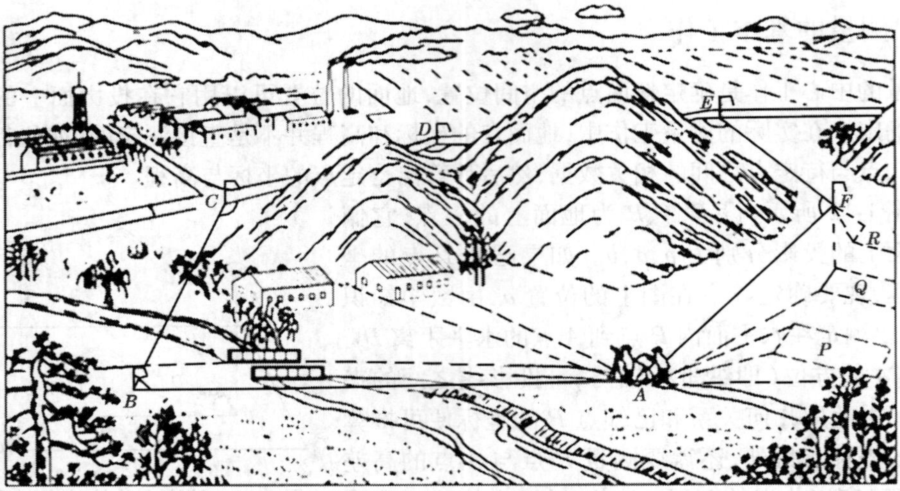

图 1-13　地形图测绘

控制测量和碎部测量工作完成之后，则可在室内按要求对数据进行处理、制图等，即获得地形图，如图 1-14 所示。

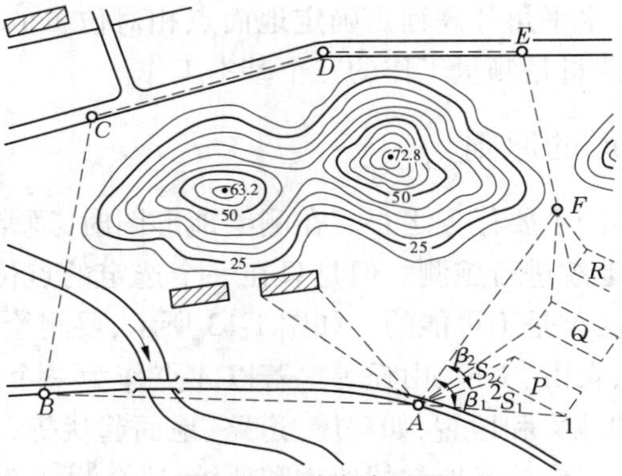

图 1-14　测绘地形图

综上所述，为了使测量成果具有相应的精度，防止测量误差的逐渐传递和积累，测量工作的原则和程序应遵循：

（1）在布局上遵循“从整体到局部”的原则，必须进行总体布置，然后分期、分区、分项实施局部测量工作，而任何局部的测量工作都必须服从整体的测量工作需要。

（2）在工作程序上遵循“先控制后碎部”的原则，先进行控制测量，对测区范围内的控制点以较高的精度和方法先行测定其平面位置和高程，以作为碎部测量的依据。

（3）在精度上遵循“由高级到低级”的原则，即先布设高精度控制点，再由高级向低级逐级建立。

（4）在具体工作上遵循“应步步有检核”的原则，即测量工作的每项成果都必须检核，保证无误后才能进行下一步的工作，任何一个中间环节出错，都会导致以后的工作徒劳无益。

“先整体后局部”、“先控制后碎部”的原则同样适用于施工测量。为了将图上设计的建筑物、构筑物放样到实地去，同样应从整体出发，首先建立施工控制网，然后根据控制点和放样数据来测设建筑物、构筑物的细部点。

应当指出，测量工作有“外业”和“内业”之分，利用测量仪器和工具在现场进行测角、测高、测距等测量工作称为测量外业；对观测数据、资料在室内进行计算、整理和绘图等工作称为测量内业。外业和内业共同决定着测量成果的质量，工作环节上的任何一处失误，都将给后续的一系列工作造成严重影响。因此，不论外业或内业工作，都必须坚持“边工作边检核”、“步步工作有检核”的工作原则。

第五节　地球曲率对测量工作的影响

在已介绍的知识中我们知道，在普通测量中，可视小区域球面为平面，而不必顾及地球的曲率影响，也就是说，在测区范围较小和满足一定的测量精度要求下，通常用水平面代替水准面作为测量数据解算的基准，不考虑地球曲率的影响，直接把地面点沿铅垂线投影到水平面上，以确定其位置，这样的替代可使测量的计算和绘图工作大为简化。但以水平面代替水准面是有一定限度的，当测区范围较大时，就必须顾及地球曲率的影响，不能做这样的替代。那么，多大范围内才能用水平面代替水准面呢？本节就水平面代替水准面对距离、角度、高程等方面的影响进行初步分析，从而得出用水平面代替水准面的限度。下面的分析均是将大地水准面假定为一个球面。

一、地球曲率对水平距离测量的影响

如图 1-15 所示，设地球的球面半径为 R。地面上 A、B 两点沿铅垂线方向投影到大地水准面上的 ab 弧长为 D，投影到过 a 点水平面上的距离 ab' 为 D'，ab 弧所对的圆心角为 θ，若以水平长度 D' 代替弧长 D，则两者之差即为用水平面代替水准面所产生的距离误差，设其为 ΔD，则

$$\Delta D = D' - D = R\tan\theta - R\theta = R(\tan\theta - \theta) \tag{1-5}$$

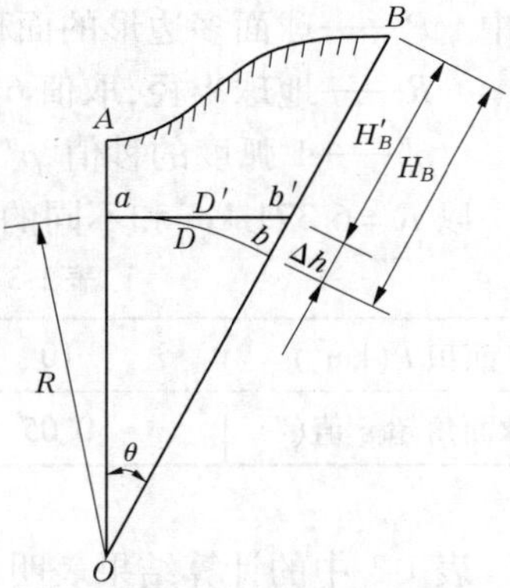

图 1-15　地球曲率对距离和高程的影响

将 $\tan\theta$ 用级数展开为

$$\tan\theta = \theta + \frac{1}{3}\theta^3 + \frac{5}{12}\theta^5 + \cdots$$

由于 θ 很小，只取级数的前两项，并代入式(1-5)，得

$$\Delta D = R\left(\theta + \frac{1}{3}\theta^3 - \theta\right) = R\,\frac{1}{3}\theta^3 \tag{1-6}$$

因为 $\theta = \dfrac{D}{R}$，故

$$\Delta D = \frac{D^3}{3R^2} \tag{1-7}$$

对式(1-7)两端同除以 D，得相对误差为

$$\frac{\Delta D}{D}=\frac{D^2}{3R^2} \tag{1-8}$$

取地球的半径 $R=6\ 371$ km 和不同的 D 值代入式(1-7)和式(1-8),计算出的相应的 ΔD 和$\frac{\Delta D}{D}$值,其结果列于表1-2中。从表中可以看出,当距离 D 为10 km时,其相应的距离误差为0.8 cm,不到1 cm,相对误差为1/122万,而目前最精密测距的相对误差约为1/100万。因此,可以认为,在半径为10 km的圆形区域内,地球曲率对水平距离的影响可以忽略不计,即可以用该区域的水平面代替水准面。在精度要求较低的测量工作中,其范围还可以适当扩大。

表1-2　地球曲率对水平距离的影响

距离 D	1 km	10 km	20 km	50 km	1 000 km
距离误差 ΔD(mm)	0.008	8	128	1 026	8 212
距离相对误差 $\Delta D/D$	1/125 000 000	1/1 220 000	1/200 000	1/49 000	1/12 000

二、地球曲率对水平角测量的影响

由球面三角可知,同一个空间多边形在球面上投影的各内角之和比其在平面上投影的相应多边形内角之和大一个球面角超 ε 值,ε 的大小与图形的面积成正比,即

$$\varepsilon=\rho''\frac{P}{R^2} \tag{1-9}$$

式中　P——球面多边形的面积;

R——地球半径,取值6 371 km;

ρ''——1弧度的秒值,$\rho''=206\ 265''$。

以 $R=6\ 371$ km 和不同的面积 P 值代入式(1-9),求得的球面角超 ε 值列于表1-3。

表1-3　不同球面多边形面积下的球面角超 ε 值

面积 P(km^2)	10	50	100	500
球面角超 ε 值(″)	0.05	0.25	0.51	2.54

表1-3中的计算结果表明,当面积为100 km^2 时,用水平面代替水准面,对角度的影响是0.51″。因此,可以认为,在面积小于100 km^2 的区域内测量时,只有在最精密的测量中才考虑地球曲率对水平角测量的影响,在普通测量或精度不高的测量中,地球曲率对水平角测量的影响可以忽略不计,即观测的球面角度可以视为平面角度。在精度要求较低的测量工作中,其范围还可以适当扩大。

三、地球曲率对高程测量的影响

在图1-15中,地面点 B 在大地水准面的投影为 b,从大地水准面起算,其高程为 H_B。地面点 B 在水平面的投影为 b',从水平面起算,其高程为 H'_B。显然 bb' 为水平面替代水准面所产生的高程误差,也即用水平面代替水准面对高程所产生的影响。由图1-15可得

$$bb' = \Delta h$$

$$(R + \Delta h)^2 = R^2 + D'^2$$

整理得

$$\Delta h = \frac{D'^2}{2R + \Delta h} \tag{1-10}$$

前已述及，D'与 D 相差甚小，以 D 代替 D'，又因式(1-10)右端分母中的 Δh 与 $2R$ 相比较非常小，其值对计算的结果影响不大，可以忽略不计，于是得到

$$\Delta h = \frac{D^2}{2R} \tag{1-11}$$

以 $R = 6\ 371$ km 和不同的 D 值代入式(1-11)，算得相应的高程误差 Δh 值，列于表 1-4。

表 1-4　地球曲率对高程的影响

距离 D(m)	100	200	500	1 000	2 000
高程误差 Δh(mm)	0.8	3.1	19.6	78.5	313.9

表 1-4 中的计算结果表明，当距离为 200 m 时，用水平面代替水准面所产生的高程误差为 3.1 mm，这个误差对高程测量的影响是比较大的。因此，可以认为，在高程测量中，即便是距离很短，也不能忽视地球曲率的影响。换言之，在高程测量中，是不允许用水平面来代替水准面的。

通过本节就水平面代替水准面对距离、角度、高程等方面的影响所作的初步分析，可以得出用水平面代替水准面的限度如下：在半径为 10 km 的圆形区域内，以水平面代替水准面对水平距离所产生的误差可以忽略不计，在精度要求较低的测量工作中，其范围还可以适当扩大；对于面积为 100 km^2 内的多边形，以水平面代替水准面对角度测量的影响可以忽略不计；地球曲率对高程测量的影响比较大，即使是较短距离，也应考虑到地球曲率的影响。

第六节　测量常用计量单位与换算

一、长度单位

我国法定长度计量单位统一采用国际单位制(SI)，常用的长度单位的名称和符号为：基本单位为 m(米)，其他的为 km(千米)、dm(分米)、cm（厘米)、mm（毫米)、μm（微米)、nm（纳米)。它们之间的换算关系为

1 m(米) = 10 dm(分米) = 100 cm(厘米) = 1 000 mm(毫米) = 10^6 μm(微米) = 10^9 nm(纳米)

1 km(千米) = 1 000 m(米)

实地长度常用 km 和 m 为度量单位，图纸上的长度则常用 cm 和 mm 为度量单位。在我国的长度单位中，还有一种惯用的单位，叫做市制单位，单位的名称有里、丈、尺、寸，它们之间的换算关系为

1 里 = 150 丈 = 1 500 尺 = 15 000 寸

1 m = 3 尺

由于我国规定长度的市制单位用到 1990 年为止，因此目前长度的市制单位不再使用。

二、面积单位

我国法定的面积单位仍采用国际单位,基本单位是 m^2(平方米),其他的还有 dm^2(平方分米)、cm^2(平方厘米)、mm^2(平方毫米),以及 hm^2(公顷)和 km^2(平方千米)。它们之间的换算关系为

$$1\ km^2 = 10^6\ m^2 = 100\ hm^2$$

实地面积常用 hm^2、km^2 和 m^2 为量算单位,图纸上的面积则常用 cm^2 和 mm^2 为量算单位。我国农业上还习惯使用市亩、分、厘作为面积单位,它们之间的换算关系为

$$1\ km^2 = 1\ 500\ \text{市亩} \qquad 1\ \text{市亩} = 666.67\ m^2$$

三、角度单位

测量上常用的平面角单位有六十进制的度、百进制的新度和弧度。我国法定平面角单位为六十进制的度。

(一)六十进制的度

我国角度的单位采用六十进制,单位是度(°)、分(′)、秒(″)。它是将1圆周角分为360等份,每一等份为1°。度、分、秒的换算关系为

$$1° = 60' = 3\ 600''$$

度、分、秒不是国际单位制,但是属于我国的法定计量单位,是测量中常用的角度单位。

(二)弧度制

角度的国际单位是弧度,符号为 rad。

圆周上等于该圆半径的弧长所对的圆心角称为1弧度,通常用 ρ(rad)表示。用弧度作为角度的单位称为弧度制。它与六十进制的度的换算关系为

$$1\ \text{圆周角} = 2\pi\rho\ (\text{弧度}) = 360°$$

常用的换算常数有

$$\rho° \approx 57.3° \qquad \rho' \approx 3\ 438' \qquad \rho'' \approx 206\ 265''$$

其中 $\rho°$ 表示1弧度的度值,ρ' 表示1弧度的分值,ρ'' 表示1弧度的秒值。

(三)百进制的新度

欧洲一些国家角度采用百进制,单位是冈,符号为 god。它是将圆周角分成400等份,每一等份所对应的圆心角为一冈,简记为1 g,也称为新度(g),相关的小单位有新分(c)、新秒(cc),它们之间的关系为

$$1\ g = 100\ c = 10\ 000\ cc$$

$$360° = 400\ g$$

四、测量数据计算的凑整规则

测量数据在成果计算过程中,往往涉及凑整问题。为了避免凑整误差的积累而影响测量成果的精度,通常采用以下凑整规则:

(1)被舍去数值部分的首位大于5,则保留数值最末位加1。

(2)被舍去数值部分的首位小于5,则保留数值最末位不变。

(3)被舍去数值部分的首位等于5,则保留数值最末位凑成偶数。

综合上述原则,可表述为:大于5则进,小于5则舍,等于5视前一位数而定,为奇数时进,为偶数时舍(5前奇进偶不进或5前单进双不进)。例如,下列数字凑整后保留三位小数时,3.141 59→3.142(奇进),2.645 75→2.646(进1),1.414 21→1.414(舍去),7.142 56→7.142(偶不进)。

本章小结

本章对测量学的基本理论、基础知识作一般性阐述,它是学习测量学的基础,通过学习使学生对测量学的整体内容有一个初步的了解,为以后学习测量学的具体工作方法和技术手段等知识作铺垫。通过本章的学习,应掌握如下几方面的知识内容:

(1)测量学是研究地球的形状、大小和确定地球表面点位关系的一门应用科学,它研究的对象是构成地表上的地物和地貌,它的主要任务包括测定和测设两部分。传统测量学按研究对象、范围和采用的技术不同可分为大地测量学、普通测量学、摄影测量与遥感、地图制图学和工程测量学等若干分支学科。

测绘工作在国民经济建设、国防建设以及科学研究领域中具有的重要作用,了解测绘学的发展概况。

(2)地球表面的形状是不规则的,为了便于测量学的研究,引入了测量工作的基准线和基准面,要正确理解这两个重要的概念。铅垂线是测量工作的基准线,大地水准面是测量工作的基准面。由于大地水准面也是一个不规则的曲面,所以我们选择了一个非常接近于地球的规则椭球体。由于确定椭球体形状和大小的长半轴 a 和短半轴 b 及扁率 α 这三个参数,都是由局部资料推算出的,所确定的地球椭球体的形状和大小只能作为参考,因此把地球椭球体称为参考椭球体。

(3)地面点的空间位置是以地面点的坐标和高程表示的。确定地面点坐标的常用测量坐标系有地理坐标系、高斯平面直角坐标系和平面直角坐标系这三种坐标系。地理坐标系是以点在球面上的经、纬度来表示的,高斯平面直角坐标系则以投影的中央子午线为纵轴、赤道为横轴来表示点的坐标。高斯平面直角坐标系用于大区域测区,目的是将椭球面投影到平面上。高斯平面直角坐标的投影带主要有6°带和3°带。在高斯平面直角坐标系中,横坐标有自然值和通用值之分。平面直角坐标与数学中的平面直角坐标的建立方法相似,但是规定纵轴为 x 轴,横轴为 y 轴,象限按顺时针方向进行编号。我国曾采用1954年北京坐标系,目前采用的是1980年国家大地坐标系。

地面点的高程有绝对高程和相对高程,都是用于比较地面点间的高低关系,只是所采用的基准面不一样。地面上两点的高程之差称为高差。在使用地面点的高程资料时,应注意所采用的高程系,我国的高程系有"1956年黄海高程系统"和"1985国家高程基准"。

(4)测量的基本工作是距离测量、角度测量和高程测量。"从整体到局部"、"先控制后碎部"和"由高级到低级"是测量工作所遵循的原则,无论是地形测量还是施工测量,都必须遵循此项原则。

(5)地球是个旋转椭球体,在进行地形测量时,为计算方便,可把地球视为圆球,其半径为6 371 km。当测区范围在10 km以内时,进行水平距离测量,可不考虑地球的曲率,若精度要求不高,其测区范围还可以作相应的增大。在面积小于100 km^2 区域内测量时,只有在最精密的测量中才考虑地球曲率对水平角测量的影响,在普通测量中或精度不高的测量中,地球曲率对水平角测量的影响可以忽略不计。但在高程测量时,即使测距很短,也必须考虑地球曲率的影响,不能用水平面代替水准面。

(6)测量常用计量单位与换算:

①测量工作中,我国的长度基本单位采用 m,与其他单位的换算关系为

$$1\ \text{m}(米)=10\ \text{dm}(分米)=100\ \text{cm}(厘米)=1\ 000\ \text{mm}(毫米)=10^6\ \mu\text{m}(微米)=10^9\ \text{nm}(纳米)$$

$$1\ \text{km}(千米)=1\ 000\ \text{m}(米)$$

②测量工作中,我国的面积基本单位采用 m^2,与其他单位的换算关系为

$$1\ \text{km}^2=10^6\ \text{m}^2=100\ \text{hm}^2 \qquad 1\ \text{km}^2=1\ 500\ 市亩 \qquad 1\ 市亩=666.67\ \text{m}^2$$

③测量工作中,我国角度单位采用六十进制的度,换算关系是:$1°=60'=3\ 600''$。

思考题与习题

1. 测量学的研究对象是什么?它的主要任务是什么?
2. 何谓大地水准面?它在测量工作中的作用是什么?
3. 测量工作以什么作为基准线、基准面?具有什么样的特性?
4. 地面点的位置是怎样表示的?确定地面点位置需要进行哪三项基本测量工作?
5. 测量上的平面直角坐标系和数学中的平面直角坐标系有何区别?
6. 何谓绝对高程和相对高程?两点之间绝对高程之差与相对高程之差是否相等?
7. 已知 $H_A=456.982$ m,$H_B=178.325$ m,求 h_{AB}。
8. 某地的经度为116°23′,试计算它所在的6°带和3°带号,相应6°带和3°带的中央子午线的经度是多少?
9. 测量工作应遵循什么原则?为什么要遵循这些原则?
10. 对距离测量和角度测量而言,多大范围内的水准面才允许用水平面来代替?

第二章　水准测量

重点提示：本章主要介绍水准测量的原理和方法、水准仪构造使用及其检校、水准测量的施测方法及数据处理、水准测量误差来源及消除方法。另外，本章还对自动安平水准仪与电子水准仪的测量原理、基本操作等作了简要介绍。重点是水准测量作业方法及成果计算。

我们已经知道高程测量是确定地面点位需要做的三个基本测量工作内容之一，我们把确定地面点位高程的工作称为高程测量。高程测量是根据已知点的高程，用仪器测量出已知点与待定点之间的高差，然后计算出待定点的高程。根据所使用的仪器和施测方法的不同，高程测量的方法有几何水准测量（简称水准测量）、三角高程测量和气压高程测量。此外，近年来，用 GPS 也可进行高程测量。在这些方法中，以水准测量的精度为最好，也是最基本的方法，它是高程控制测量的一种主要方法，在工程测量中也得以广泛应用。水准测量按其精度要求不同，精度由高到低通常可分为国家一、二、三、四等水准测量和普通水准测量（也称等外水准测量或图根水准测量），简称一、二、三、四等水准测量和普通水准测量。

国家一等水准测量是高程测量精度最高的，它所建立的高程控制网是国家高程控制网的骨干，同时也是研究地球形状、地壳垂直运动及进行有关科学研究的主要依据。国家二等水准测量的精度低于国家一等水准测量的精度，它是在一等高程控制网下进行水准测量，并布设二等高程控制网，是国家高程控制网的基础。国家三、四等水准测量又是在高一级的高程控制网基础上进行的水准测量，其精度依次降低，主要用于地形测图、工程测量或施工放样的高程控制，如高速公路、大坝的高程控制测量常用三、四等水准测量。普通水准测量的精度低于国家等级的水准测量精度，因此也称为等外水准测量，主要用于测设图根点的高程和工程施工中的高程测设，如一般的建筑工程大多采用普通水准测量测设高程。

本章主要介绍普通水准测量的施测方法和内业计算及其他的问题，三、四等水准测量将在第七章介绍。

第一节　水准测量原理

水准测量是利用水准仪提供的水平视线，借助于带有分划的标尺，直接测定地面上两点间的高差，然后根据已知点高程和测得的高差，推算出另一待定点的高程的一种方法。

如图 2-1 所示，A 和 B 为地面上的两点，其中假设 A 点为已知点，其高程为 H_A，B 点为待定点，所求高程设为 H_B。在 A、B 两点间安置一台能提供水平视线的仪器，并在 A、B 两点上分别立上带有分划的标尺，标尺的零点在底端，利用仪器所提供的水平视线读取水平视线截在 A 点上标尺的数据（读数）为 a 及截在 B 点上标尺的数据（读数）为 b。由图 2-1 可知，A、B 两点间的高差 h_{AB} 为

$$h_{AB} = a - b \tag{2-1}$$

按水准测量的前进方向，已知点 A 在后，待定点 B 在前。在水准测量中，我们称 A 点为

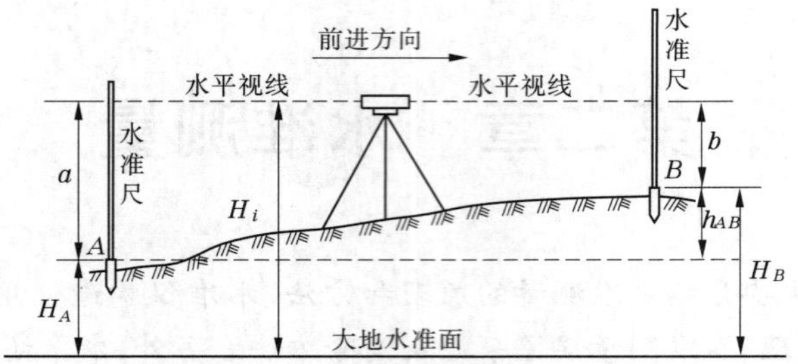

图 2-1　水准测量原理

后视点,A 点尺上的读数 a 称为后视读数;B 点为前视点,B 点尺上的读数 b 称为前视读数。能够提供水平视线的仪器称为水准仪,仪器安置之处称为测站,分别在 A、B 两点上立上的带有分划的标尺称为水准尺,立放水准尺的点称为测点。h_{AB} 为待定点 B 相对于已知点 A 的高差,或称由 A 点到 B 点的高差,它的值总是等于后视读数减去前视读数。如果 a 大于 b,高差为正,则表明 B 点高于 A 点;反之,则 B 点低于 A 点。

待定点 B 的高程的计算有两种方法:一种是根据高差推算高程的方法,称为高差法,即

$$H_B = H_A + h_{AB} = H_A + (a - b) \tag{2-2}$$

另一种是通过仪器的视线高程来推算待定点高程的方法,称为视线高法。仪器的视线高程简称视线高,一般用 H_i 表示,由图 2-1 可知,视线高 H_i 等于后视点高程 H_A 加后视读数 a,即

$$H_i = H_A + a \tag{2-3}$$

则 B 点的高程等于视线高 H_i 减去 B 点上所立水准尺的前视读数 b,即

$$H_B = H_i - b = (H_A + a) - b \tag{2-4}$$

视线高法计算点的高程在工程测量中应用较为广泛,在一个测站上,对多个地面点(前视点)的高程进行观测,采用视线高法比高差法方便。

第二节　水准测量的仪器和工具

水准测量所使用的仪器称为水准仪,其全称为大地测量水准仪,工具有水准尺和尺垫。目前,水准仪按其精度分为 DS_{05}、DS_1、DS_3 及 DS_{10} 等几种型号。“D”、“S”分别为“大地测量”和“水准仪”汉语拼音的第一个字母,下标数字 05、1、3 和 10 表示水准仪的精度,即每千米往返测高差中数的偶然中误差(单位:mm),如 DS_3 每千米往返测高差中数的偶然中误差不超过 3 mm。DS_{05} 和 DS_1 为精密水准仪,DS_3 和 DS_{10} 为普通水准仪。本节主要介绍 DS_3 微倾式水准仪的构造。

一、DS_3 微倾式水准仪的构造

根据水准测量原理,DS_3 微倾式水准仪的主要作用是提供一条水平视线,并能照准水准尺进行读数。图 2-2 为我国生产的 DS_3 微倾式水准仪的外貌和部件的名称。DS_3 微倾式水准仪主要由望远镜、水准器、基座三部分组成。

(一)望远镜

望远镜用于瞄准远处的水准尺进行读数。图 2-3 是水准仪望远镜的构造图,由物镜、目

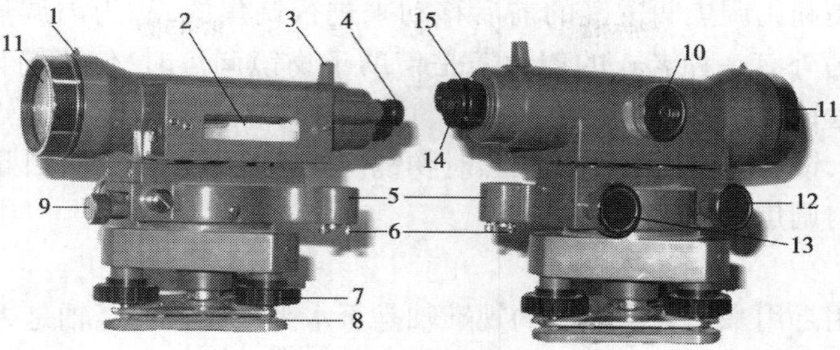

1—准星;2—管水准器;3—缺口;4—管水准器气泡观察窗;5—圆水准器;
6—圆水准器校正螺丝;7—脚螺旋;8—连接板;9—望远镜制动螺旋;10—物镜调焦螺旋;
11—物镜;12—望远镜微动螺旋;13—微倾螺旋;14—目镜;15—目镜调焦螺旋

图 2-2　DS_3 微倾式水准仪

镜、十字丝分划板、物镜调焦螺旋、目镜调焦螺旋组成。望远镜能将所瞄准的目标进行放大,国产 DS_3 微倾式水准仪的放大率一般为 28 ~ 30 倍。

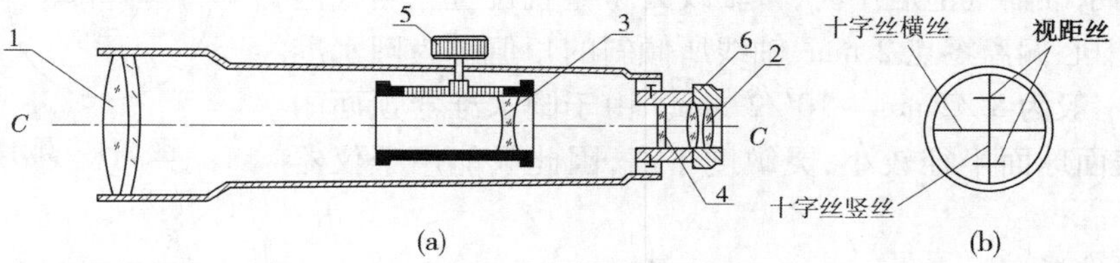

1—物镜;2—目镜;3—物镜调焦透镜;4—十字丝分划板;5—物镜调焦螺旋;6—目镜调焦螺旋

图 2-3　水准仪望远镜的构造

物镜是由若干个光学透镜组成的,即复合透镜组,作用是将远处的目标在十字丝分划板上形成缩小而明亮的实像。

目镜也是由复合透镜组组成的,作用是将物镜所成的实像与十字丝一起进行放大,所成的像是虚像。

十字丝分划板是一块刻有分划线的透明薄平板玻璃片,作用是瞄准目标和读数。如图 2-3(b)所示,十字丝分划板上有互相垂直的两条长丝,称为十字丝。纵丝亦称竖丝,横丝亦称中丝。上、下两条对称的短丝称为视距丝,用于视距测量。调节目镜可使十字丝分划线成像清晰。

由几何光学原理可知,目标经过物镜及物镜调焦透镜的作用,在十字丝附近成一倒立实像,由于目标离望远镜的远近不同,需转动物镜调焦螺旋让其物镜调焦透镜在镜筒内前后移动,使其实像恰好落在十字丝分划板平面上,再通过目镜将倒立的实像和十字丝同时放大,这时倒立的实像成为倒立而放大的虚像,有些仪器为正立而放大的虚像。即我们在水准仪的目镜中看见所瞄准目标的像是放大的倒像或正像,放大的虚像的视角与眼睛看到目标视角的大小的比值,即为望远镜的放大倍率。

图 2-3 中物镜中心与十字丝交点的连线,称为望远镜的视准轴,用 CC 表示,它是用以瞄准和读数的视线,延长视准轴并使其水平,即得水准测量中所需的水平视线。因此,望远镜的作用一是提供一条瞄准目标的水平视线,二是将远处目标的像放大,提高瞄准和读数的精度。

上述望远镜是利用调焦凹透镜的前后移动来进行调焦的,称为内调焦式望远镜(或称内对光望远镜);另外有一种老式的望远镜是借助于物镜调焦时,使镜筒伸长或缩短成像,称为外调焦式望远镜(也称外对光望远镜)。由于内调焦式望远镜的优点是密封性好,灰尘、潮气不易侵入,镜筒短,使用方便,调焦时物镜位置不变,仪器稳定,因此目前测量仪器上的望远镜都采用内调焦式望远镜。

(二)水准器

水准器的作用是用来衡量水准仪的视准轴是否水平或仪器的竖轴是否铅直。水准器分为圆水准器和管水准器,管水准器又称为水准管。

1. 圆水准器

圆水准器装在水准仪基座上,用于粗略整平。如图 2-4 所示,圆水准器顶面的玻璃内壁表面研磨成球面,见图 2-4 中上方的图形,球面的正中刻有圆圈,见图 2-4 中下方的图形,其圆心称为圆水准器的零点。过零点的球面法线 $L'L'$,称为圆水准器轴。当圆水准器气泡居中时,该轴线处于竖直位置。当气泡不居中时,中心偏离零点 2 mm,轴线所倾斜的角值称为圆水准器分划值,一般为 8′/2 mm ~ 10′/2 mm。由于圆水准器顶面的玻璃内壁表面球面半径较小,灵敏度不高,因此只能用于仪器的粗略整平。

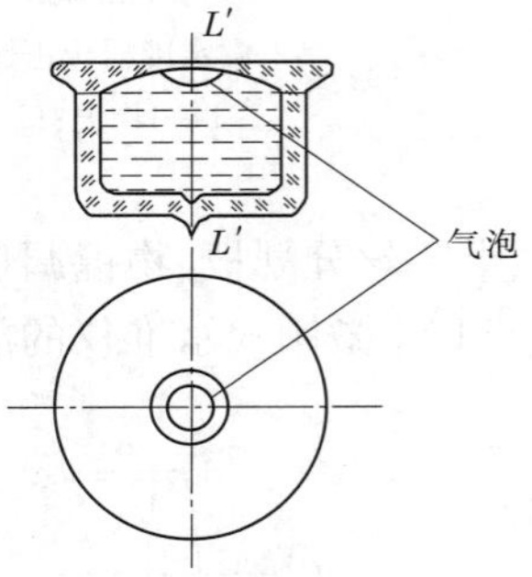

图 2-4　圆水准器

2. 管水准器

管水准器用于精确整平仪器。它是一玻璃管,其纵剖面方向的内壁研磨成一定半径的圆弧形,管内装满酒精和乙醚的混合液,装满后进行加热,使液体膨胀而排出一部分后密封玻璃管,待液体冷却后,在玻璃管内形成一个充满气体的小空间,这个空间就是水准气泡,如图 2-5 所示。水准管表面上一般刻有间隔为 2 mm 的分划线,分划线的对称中心 O 是水准管圆弧的中心,称为水准管的零点,通过零点与圆弧相切的纵向切线 LL 称为水准管轴,水准管轴应平行于视准轴。当气泡的中心与零点重合时,称气泡居中,此时,水准管轴 LL 一定处于水平位置,若水准管轴平行于视准轴,则水准仪提供了一条水平视线。若气泡不居中,则水准管轴处于倾斜位置,视线也就不水平了。从这里我们可知水准管和望远镜是水准仪的主要部件,水准管轴与视准轴相互平行是水准仪构造中的主要要求。

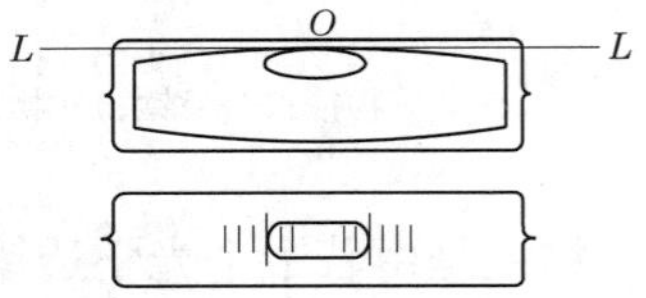

图 2-5　水准管

一般规定以圆弧 2 mm 长度所对的圆心角值表示水准管的分划值,常用 τ 表示,如图 2-6所示。由于水准管表面上刻有 2 mm 间隔的分划线,当气泡偏离一格时,则水准轴随之产生倾斜,其倾斜角值就等于 τ。显然,τ 值越小,则使气泡移动一格时,水准轴倾斜的角度越小;反之,τ 值越大,则使气泡移动一格时,水准轴倾斜的角度越大。因此,水准管的分划值的大小就是气泡每移动一格时,水准管轴所倾斜的角值,即

$$\tau = \frac{2}{R}\rho'' \tag{2-5}$$

式中　τ——水准管的分划值(″);

R——水准管圆弧的半径,mm;

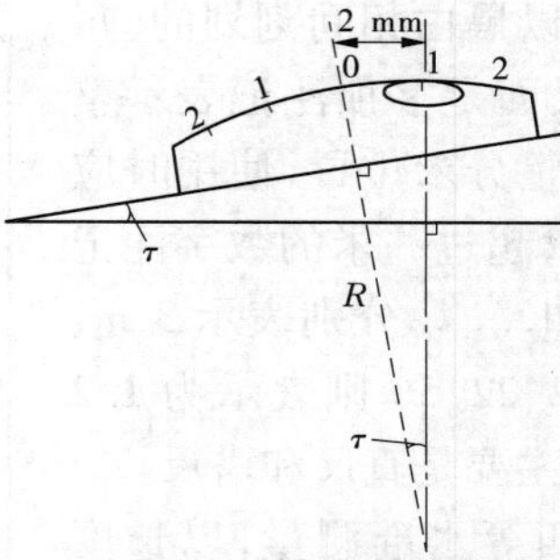

图 2-6　水准管分划值

ρ''——1 弧度的秒值，$\rho''=206\ 265''$。

由式(2-5)可以得出，τ 值是决定水准器灵敏度的一个很重要的因素，水准管圆弧的半径愈大，水准管的分划值愈小，水准管灵敏度愈高，用其整平仪器的精度也愈高，使气泡居中操作难度自然也就相对增大。DS_3 水准仪的水准管分划值为 20″，记作 20″/2 mm。

为了提高水准管气泡居中的精度，目前生产的微倾式水准仪在水准管的上方安装了一组符合棱镜系统，利用棱镜的折光作用，使水准管气泡两端的像反映在直角棱镜上，如图 2-7(a)所示。在望远镜的旁边设有水准管气泡观察窗，从水准管气泡观察窗中可以看见水准管气泡两端的影像。影像以中线为界，左右两边各显示出水准管气泡两端影像。如果气泡两端的影像是错开的，则表示水准管气泡没有居中，如图 2-7(b)所示。如果气泡两端的影像吻合成一个光滑的圆弧，则表示水准管气泡居中，如图 2-7(c)所示。这种具有符合棱镜系统装置的水准管称为符合水准器。由于符合水准器中气泡两端影像的偏移量是实际偏移量的 2 倍，因此它可以提高安平精度 2 倍以上。

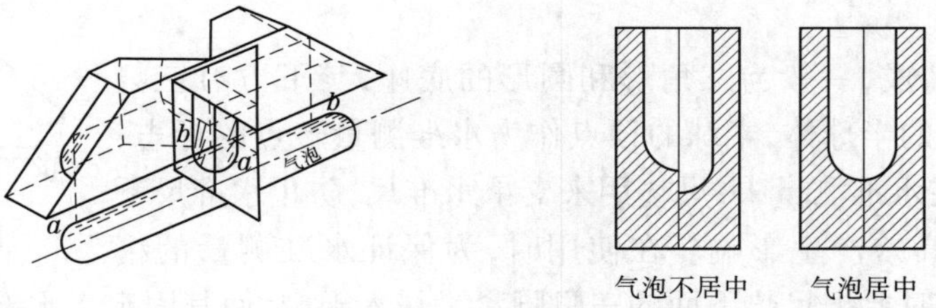

(a)　(b)　(c)

图 2-7　符合水准器

(三)基座

基座由轴座、脚螺旋和连接板等组成，其作用是支承仪器的上部并通过连接板和中心连接螺旋将整个仪器与三脚架相连。轴座用于仪器的竖轴在其内旋转，脚螺旋用于调整圆水准器气泡居中。

二、水准尺和尺垫

(一)水准尺

在水准测量中水准尺是带有刻划线和注有数字的标尺，它是水准测量中的重要工具。水准尺多用干燥而优质的木材、铝合金及玻璃钢制成，也有铟钢制成的铟钢尺。尺子的形式有直尺(双面尺)、折尺和塔尺等，尺长规格一般有 2 m、3 m 和 5 m。部分水准尺的外形如图 2-8 所示。水准尺的零点一般都在尺的底端，自零点起每隔 1 cm 或 5 mm 刻一刻划，为了能从远处清晰地看出刻划，尺面是以黑白相间刻划的，每一分米刻划处都注有数字。有的尺面是字顶注记表示整分米位置，也有的是字脚注记表示整分米位置，使用时应注意分清。注记有正字和倒字两种，超过一米的数字注记加注红点表示，一个点表示一米，如∴、∷ 分别表示 3 m、4 m，也有用分米直接注记的，如 12、22、56 则表示为 1.2 m、2.2 m、5.6 m 等。常用的水准尺主要是直尺和塔尺。

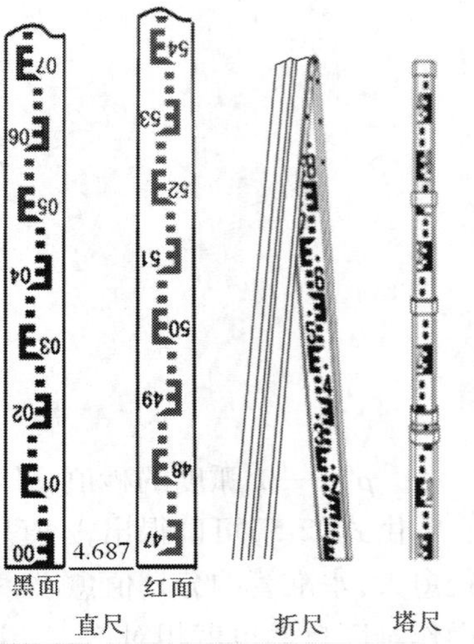

图 2-8　水准尺

直尺又称双面尺，多用于三、四等水准测量，以长度 3 m的直尺较为多见，两根尺子为一对。双面尺两面都有刻划，一面是黑白相间刻划，称为基本面，也称为黑面尺，另一面是红白相间刻划，称为辅助面，也称为红面尺。黑面尺刻划的底端以零点为起始数，红面尺刻划的底端分别以 4.687 和 4.787 为起始数，也就是说，对于同一水平视线而言，红面尺的读数要比黑面尺的读数大 4.687 或 4.787，如图 2-8 中直尺所示。在水准测量中直尺必须成对使用，即一根红面起始数是 4.687，另一根红面起始数必须是 4.787，主要目的是利用黑、红面尺的零点相差的常数可对水准测量读数进行检核。

塔尺一般用于等外水准测量，其长度为 2 ~ 5 m，可以伸缩，它由 3 节或 5 节套在一起，使用时必须注意接口位置是否正确。零点都在尺的底端，自零点起每隔 1 cm 或 5 mm 以黑白相间刻划。塔尺比直尺携带方便，但是由于经长期的使用后，在尺子的连接处磨损较大而产生误差，所以它一般仅用于精度要求不高的普通水准测量中。

(二) 尺垫

尺垫由生铁铸成，一般为三角形和圆形的底座，其下方有三只脚，中央有一凸起的半球体，半球的顶点作为水准测量转点的标志，如图 2-9 所示。在水准测量中，尺垫用来支承水准尺，防止水准尺下沉或移动对测量高差产生影响。在使用时，为保证水准测量的精度，水准测量转点时要把尺垫下面的三只脚紧紧踩入土中，使其固定，水准尺应立于其半球的顶点上。

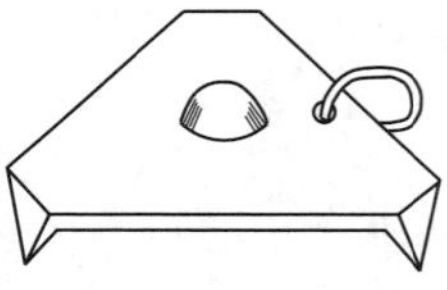

图 2-9　尺垫

三、DS_3 微倾式水准仪的使用

DS_3 微倾式水准仪的基本操作程序为安置仪器、粗略整平、瞄准和调焦、精确整平、读数。

(一) 安置仪器

在水准测量中先选好测站，在测站处松开三脚架架腿的固定螺旋，调节三脚架的高度适中，再拧紧架腿的固定螺旋，张开三脚架固定于地面上。如果地面是松软土质，应将三脚架架腿脚尖插入土中并踏实。如果是光滑的地面，要调整好三脚架的跨度，防止三脚架打滑。在比较平坦地面上安置仪器，可将三脚架的三个架腿大致放成等边三角形，在调整高度时应注意保持脚架顶面架头大致水平；在倾斜地面上安置仪器，可将两个架腿平行置于斜坡面低处，另一个架腿置于斜坡面的高处，脚架顶面架头大致水平后，踏实架腿固定好三脚架。三脚架安置好以后，从仪器箱中取出水准仪，用脚架上的中心连接螺旋将水准仪固定在三脚架的架头上。

(二)粗略整平

粗略整平简称为粗平,是调节水准仪基座上的三个脚螺旋使圆水准器的气泡居中,从而使仪器竖轴竖直,视线大致水平。具体操作如下:

(1)如图 2-10 所示,转动望远镜使其视准轴与 1、2 两个脚螺旋的连线垂直。观察气泡的位置,气泡不在圆水准器的中心,位于圆水准器的左侧 a 的位置,表明脚螺旋 1 偏高,气泡应向右移动,需要旋转 1、2 两个脚螺旋使气泡向右移动,将圆水准器气泡移到 b 点位置。旋转脚螺旋时,先确定脚螺旋的旋转方向,因气泡的移动方向与左手大姆指或食指旋转脚螺旋的旋进方向一致,所以脚螺旋 1 应按逆时针方向旋转,并且 1、2 两个脚螺旋同时转动时,其旋转方向相反,即如果一个脚螺旋是以顺时针方向旋转的,那么另一个脚螺旋则以逆时针方向旋转。以图 2-10(a)为例,操作时用双手分别以相反方向转动脚螺旋,即左手以逆时针方向转动,右手以顺时针方向转动,这时气泡就会向右移动至 b 点位置,如图 2-10(b)所示。

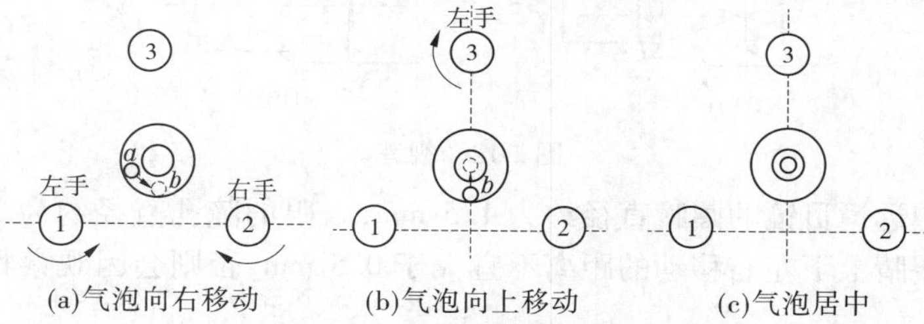

图 2-10　水准仪粗平操作方法示意图

(2)用左手旋转第 3 个脚螺旋,使气泡从 b 点向上移动到圆水准器的中心,如图 2-10(c)所示。此时,水准仪的竖轴大致竖直,亦即视线大致水平。

上述的操作过程一般来说需要反复调整脚螺旋,才能使圆水准器气泡完全居中。粗平是水准仪能否快速安置完毕的关键,而脚螺旋的旋转方向又是粗平操作的关键。脚螺旋转动的基本法则是:气泡始终在高的一端,脚螺旋顺时针旋转使该脚螺旋所在的一端升高,脚螺旋逆时针旋转使该脚螺旋所在的一端降低。脚螺旋的旋转方向由左手大拇指或食指根据气泡要移动的方向来决定,即气泡的移动方向与左手大拇指转动方向一致,我们称之为"左手大拇指法则"。

(三)瞄准和调焦

仪器的粗平工作完成之后,即可瞄准目标,瞄准目标简称瞄准,水准测量中的目标自然是水准尺。瞄准时可先利用望远镜的缺口和准星粗略瞄准水准尺,再进行调焦,使在望远镜的十字丝分划板上能清晰地看见水准尺和十字丝。具体操作方法如下:

(1)目镜调焦。松开制动螺旋,将望远镜转向明亮的背景,转动目镜调焦螺旋,使十字丝成像清晰。

(2)初步瞄准。利用望远镜筒上方的缺口和准星粗略瞄准水准尺,旋紧制动螺旋。

(3)物镜调焦。转动物镜调焦螺旋,使水准尺的成像清晰。

(4)精确瞄准。转动望远镜微动螺旋,置十字丝的竖丝于水准尺边缘或中央,如图 2-11 所示。

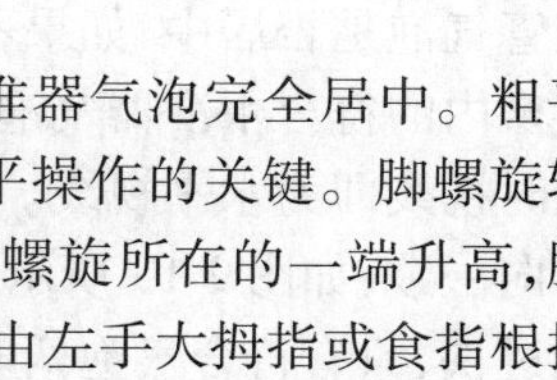

图 2-11　瞄准水准尺

(5)消除视差。精确瞄准目标后有时可能会出现眼睛在目镜端上下作少量移动时,发现十字丝的中丝与水准尺影像之间有着相对移动,这种现象称为视差。产生视差是由于物镜调焦与目镜调焦不到位,使水准尺的成像面与十字丝平面不重合。如图2-12(a)中,由于像平面与十字丝平面不重合,当眼睛在目镜前连续上下作少量移动时,就好像看见物体的像在十字丝平面附近上下移动一样。在图2-12(b)中,由于像平面与十字丝平面重合在一起,当眼睛在目镜前连续上下移动时,则不会出现上述情况。测量工作中是不允许出现视差的,因若有视差存在,则不能准确瞄准目标,从而影响读数的准确性,因此应予以消除。消除视差的方法是:仔细反复地转动目镜和物镜调焦螺旋,使像平面与十字丝平面重合,也就是眼睛无论在什么位置进行观察,尺像和十字丝都清晰可见,十字丝横丝截在水准尺上的读数始终不变。

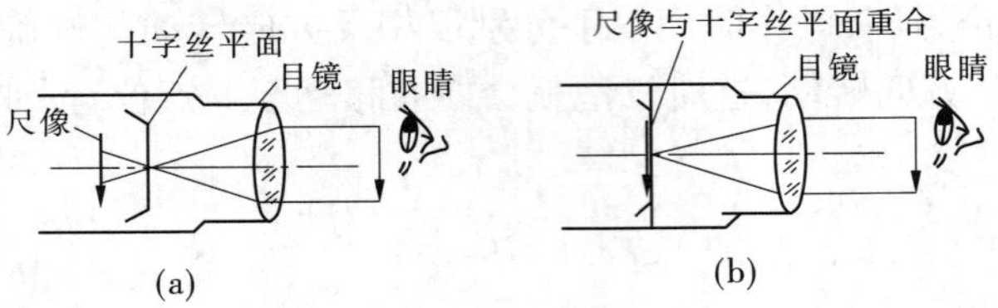

图2-12　视差

注意,由于望远镜目镜的圆瞳直径约为1.5 mm,人眼的瞳孔直径约为2.0 mm,所以检查有无视差时,眼睛上下左右移动的距离不宜大于0.5 mm,否则会因观察物像不清晰而引起错觉。

(四)精确整平

精确整平简称精平,它是通过转动微倾螺旋,使符合水准器气泡居中。操作时先观察水准管气泡是否居中,如果不居中,转动微倾螺旋使气泡居中,然后,用眼睛观察水准管气泡观察窗内的符合水准器气泡影像,用右手缓慢地转动微倾螺旋,使气泡两端的影像严密吻合。此时视线即为水平视线。符合水准器气泡中左侧半气泡影像的移动方向与微倾螺旋的转动方向一致,如图2-13所示。由于气泡在移动时有惯性,所以在转动微倾螺旋时旋转速度不能过快,只有符合气泡两端影像完全吻合并稳定不动后,气泡居中时视线才是水平的。

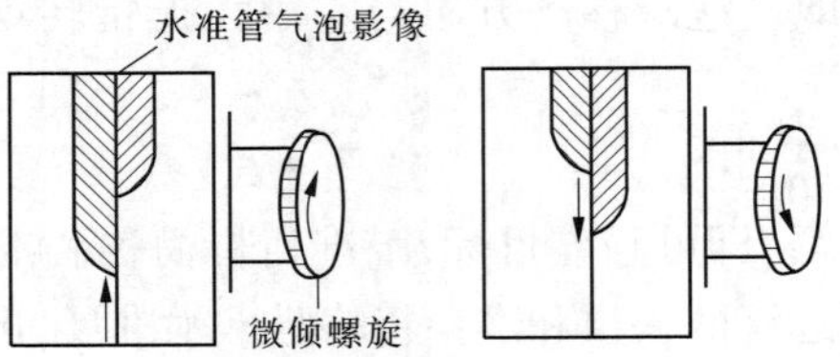

图2-13　精确整平

(五)读数

符合水准器气泡居中后,应立即读十字丝中丝在水准尺上的读数,在读数时一般习惯上是读米、分米、厘米和毫米,并且以毫米为单位。为了保证读数的准确性,并提高读数的速度,读数时应从小数向大数读。读数方法是:米、分米看尺面上的注记,厘米数尺面上的格数,毫米估读。读数报出以mm为单位,报读数应为米、分米、厘米和毫米四个数,mm及小数点省略不报。读数后再检查符合水准器气泡是否居中,若不居中,应再次精平,重新读数。

读数规律是:读数在尺面上按由小到大的方向读。由于水准仪的成像有正像和倒像两种方式,因此观察到的水准尺影像也有正像和倒像两种情况。水准尺影像为正像的,上丝读数大,下丝读数小;水准尺影像为倒像的,上丝读数小,下丝读数大。读数时一定要先分清水准仪的成像方式,然后遵循从小数向大数读的原则进行读数。即若水准尺影像为正像的,读数从下往上读;若水准尺影像为倒像的,读数从上往下读。如图2-14所示的水准尺读数为倒像读数,中丝读数是0.726 m。

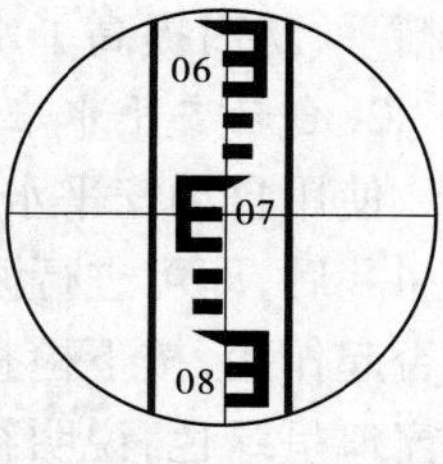

图2-14　水准尺读数

四、自动安平水准仪和电子水准仪简介

(一)自动安平水准仪

在前面的知识介绍中我们知道,当水准仪粗平以后仪器还不能提供一条水平视线时,必须进行精平,也就是需转动微倾螺旋使管水准器气泡严格居中后,仪器才能提供出水平视线,方能进行读数。这种手动操作较为费时,为了简化操作,提高工作效率,人们研制出了一种自动安平水准仪。自动安平水准仪与微倾式水准仪的区别在于:自动安平水准仪没有水准管和微倾螺旋,而是在望远镜的光学系统中装置了补偿器,用它替代了水准管。使用这种仪器只需将仪器的圆水准器气泡居中后,就可以用中丝进行读数了,省略了精平操作过程,从而提高了观测速度。图2-15 所示为DS_{32}自动安平水准仪外形。

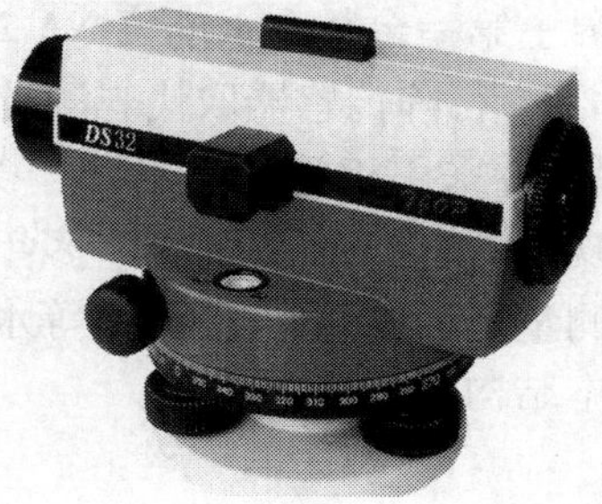

图2-15　DS_{32}自动安平水准仪

1.视线自动安平的原理

目前,自动安平水准仪的类型较多,但其自动安平的原理基本上是一样的,即在水准仪的光学系统中设置了一个补偿器。如图2-16 所示,当圆水准器气泡居中后,视准轴略有倾斜,视准轴与水平光线之间存在一个微小倾角α,水准尺上的a_0点过物镜光心O所形成的水平线不再通过十字丝交点A,而在B点处。在图2-16 中,若我们在水平光线上,距离B点适当的位置安置一补偿器,通过安置在望远镜光路上的这个补偿器,使通过物镜光心的水平光线经过补偿器的光学元件后偏转一个β角,水平光线仍能通过十字丝交点A处,这样十字丝交点上读出的水准尺的读数,即为视线水平时应该读出的水准尺读数a_0。

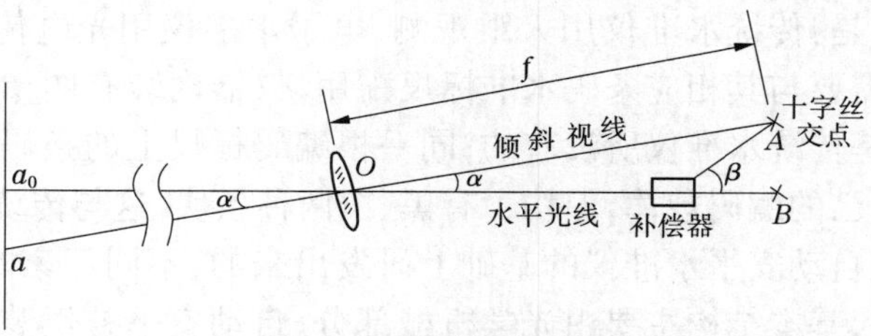

图2-16　自动安平原理

由于无须精平,这样不仅可以缩短水准测量的观测时间,而且对于施工场地地面的微小震动、松软土地的仪器下沉以及大风吹刮等原因引起的视线微小倾斜,能迅速自动进行仪器

的精平，从而提高了水准测量的观测精度。

2. 自动安平水准仪的使用

使用自动安平水准仪时，首先转动脚螺旋使圆水准器气泡居中，然后瞄准水准尺，等待2～4 s后，即可进行读数。有的自动安平水准仪配有一个补偿器检查按钮，为了检查补偿器是否起作用，按下检查按钮，视线水平尺影像随之上下波动，并迅速静止，或望远镜补偿器状态窗口呈绿色，说明补偿器起作用，仪器正常，否则应进行检查修理。每次读数前按一下该按钮，确认补偿器能正常作用再读数。

（二）电子水准仪

1. 电子水准仪概述

电子水准仪又称数字水准仪，它是在自动安平水准仪的基础上发展起来的，是集电子光学、图像处理、计算机技术为一体的当代先进的水准测量仪器，将原有的由人眼观测读数彻底变为由光电设备自行探测视线水平时的水准尺读数。1990 年 3 月徕卡（Leica）公司推出世界上第一台数字水准仪 NA 2000，在 NA 2000 上首次采用数字图像技术处理标尺影像，并以 CCD 行阵传感器取代观测员的肉眼获得成功。这种传感器可以识别水准标尺上的条码分划，并采用相关技术处理信号模型，自动显示与记录标尺读数和视距，从而在水准测量中实现观测自动化。经过 20 多年的发展，电子水准仪已经发展到了第二代、第三代产品，仪器的测量精度也达到了一、二等水准测量的要求。图 2-17 所示是蔡司 DINI12 电子水准仪的基本结构。

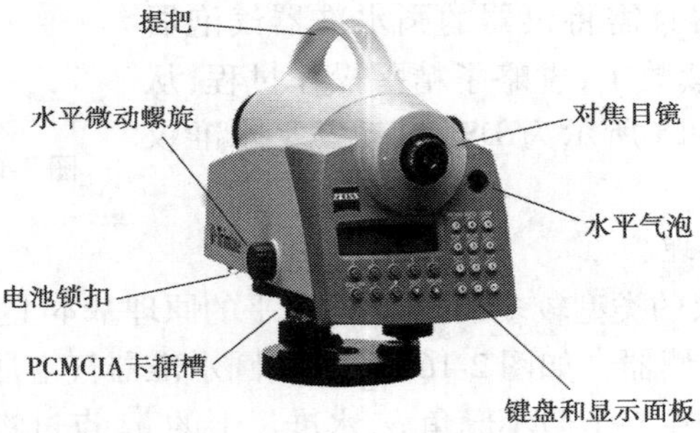

图 2-17　蔡司 DINI12 电子水准仪

电子水准仪和传统水准仪相比较，其相同点是：电子水准仪具有与传统水准仪基本相同的光学、机械和补偿器结构；光学系统也是沿用光学水准仪的；水准标尺一面具有用于电子读数的条码，另一面具有传统水准标尺的 E 形分划；既可用于电子水准测量，也可用于传统水准测量。其不同点是：传统水准仪用人眼观测，电子水准仪用光电传感器（CCD 行阵）代替人眼；电子水准仪需要与其相应条码水准标尺配用，仪器内装有图像识别器，采用数字图像处理技术，这些都是传统水准仪所没有的；同一根编码标尺上的条码宽度不同，各型电子水准仪的条码尺有自己的编码规律，但均含有黑、白两种条块，这与传统水准标尺不同。

电子水准仪是在自动安平水准仪的基础上研发出来的，不同厂家的电子水准仪的主要结构基本上是相同的，基本结构主要由光学机械部分、自动安平补偿装置和电子设备组成。但是由于电子水准仪采用条码标尺，各厂家标尺的编码方式和电子读数求值过程因专利权的原因而完全不相同，因而不能互换使用。目前，采用电子水准仪进行水准测量时，照准标尺和调焦仍需人工目视进行。人工完成照准和调焦之后，标尺条码一方面被成像在望远镜分划板上,供目视观测;另一方面通过望远镜的分光镜,标尺条码又被成像在光电传感器(又称探测器)上,供电子读数。也就是说,当使用传统水准尺,通过目视观测时,可以将电子水准仪当做普通自动安平水准仪使用。如果电子水准仪没有光学测微装置,而被当做普通自动安平水准仪使用,测量的精度会低于电子水准仪测量的精度。电子水准仪的主要优点是:

(1)操作简捷,自动观测和记录,并立即用数字显示测量结果。

(2)整个观测过程在几秒钟内即可完成,从而大大减少观测错误和误差。

(3)仪器还附有数据处理器及与之配套的软件,从而可将观测结果输入计算机进行处理,实现测量工作自动化和流水线作业,大大提高功效。

2. 条码水准尺

与电子水准仪配套使用的水准尺为条形编码尺,通常由玻璃纤维或铟钢制成,如图 2-18 所示。在电子水准仪中装置有光电传感器,它可识别水准标尺上的条形编码。电子水准仪摄入条形编码后,经处理器转变为相应的数字,再通过信号转换和数据化后,在显示屏上直接显示中丝读数和视距。

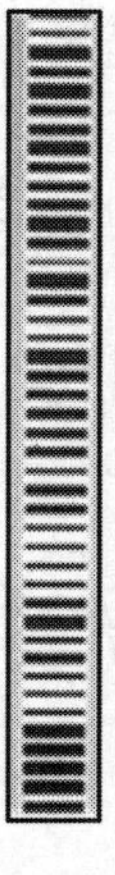

图 2-18　条码水准尺

3. 电子水准仪的使用

一般电子水准仪是通过键盘的键和测量键来操作的,常有两行 LCD 显示器显示给使用者,并显示测量结果和系统的状态。电子水准仪的使用方法与一般水准仪的使用方法大体相似,也包括以下几步:

(1)安置仪器。

(2)粗略整平。

(3)瞄准目标(条码水准尺)。

(4)观测。

对于第(4)步观测,只需按一下测量键后 3 ~4 s,我们便可从电子水准仪的显示屏上看到读数,其测量结果可储存在电子水准仪内或通过电缆连接存入机内记录器中。

另外,观测中如果水准标尺条形编码被局部遮挡不超过 30%,仍可进行观测。

目前,电子水准仪一般都带有随机水准测量软件,利用软件可进行点位和高程管理、平差计算、报表输出、导入观测文件与高程、手工输入观测数据、水准数据检验、上载数据以供放样、数据传输等。

第三节　普通水准测量的外业施测

为了满足地形测图和工程建设的需要,以低于国家三、四等水准测量的精度要求,用于为地形测图的高程控制点加密,或工程建设所进行的水准测量称为普通水准测量,也称等外水准测量或五等水准测量。

一、水准点

用水准测量的方法测定的高程控制点,称为水准点,常记为 BM。例如 BM_{IV15} 表示国家四等水准路线上第 15 号水准点。为了将水准测量成果加以固定,必须在地面上设置水准点。水准点可根据需要，设置成永久性水准点或临时性水准点。永久性水准点需要保存较长的时间，可采用造标埋石标于地面。国家等级永久性水准点应按要求埋设永久性的标志，如图 2-19 所示。永久性水准点一般用石料或钢筋混凝土制成，深埋在地面冻土线以下，其顶面设有不锈钢或其他耐腐蚀的材料制成的半球形标志。有些永久性水准点的金属标志镶嵌在稳定的墙角上，称为墙上水准点，如图 2-20 所示。工程建设上的永久性水准点，其形式如图 2-21(a)所示。临时性的水准点可用地面上突出的坚硬岩石做记号，如果是松软地面，可用大木桩打入地下，桩顶钉以半球状铁钉，作为水准点的标志，如图 2-21(b)所示。在坚硬地面上可以用油漆或其他方式在地面上作出标记，作为临时性水准点。

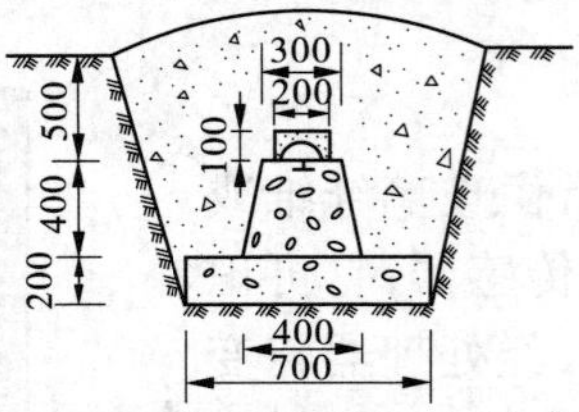

图 2-19　国家等级水准点　(单位:mm)

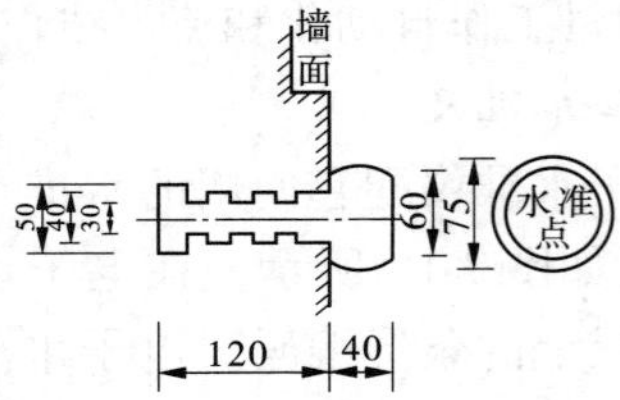

图 2-20　墙上水准点　(单位:mm)

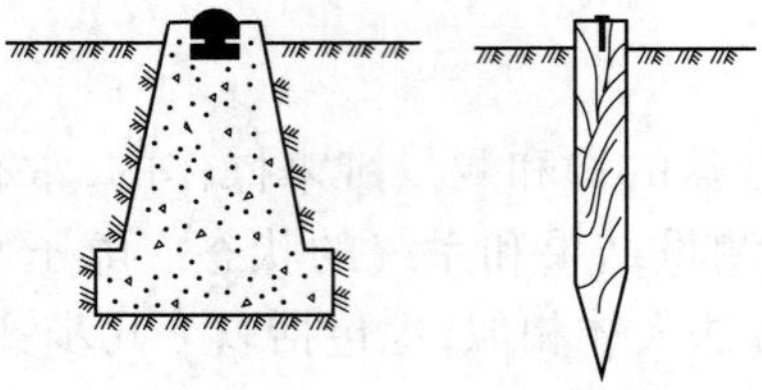

图 2-21　建设工程的水准点

水准点在地面上埋设完了之后，为了便于寻找和使用，可在其周围醒目处作标记，或在水准点处固定一明显的标志，同时还应绘出水准点与附近地物的关系草图，在草图上还要注明水准点的编号和高程，这些标记和标志称“点之记”，以便于日后寻找水准点位置。

二、水准路线布设

在水准点间进行水准测量所经过的路线，称为水准路线。相邻两水准点间的路线称为测段。一般根据测区自然状况及工程具体要求，水准路线布设形式主要有单一水准路线和水准网形式两种。

(一)单一水准路线

单一水准路线根据测区及附近水准点的分布情况，有以下三种布设形式。

1. 附合水准路线

如图 2-22 所示，从已知高程的水准点 BM_A 出发，依次对各待测高程的水准点 1、2、3…进行水准测量，最后附合到另一已知高程的水准点 BM_B 所构成的水准路线，称为附合水准路线。

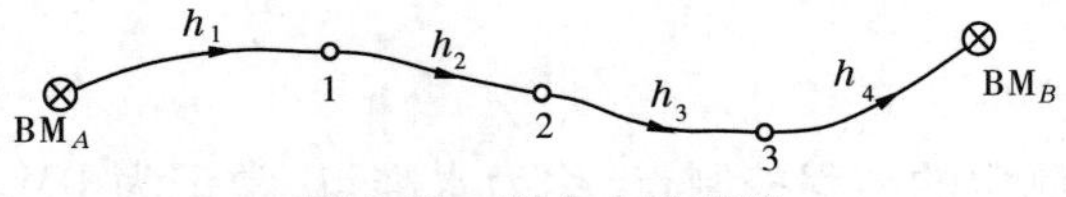

图 2-22　附合水准路线

2. 闭合水准路线

如图 2-23 所示，从已知高程的水准点 BM_A 出发，依次对各待测高程的水准点 1、2、3…进行水准测量，最后又回到原已知水准点 BM_A，其所构成的环形水准路线称为闭合水准路线。

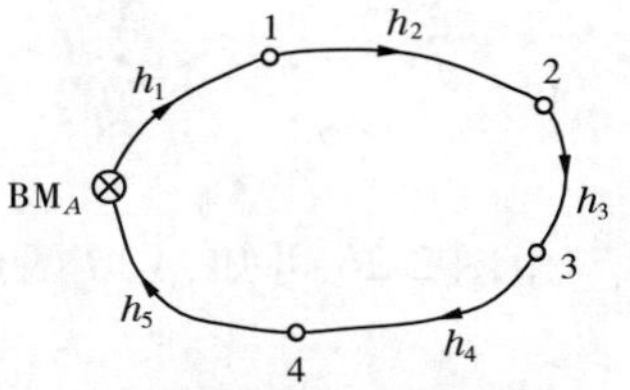

图 2-23　闭合水准路线

3. 支水准路线

如图 2-24 所示，从已知高程的水准点 BM_A 出发，依次对各待测高程的水准点 1、2 进行水准测量，最后既不闭合回到原来的已知高程水准点，也没有附合到另一已知高程的水准点的水准路线，称为支水准路线。由于这种水准路线没有检核条件，因此要进行往、返测量，以提高观测的精度和检核。从理论上讲，支水准路线往测高差与返测高差的代数和应等于零，即往测高差总和与返测高差总和绝对值相等而符号相反。

（二）水准网形式

由若干条单一水准路线相互连接构成结点或网状形式，称为水准网。只有一个已知高程水准点的水准网称为独立水准网，如图 2-25(a)所示；有两个以上已知高程水准点的水准网称为结点附合水准网，如图 2-25(b)所示。

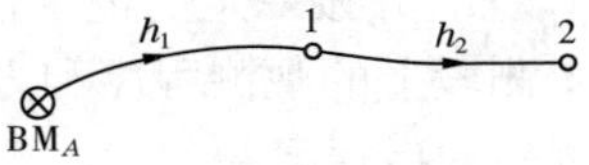

图 2-24　支水准路线

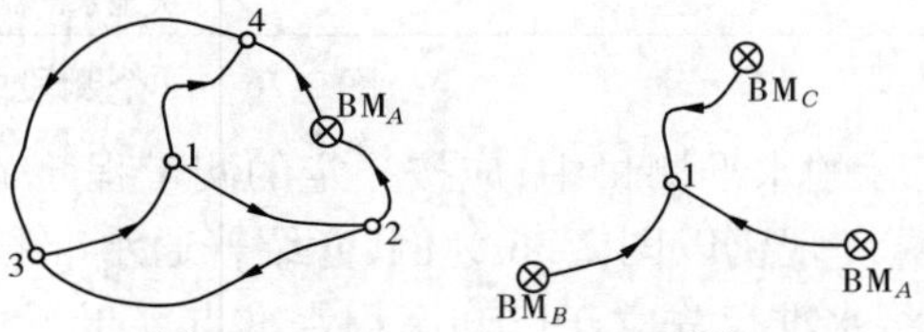

(a)　　(b)

图 2-25　水准网

三、普通水准测量

（一）水准测量的施测方法

水准测量分外业和内业两部分工作，这里先介绍水准测量的外业工作。水准测量的外业是按已布设好的水准路线进行的，分别测定路线中各测段的高差。现以由一已知水准点高程测定另一未知高程点高程为例，说明在一个测段上测定两点的高差的水准测量施测方法。在水准测量原理中，我们已经知道了在一个测站上如何完成两点的高差的测量工作，即通过安置一次水准仪，水准仪便能够读取后视读数 a 和前视读数 b，从而一次测出地面上两点的高差。但是在实际的水准测量工作中，当一个测段的距离较长，已知点距待定点较远或高差比较大，安置一次仪器不能够直接测出已知点与待定点的高差时，需要在已知点与待定点之间的整个测段上设若干个临时点，将其分成若干测段，连续多次安置仪器和在临时点立放水准尺，依次连续对每个分段进行水准测量，测出每一段上两点的高差然后通过计算求出已知点与待定点的高差。在水准测量中，为了测出已知点与待定点之间的高差而增设的临时点，称为转点，一般用 TP 表示，在水准测量中转点起传递高程的作用。如图 2-26 所示，在 A、B 两点间依次设 4 个转点，安置 5 次仪器，即设 5 个测站，每个测站都可读出后、前视读数，分别是后视读数 a_1、a_2、a_3、a_4、a_5 和前视读数 b_1、b_2、b_3、b_4、b_5，则各段的高差为

$$h_1 = a_1 - b_1$$
$$h_2 = a_2 - b_2$$

$$h_3 = a_3 - b_3$$
$$h_4 = a_4 - b_4$$
$$h_5 = a_5 - b_5$$

由图 2-26 可知，A、B 两点间的高差为 5 个测站所测高差的总和，即

$$h_{AB} = \sum h = \sum a - \sum b \tag{2-6}$$

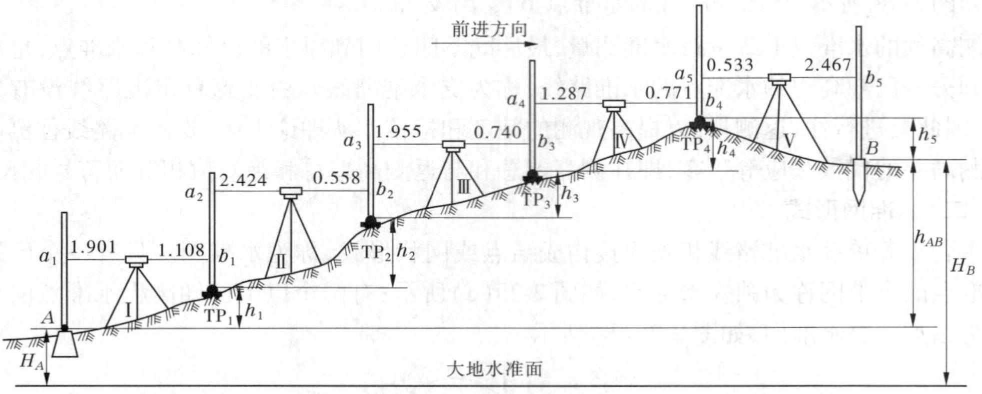

图 2-26　一个测段的水准测量

在实际的水准测量中，应按一定的测量程序、方法进行观测，并按一定的记录格式随测、随记、随算。现仍以图 2-26 为例，介绍普通水准测量在一个测段上的观测程序和方法。

(1)将水准尺先立于已知高程水准点 A 上，作为第Ⅰ测站的后视尺。

(2)根据水准路线前进方向，在地面上选择适当的点作为第一个转点 TP_1 的位置，并在转点上放置尺垫，把尺垫踩实固定好，在尺垫上竖立水准尺作为第Ⅰ测站的前视尺。在后视点 A 与前视点 TP_1 之间适当的位置安置水准仪，作为第Ⅰ测站。安置水准仪时要保证既能看见后视点 A，又能看见前视点 TP_1，并且使测站至前、后视点的距离大致相等，水准仪与水准尺的距离一般不得大于 100 m。

(3)在测站将水准仪粗平后，首先瞄准 A 点处的后视尺，消除视差、精平，读取中丝读数，该读数为本站的后视读数，将后视读数记入表 2-1 中第Ⅰ测站后视读数栏目内。然后转动水准仪望远镜，瞄准 TP_1 处的前视尺，消除视差、精平，读取中丝读数，该读数为本站的前视读数，将前视读数记入表 2-1 中第Ⅰ测站前视读数栏目内。

(4)沿水准路线选择好第二个转点 TP_2，在转点上放置尺垫，把尺垫踩实固定好，将后视 A 点上的水准尺立于转点 TP_2 的尺垫上，作为第Ⅱ测站的前视尺。第Ⅰ测站前视点水准尺不动，变成第Ⅱ测站的后视尺。水准仪搬至转点 TP_1 与 TP_2 之间适当的位置作为第Ⅱ测站，选择第Ⅱ测站的位置与第Ⅰ测站的位置要求相同，安置水准仪。在第Ⅱ测站按第Ⅰ测站的观测方法进行观测，并将后、前视读数记入表 2-1 中第Ⅱ测站后、前视读数栏目内。

(5)重复上述的观测方法，沿水准路线前进方向直至 B 点，完成该测段的水准测量工作，按水准测量原理可计算出 A 点与 B 点的高差，从而求出 B 点的高程。

由于整个水准路线的水准测量观测是分测段进行的，而各测段的观测方法都是一样的，因此从已知高程水准点开始，按一个测段的观测方法，依次连续沿水准路线前进方向进行观测，直至终点，即完成水准测量的外业工作。

表 2-1 水准测量手簿

测站	测点	水准尺读数(m)		高差(m)		高程(m)	备注
		后视读数	前视读数	+	-		
1	2	3	4	5		6	7
Ⅰ	BM_A	1.901		0.793		244.527	
	TP_1		1.108				
Ⅱ	TP_1	2.424		1.866			
	TP_2		0.558				
Ⅲ	TP_2	1.955		1.215			
	TP_3		0.740				
Ⅳ	TP_3	1.287		0.516			
	TP_4		0.771				
Ⅴ	TP_4	0.533			1.934		
			2.467			246.983	
Σ		8.100	5.644	4.390	1.934		
计算检核	$\sum a-\sum b=+2.456$			$\sum h=+2.456$		$h_{AB}=H_B-H_A=+2.456$	

(二)水准测量的检核方法和精度要求

1. 计算检核

计算检核可以检查出每站计算高差时是不是出错,我们知道在水准测量的观测过程中,所有的观测值和计算值都填于水准测量手簿中,根据式(2-6),表 2-1 中计算检核一栏中算出的$\sum h$、$\sum a-\sum b$和$H_{终}-H_{起}$三项应满足

$$\sum a-\sum b=\sum h=H_{终}-H_{起} \tag{2-7}$$

即各测站的后视读数之和减去前视读数之和等于各测站的高差代数和,并且还等于计算出的终点高程减去已知的起点高程。如果表 2-1 中计算检核一栏中计算结果满足式(2-7),只能说明计算没有出错,如果不满足式(2-7),则说明计算出错。这种检核可判断计算过程中的对错情况,并能及时对错误计算进行改正,但不能检核观测的数据是否正确。

2. 测站检核

为了及时发现在每一测站观测数据出现的错误,以保证每一个测站所测的高差准确无误,我们可采取测站检核措施,测站检核有如下两种方法。

1)两次仪器高法

两次仪器高法是在同一个测站上用两次不同的仪器高度进行高差观测,对两次所测的高差进行检核。方法是在一个测站上第一次测出两点高差之后,将仪器的高度升高或降低重新安置仪器后,对第一次所测两点的高差再观测一次。两次测出的高差理论值应该相等,但由于有误差存在,一般不会相等。要求:改变仪器的高度应大于 10 cm;两次所测高差之

差不超过容许值,普通水准测量容许值一般为 ±5 mm。如果观测数据在容许值范围内,则取其平均值作为该测站最后观测结果。如果观测数据超过容许值范围,则必须重新观测。

2)双面尺法

双面尺法是采用双面水准尺测定相同两点的高差,然后对黑、红双面水准尺所测的高差进行检核。方法是在一个测站上仪器的高度不变,先用双面水准尺的黑面进行两点高差的观测,可测出一个高差,再用红面水准尺仍对这两点进行两点高差的观测,可测出另一个高差。如果两次所测得的高差的差值不超过规定的限差,如四等水准测量容许值为 ±5 mm,则取其平均值作为该测站最后观测结果。如果观测数据超过容许值范围,则必须重新观测。

测站检核可以检核一个测站高差的观测结果是否符合规定要求,但整个水准路线的测量成果是否符合规定要求甚至出错,则不能判定。例如,测站由上一站搬迁至下一站时,转点的位置若发生移动,这时测站的成果虽符合要求,但整个水准路线的水准测量成果则会由此存在差错,因此还需进行路线检核。

3. 路线检核

路线检核是对水准测量结果进行检核,即将实测的高差与理论高差进行比较,分析观测结果是否符合精度要求。一条水准路线的实测高差与该水准路线的理论高差的差值,称为该水准路线的高差闭合差,常用 f_h 表示,即

$$f_h = \sum h_{测} - \sum h_{理} \tag{2-8}$$

式中 $\sum h_{测}$——实测高差总和;

$\sum h_{理}$——理论高差总和。

显然,水准测量结果的质量,就是用高差闭合差的大小来反映的。如果高差闭合差在限差容许值之内,则观测精度符合要求,否则应检查原因或重新观测。不同等级的水准测量,其高差闭合差容许值有不同的规定,表 2-2 所示是在工程测量中的水准测量高差闭合差限差。按水准测量路线,路线检核也分三种。

表 2-2 水准测量高差闭合差限差

等级	容许闭合差(mm)	一般应用范围举例
三等	$f_{h容} = \pm 12\sqrt{L}$ $f_{h容} = \pm 4\sqrt{n}$	有特殊要求的较大型工程、城市地面沉降监测等
四等	$f_{h容} = \pm 20\sqrt{L}$ $f_{h容} = \pm 6\sqrt{n}$	综合规划线路、普通建筑工程、河道等工程
等外	$f_{h容} = \pm 40\sqrt{L}$ $f_{h容} = \pm 12\sqrt{n}$	水利工程、山区线路工程、排水沟疏竣工程、小型农田等

注:1. 表中 L 为水准路线单程千米数,n 为单程测站数。

2. 容许闭合差 $f_{h容}$,在平地按水准路线的千米数 L 计算,在山地按测站数 n 计算。

1)附合水准路线高差闭合差

由于附合水准路线是由一个已知高程的水准点开始,终点是另一已知高程的水准点,因此附合水准路线的理论高差为

$$\sum h_{理} = H_{终} - H_{起}$$

则附合水准路线的高差闭合差f_h为

$$f_h = \sum h_{测} - \sum h_{理} = \sum h_{测} - (H_{终} - H_{起}) \tag{2-9}$$

式中　$H_{起}$——路线起点已知高程；

　　　$H_{终}$——路线终点已知高程。

2)闭合水准路线高差闭合差

由于闭合水准路线的起、终点是一个点,因此从理论上讲,闭合水准路线各测段高差代数和应等于零,即

$$\sum h_{理} = 0$$

如果不等于零,则闭合水准路线高差闭合差为

$$f_h = \sum h_{测} \tag{2-10}$$

3)支水准路线

因支水准路线在进行水准测量时,其高差的测定需要进行往测和返测,这时往测和返测所测的高差的绝对值应相等,而符号相反,实际上形成了一闭合水准路线,所以

$$\sum h_{往} + \sum h_{返} = 0$$

如果不等于零,则高差闭合差为

$$f_h = \sum h_{往} + \sum h_{返} \tag{2-11}$$

各种路线形式的水准测量,其高差闭合差均不应超过容许值,否则即认为观测结果不符合要求。

第四节　水准测量成果的内业计算

在路线检核中如果高差闭合差在允许值范围内,说明水准测量观测成果符合要求,可以进行水准测量成果的内业计算。水准测量成果的内业计算主要是对高差闭合差进行调整,使调整后的高差闭合差为零,然后计算调整后的高差,用调整后的高差则可计算各待定点的高程。

一、水准测量成果的内业计算基本方法

(一)计算高差闭合差f_h和容许值$f_{h容}$

根据路线的检核方法,计算出高差闭合差f_h和高差闭合差容许值$f_{h容}$。如果$|f_h| \leq |f_{h容}|$,则可以进行下一步成果的内业计算。如果$|f_h| > |f_{h容}|$,则说明外业成果不符合要求,不能进行下一步成果的内业计算,需要重新观测。

(二)高差闭合差改正数的计算

水准测量的外业成果达到精度要求后,可进行高差闭合差的调整。通过高差闭合差的调整,使高差闭合差等于零。一般而言,某测段的测站数越多或路线越长,其观测的误差也就越大。因此,高差闭合差调整的原则是:将高差闭合差反符号,按测段的测站数或路线长度成正比例分配到各相应测段的高差观测值中。也就是说,高差闭合差的调整就是需要对每一个测段的高差观测值加(减)一个数,这个数称为高差改正数,也称高差调整值。设每

一测段的高差改正数为 v_i，则

$$v_i = -\frac{f_h}{\sum n} n_i \tag{2-12}$$

或

$$v_i = -\frac{f_h}{\sum L} L_i \tag{2-13}$$

式中 v_i——第 i 测段的高差改正数，mm；

$\sum n$——水准路线总测站数；

$\sum L$——水准路线总长度；

n_i——第 i 测段的测站数；

L_i——第 i 测段的路线长度。

计算检核：如果高差改正数的总和与高差闭合差的绝对值相等、符号相反，即

$$\sum v_i = -f_h \tag{2-14}$$

则表明各段高差改正数计算正确，否则计算有误。

（三）计算改正后的高差

各测段改正后的高差等于各测段观测高差加上相应的改正数，即

$$\bar{h}_i = h_{i测} + v_i \tag{2-15}$$

式中 $\bar{h}_i$——第 i 段的改正后高差；

$h_{i测}$——第 i 段的实测高差。

计算检核：改正后的高差总和应等于理论高差总和，即

$$\sum \bar{h}_i = \sum h_{理} \tag{2-16}$$

如果是支水准路线，当高差闭合差在容许范围内时，即可取往测和返测的高差平均值作为各测段的最后高差，其符号和往测高差符号相同，即

$$h = \frac{h_{往} - h_{返}}{2} \tag{2-17}$$

（四）计算待定点的高程

根据起点的已知水准点高程和各测段改正后的高差，由起点高程开始，依次推算出各待定点的高程，即前一点的高程等于后一点的高程加前后两点改正后的高差，计算公式为

$$H_i = H_{i-1} + \bar{h}_i \tag{2-18}$$

式中 H_i——第 i 点的高程；

H_{i-1}——第 $i-1$ 点的高程，当 $i=1$ 时，H_0 为起点高程。

计算检核：由待定点推算出的终点高程应等于已知的终点高程，若不相等，则计算有误。

二、水准路线成果内业计算算例

（一）附合水准路线成果内业计算算例

【例 2-1】 图 2-27 是一附合水准路线等外水准测量，A、B 为已知高程的水准点，1、2、3 为待定高程的水准点，h_1、h_2、h_3、h_4 依次为第 1、2、3、4 各测段的观测高差，L_1、L_2、L_3、L_4 依次为第 1、2、3、4 各测段的路线长度。现已知 $H_A = 65.376$ m，$H_B = 68.623$ m，各测段的路线长度及高差均注于图 2-27 中，求待定点 1、2、3 的高程。

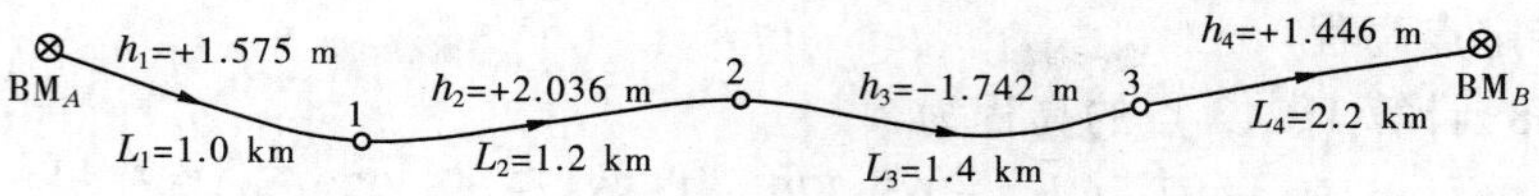

图 2-27 附合水准路线示意图

解

1. 填写观测数据和已知数据

将点号、路线长度(或测站数)、观测高差及已知水准点 A、B 的高程填入附合水准测量成果计算表(见表 2-3)中各相应栏目内。

2. 计算高差闭合差

按式(2-9),该附合水准路线的高差闭合差为

$$f_h = \sum h_{测} - (H_B - H_A) = 3.315 - (68.623 - 65.376) = +0.068(\text{m}) = +68 \text{ mm}$$

等外水准测量高差闭合差容许值 $f_{h容}$ 为

$$f_{h容} = \pm 40\sqrt{L} = \pm 40\sqrt{5.8} = \pm 96(\text{mm})$$

因 $|f_h| < |f_{h容}|$,说明观测成果精度符合要求,可对高差闭合差进行调整。

3. 计算高差闭合差改正数

按式(2-13)计算出各测段改正数为

$$v_1 = -\frac{f_h}{\sum L}L_1 = -\frac{68}{5.8} \times 1.0 = -12(\text{mm})$$

$$v_2 = -\frac{f_h}{\sum L}L_2 = -\frac{68}{5.8} \times 1.2 = -14(\text{mm})$$

$$v_3 = -\frac{f_h}{\sum L}L_3 = -\frac{68}{5.8} \times 1.4 = -16(\text{mm})$$

$$v_4 = -\frac{f_h}{\sum L}L_4 = -\frac{68}{5.8} \times 2.2 = -26(\text{mm})$$

计算检核

$$\sum v_i = -f_h = -68 \text{ mm}$$

将各测段高差改正数填入表 2-3 中第 4 栏内。

4. 计算各测段改正后的高差

按式(2-15)计算各测段改正后高差为

$$\bar{h}_1 = h_1 + v_1 = +1.575 + (-0.012) = +1.563(\text{m})$$
$$\bar{h}_2 = h_2 + v_2 = +2.036 + (-0.014) = +2.022(\text{m})$$
$$\bar{h}_3 = h_3 + v_3 = -1.742 + (-0.016) = -1.758(\text{m})$$
$$\bar{h}_4 = h_4 + v_4 = +1.446 + (-0.026) = +1.420(\text{m})$$

计算检核

$$\sum \bar{h}_i = H_B - H_A = 3.247 \text{ m}$$

将各测段改正后高差填入表 2-3 中第 5 栏内。

5. 计算待定点高程

按式(2-18)计算1、2、3点的高程为

$$H_1 = H_A + \bar{h}_1 = 65.376 + 1.563 = 66.939(\text{m})$$

$$H_2 = H_1 + \bar{h}_2 = 66.939 + 2.022 = 68.961(\text{m})$$

$$H_3 = H_2 + \bar{h}_3 = 68.961 + (-1.758) = 67.203(\text{m})$$

计算检核

$$H_{B(\text{推算})} = H_3 + \bar{h}_4 = 67.203 + 1.420 = 68.623(\text{m}) = H_{B(\text{已知})}$$

说明计算正确,将推算出的各待定点的高程填入表2-3中第6栏内。

表2-3　水准测量成果计算

点号	距离(km)	实测高差(m)	改正数(mm)	改正后高差(m)	高程(m)	备注
1	2	3	4	5	6	7
BM_A					65.376	
	1.0	+1.575	−12	+1.563		
1					66.939	
	1.2	+2.036	−14	+2.022		
2					68.961	
	1.4	−1.742	−16	−1.758		
3					67.203	
	2.2	+1.446	−26	+1.420		
BM_B					68.623	
$\sum$	5.8	+3.315	−68	+3.247		
辅助计算	$f_h = \sum h_{测} - (H_B - H_A) = 3.315 - (68.623 - 65.376) = +0.068(\text{m}) = +68\ \text{mm}$ $f_{h容} = \pm 40\sqrt{L} = \pm 40\sqrt{5.8} = \pm 96(\text{mm})$　　$\lvert f_h \rvert < \lvert f_{h容} \rvert$					

(二)闭合水准路线成果内业计算算例

【例2-2】 图2-28是一闭合水准路线等外水准测量示意图,A点为已知高程水准点,其高程H_A为1 146.567 m,其他数据注明于图上,求待定水准点1、2、3的高程。

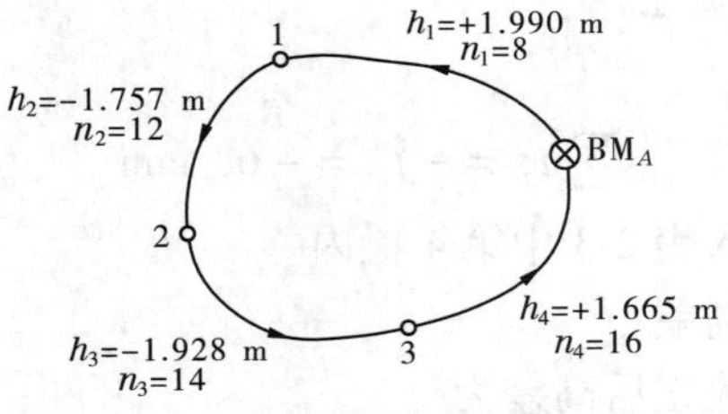

图2-28　闭合水准路线示意

闭合水准路线成果计算的步骤与附合水准路线基本相同。不同的是闭合水准路线高差闭合差为

$$
\begin{aligned}
f_h &= \sum h_{测} \\
&= 1.990 - 1.757 - 1.928 + 1.665 \\
&= -0.030(\text{m}) \\
&= -30\ \text{mm}
\end{aligned}
$$

$$f_{h容} = \pm 12\sqrt{n} = \pm 12\sqrt{50} = \pm 85(\text{mm})$$

因$|f_h| < |f_{h容}|$，说明观测成果精度符合要求，可以进行高差闭合差的计算、高差闭合差的调整、各测段改正后高差的计算及待定点高程的计算。由于计算方法与附合水准路线成果内业计算方法相同，故计算过程这里不再写出，其各待定点的高程计算结果见表 2-4。

表 2-4　水准测量成果计算

点号	测站数	实测高差(m)	改正数(mm)	改正后高差(m)	高程(m)	备注
1	2	3	4	5	6	7
BM_A					1 146.567	
	8	+1.990	+5	+1.995		
1					1 148.562	
	12	−1.757	+7	−1.750		
2					1 146.812	
	14	−1.928	+8	−1.920		
3					1 144.892	
	16	+1.665	+10	+1.675		
BM_B					1 146.567	
Σ	50	−0.030	+30	0		
辅助计算	$f_h = \sum h_{测} = 1.990 - 1.757 - 1.928 + 1.665 = -0.030(\text{m}) = -30\ \text{mm}$ $f_{h容} = \pm 12\sqrt{n} = \pm 12\sqrt{50} = \pm 85(\text{mm})$　$|f_h| < |f_{h容}|$					

(三)支水准路线成果内业计算算例

【例 2-3】　图 2-29 是一支水准路线等外水准测量示意图，A 为已知高程的水准点，其高程 H_A 为 45.276 m，1 点为待定高程的水准点，$h_往$ 和 $h_返$ 分别为往、返测量的观测高差。往、返测的测站数共 16 站，则 1 点的高程计算方法如下。

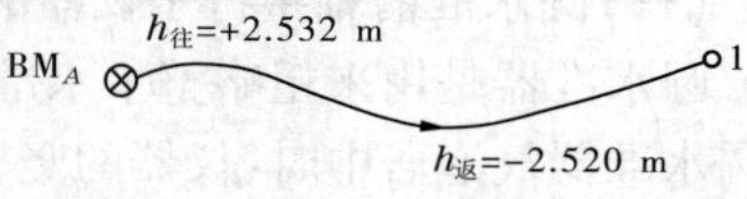

图 2-29　支线水准路线示意

1. 计算高差闭合差

$$f_h = h_往 + h_返 = +2.532 + (-2.520) = +0.012(\text{m}) = +12\ \text{mm}$$

2. 计算高差闭合差容许值

测站数只能以单程计数，可取往、返的平均数作为测站数

$$n = \frac{1}{2}(n_往 + n_返) = \frac{1}{2} \times 16 = 8(站)$$

$$f_{h容} = \pm 12\sqrt{n} = \pm 12\sqrt{8} = \pm 34(\text{mm})$$

因$|f_h| < |f_{h容}|$，说明观测成果精度符合要求，可以进行下一步的计算。

3. 计算改正后高差

按式(2-16)取往测和返测的高差平均值作为 A 点和 1 点之间的高差，其符号和往测高差符号相同，即

$$h_{A1} = \frac{+2.532 - (-2.520)}{2} = +2.526(\text{m})$$

4. 计算待定点高程

$$H_1 = H_A + h_{A1} = 45.276 + 2.526 = 47.802(\text{m})$$

第五节　DS_3 微倾式水准仪的检验与校正

一、水准仪的几何轴线及其应满足的几何条件

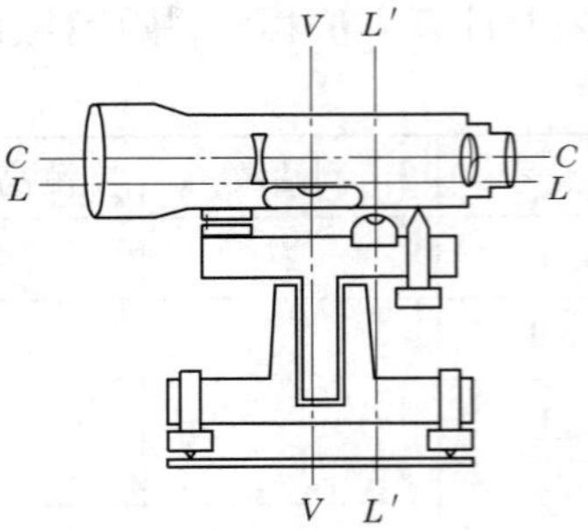

图 2-30　水准仪轴线的几何关系

如图 2-30 所示，水准仪主要的几何轴线有视准轴 *CC*、水准管轴 *LL*、仪器的竖轴 *VV*、圆水准器轴 *L′L′*。根据水准测量的原理，水准仪必须能提供一条水平的视线，它才能正确地测出两点间的高差。为此，水准仪在结构上，其几何轴线应满足如下几何条件：

(1)圆水准器轴 *L′L′*应平行于仪器的竖轴 *VV*；

(2)十字丝的中丝应垂直于仪器的竖轴 *VV*；

(3)水准管轴 *LL* 应平行于视准轴 *CC*。

对于第(3)项应还有一前提条件是望远镜的视准轴不能因为调焦而发生位置移动。水准仪在出厂时都已进行了严格的检验，各轴线保证满足上述的三个几何条件。但由于水准仪在搬迁运输过程中受到的振动和长期的使用，原各轴线之间的几何关系可能发生了变化。因此，在使用水准仪进行水准测量之前，应对水准仪进行认真的检验，如果出现问题，只要不是因为仪器的质量问题或部件损坏造成的，可通过校正使轴线达到应满足的几何条件。

二、水准仪的检验与校正

(一)圆水准器轴平行于仪器的竖轴的检验与校正

圆水准器是用来粗略整平水准仪的，如果圆水准器轴 *L′L′*不平行于仪器的竖轴 *VV*，则当圆水准器气泡居中时，仪器的竖轴没有处于铅垂位置。并且若竖轴倾斜过大，则可能导致转动微倾螺旋到了极限位置也不能使水准管气泡居中。

1. 检验方法

安置好水准仪，旋转脚螺旋使圆水准器气泡居中，然后将望远镜绕仪器的竖轴旋转 180°，如果气泡仍居中，如图 2-31(a)所示，则表明该项几何条件得到满足；如果气泡偏离中央位置而在圆水准器中心分划圆圈之外，如图 2-31(b)所示，则表明该项几何条件没有满足，需要进行校正。如果气泡虽然偏离中央位置，但仍在圆水准器中心分划圆圈之内，如图 2-31(d)所示，也可不用进行校正。

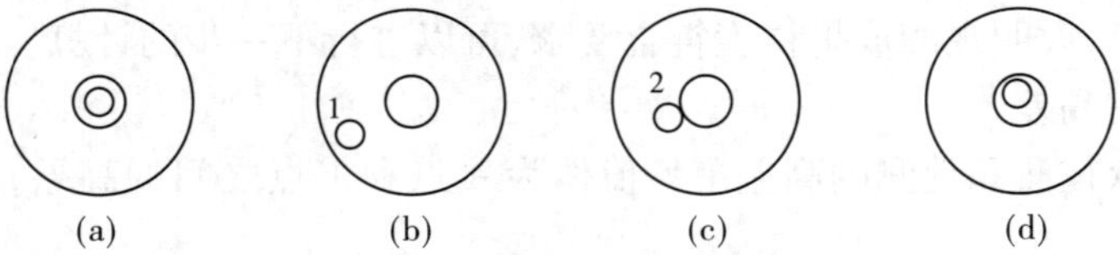

图 2-31　圆水准器校正

2. 校正方法

如图 2-31(b)所示，气泡偏离圆水准器中心而在 1 位置，校正时，首先调整脚螺旋，使气泡从 1 的位置向圆水准器中心方向移动偏离量的一半，到图 2-31(c)2 所示的位置，此时竖轴基本处于铅垂位置。其次，按图 2-32 所示，稍旋松圆水准器底部的中央固定螺钉，用校正

针拨动三个校正螺钉，使气泡居中。然后，将望远镜绕仪器的竖轴旋转 180°，检查圆水准器的气泡是否居中，如果气泡居中，这时圆水准器轴平行于仪器的竖轴且处于铅垂位置，校正工作完毕。如果气泡仍然没有居中，继续重复上述的校正方法，使气泡居中。一般此项检验与校正的过程需反复数次，直至无论望远镜旋转至任何位置时，圆水准器的气泡始终处于圆水准器的中央位置，此时，圆水准器轴平行于仪器的竖轴且处于铅垂位置。在用校正针拨动三个校正螺钉时，应做到一松一紧，即先松 1 颗或 2 颗后再紧 2 颗或 1 颗，校正完毕后一定要记住把固定螺钉紧固。

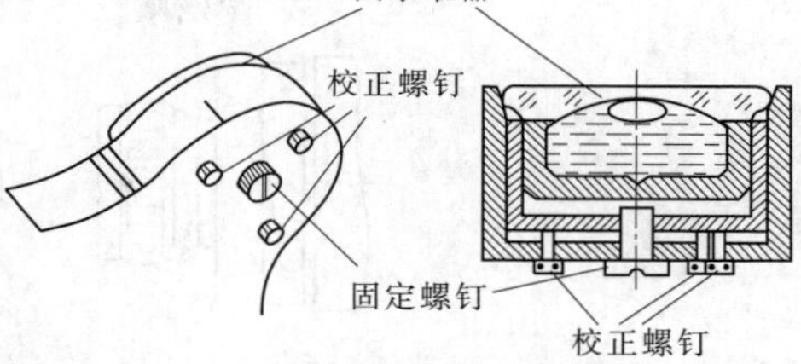

图 2-32　圆水准器校正螺钉

（二）十字丝的中丝垂直于仪器的竖轴的检验与校正

在水准测量中，十字丝是用来读数的，经第一项检验后，仪器的竖轴虽然处于铅垂位置，但如果十字丝横丝不水平，如图 2-33（c）所示，这时用横丝的左侧或右侧来读数都会产生误差。

1. 检验方法

安置水准仪，使圆水准器的气泡严格居中后，先用十字丝交点瞄准远处某一明显的点状目标 *M*，如图 2-33（a）所示，然后旋紧制动螺旋，转动微动螺旋，使望远镜左右转动，如果目标点 *M* 始终在中丝上移动，如图 2-33（b）所示，则表明该项几何条件得到满足，中丝垂直于仪器的竖轴；如果目标点 *M* 离开中丝，如图 2-33（c）所示，则表明该项几何条件没有满足，需要校正。

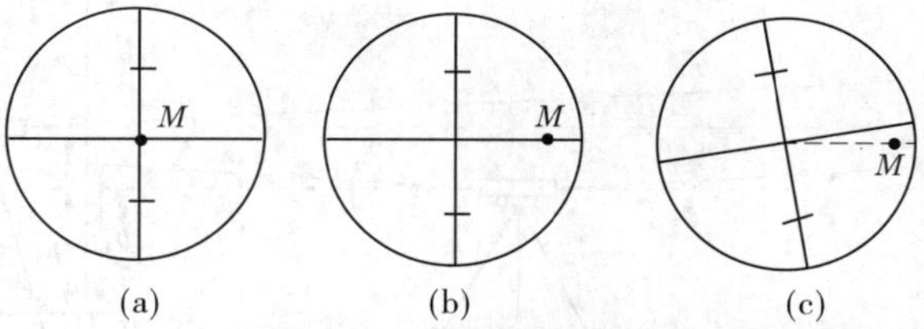

图 2-33　十字丝的中丝垂直于仪器的竖轴的检验

另外，也可以采用挂垂球的方法进行检验。方法是：在远处用一细线将垂球挂在与仪器差不多高的地方，水准仪整平后，用十字丝的交点对准垂球线，观察十字丝的竖丝是否与垂球线重合，如不重合，则需要校正。

2. 校正方法

十字丝分划板校正部件有两种形式。一种形式如图 2-34（a）所示，在目镜镜筒上有三颗固定十字丝分划板座的埋头螺钉，校正时松开其中任意两颗埋头螺钉，轻轻转动分划板座，使横丝水平。再进行检验，直至目标点 *M* 始终在中丝上移动，再将埋头螺钉拧紧。另一种形式如图 2-34（b）所示，该图为拧开靠目镜处的十字丝环外罩之后的情况，校正时松开十字丝分划板座的固定螺钉，轻轻转动十字丝分划板座，使横丝水平。满足条件后，将下十字丝分划板的固定螺钉拧紧。此项校正也需反复进行，直至目标点 *M* 始终在中丝上移动。

（三）水准管轴平行于视准轴的检验与校正

由水准测量的原理可知，水准测量是利用水准仪所提供的水平视线来测定地面上两点的高差的，而只有当望远镜的视准轴与水准管轴平行时，水准仪才能提供一条水平视线。如

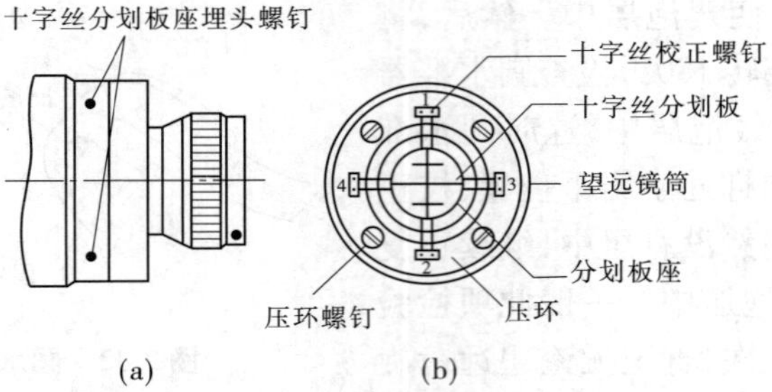

图 2-34 十字丝分划板校正部件

果望远镜的视准轴与水准管轴不平行,则它们在包含视准轴所在的竖直面上的投影为相交直线,其之间的夹角称为 i 角,因而常称水准管轴平行于视准轴的检验为 i 角检验,它是水准仪检验的重要内容。

i 角检验的检验方法有多种,但其基本原理都是一致的。即在不同的地点处安置水准仪,对地面上固定的两点进行两次高差测定,如果两次所测的高差相等,则 i 角为零,表明该项几何条件得到满足;如果两次所测的高差不相等,则 i 角不等于零,需要计算 i 角的大小,若 i 角超限,就需要进行校正。以下以比较简单的检验和校正方法作介绍。

1. 检验方法

如图 2-35 所示,在较平坦的地面上选择相距约 80 m 的地方打下两个木桩或放置两个尺垫作为固定点 A 和 B,在固定点 A 和 B 上竖立水准尺。在 A、B 两点之间的中点 C 处安置水准仪,使前后视距相等。

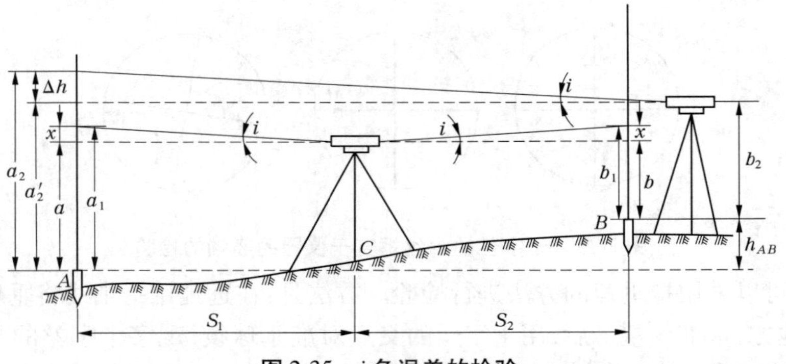

图 2-35 i 角误差的检验

(1)在 C 点处安置水准仪,当长水准管气泡居中时,分别读取 A、B 点上水准尺的读数,假若其读数分别为 a_1 和 b_1。如果水准管轴与视准轴不平行而有一 i 角,视线为倾斜线,但由于仪器到前、后水准尺的距离相等,所造成的读数误差也相等,都等于 x,这样 A、B 两点的高差为

$$h_{AB} = a_1 - b_1 = (a + x) - (b + x) = a - b \tag{2-19}$$

从式(2-19)可以得出,无论水准管轴是否平行于视准轴,存在 i 角,只要将仪器安置于两个待测高差的点的中点,其所测的高差仍然是正确的。也就是说,在水准测量中将水准仪安置于距前、后水准尺等距的中间位置,即可消除 i 角误差的影响。

用两次仪器高法,连续两次测出 A、B 两点的高差,若两次测出的高差之差不超过 3 mm,则取两次高差的平均值 h_{AB} 作为最后结果。

(2)将水准仪搬迁至离 B 点(也可以在 A 点)2 ~ 3 m 处安置,如图 2-35 所示。仪器精平后读得近尺 B 点水准尺上的读数为 b_2,因水准仪离 B 点很近,i 角对 B 点读数的影响很小,即视准轴与水准管轴不平行引起的读数误差对 b_2 影响很小,可忽略不计,这样可以认为 B 点水准尺上的读数 b_2 为正确读数。根据 b_2 和高差 h_{AB} 可计算出当视线水平时 A 点水准尺上的正确读数为

$$a_2' = b_2 + h_{AB}$$

然后,瞄准 A 点水准尺,精平后读出中丝的读数 a_2,如果 $a_2' = a_2$,即图 2-35 中 $\Delta h = 0$,说明视准轴与水准管轴平行。否则存在 i 角,其 i 角值用下式进行计算

$$i = \frac{a_2' - a_2}{D_{AB}}\rho'' \qquad (2\text{-}20)$$

式中 D_{AB}——A、B 两点间的水平距离,m;

i——视准轴与水准管轴的夹角($''$);

ρ''——1 弧度的秒值,$\rho'' = 206\ 265''$。

对于 DS_3 水准仪来说,规定 i 角值不得大于 $20''$,如果超限,则需要校正。

2. 校正方法

转动微倾螺旋,使十字丝的中丝切于 A 点水准尺上的正确读数 a_2',此时视准轴已处于水平位置,但水准管气泡必然不居中,用校正针先拨松水准管一端左、右两个校正螺钉,再拨动上、下两个校正螺钉,如图 2-36 所示,使偏离的气泡重新居中,这时视准轴与水准管轴平行。最后要将校正螺钉旋紧。此项校正工作需反复进行,直至达到要求。为了检查校正是否完善,必须在 B 点附近重新安置水准仪,再对 A、B 两点的高差进行观测,若所测得的高差与在中点处所测高差的差值在 3 mm 之内,表明视准轴与水准管轴平行项已校正好。

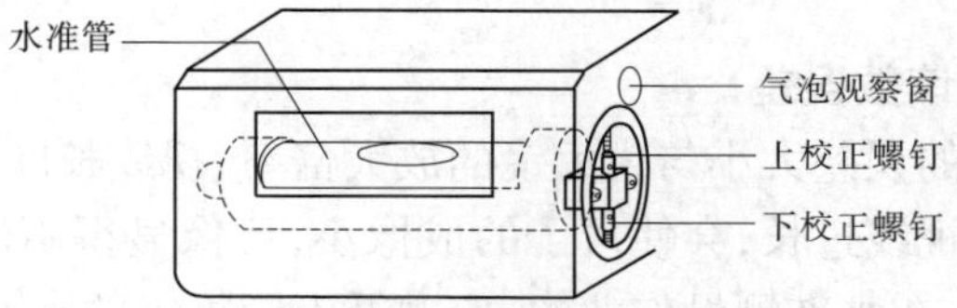

图 2-36　水准管的校正

在转动水准管校正螺钉时,要注意操作方法。一般水准管校正螺丝往往上下两颗、左右两颗,共有 4 颗,如图 2-36 所示。校正时,先将左右两颗中的任一颗稍微松一点,然后转动上下两颗螺钉进行校正。螺钉的转动仍然要遵循先松后紧的原则。具体操作是:松上紧下,则在校正螺钉一端的水准管支柱升高,气泡向望远镜的目镜一方移动;松下紧上,则在校正螺钉一端的水准管支柱降低,气泡向望远镜的物镜一方移动。校正要做到细心、耐心、用力不能过猛,所用的校正针的粗细要与仪器的校正孔大小相适应。校正完了之后,一定要检查螺钉是否都已拧紧,即使各校正螺钉与水准管支柱处于紧密状态。

第六节　水准测量误差来源与注意事项

水准测量的观测是观测者使用仪器在野外进行的,观测的质量自然受仪器、观测者和外界条件的影响。因此,水准测量误差包括仪器误差、观测误差和外界条件的影响三个方面。

对水准测量的误差进行分析的目的在于:在水准测量作业中,根据产生误差的原因,找出消除或减小误差的方法,尽量减小或消除对观测成果的影响,以提高观测的精度。

一、仪器误差

(一)水准管轴与视准轴不平行误差

水准仪虽然经过校正,仍然可存在少量的残余误差,这种误差一方面是仪器在制造过程中所固有的,无法通过仪器的校正予以消除。另一方面就是仪器的残余误差,其中主要是水准管轴与视准轴不平行所产生的误差,我们知道这种误差的影响与距离成正比,只要观测时注意使前、后视距离大致相等,便可消除此项误差对测量结果的影响。

(二)水准尺误差

由于水准尺刻划不准确、尺长变化、弯曲等,会影响水准测量的精度。因此,水准尺要经过检核才能使用。由于长期使用的磨损,水准尺底面实际的零点位置与分划的零点位置可能不完全一致,其差值称为零点差,一个测段的测站数为偶数的水准路线可以自行消除标尺零点差的影响。但对于测站数为奇数的水准路线则不能消除标尺零点差的影响,即所测高差中含有标尺零点差的影响。因此,在一个测段的水准路线中其测站数尽可能设置为偶数。

二、观测误差

(一)水准管气泡的居中误差

由于气泡居中存在误差,致使视线偏离水平位置,从而带来读数误差。为减小此误差的影响,一定要养成每次读数之前观察水准管气泡是否居中的习惯,只有水准管气泡严格居中,才能读数。视线也不能太长,晴天高温下必须打伞保护仪器,特别是要注意保护好水准管。

(二)估读水准尺的读数误差

水准尺估读毫米数的误差大小与望远镜的放大倍率、视线长度以及十字丝的粗细有关,望远镜的放大倍率低或视线过长,会使尺子的成像小,尺像显得不够清晰,将导致照准误差和估读误差增大。为此,在水准测量作业中,应遵循不同等级的水准测量对望远镜放大倍率和最大视线长度的规定,以保证估读精度。

(三)视差的影响误差

当存在视差时,由于十字丝平面与水准尺影像不重合,若眼睛的位置不同,便可读出不同的读数,而产生读数误差。因此,读数前要反复仔细地对物镜和目镜进行调焦,严格消除视差。

(四)水准尺倾斜的影响误差

水准尺若没有竖直立放,不论是向前后倾斜,还是向左右倾斜,都会使水准尺上的实际读数比水准尺竖直立放时的正确读数要大,从而带来误差。如图 2-37 所示,当水准尺的倾斜角为 θ 时,在水准尺上的读数为 b',于是可算出水准尺竖直时的正确读数为

$$b = b'\cos\theta$$

则水准尺倾斜时所产生的误差为

$$\Delta b = b' - b = b'(1 - \cos\theta)$$

按此式计算,如果水准尺倾斜角 $\theta \approx 2°$,$b' = 2.5$ m,所产生的误差 $\Delta b = 1.5$ mm。为了减

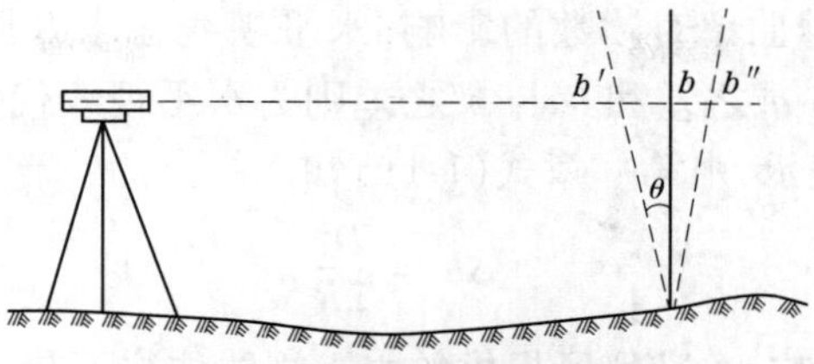

图 2-37　水准尺不竖直的误差

小这种误差的影响,可使用装有圆水准器的水准尺,在水准测量中水准尺必须扶直,并且在水准尺上的读数不宜太大。

三、外界条件的影响误差

(一)水准仪的升降误差

在水准测量的过程中,由于仪器所安置的位置因土壤的弹性、地面松软及仪器自身的重量,导致观测时的水平视线高度下降或升高,而引起高差的观测误差。在地面土质不稳定地区进行水准测量,可用双面尺进行观测,采用"后、前、前、后"的观测程序(该观测方法在第七章第四节中介绍),然后取两次高差观测的平均值作为最后的观测值,这种观测方法可以有效地减弱或消除水准仪和水准尺升降误差的影响。

(二)尺垫下沉误差

同水准仪的升降误差一样,因地面土质不稳定,尺垫及水准尺的重量,在立尺处出现下沉或者上升。如果在转点发生尺垫下沉,将使下一站的后视读数增加,使所测高差增大;如果在转点发生尺垫上升,将使下一站的后视读数减小,使所测高差减小。无论是哪一种情形都会引起高差的观测误差。因此,对一条水准路线采用往、返观测的方法,取成果的中数,这项误差影响可以得到减弱。

为了防止水准仪和尺垫下沉,测站和转点应选在土质坚实处,并踩实三脚架和尺垫,使其稳定。

(三)地球曲率及大气折光的影响

如图 2-38 所示,A、B 为地面上两点,大地水准面是一个曲面,如果水准仪的视线 $a'b'$ 平行于大地水准面,则 A、B 两点的正确高差为

$$h_{AB} = a' - b'$$

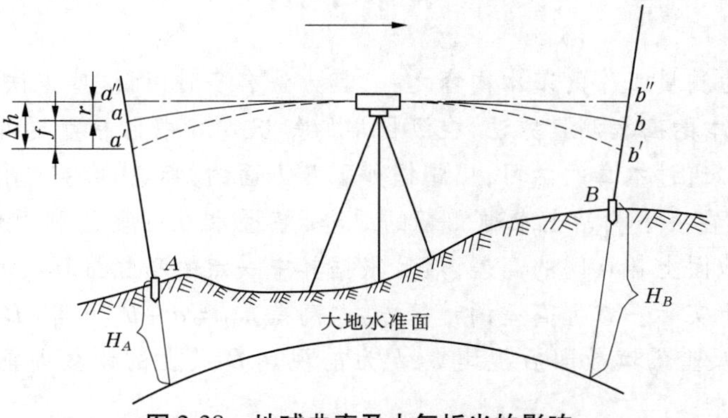

图 2-38　地球曲率及大气折光的影响

在水准测量中,受地球曲率对读数的影响,水平视线在水准尺上的读数 a'' 与 b'' 分别含有地球曲率误差。即 a' 与 a'' 之差和 b' 与 b'' 之差则为水平视线代替水准面在水准尺上的读数所产生的误差,用 Δh 表示,由第一章式(1-11)知

$$\Delta h = \frac{D^2}{2R}$$

由于受大气折光的影响,水准仪所提供的水平视线往往不是一条理想的水平线,而是一条曲线。一般情况下,大气层的空气密度是上疏下密,视线通过大气层时成一向下弯折的曲线,且离地面越近,弯曲的程度越大,使水准尺上读数减小。如图 2-38 所示。水平视线通过大气层时的曲线视线在水准尺上的读数分别为 a、b。则 a 与 a'' 之差和 b 与 b'' 之差,就是大气折光对读数的影响,这个差值称为折光差,用 r 表示。在晴天,靠近地面的温度较高,致使下面的空气密度比上面稀,这时视线成为一条向上弯折的曲线。视线离地面越近,折射也就越大,因此一般规定视线必须高出地面 0.3 m,就是为了减少这种影响。在稳定的气象条件下,r 约为 Δh 的 1/7,即

$$r = \frac{1}{7}\Delta h = 0.07\frac{D^2}{R} \tag{2-21}$$

地球曲率和大气折光的共同影响为

$$f = \Delta h - r = 0.43\frac{D^2}{R} \tag{2-22}$$

式中 D——视线长度;

R——地球的半径。

由式(2-22)知,如果水准仪与前、后水准尺的距离相等,其地球曲率和大气折光的共同影响 f 值相等。因此,采用使前、后视距离相等的方法可消除或减弱地球曲率和大气折光对水准测量的影响。

(四)温度的影响误差

温度的变化不仅会引起大气折光的变化,而且当烈日照射水准管时,由于水准管本身和管内液体温度的升高,气泡向着温度高的方向移动,从而影响了水准管轴的水平,产生了气泡居中误差。所以,测量中应随时注意为仪器打伞遮阳。

本章小结

高程测量作为测量工作的基本内容之一,其方法有多种,而这些方法中精度最高的是水准测量,也是最基本的高程测量方法,在测量学的知识内容中占有重要的位置,是我们学习的重点内容之一。通过本章的学习,应掌握如下几方面的知识内容:

(1)通过理解在一个测站上水准测量的原理,掌握水准测量是利用水准仪提供的水平视线来直接测定地面上各点间的高差,然后根据其中一点的高程推算出其他各点的高程,要能够将原理应用于实际。掌握高差的计算方法,高差 $h_{AB} = a - b$,下角 AB 表示由 A 点测向 B 点,a 为后视点 A 尺上的读数即后视读数,b 为前视点 B 尺上的读数即前视读数,所以高差具有正负性(方向性)。

(2)水准仪是水准测量的主要仪器之一,应熟练掌握水准仪的构造及使用方法。本教

材主要是介绍 DS_3 微倾式水准仪的构造，它可分为望远镜、水准器和基座三部分。望远镜主要是用来对水准尺进行放大并读数。水准器的作用在于使视线成水平位置。DS_3 微倾式水准仪的使用步骤包括仪器安置、粗平、瞄准和调焦、精平、读数。使用时要掌握“左手大拇指法则”调节脚螺旋使圆水准器气泡居中的方法，读数时一定要消除视差，并使水准管气泡居中。弄清下述一些基本概念：视准轴、望远镜放大倍率、水准轴、水准管分划值、视差等。

(3)水准测量按精度分为国家一、二、三、四等水准测量和等外水准测量(也称普通水准测量)，其中，国家一、二等水准测量是国家高程控制的基础；三、四等水准测量主要为地形测绘和各种工程建设提供高程控制；普通水准测量主要用于图根点的高程测量和普通工程高程控制测量。本章重点介绍普通水准测量的施测方法。水准测量在施测时分内业和外业。外业需要先确定水准路线，每个测站在观测时，应先读取后视读数，再读取前视读数，并将数据记入普通水准测量记录手簿中。转点是在水准测量中用来传递高程的点，通常不必求转点高程。

(4)为了保证测量成果的精度，在水准测量过程中还需进行水准测量的检核。主要有计算检核、测站检核和路线检核。计算检核只能对计算过程是否有误进行检核；测站检核可检核一个测站所观测的数据是否出错；路线检核能对整个路线的观测成果进行检核，能反映测量成果的精度，只有观测成果的精度符合要求，才可进行水准测量成果内业计算。

(5)水准测量成果内业计算是调整高差闭合差，计算未知点的高程，重点是高差闭合差的计算与调整。高差闭合差调整的原则是：将高差闭合差反符号，按测段的测站数或路线长度成正比例分配到各相应测段的高差观测值中。若高差闭合差超过限差，必须重测。内业计算的主要步骤为：首先计算高差闭合差，并确定是否在精度要求内，在限差容许的范围内继续计算，即计算每个测段的高差改正数，然后计算改正后的高差，最后用改正后的高差根据已知点高程算出待求点的高程。

(6)水准测量时，将测站置于距前、后视距离大致相等处，其目的在于消除地球曲率、大气折光的影响。

(7)在进行水准测量之前，必须将仪器进行全面检查、检验和校正。水准仪检验与校正相对其他测量仪器来说要简单一点，应掌握其检验与校正的方法，理解水准仪的几何轴线应满足的几何条件。检验与校正的主要项目有：十字丝的中丝垂直于仪器的竖轴的检验与校正；圆水准器轴平行于仪器的竖轴的检验与校正；水准管轴平行于视准轴的检验与校正。其中水准管轴平行于视准轴的检验与校正是主要条件，这样才能保证提供一条水平的视线。在测量中要注意分析各种误差产生的原因，采取一定的办法进行消除或减弱，这样才能保证测量的精度。

思考题与习题

1. 水准仪是根据什么原理来测定两点之间的高差的？试绘图说明。

2. 何谓视差？产生视差的原因是什么？如何消除视差？

3. 后视点 A 的高程为 55.318 m，读得其水准尺的读数为 2.212 m，在前视点 B 尺上读数为 2.522 m，问 A、B 两点的高差 h_{AB} 是多少？B 点比 A 点高还是比 A 点低？B 点的高程是多少？试绘图说明。

4. 水准仪的圆水准器和管水准器的作用有何不同？水准测量时，读完后视读数后，转动望远镜瞄准前视尺时，圆水准器和符合气泡都有少许偏移（不居中），这时如何调节仪器，才能读前视读数？

5. 为了测得图根控制点 A、B 的高程，由四等水准点 BM_1（高程为 29. 826 m）以附合水准路线测量至另一个四等水准点 BM_2（高程为 30. 586 m），观测数据及部分成果如图 2-39 所示。试列表进行记录，并作如下计算：

（1）将第一段观测数据填入水准测量记录手簿，求出该段高差 h_1。

（2）根据观测成果算出 A、B 点的高程。

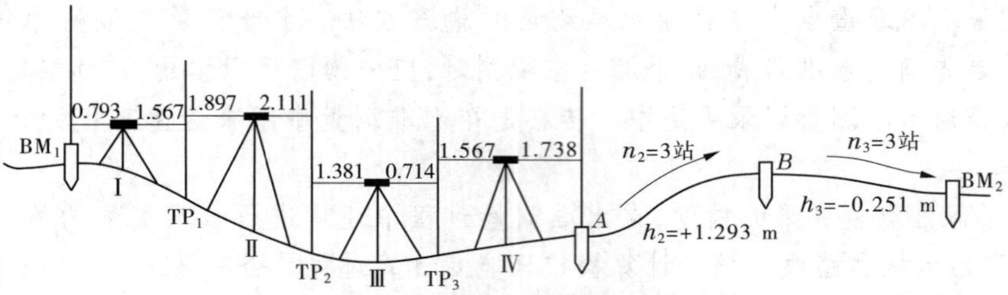

图 2-39　附合水准路线测量示意

6. 如图 2-40 所示，为一闭合水准路线等外水准测量示意图，水准点 BM_2 的高程为 45. 515 m，1、2、3、4 点为待定高程点，各测段高差及测站数均标注在图中，试计算各待定点的高程。

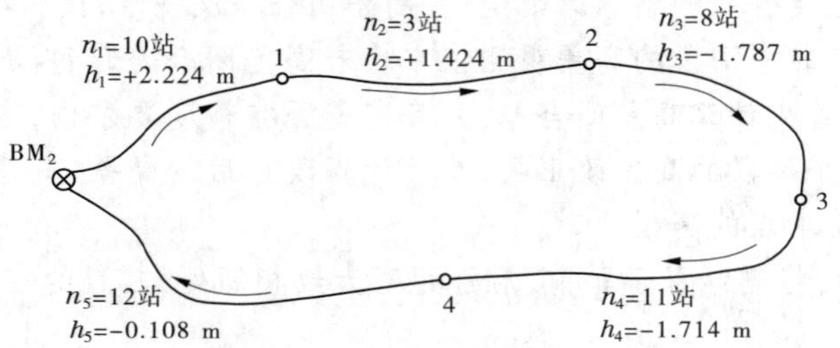

图 2-40　闭合水准路线示意

7. 水准仪有哪些轴线？它们之间应满足哪些条件？哪个是主要条件？

8. 已知 A、B 两水准点的高程分别为：$H_A = 44.286$ m，$H_B = 44.175$ m。水准仪安置在 A 点附近，测得 A 尺上读数 $a = 1.966$ m，B 尺上读数 $b = 1.845$ m。问这架仪器的水准管轴是否平行于视准轴？若不平行，当水准管的气泡居中时，视准轴是向上倾斜还是向下倾斜？如何校正？

9. 结合水准测量的主要误差来源，说明在观测过程中应注意哪些事项。

第三章　角度测量

重点提示：通过本章学习，建立水平角、竖直角的概念，了解角度测量原理，熟悉 DJ_6 光学经纬仪各部件的名称及作用，能够正确使用光学经纬仪测量水平角和竖直角。了解角度测量误差的来源及误差消除与减弱的方法。了解电子经纬仪的构造和使用。重点是 DJ_6 光学经纬仪的使用方法、水平角和竖直角的观测方法。

第一节　角度测量原理

一、角度的概念与水平角测量原理

角度测量是确定地面点位的基本测量工作之一，它包括水平角测量和竖直角测量，水平角主要用于确定点的平面位置（计算坐标），竖直角主要用于两点间高差计算、斜距改正成平距。角度测量所使用的仪器主要是经纬仪和全站仪。

（一）水平角概念

如图 3-1 所示，A、B、C 是空间任意高度的三点，其高程可以不同，a、b、c 是这三个点在同一个水平面上的垂直投影，ab、ac 分别是地面倾斜线 AB、AC 在水平面上的投影线。地面上 AB 与 AC 两条方向线相交，其夹角投影到水平面上是投影线 ab 与 ac 的夹角 $\angle bac$，从数学角度来讲，$\angle bac$ 就是通过 AB 和 AC 的两个竖直面所形成的二面角，也就是测量所需的水平角。即水平角是任意空间两方向的相交直线在水平面上投影的夹角，常用 β 表示，其角值范围为 0° ~ 360°。

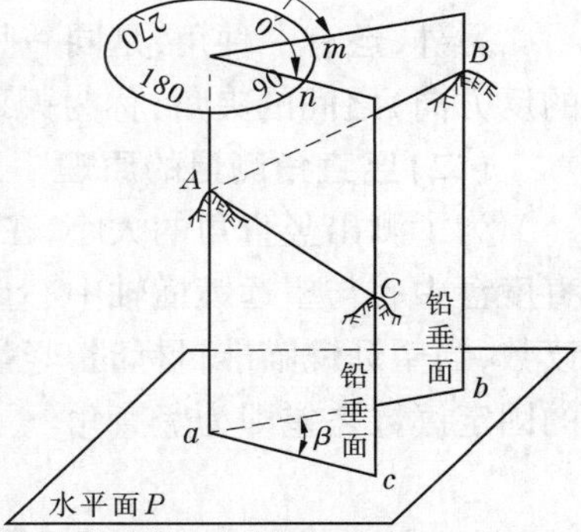

图 3-1　水平角测量原理

（二）水平角测量的原理

如图 3-1 所示，为了测出地面线 AB 与 AC 之间所夹的水平角 β，设想在两铅垂面交线 Aa 铅垂线上的任意一点放置一个带有顺时针刻划的圆盘（从 0°到 360°按顺时针刻划），并使其中心正好在铅垂线 Aa 上，并呈水平位置，通过 AB 与 AC 两竖直面在圆盘上截取的读数为 m 和 n，则水平角为

$$\beta = n - m \tag{3-1}$$

由水平角的测角原理可知，测角仪器必须具备以下条件：

第一，应有一个能够与水平面平行的度盘，度盘中心位于角顶点的铅垂线上并能方便地置平。

第二，应有一个照准目标的望远镜，不仅能在水平方向左、右旋转，而且能在竖直方向上、下旋转，构成一个竖直面，以便照准不同方向、不同高度的目标。

经纬仪就是根据这些要求而制成的一种精密测角仪器。

二、竖直角测量原理

(一)竖直角的概念

同一竖直面内,一点至观测目标的方向线与水平线之间的夹角,称为竖直角,也称高度角,常用 α 表示,角值范围为 $0° \sim \pm 90°$。

如图 3-2 所示,在同一竖直面内,α_1 为方向线 OA 与水平线所夹的竖直角,α_2 为方向线 OB 与水平线所夹的竖直角。这两个角一个在水平线之上,一个在水平线之下。为此,规定:若方向线在水平线之上,竖直角为仰角,取正号,即用“$+\alpha$”表示;若方向线在水平线之下,竖直角为俯角,取负号,即用“$-\alpha$”表示。

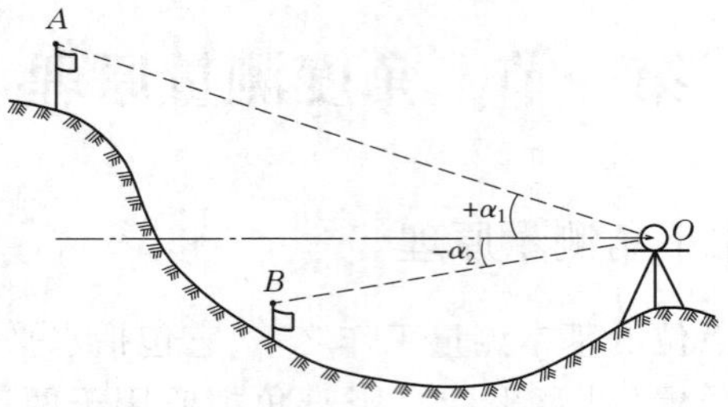

图 3-2　竖直角的概念

另外,还有一种角,是同一竖直面内,一点至观测目标的方向线与天顶方向(即铅垂线的反方向)之间的夹角,称为天顶距,一般用 Z 表示,角值范围为 $0° \sim +180°$(无负值)。

(二)竖直角测量的原理

为了测出竖直角的大小,在望远镜横轴的一端竖直设置一个刻度盘(称竖直度盘),竖直度盘中心与望远镜横轴中心重合,度盘平面与横轴轴线垂直,视线水平时指标线为一固定读数,当望远镜瞄准目标时,竖盘随着转动,则望远镜照准目标的方向线读数与水平方向上的固定读数之差即为竖直角。

第二节　光学经纬仪

一、经纬仪概述

经纬仪是一种普通的测量仪器,主要用于测量水平角和竖直角,其种类也比较多,如游标经纬仪、光学经纬仪及电子经纬仪等。目前较为常用的是光学经纬仪和电子经纬仪。光学经纬仪为光学玻璃度盘,读数采用光学测微装置和一些光路系统,是目前应用较广泛的一种测角仪器;电子经纬仪则是采用角码转换器和微处理机将方向(或角度)值用数字形式自动显示出来,是一种自动化程度更高的测角仪器。本章主要介绍光学经纬仪。光学经纬仪按其精度划分为 $DJ_{0.7}$、DJ_1、DJ_2、DJ_6 等,“D”和“J”分别为“大地测量仪器”和“经纬仪”汉语拼音的第一个字母,下标数字 07、1、2、6 表示仪器的精度等级,即一测回方向观测中误差(单位为秒),数字越小,其精度越高。不同等级的经纬仪,由于生产厂家不同,而有各种型号,仪器部件和结构也不完全一样,但其主要部件构造大致相同。以下主要介绍 DJ_6 光学经纬仪,另对 DJ_2 光学经纬仪作简单的介绍。

二、DJ_6 光学经纬仪的构造

(一)DJ_6 光学经纬仪的基本结构

DJ_6 光学经纬仪的基本结构如图 3-3 所示。

望远镜与竖盘组合在一起,安装在仪器的支架上,此部分通常称为照准部,是仪器的上部转动部分的总称。望远镜连同竖盘可绕横轴在竖直面内转动,望远镜的视准轴应与横轴垂直,且横轴应通过竖盘的刻划中心。照准部的竖轴(即仪器的旋转轴)插入仪器基座的轴套内,因而照准部可绕竖轴作水平旋转。

照准部有一水准管,水准管轴与竖轴垂直,且与横轴平行。当水准管气泡居中时,仪器的竖轴应处于铅垂线方向,此时仪器的水平度盘处于水平状态。

水平度盘安置在水平盘轴套的外围,且不与仪器的中心旋转轴接触,此为仪器的中间部分。理论上,水平度盘平面应与竖轴垂直,竖轴应通过水平度盘的刻划中心。

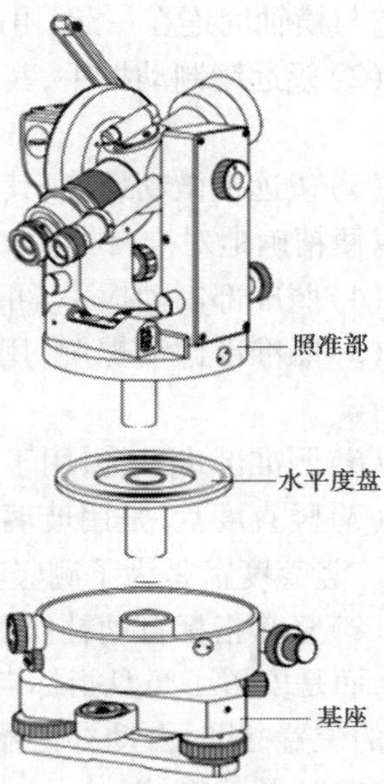

图 3-3 DJ_6 光学经纬仪的基本结构

基座为仪器的下部部分,是支承仪器的底座,并与三脚架相连接,以便安置和操作仪器。

(二)DJ_6 光学经纬仪各部件的名称及作用

图 3-4 所示是北京光学仪器厂生产的 DJ_6 光学经纬仪,现以该仪器为例介绍各部件的名称及主要作用。

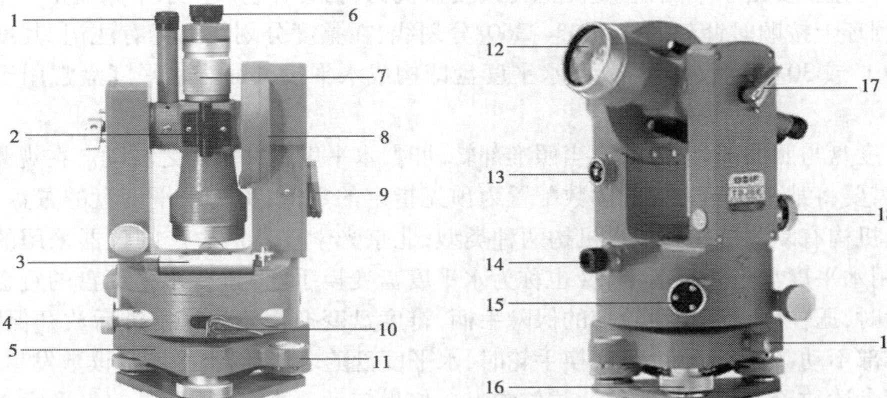

1—度盘读数显微镜;2—光学瞄准器;3—照准部水准管;4—照准部微动螺旋;5—基座;
6—目镜;7—物镜对光螺旋;8—竖直度盘;9—度盘照明反光镜;10—照准部制动扳手;
11—圆水准器;12—物镜;13—竖盘补偿器开关;14—光学对中器;15—水平度盘位置拨盘手轮;
16—脚螺旋;17—望远镜制动扳手;18—望远镜微动螺旋;19—轴套固定螺旋

图 3-4 DJ_6 光学经纬仪

1. 照准部

照准部的主要部件名称及作用:

(1)望远镜,由物镜、目镜、十字丝分划板、调焦透镜组成。望远镜的主要作用是照准目标,它与横轴固连在一起,由制动扳手和微动螺旋控制其作上下转动。

(2)望远镜制动扳手,其作用是控制望远镜在竖直方向的上下转动,所以又称竖直制动扳手。

(3)望远镜微动螺旋,其作用是在望远镜制动之后,利用它可使望远镜作上下微小的转动,以便精确地对准目标。

(4)照准部制动扳手,可控制照准部在水平方向的转动。

(5)照准部微动螺旋,用于控制照准部在水平方向作微小的转动,以便精确地对准目标。

(6)照准部水准管,用于精确整平仪器。

(7)竖直度盘,是用玻璃制成的带刻划的圆盘,它固定在横轴的一端,可随望远镜一起转动。竖直度盘是为了测竖直角而设置的。

(8)竖盘指标自动补偿器装置和开关。该仪器没有设置竖直度盘和竖直度盘指标管水准器,而是安置了竖盘指标自动补偿器装置。当需要测竖直角时,将竖盘指标自动补偿器置于开的位置,此时自动补偿器使读数指标处于正确位置。

(9)读数显微镜。通过一系列光学棱镜将水平度盘和竖直度盘及测微器的分划都显示在读数显微镜内,用它可读取水平度盘读数和竖直度盘读数。

(10)反光镜,其作用是给光路提供光线,使光线反射到仪器内部,照亮读数显微镜。

(11)光学对中器。因通过光学对中器可以观察到地面上测站点的位置,所以可用于进行仪器的对中操作,使仪器的水平度盘中心安置在过测站点的铅垂线上。

2. 水平度盘

水平度盘主要由水平圆盘、复测机构或拨盘机构、轴套等组成。水平圆盘是一个光学玻璃圆环,圆环上按顺时针刻划注记0°~360°分划线,在整度分划线上标有注记,其度盘最小分划值为1°或30′。当仪器整平后,水平度盘即构成水平投影面。水平度盘常用于水平角的观测。

水平度盘与照准部是分离的,当照准部转动时,水平度盘并不随之转动。在观测水平角时,经常需要将某个起始方向的读数配置为预先指定的数值,称为水平度盘的置盘,水平度盘的置盘机构有复测机构和拨盘机构两种类型,北京光学仪器厂生产的仪器采用的是拨盘机构,利用水平度盘位置拨盘手轮(也称为水平度盘变换手轮)进行水平度盘的置盘。水平度盘置盘时,压住度盘变换手轮上的保险手柄,将度盘变换手轮向里推进后放开保险手柄。此时照准部不动,转动水平度盘变换手轮时,水平度盘随之转动,水平度盘读数发生变化,可将水平度盘读数置于某一需要的读数位置上。如果转动照准部,所设置的水平度盘读数不会发生变化。轻压一下度盘变换手轮上的保险手柄,度盘变换手轮向外退出,此时转动度盘变换手轮,水平度盘的读数不会发生变化,而转动照准部时,则水平度盘的读数发生变化。

3. 基座

基座主要由圆水准器、脚螺旋和连接板组成,是支承仪器的底座,基座上有一轴套,照准部连同水平度盘一起插入轴套内,用轴套固定螺旋固定。圆水准器用于粗略整平仪器,三个脚螺旋用于整平仪器,从而使竖轴竖直,水平度盘水平。仪器通过连接板固定于三脚架上。

三、DJ_6 光学经纬仪的读数方法

DJ_6 光学经纬仪的读数装置可分为分微尺测微器和单平板玻璃测微器两种。

(一)分微尺测微器及其读数方法

目前,国产的 DJ_6 光学经纬仪主要采用分微尺测微器读数装置,如图 3-5 所示。在读数显微镜内,可以同时看到被放大的水平度盘和竖直度盘的影像,注有“H”(有些仪器注为“水平”或“－”)字样窗口中是水平度盘分划线和测微尺的像,注有“V”(有些仪器注为“竖直”或“⊥”)字样窗口中是竖直度盘分划线和测微尺的像。在水平度盘和竖直度盘上,相邻两分划线间的弧长所对的圆心角称为度盘的分划值。DJ_6 光学经纬仪分划值为 1°,按顺时针方向每度注有度数,小于 1°的读数在分微尺上读取。读数窗内的分微尺有 60 小格,其长度等于度盘上间隔为 1°的两根分划线在读数窗中的影像长度。因此,测微尺上一小格的分划值为 1′,可估读到 0. 1′,每 10 小格注有数字,表示 10′的倍数,如数字 2 代表的是 20′。

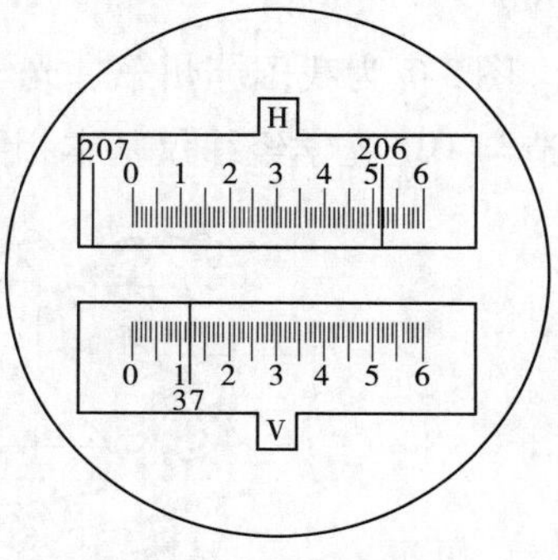

图 3-5　分微尺读数窗

读数方法:读数前将反光镜掀开,调整好反光镜的角度,使读数显微镜内光线适中,然后转动、调节读数窗口的目镜调焦螺旋,使分划线清晰,并消除视差。读数时,以分微尺上的零分划线为读数指标线,先读取落在测微尺上“0”分划线和“6”(或“60”)分划线之间的度盘分划线的注记数字,该数字作为“度”数。再读取测微尺“0”分划线到度盘分划线之间的小格数,其格数作为“分”数,最后“秒”数估读到测微尺的 0. 1′。将以上所读的读数相加,即得该目标方向的水平度盘读数。采用分微尺读数方法简单、直观。如图 3-5 所示,水平盘读数为 206°51. 5′,即 206°51′30″,竖直度盘读数为 37°12. 0′,即 37°12′00″。

(二)单平板玻璃测微器及其读数方法

单平板玻璃测微器主要由平板玻璃、测微尺、连接机构和测微轮组成,这种读数装置的经纬仪在照准部上有一测微轮部件。单平板玻璃测微器读数显微镜内看到的影像如图 3-6 所示,影像的下窗为水平度盘和双指标线,中窗为竖直度盘和双指标线,上窗为测微尺和单指标线。度盘分划值为 30′,测微尺全长也为 30′,将其等分为 30 大格,每一大格为 1′,每大格又等分为 3 小格,每小格为 20″。当转动测微轮,测微尺从 0′移动到 30′时,度盘影像恰好移动一格,即 30′。

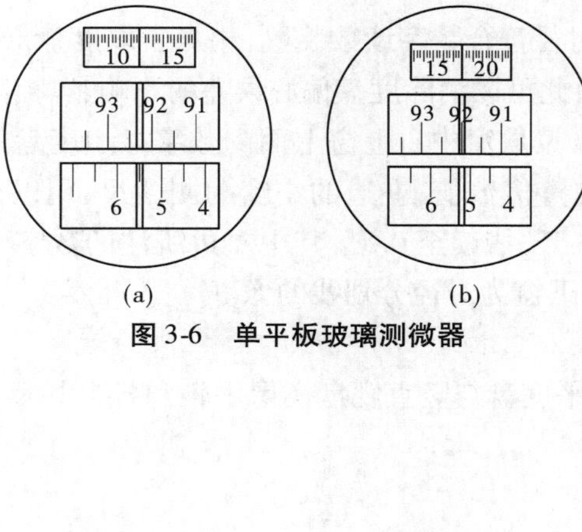

(a)　　(b)

图 3-6　单平板玻璃测微器

单平板玻璃测微器在读数时，先转动测微轮，使度盘某一分划线精确平分双指标线，根据双指标线所夹的度盘分划线读取度盘读数和30′的整分数。再在测微尺上根据单指标线读取不足30′的部分，两者之和即为度盘读数。如3-6(a)所示的水平度盘读数为5°41′50″，图3-6(b)所示的竖直度盘读数为92°17′34″。

四、DJ_2光学经纬仪及其读数方法

图3-7为我国苏州第一光学仪器厂生产的DJ_2光学经纬仪，各部件的名称如图所注，其构造与DJ_6光学经纬仪基本相同，但读数装置与读数方法则有所不同。

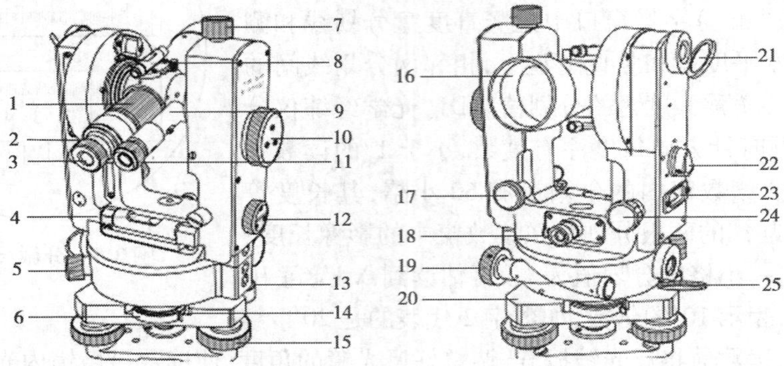

1—物镜对光螺旋；2—目镜调焦螺旋；3—目镜；4—照准部水准管；5—照准部制动螺旋；6—水平度盘位置变换手轮护盖；7—望远镜制动螺旋；8—光学瞄准器；9—度盘读数显微镜；10—测微轮；11—度盘读数显微镜调焦螺旋；12—水平度盘与竖直度盘换像手轮；13—圆水准器；14—水平度盘位置变换手轮；15—脚螺旋；16—物镜；17—望远镜微动螺旋；18—光学对中器；19—照准部微动螺旋；20—基座；21—竖直度盘反光镜；22—竖盘指标水准管气泡观察窗；23—竖盘指标水准管进光窗口；24—竖盘指标水准管微动螺旋；25—水平度盘反光镜

图3-7　DJ_2光学经纬仪

(一)读数装置

在DJ_2光学经纬仪读数显微镜中，只能看到水平度盘和竖直度盘中的一种影像，读数时，需通过转动水平度盘与竖直度盘换像手轮和各自的反光镜进行像的转换，使读数显微镜中出现需要读数的度盘影像。当打开水平度盘反光镜，转动水平度盘与竖直度盘换像手轮使手轮面的指标(白色)刻线处于水平位置时，读数显微镜内显示水平度盘影像。当打开竖直度盘反光镜，转动水平度盘与竖直度盘换像手轮使手轮面的指标刻线处于竖直位置时，读数显微镜内显示竖直度盘影像。

DJ_2光学经纬仪采用对径符合数字读数装置，相当于取度盘对径(直径两端)相差180°处的两个读数的平均值，由此可以消除度盘偏心误差的影响，以提高读数精度。读数显微镜中的影像如图3-8(a)所示，读数窗中右上窗上面的数字显示度盘的整“度”数，中间凸出的小方框中的数字为“10′”的整倍数值；左边的小窗为测微尺，用以读取10′以下的分、秒值，共刻划有600小格，每小格1″，估读至0.1″，其中左边所注的数字为“分”数，右边所注的数字为10″倍数的“秒”数；右下窗为对径分划线的像。

(二)读数方法

读数前先通过转动水平度盘与竖直度盘换像手轮和各自的反光镜进行像的转换，使读

数显微镜中出现需要读数的度盘影像。水平度盘和竖直度盘的影像又各自分为三个小窗，如图 3-8 所示。每一个小窗中上为度盘数字窗，左下为秒盘数字窗，右下为度盘对径两端相差 180°的分划线影像符合窗。图 3-8(a)为水平度盘对径分划线上下不对齐情形影像，即对径分划线不符合。旋转测微轮，使对径分划线上下严格对齐，即对径分划线符合，图 3-8(b)为水平度盘对径分划线符合，图 3-8(c)为竖直度盘对径分划线符合。对径分划线符合之后，从上窗口读取“度”数(若是水平度盘读数，应读取三位数字都显示出来的注记数，若是竖直度盘读数，应读取二位数字都显示出来的注记数)和窗内小框中“10′”的整倍数值，再从左边的测微器读数窗口读得小于 10′的“分”和“秒”数，其中第一行为“分”，第二行为“秒”。将上述所读数字相加，即得完整度盘读数。例如图 3-8(b)中所示的水平度盘读数为 $150° + 0 \times 10' + 01'55.0'' = 150°01'55''$，图 3-8(c)中所示的竖直度盘读数为 $84° + 4 \times 10' + 07'17.2'' = 84°47'17.2''$。

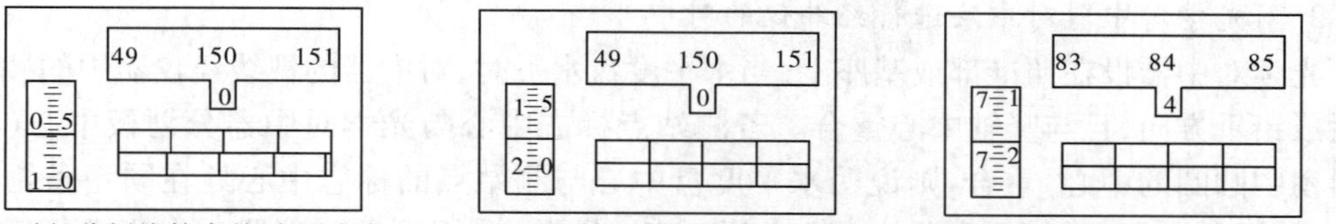

(a)对径分划线符合前(水平度盘)　(b)对径分划线符合后(水平度盘)　(c)对径分划线符合后(竖直度盘)

图 3-8　DJ_2 光学经纬仪读数方式一

图 3-9 为另一种对径符合数字读数，转动测微轮后，读数窗口中间的对径分划线已上下严格对齐，可以开始读数。从上窗口读取“度”数，三位数字都显示出来的注记数为 58°，窗内小框中“10′”的整倍数值为 $5 \times 10' = 50'$；再从下方的测微器读数窗口读得度盘分划线的“分”和“秒”数，图中测微器读数窗口上排数字为 5′，下排数字为 55″，将上述所读数字相加，即得完整度盘读数，即

$$58° + 50' + 5' + 55'' = 58°55'55''$$

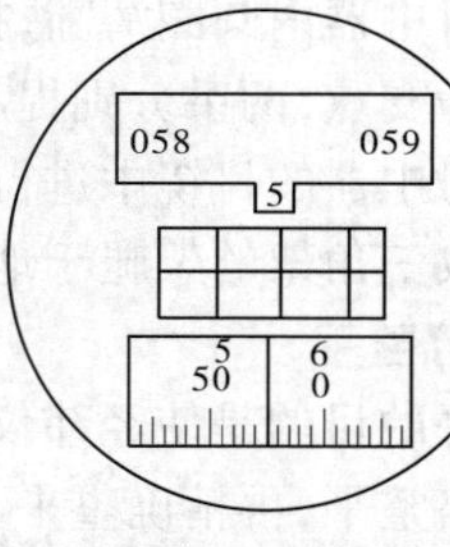

图 3-9　DJ_2 光学经纬仪读数方式二

第三节　经纬仪的使用

经纬仪最基本的功能是测量水平角和竖直角，在进行角度测量时，必须首先将经纬仪安置在测站上(即角的顶点处)，才能进行观测。经纬仪的安置工作包括对中和整平，观测包括瞄准目标和读数。即经纬仪的使用步骤可简述为对中、整平、瞄准和读数。

一、经纬仪的安置

经纬仪在一个测站上的安置有对中和整平两项工作。

(一)对中

对中的目的是使仪器的水平度盘中心与测站点的标志中心处在同一条铅垂线上。对中可用垂球对中或光学对中器对中两种方法。

1. 用垂球对中法进行经纬仪的对中

张开三角架，调整到合适的高度，将其安置在测站点上，把垂球挂在连接螺旋下方的挂钩上，移动脚架使垂球尖对准测站点，将三角架的脚尖在地面上踩实使之稳固，此时，注意架头大致水平。然后装上仪器，用中心螺旋连接并拧紧。若垂球尖与测站点间有较小的偏差，可略松中心连接螺旋，两手扶住基座，在三角架头的圆孔上移动仪器，使垂球尖精确对准测站点，再将中心连接螺旋拧紧。由于仪器在三角架头的圆孔上移动的范围是有限的，因此如果仪器在三角架头的圆孔上移动不能使垂球对准测站点，则需略松中心连接螺旋，先把仪器基座中心重新大致放回三角架头圆孔的中心位置，再拧紧中心连接螺旋，重新移动脚架使垂球尖对准测站点。用垂球对准的误差一般应小于 3 mm。在对中时应注意架头应大致水平，以免导致在整平时发生困难。在松软土质地面，三角架一定要牢固插入土中，否则，仪器会处于不稳定的状态，在观测过程中，对中和整平都可能会随时发生变化。

2. 用光学对中器对中法进行经纬仪的对中

光学对中器设在照准部或基座上，当水平度盘水平时，对中器的视线经仪器中的棱镜折射后成铅垂方向，且与竖轴中心重合。若测站点标志中心与光学对中器分划板中心（对中器目镜中圆圈的中心）重合，则说明水平度盘中心与测站点的标志中心处在同一条铅垂线上。由此可知，用它对中，仪器的竖轴必须竖直。因此，采用光学对中器对中法进行经纬仪的对中，对中和整平是同时完成的。方法是：在测站点上张开三角架，调整到合适的高度，架头大致水平，将仪器安置在架头上，用中心螺旋连接并拧紧；转动光学对中器目镜调焦螺旋，使光学对中器内圆圈清晰；拉伸镜筒，使测站点成像清晰，固定三角架的一个架腿于适当的位置作为支点，两手分别提起另外两个架腿稍稍离开地面慢慢移动，在移动的过程中，眼睛从光学对中器的目镜中进行观察，直至测站点的标志中心处于对中器圆圈的边缘处或中心，然后收放三角架的架腿于地面，并踩实固定这两个架腿。

（二）整平

整平的目的是使经纬仪的水平度盘处于水平位置，仪器的竖轴处于铅垂位置。整平操作先粗略整平，再精确整平。

(1) 粗略整平。粗略整平是通过伸缩三脚架或旋转脚螺旋使圆水准器气泡居中，圆水准器气泡的移动方向是向脚架伸高的一侧移动，或与用左手大拇指和右手食指旋转螺旋的方向一致。在实际的经纬仪安置中，常用伸缩三脚架的任意两个架腿，使圆水准器气泡居中。

(2) 精确整平。精确整平是利用基座上的三个脚螺旋，使管水准器在相互垂直的两个方向上气泡都居中。具体做法如下：转动仪器照准部，使管水准器平行于任意两个脚螺旋的连线方向，如图 3-10（a）所示，两手同时向内或向外旋转 1、2 这两个脚螺旋，使气泡居中，然后将照准部旋转 90°，调节第 3 个脚螺旋，使气泡居中，如图 3-10（b）所示。调节过程中，气泡的移动方向始终和左手大拇指和右手食指旋转螺旋的方向一致。如此反复进行，直至照准部水准管在任意位置气泡均居中。

整平完成后，还要检查对中情况，即测站点的标志中心是否位于光学对中器的圆圈中心，若相差很小，可轻轻平移基座，使其精确对中（注意仪器不可在基座面上旋转）。如平移仪器后管水准器气泡不居中，则返回精平操作，如此反复，直到管水准器在任何方向气泡都居中，并且测站点的标志中心处于光学对中器小圆圈内。光学对中的误差一般不大于1 mm。

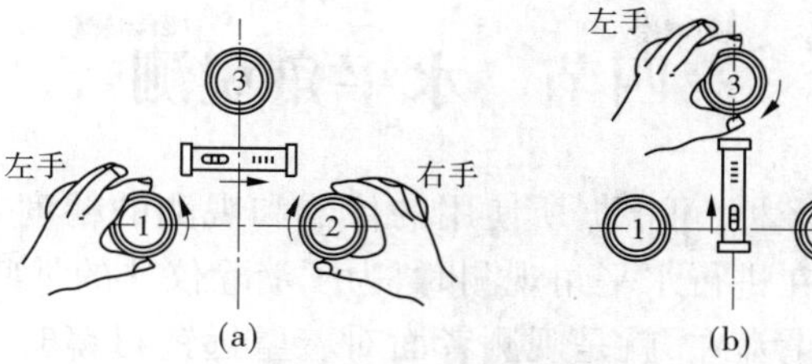

图 3-10　经纬仪整平方法

二、瞄准目标

瞄准目标就是使目标点在望远镜中的影像与十字丝的交点重合。在进行角度观测时，目标点处应立上照准标志，如图 3-11 所示，照准标志一般为竖立在测点的花杆、测钎、悬吊垂球的线及觇板。瞄准时先调节望远镜的目镜对光螺旋，使十字丝清晰。然后，松开照准部制动螺旋，利用望远镜上的外瞄准器粗略瞄准目标点，拧紧照准部和望远镜的制动螺旋，进行物镜对光使目标影像清晰，并消除视差，如图 3-12(a)所示。最后，转动水平度盘微动螺旋和望远镜微动螺旋，精确瞄准目标。瞄准时可用十字丝竖丝的双丝夹住目标，也可用十字丝竖丝的单丝平分目标，如图 3-12(b)所示。测量水平角时，为了减小目标倾斜对水平角的影响，应尽量照准目标的基部。

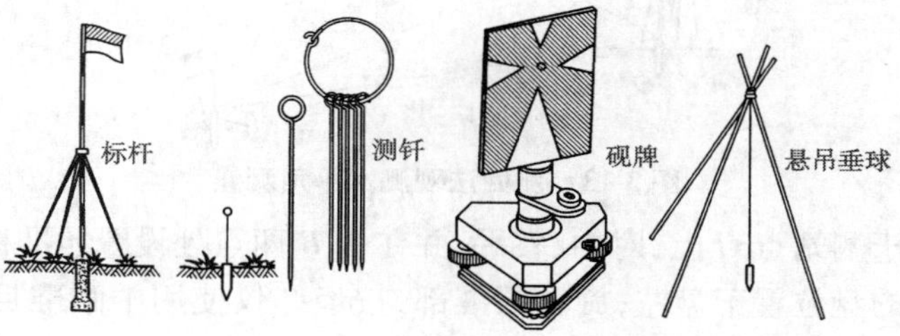

图 3-11　照准标志

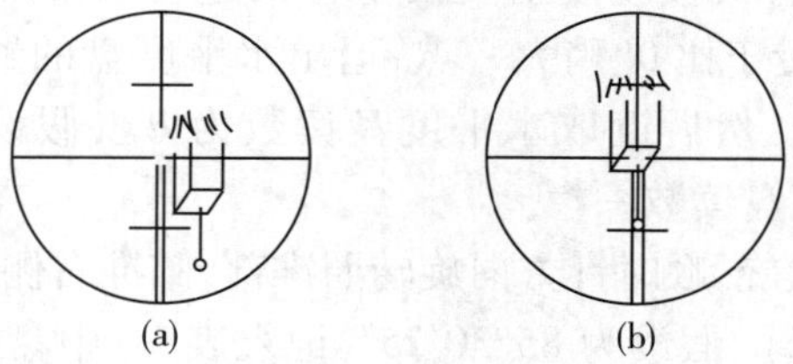

图 3-12　经纬仪瞄准目标

三、读数与记录

目标瞄准之后，即可进行读数。读数时，先打开度盘照明反光镜，调整好反光镜打开的角度与方向至合适位置，使读数窗明亮适中。然后调节读数显微镜调焦螺旋，使读数分划线清晰，再读取度盘读数，将读数按规定记录在角度观测记录手簿上相应的栏目。

第四节　水平角观测

水平角的观测方法有多种，可根据所使用的仪器和观测的精度要求而定。常用的方法有测回法和方向观测法。在进行水平角观测时，为了消除仪器的某些误差，通常用盘左和盘右两个盘位进行观测。所谓盘左，就是观测者面对着望远镜目镜时，竖盘位于望远镜左侧；盘右，是观测者面对着望远镜目镜时，竖盘位于望远镜右侧。盘左又称为正镜，盘右又称为倒镜。盘左位置观测，称为上半测回，盘右位置观测，称为下半测回，上下两个半测回合称为一个测回。现以 DJ_6 光学经纬仪为例，说明水平角观测的基本方法。

一、测回法

测回法是水平角观测的基本方法，仅适用于单角观测，即由两个方向的地面线相交组成的水平角。如图 3-13 所示，在测站点 O 处，需要观测地面线 OA 与 OB 所夹的水平角 β，用测回法观测的操作步骤如下：

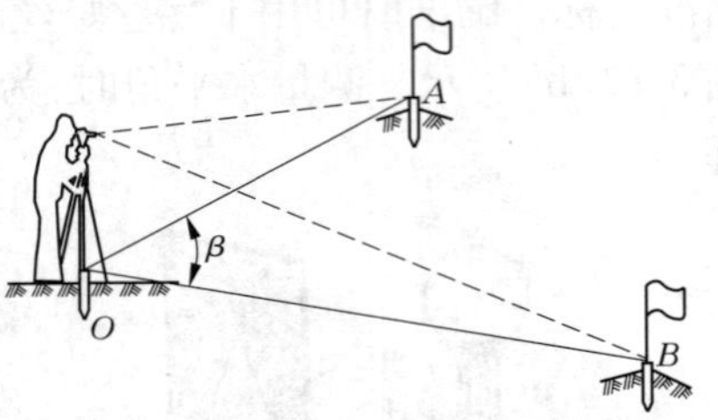

图 3-13　测回法观测水平角测量

(1) 安置仪器于测站点 O 上，对中、整平，并在 A、B 两点处设置照准标志。

(2) 将经纬仪的盘位置于盘左，旋转照准部，按经纬仪使用中瞄准目标的方法和要求，瞄准左侧起始目标 A，拧紧照准部制动螺旋。

(3) 打开度盘变换手轮(或拨动度盘变换手轮)，进行水平度盘的置盘(或称配盘)，将起始方向的水平度盘读数置于比 0°稍大一点，退出水平度盘的置盘，观察瞄准的目标有无变动，如有变动，重新瞄准。然后读取水平度盘读数为 $a_{左}$，假设为 0°02′15″，将读数记入表 3-1 中盘左目标 A 水平度盘读数一栏。

(4) 松开照准部制动螺旋，顺时针方向旋转照准部，瞄准右侧目标 B，拧紧照准部制动螺旋。读取水平度盘读数为 $b_{左}$，假设为 85°30′25″，记入表 3-1 中盘左目标 B 水平度盘读数一栏。此时完成上半测回的观测。上半测回所测的水平角为

$$\beta_{左} = b_{左} - a_{左} \tag{3-2}$$

(5) 松开照准部制动螺旋，倒转望远镜使盘位成盘右位置，先瞄准右侧目标 B，读取水平度盘的读数为 $b_{右}$，设为 265°30′36″，记入表 3-1 中盘右目标 B 水平度盘读数一栏。

(6) 松开照准部制动螺旋，逆时针方向转动照准部，瞄准左侧目标 A，读取水平度盘读数为 $a_{右}$，设为 180°02′10″，记入表 3-1 中盘右目标 A 水平度盘读数一栏。此时完成下半测回观测。下半测回所测的水平角为

$$\beta_{右} = b_{右} - a_{右} \tag{3-3}$$

(7) 计算一测回角度值。上半测回和下半测回的观测合称为一个测回，上半测回与下

半测回所测角值之差应在规定的限差范围内,如使用 DJ_6 光学经纬仪进行观测,一般规定为 ±40″。若上半测回与下半测回所测角值之差在规定的限差范围内,则取上半测回与下半测回所测得角值的算术平均值作为观测水平角的一测回角值,即

$$\beta = \frac{\beta_{左} + \beta_{右}}{2} \tag{3-4}$$

若两个半测回所测角值之差超过规定的限差,则应找出原因或重新观测。

表 3-1 测回法观测水平角记录手簿

测站 (测回)	目标	盘位	水平度盘读数 (° ′ ″)	半测回角值 (° ′ ″)	一测回平均角值 (° ′ ″)	各测回平均角值 (° ′ ″)
O (1)	*A*	左	0 02 15	85 28 10	85 28 18	85 28 15
	B		85 30 25			
	A	右	180 02 10	85 28 26		
	B		265 30 36			
O (2)	*A*	左	90 01 22	85 28 16	85 28 12	
	B		175 29 38			
	A	右	270 01 22	85 28 08		
	B		355 29 30			

当对某一水平角的测角精度要求较高时,为了减小度盘刻划不均匀造成的误差对观测水平角的影响,往往要对该角观测若干个测回,每个测回可利用仪器的度盘变换手轮按变动值概略公式 $180°/n$ 的差数改变水平度盘的起始方向读数,其中为 n 测回数。例如,对某一水平角要观测 4 个测回,即测回数 $n=4$,则从第 1 测回至第 4 测回,各测回的起始方向的水平度盘读数依次置于比 0°、45°、90°、135°稍大一点,进行各测回的水平角观测。各测回之间的水平角观测角值较差称为测回差,如使用 DJ_6 光学经纬仪进行观测,其测回差一般应在 ±24″之内。若测回差在限差范围内,则取各测回观测角值的平均值作为最后的水平角观测值。如在表 3-1 中,对水平角 β 角值的观测做了 2 个测回,第 1 测回的观测角值为 85°28′18″,第 2 测回的观测角值为 85°28′12″,两测回角值之差为 6″,其测回差在限差范围内,则取两次观测角值的平均值 85°28′15″作为最后的水平角观测值。

测回法计算需注意以下几点:

(1)水平角值的计算是用所测水平角的终边方向值减起边方向值,即右侧目标水平度盘读数减左侧目标水平度盘读数。如果终边方向值小于始边方向值,则将终边方向值加 360°后再减始边方向值。

(2)在进行水平角度计算时,注意方向值和角值的区别,本例中水平度盘读数 0°02′15″、85°30′25″等为方向值,85°28′18″、85°28′12″为角值。方向值没有角度大小的含义,它为空间直线在水平度盘的投影读数;角值表示水平角度的大小,是两个方向值相减的结果。若不考虑测量误差的影响,重新安置仪器后,每次观测的方向值是随机的,但计算所得的角值是固定的。

(3)测回法的限差规定有两个:一是两个半测回角值较差,二是各测回间角值较差。对于这两个限差,上面所述的半测回间角值较差在 ±40″之内和各测回间角值较差在 ±24″之内,是用测回法进行水平角观测时,对这两个限差的一般观测要求精度。对于观测精度要求不同的水平角,有不同的规定限差。例如在铁路测量规范中,用测回法进行水平角观测时,对水平角角值规定限差如表 3-2 所示。

表 3-2 水平角角值限差

仪器类型	两半测回间角值较差	各测回间角值较差
DJ_6	30″	20″
DJ_2	20″	15″

二、方向观测法

方向观测法又称全圆测回法,适用于在一个测站上的多角观测,即当一个测站有三个或三个以上的观测方向时,应采用方向观测法进行水平角观测。方向观测法是以所选定的起始方向(零方向)开始,依次观测各方向相对于起始方向的方向值。两任意方向值之差,就是这两个方向之间的水平角值。如图 3-14 所示,测站为 O 点,观测方向有 A、B、C、D 四个,采用方向观测法进行观测的方法步骤及有关规定如下。

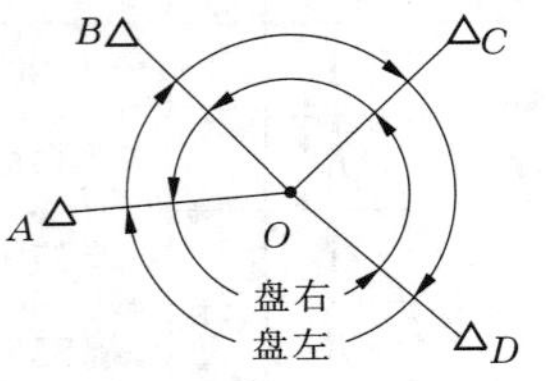

图 3-14 方向观测法观测水平角

(一)观测步骤

(1)安置经纬仪于测站点 O,对中、整平。

(2)确定起始方向(也称零方向)。起始方向的选择可根据实地情况而定,一般选择目标清晰、背景明亮、距离适中、易于瞄准、较为特殊而容易记住的方向作为起始方向。这里选择 OA 方向为起始方向。以盘左位置精确瞄准起始方向,与测回法一样,转动度盘变换手轮,将水平度盘读数置于比 0°稍大一点,再检查是否仍精确瞄准目标,读取 A 方向水平度盘读数。然后以顺时针方向转动照准部,依次瞄准 B、C、D 三点并读数,最后再次瞄准零方向 A 点并读数,称为归零,其目的是检查水平度盘在观测过程中有无带动现象。将以 A 点为零方向的各方向观测读数,按观测顺序自上而下记入表 3-3 中第 1 测回第 4 栏内。

以上的观测称为上半个测回。

(3)倒转望远镜,盘右位置瞄准零方向 A 点,读取水平度盘的读数,逆时针方向转动照准部,依次瞄准 D、C、B 点,最后仍然瞄准 A 点。将各方向观测读数按观测顺序自下而上记入表 3-3 中第 1 测回第 5 栏内。

这一步的观测称为下半个测回。

上、下半测回合称为一个测回。若需要观测多个测回,各测回间起始方向读数仍然依测回法改变水平度盘的起始方向读数的方法进行设置。如果是使用 DJ_2 光学经纬仪,各测回起始方向的读数设置,可按下式计算

$$R = \frac{180°}{n}(i-1) + 10'(i-1) + \frac{600''}{n}\left(i - \frac{1}{2}\right) \tag{3-5}$$

式中　n——总测回数；

　　i——该测回序数（$i=1,2,\cdots,n$）。

表 3-3　方向观测法观测水平角记录手簿

测站	测回数	目标	水平度盘读数		2C = 盘左 − (盘右 ± 180°)(° ′ ″)	平均读数 = 1/2 [盘左 + (盘右 ± 180°)](° ′ ″)	归零方向值(° ′ ″)	各测回平均归零方向值(° ′ ″)
			盘左(° ′ ″)	盘右(° ′ ″)				
1	2	3	4	5	6	7	8	9
						(0 01 02)		
		A	0 01 12	180 01 00	+12	0 01 06	0 00 00	
		B	41 18 18	221 18 00	+18	41 18 09	41 17 07	
O	1	C	124 27 36	304 27 30	+6	124 27 33	124 26 31	
		D	160 25 18	340 25 00	+18	160 25 09	160 24 07	
		A	0 01 06	180 00 50	+16	0 00 58		0 00 00
								41 17 02
						(90 03 09)		124 26 35
		A	90 03 18	270 03 12	+6	90 03 15	0 00 00	160 24 06
		B	131 20 12	311 20 00	+12	131 20 06	41 16 57	
O	2	C	214 29 54	34 29 42	+12	214 29 48	124 26 39	
		D	250 27 24	70 27 06	+18	250 27 15	160 24 06	
		A	90 03 06	270 03 00	+6	90 03 03		

（二）计算方法与步骤

（1）半测回归零差。每个测回的半测回中零方向都有前、后两次读数，两次读数之差称为半测回归零差。若半测回归零差超过规定的限差要求，则需检查或重新观测，限差规定见表 3-4。如在表 3-3 第 1 测回中，上半测回（盘左）归零差为 06″，下半测回（盘右）归零差为 10″，都没有超过规定的限差要求。

（2）$2C$ 值的计算。C 为照准误差，$2C$ 是在同一测回中，上半测回与下半测回观测同一方向上的误差，也称为二倍照准误差。其计算公式为

$$2C = 盘左读数 - (盘右读数 \pm 180°) \tag{3-6}$$

用式（3-6）计算出各方向的 $2C$ 值，并填入表 3-3 中第 6 栏的相应栏目中。如在表 3-3 中，第 1 测回 A 方向的 $2C = 0°01'12'' - (180°01'00'' - 180°) = +12''$。

$2C$ 值也是观测成果中一个限差规定项目，它不是以 $2C$ 绝对值的大小是否超限作为标准，而是以各个方向的 $2C$ 变化值是否超限作为检查标准的。使用 DJ_6 经纬仪进行水平角观测时，不对 $2C$ 值作要求，只对 DJ_2 以上等级的经纬仪在观测水平角时有 $2C$ 值的限差要求。DJ_2 经纬仪的 $2C$ 值的限差要求见表 3-4。

（3）计算一个测回中同一方向盘左、盘右观测值的平均读数。平均读数 = 1/2 [盘左读数 + （盘右读数 ± 180°）]，将计算结果填入表 3-3 中第 7 栏的相应栏目中。

例如在表 3-3 第 1 测回中，B 方向平均读数 $= 1/2[41°18'18'' + (221°18'00'' - 180°)] =$

41°18′09″。

(4)计算起始方向值。由于每一个测回的起始方向有两个平均读数，因此取这两个平均读数的平均数作为该测回起始方向的方向值，并填入表3-3中第7栏，用小括号括起来。如在表3-3中第7栏括号内数值0°01′02″，即为第1测回A方向的平均读数。

(5)计算归零方向值。即以0°00′00″为起始方向的方向值，计算其余各目标方向的方向值。计算时先将起始方向归零方向值归零，也就是减去起始方向的平均数，然后各方向平均读数均减起始方向平均读数，则是各目标方向的归零方向值，填入表3-3中第8栏。如在表3-3第1测回中，B方向归零方向值 = 41°18′09″ − 0°01′02″ = 41°17′07″。

(6)计算各测回平均归零方向值。由于有误差存在，在各测回中，同一方向的归零方向值一般不会相等，其差值不能超过表3-4规定的限差要求。若符合规定要求，则取各测回同一方向归零方向值的平均数，即可得出各测回平均归零方向值，将计算结果填入表3-3中第9栏的相应栏目中。如在表3-3中，B方向在第1、2两个测回中的归零方向值分别为41°17′07″和41°16′57″，其平均数为41°17′02″，即B方向的平均归零方向值为41°17′02″。

(三)方向观测法限差规定

方向观测法观测水平角主要有三项限差，分别是半测回归零差、一测回$2C$值较差和各测回同一方向值较差，其规定要求见表3-4。

表3-4 方向观测法的限差

仪器型号	半测回归零差	一测回$2C$值较差	各测回同一方向值较差
DJ_2	12″	18″	12″
DJ_6	18″	—	24″

(四)方向观测法重测及原始数据更改的规定

1. 重测的规定

重测即是观测结果超出规定限差而需要重新进行的完整测回观测。重测通常在基本测回完成后进行，其规定如下：

(1)$2C$值较差、两个半测回同一方向值较差或各测回同一方向值较差超限时，均应重测超限方向并联测零方向。

(2)零方向的$2C$值较差或下半测回的归零差超限时，均应重新观测该测回。方向观测法中一测回中，重测的方向数超过该测回方向总数的1/3时，该测回就应重测。

(3)采用方向观测法时，每站基本测回中重测的方向数不应超过全部方向测回总数的1/3，否则重测该测回。

(4)因读错度盘、测错方向、读记错误、半测回归零差超限、碰动仪器、气泡偏离过大或中途发现观测条件不佳等而放弃未测完的测回，均应立即重新观测，而不算做重测测回数，称之为补测，补测没有限制。

2. 原始观测数据更改的规定

(1)读记错误的秒值不许改动，应重新观测。读记错误的度、分值，必须在现场更改，但同一方向盘左、盘右、半测回方向值三者不得同时更改两个相关数字，同一测站不得有两个相关数字连环更改，否则均应重测。

(2)凡更改错误,均应将错误数字、文字用横线整齐划去,在其上方写出正确的数字或文字。原错误数字或文字应仍能看清楚,以便检查。需要重测的方向或需要重测的测回可从左上角至右下角用斜线划去。凡划改的数字或划去的不合格成果,均应在备注栏内注明原因。需重测的方向或测回,应注明其重测结果所在页数。废站也应整齐划去并注明原因。

(3)补测或重测结果不得记录在测错的手簿页数之前。

第五节　竖直角观测

一、竖盘构造

图 3-15 是 DJ_6 光学经纬仪的竖盘结构示意图。竖直度盘固定安装在望远镜旋转轴(横轴)的一端,其刻划中心与横轴的旋转中心重合,当望远镜在竖直面内旋转时,度盘也随之在竖直面内转动。竖盘常用于竖直角的观测。

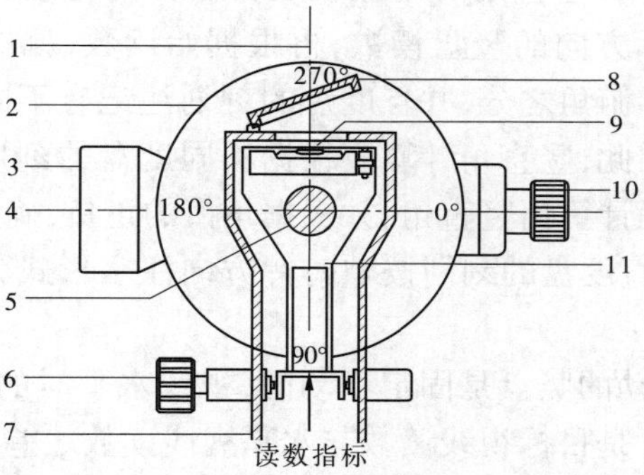

1—铅垂线;2—竖盘;3—望远镜物镜;4—视准轴;5—横轴;6—竖盘指标水准管微倾螺旋;7—支架外壳;
8—竖盘指标水准管观察镜;9—竖盘指标水准管;10—望远镜目镜;11—竖盘指标水准管支架

图 3-15　竖盘构造

竖直度盘的刻划有全圆顺时针和全圆逆时针两种注记,如图 3-16 所示盘左位置,(a)图为全圆顺时针方向注记,(b)图为全圆逆时针方向注记。当视线水平(即视准轴水平),竖盘指标水准管气泡居中时,读数指标所指的竖直度盘读数应是一定数,一般为 90°或 90°的整倍数,图 3-15 和图 3-16 在盘左时始读数均为 90°,在盘右时始读数均为 270°,此读数是视线水平时的读数,称为始读数。对于竖盘读数指标的要求是,始终能够读出与竖盘刻划中心在同一铅垂线上的竖盘读数。为了满足这一要求,早期的光学经纬仪多采用水准管竖盘结构,这种结构将竖盘读数指标与竖盘指标水准管连接在一起,被固定在竖盘指标水准管支架上,转动竖盘水准管微倾螺旋可使指标水准管作微小的转动,从而使水准管气泡居中,水准管轴水平。此时,读数指标处于铅垂位置,即读数指标处于正确位置,利用读数指标可读取竖盘的读数。

目前国内大多经纬仪都采用了竖盘指标自动补偿结构,这种结构的仪器没有竖盘指标水准管,是借助一组棱镜的折射原理,自动使读数指标处于正确位置。当仪器有微小的倾斜时,通过自动补偿装置对光路进行自动调整,使读数相当于水准管气泡居中时的读数。它的工作原理与自动安平水准仪相似。装有竖盘指标自动补偿装置的经纬仪,只要水准管气泡

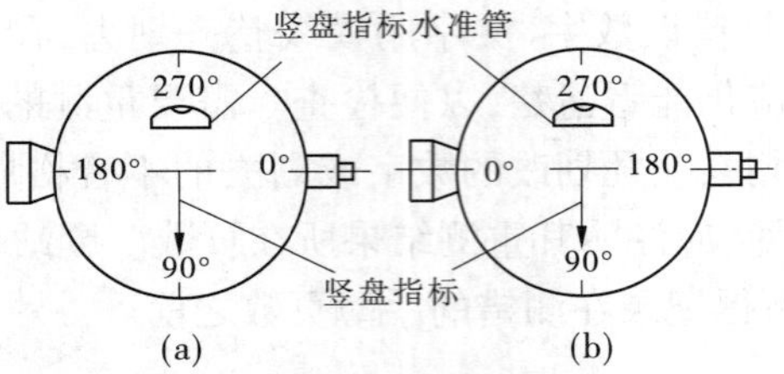

图 3-16　竖直度盘注记形式(盘左位置)

居中,瞄准目标后即可读数,因此操作简便,可以有效地提高竖直角的观测速度,从而提高了测量的工效。

二、竖直角计算公式

在前面已经知道,竖直角是指某一目标方向与其在同一铅垂面内的水平线所夹的角度,显然竖直角的计算仍然和水平角计算类似,需要用两个方向的度盘读数,通过求差而计算出竖直角。由竖盘的结构可知,竖直角的角值就是目标方向与视线水平时的始读数的差值。因此,实际上只需观测目标方向的竖盘读数,再根据始读数,就能够计算出竖直角的大小。但是,由于竖直角有仰角和俯角之分,并且度盘的刻划注记有不同形式,用不同盘位进行观测,其始读数也不相同。因此,竖直角计算应根据不同度盘的刻划注记形式,确定相对应的竖直角计算公式,才能正确计算出竖直角,并根据角值的正负,确定竖直角是仰角还是俯角。下面以 DJ_6 光学经纬仪竖直度盘的刻划按顺时针方向注字形式为例,说明竖直角的计算方法及如何确定计算式。

读数指标线相对于转动的竖盘是固定不动的,视线水平时的始读数也是定值。根据竖直角的测量原理,竖直角 α 是目标视线读数与水平视线读数之差,由于水平视线的读数是固定数值,所以当竖盘转动在不同位置时用读数指标读取目标视线读数,就可以计算出竖直角。

如图 3-17 所示,仪器竖盘位于盘左位置,当视线水平且竖盘指标水准管气泡居中时,竖盘始读数 $L_{始}=90°$。当望远镜向上抬高一个角度 α 照准目标,竖盘指标水准管气泡居中时,视线为向上倾斜,指标处读数减小,设读数为 $L_{左}$,根据竖直角定义,仰角为正,则盘左时竖直角计算公式为式(3-7),如果 $L_{左}>90°$,竖直角为负值,表示是俯角。

$$\alpha_{左} = L_{始} - L_{左} \tag{3-7}$$

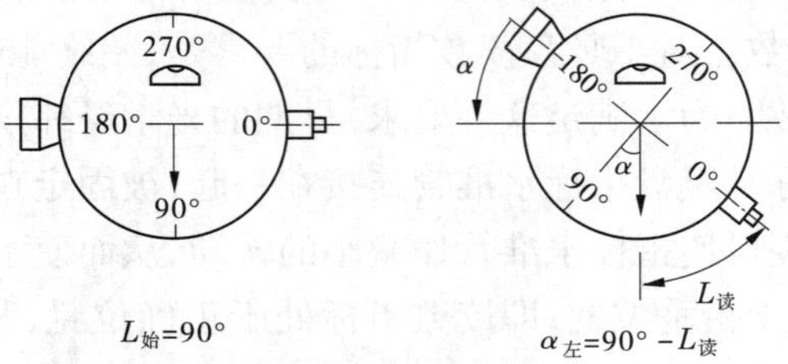

图 3-17　竖直角计算(盘左位置)

如图 3-18 所示,仪器竖盘位于盘右位置,当视线水平且竖盘指标水准管气泡居中时,竖盘始读数 $R_{始}=270°$。当望远镜向上抬高一个角度 α 照准目标,竖盘指标水准管气泡居中时,视线为向上倾斜,指标处读数增大,设读数为 $R_{读}$,根据竖直角定义,仰角为正,则盘右时竖直角计算公式为式(3-8),如果 $R_{读}<270°$,竖直角为负值,表示是俯角。

$$\alpha_{右} = R_{读} - R_{始} \tag{3-8}$$

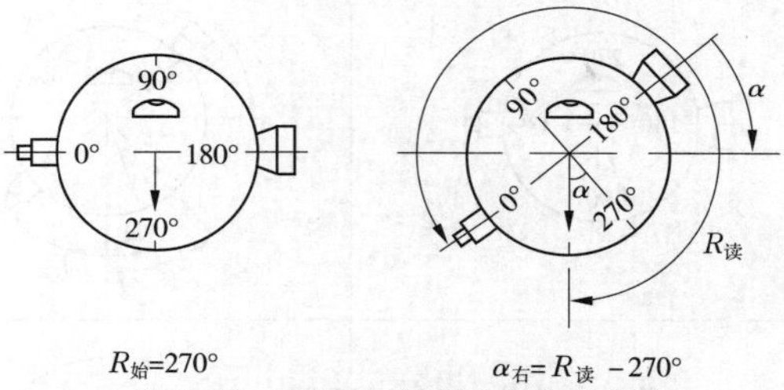

图 3-18　竖直角计算(盘右位置)

为了提高竖直角精度,取盘左、盘右的平均值作为最后观测角值,即

$$\alpha = \frac{\alpha_{左}+\alpha_{右}}{2} = \frac{1}{2}(R_{读} - L_{左} - 180°) \tag{3-9}$$

对于竖直度盘为全圆逆时针刻划注记的 DJ_6 光学经纬仪,同理可推出竖直角的计算公式为

$$\alpha_{左} = L_{左} - L_{始} \tag{3-10}$$

$$\alpha_{右} = R_{始} - R_{读} \tag{3-11}$$

综上所述,用 DJ_6 光学经纬仪进行竖直角的观测,通过观察视线水平时的始读数和物镜上仰时竖盘读数是增大或减小,确定竖直角的计算公式,即

(1)当物镜上仰时,竖盘读数增大,则竖直角

α = 瞄准目标时的竖盘读数 - 视线水平时的竖盘读数

(2)当物镜上仰时,竖盘读数减小,则竖直角

α = 视线水平时的竖盘读数 - 瞄准目标时的竖盘读数

上述竖直角的计算方法,不论 DJ_6 光学经纬仪的始读数是 90°、270°或是 0°、180°,竖盘注记是顺时针还是逆时针都适用。由上式所计算出的竖直角为"+"时,α 为仰角;计算出的竖直角为"-"时,α 为俯角。

三、竖盘指标差

上述竖直角的计算,是认为指标处于正确位置上,即当望远镜的视线水平,竖盘指标水准管气泡居中时,竖盘始读数应是 90°或 90°的倍数,这时称竖盘指标水准管和竖盘读数指标关系正确。但是通常在使用经纬仪时,很难保证这种正确的关系,即当望远镜的视线水平,竖盘指标水准管气泡居中时,指标偏离正确位置,竖盘读数不是应有的始读数,而产生一个 x 角的误差,如图 3-19 所示,称 x 为竖盘指标差。由于竖盘指标差的存在影响到竖直角计算的正确性,因此需消除仪器竖盘指标差,或求出指标差后,对观测值进行改正。

如图 3-19 所示,盘左视线水平时的读数为 $90°+x$,以盘左瞄准目标时的度盘读数为 $L_{读}$,则正确的竖直角应为

$$\alpha = (90°+x) - L_{读} = (90° - L_{读}) + x \tag{3-12}$$

由式(3-7)可得

$$\alpha = \alpha_{左} + x \tag{3-13}$$

同样,盘右时正确的竖直角应为

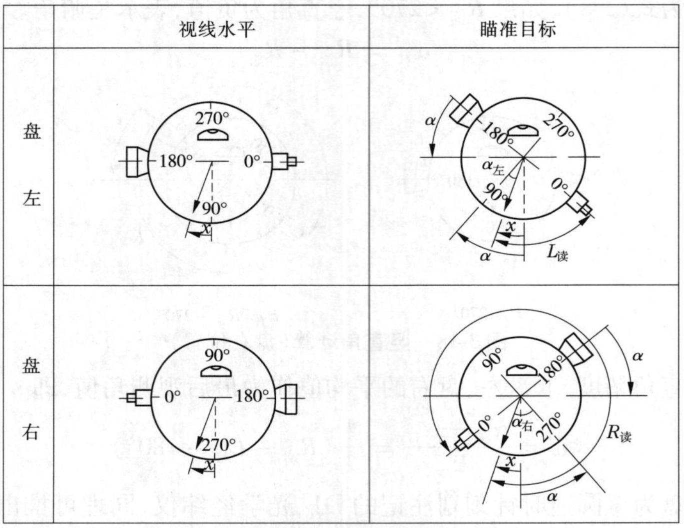

图 3-19　竖盘指标差

$$\alpha = R_{读} - (270° + x) = (R_{读} - 270°) - x \tag{3-14}$$

由式(3-8)可得

$$\alpha = \alpha_{右} - x \tag{3-15}$$

将式(3-13)、式(3-15)两式相加并除以 2,则得出正确的竖直角为

$$\alpha = \frac{1}{2}(\alpha_{左} + \alpha_{右}) \tag{3-16}$$

由式(3-16)可知,在竖直角观测中,用正、倒镜观测取其平均值可以消除竖盘指标差的影响,提高成果质量。

将式(3-13)与式(3-15)相减可得

$$x = \frac{1}{2}(\alpha_{右} - \alpha_{左}) = \frac{1}{2}(R_{读} + L_{读} - 360°) \tag{3-17}$$

竖盘指标差属于仪器误差,一般情况下,竖盘指标差的变化很小,如果在观测中计算出的指标差变化较大,说明观测误差较大。也就是说,指标差 x 可用来检查观测成果质量,指标差的互差不应超过规定的限值,指标差互差的限值为:DJ_2 型仪器不得超过 ±15″,DJ_6 型仪器不得超过 ±25″。另外,在精度要求不高或不便旋转望远镜时,可先通过盘左和盘右的观测,计算出竖盘指标差 x 值,以后只作盘左观测,求得 $\alpha_{左}$,然后按式(3-13)计算出正确的竖直角。

四、竖直角观测

竖直角观测步骤如下:

(1)如图 3-2 所示,安置仪器于测站点 O,对中、整平。观测竖直角前,使望远镜视准轴大致水平可知 $L_{始}$,再将物镜逐渐向上抬起,观察读数的增减变化,以确定竖直角的计算公式。

(2)用盘左位置瞄准目标 A 点,用十字丝横丝照准或切于目标点,旋转竖盘指标水准管微倾螺旋,使竖盘指标水准管气泡居中(或打开竖盘自动归零装置)。读取竖直度盘的读数

L,设为 80°04′12″,记入表 3-5 中竖盘读数栏内,用式(3-7)计算盘左观测的竖直角。这样就完成了上半测回的观测,计算出盘左观测的竖直角角值,其角值为上半测回角值,并记入表 3-5中盘左的半测回角值栏内。

(3)用盘右位置瞄准目标 A 点,用十字丝横丝照准或切于目标点,旋转竖盘指标水准管微倾螺旋,使竖盘指标水准管气泡居中。读取竖直度盘的读数 R,设为 279°55′42″,记入表 3-5中竖盘读数栏内,用式(3-8)计算盘右观测的竖直角。这样就完成了下半测回的观测,计算出盘右观测的竖直角角值,其角值为下半测回角值,并记入表 3-5 中盘右的半测回角值栏内。

上、下半测回合称为一个测回,根据需要可进行多个测回的观测。

(4)当指标差 x 的互差在规定的限值内时,取上、下半测回平均值作为一测回角值。如果进行的是多个测回,则取各测回的平均值作为最后的竖直角观测角值。

竖直角观测记录计算见表 3-5。

表 3-5　竖直角观测记录手簿

测站	测点	盘位	竖盘读数 (°　′　″)	半测回角值 (°　′　″)	指标差	一测回角值 (°　′　″)	备注
O	A	左	80　04　12	9　55　48	−3″	9　55　45	
		右	279　55　42	9　55　42			

第六节　DJ_6 光学经纬仪的检验与校正

一、DJ_6 经纬仪的主要轴线及应满足的几何条件

经纬仪是根据水平角和竖直角的测角原理制造的,为使测角达到一定精度,要求经纬仪的主要轴线之间应满足角度观测的条件。如图 3-20 所示,经纬仪的主要轴线有:视准轴,即望远镜视准轴,以 CC 表示;水准管轴,即照准部水准管轴,以 LL 表示;竖轴,即仪器的旋转轴,以 VV 表示;横轴,即望远镜的旋转轴,以 HH 表示。

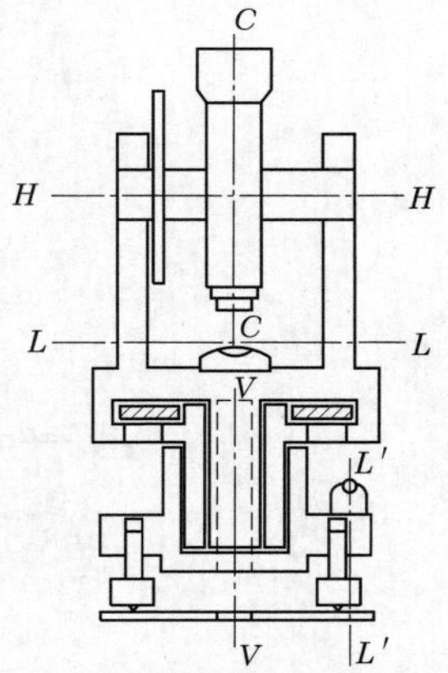

图 3-20　经纬仪的主要轴线

由于仪器在出厂时,已严格保证水平度盘与竖轴的垂直,故当竖轴处于铅垂位置时,水平度盘即处于水平状态。竖轴的铅垂位置是利用照准部水准管气泡居中,即水准管轴水平来实现的。测水平角要求望远镜绕横轴旋转得到竖直的视准平面,就必须保证视准轴垂直于横轴。另外,要保证竖轴竖直时横轴水平,则要求横轴垂直于竖轴。照准目标使用竖丝,因只有横轴水平时才能确保竖丝竖直,故要求十字丝竖丝垂直于横轴。

综上所述,经纬仪测量水平角时,各轴线应满足下列条件:

(1)照准部水准管轴垂直于竖轴($LL \perp VV$)。

(2)十字丝竖丝垂直于横轴。

(3)视准轴垂直于横轴($CC \perp HH$)。

(4)横轴垂直于竖轴($HH \perp VV$)。

(5)光学对中器视准轴与竖轴中心线重合。

经纬仪测量竖直角时,竖盘水准管轴应垂直于竖盘指标线,即竖盘指标差应等于零。

上述这些条件在仪器出厂时一般都能满足,但由于长期使用或搬动中受到震动,以上关系会发生改变。为了使经纬仪在进行角度测量时能获得可靠的数据,在测量前必须对所使用的仪器进行检验和校正或按规定送检,在使用中发现需要检校的仪器,要及时检校,对新购置的经纬仪经检校合格后,方可使用。通过检校经纬仪各轴线间的关系,以满足测角的要求。下面仅对 DJ_6 经纬仪的检验与校正方法作介绍。

二、DJ_6 经纬仪的检验与校正

(一)照准部水准管轴应垂直于竖轴的检验和校正

目的:仪器安置完毕后,保证竖轴与铅垂线方向一致,即使水平度盘处于水平位置。

1. 检验方法

(1)将经纬仪按常规方法整平,然后使照准部水准管平行于一对脚螺旋的连线,调节这两个脚螺旋,使水准管气泡严格居中。

(2)将经纬仪照准部旋转 180°,观察气泡位置,如果仍然居中,说明满足该项条件,无须校正,否则需要进行校正。

水准管轴不垂直于竖轴,是水准管两端支架不等高而引起的。当两端不等高而气泡居中时,水准管轴虽然水平,但水平度盘并不水平,水准管轴与度盘相交成 α 角,如图 3-21(a)所示。当照准部旋转 180°,水准管气泡发生偏移,此时竖轴方向不变,仍偏 α 角,如图 3-21(b)所示,但水准管两端支架却换了位置,水准管轴与度盘仍夹 α 角,但水准管轴与水平线间却夹了 2α 角。2α 角的大小,表现为照准部旋转 180°后气泡偏离水准管正中位置的格数。

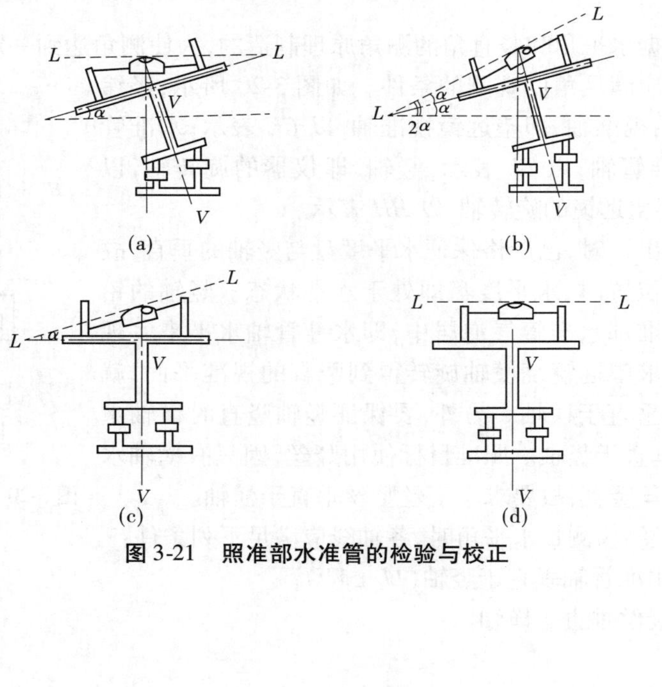

图 3-21 照准部水准管的检验与校正

2. 校正方法

(1)在检验的基础上转动脚螺旋,使气泡向中心移动偏移量的一半。此时竖轴已竖直,水平度盘已呈水平状态,但水准管轴仍偏离 α 角,它还未与竖轴垂直,如图 3-21(c)所示。

(2)用校正针拨动水准管一端的校正螺丝,使气泡居中,如图 3-21(d)所示。

(3)将照准部旋转 180°,观察气泡是否居中。如果气泡居中,则表示该项校正已完成。如果气泡仍然不居中,则采用上述同样的校正方法使气泡居中。再次将照准部旋转 180°,继续重复前面的操作方法,直到照准部不论旋转到任何一个位置,水准管气泡都居中,此时水准管两端支架等高,从而满足了要求。

这项校正比较精细,实际作业中每次调整气泡的移动量往往难以控制,所以此项检验校正需反复进行,直至满足要求,一般要求气泡偏离中心不大于一格的一半即可。另外,经纬仪上若有圆水准器,也应对其进行检校。当管水准器校正完善并对仪器精确整平后,圆水准器的气泡也应居中,如果不居中,应拨动其校正螺丝使其居中,方法与水准仪圆水准器轴平行于仪器竖轴的校正方法相同。

(二)十字丝竖丝应垂直于横轴的检验和校正

目的:使十字丝的竖丝与照准面一致。

1. 检验方法

(1)精确整平仪器,用十字丝竖丝最上端精确对准远处一明显目标点,固定水平制动螺旋和望远镜制动螺旋。

(2)徐徐转动望远镜微动螺旋,若目标点始终不离开竖丝,说明此条件满足,如图 3-22(a)所示;否则需要进行校正,如图 3-22(b)所示。

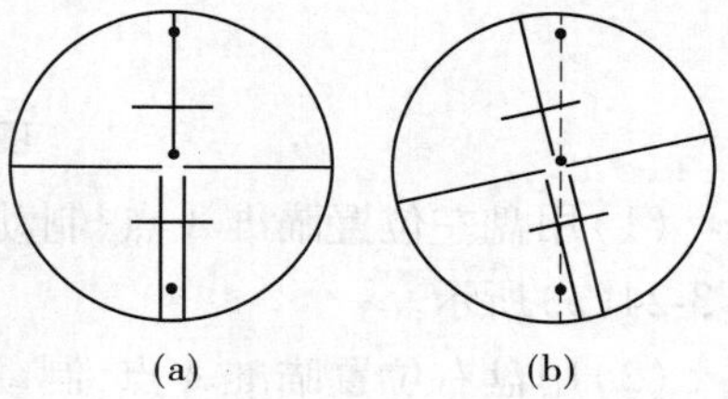

图 3-22　十字丝检验

2. 校正方法

该项校正与水准仪横丝垂直于竖轴的校正方法类似,不过此处是校正竖丝的位置。

(1)拧下目镜前面的十字丝分划板护罩,松开十字丝环的四颗压环螺钉,如图 3-23 所示。

(2)缓慢转动十字丝环,使偏离的目标点向竖丝移动偏离量的一半即可。

此项检验校正工作需反复进行,直至转动望远镜微动螺旋时,目标点始终不离开竖丝。然后将松开的四颗压环螺钉拧紧,盖上十字丝分划板护罩。

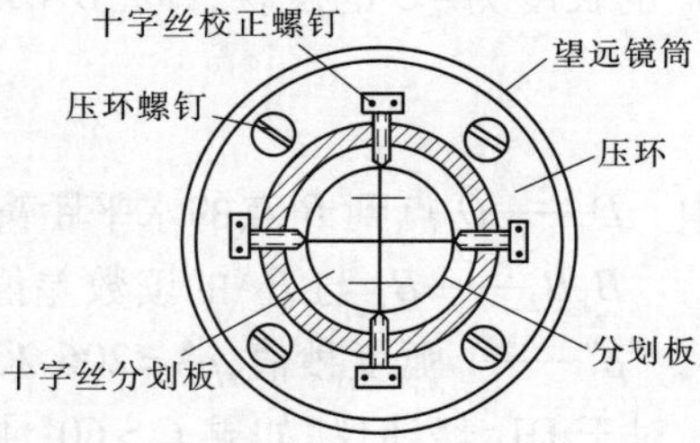

图 3-23　十字丝分划板

(三)视准轴应垂直于横轴的检验和校正

目的:使视准轴成一铅垂面。

若视准轴不垂直于横轴,其偏离垂直位置的角值 C 称为视准轴误差或照准差。具有视准轴误差的望远镜绕水平横轴旋转时,视准轴将扫过一个圆锥面,而不是一个平面。如果 C 值不超过规定要求,则认为视准轴垂直于横轴的条件满足,否则应进行校正。视准轴误差的检验与校正方法,通常有标尺法和度盘读数法(或盘左盘右读数法)两种。下面具体介绍用标尺法进行视准轴误差的检验与校正。

1. 检验方法

在一块较平坦场地，选择相距约为 100 m 的 A、B 两点，安置仪器于两点连线的中点 O，如图 3-24 所示。在 A 点处设置一个与仪器高度相等的标志，在 B 点与仪器同高处横放一根水准尺或刻有毫米分划的直尺，使其垂直于 OB 视线。

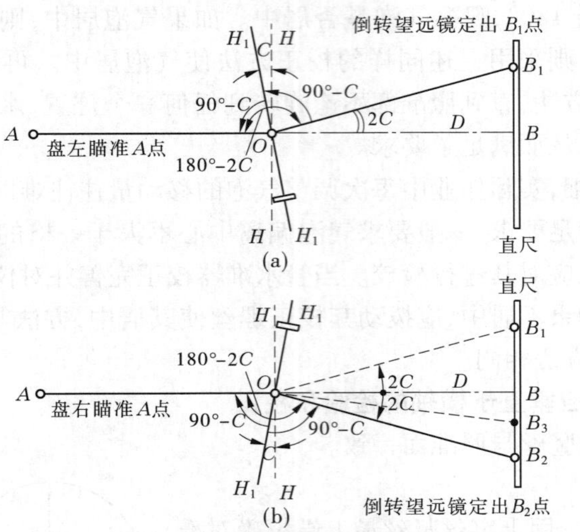

图 3-24　视准轴误差的检验

(1)用盘左位置瞄准 A 点，制动照准部，倒转望远镜成盘右位置，在 B 尺上读数为 B_1，如图 3-24(a)所示。

(2)用盘右位置瞄准 A 点，制动照准部，倒转望远镜成盘左位置，在 B 尺上读数为 B_2。若 $B_1=B_2$，即两读数相等，则说明该项条件满足，无须校正，否则需要计算出 C 值，以确定是否需要进行校正。

由图 3-24 可知，盘左时 B_1B 的长度为 $2C$ 的反映，盘右时 B_2B 的长度为 $2C$ 的反映，即 B_1B_2 的长度为 $4C$ 的反映，即 $\angle B_1OB_2=4C$，由此算得

$$C=\frac{1}{4}\frac{B_1B_2}{D}\rho'' \tag{3-18}$$

式中　D——O 点到 B 点的水平距离，m；

B_1B_2——B_1 与 B_2 的读数差值，m；

ρ''——1 弧度秒值，$\rho''=206\ 265''$。

对于 DJ_6 经纬仪，如果 $C>60''$，则需要校正。

2. 校正方法

如图 3-24(b)所示，B_1、B_2 两个读数之差所对的角度为 $4C$，所以校正时只要校正一个 C 角。由 B_2点向 B_1 点量取 B_2B_1 的 1/4，得内分点 B_3。此时 OB_3 的方向与横轴垂直。打开望远镜目镜端护盖，如图 3-23 所示，用校正针先松上、下两个十字丝校正螺钉，再拨动左、右两个十字丝校正螺钉，一松一紧，左右移动十字丝分划板，直至十字丝交点与 B_3 点重合。完成校正后，应重复上述检验操作。此项检验与校正需反复进行，直到符合要求。

(四)横轴应垂直于竖轴的检验和校正

目的：仪器安置完毕后，保证横轴能处于水平位置。

横轴不垂直于竖轴时，其偏离垂直位置的角值 i 称为横轴误差。对于 DJ_6 光学经纬仪，i 角值不超过 ±20″，否则须进行校正。

1. 检验方法

如图 3-25 所示，在离墙 10～20 m 处安置经纬仪，以盘左瞄准墙面高处的一点 M（其仰角宜大于 30°），固定照准部，然后使望远镜视准轴水平（通过度盘读数），在墙面上以十字丝的交点定出 m_1。盘右瞄准 M 点，固定照准部，然后使望远镜视准轴水平，在墙面上以十字丝的交点定出 m_2。量取 m_1m_2 的长度为 S，量取测站至 M 点的距离为 D，用经纬仪对 M 点观测一个测回的竖直角，其角值为 α。则横轴误差的计算公式为

$$i = \frac{S}{2D\tan\alpha}\rho'' \tag{3-19}$$

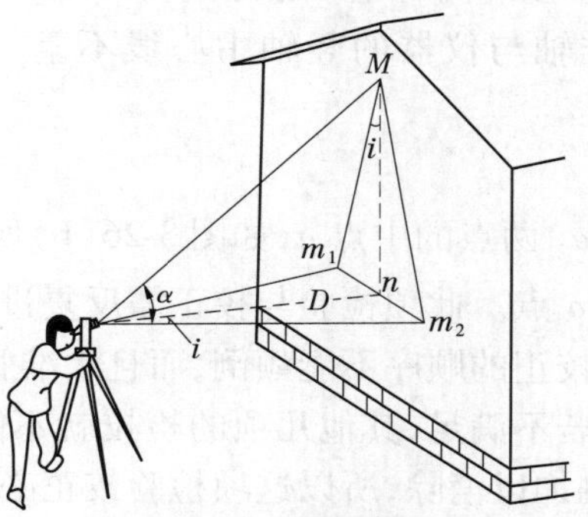

图 3-25　横轴检验

用式(3-19)计算出 i 角值，若超过 ±20″，必须对仪器进行校正。

2. 校正方法

横轴不垂直于竖轴的主要原因是横轴两端的支架不等高。校正时，打开仪器的支架护盖，调整偏心轴承环，抬高或降低横轴的一端，使 $i=0''$。此项校正需要在无尘的室内环境中使用专用的平行光管进行，因光学经纬仪的横轴大都是密封的，因此如果使用仪器人员不具备这种校正条件，而又需对此项条件进行检验，则应在专门检验校正仪器的场所由专业人员对仪器进行校正。

（五）竖盘指标差的检验和校正

目的：使竖盘指标处于正确位置，即尽量使指标差接近于零。

1. 检验方法

仪器整平后，以盘左、盘右位置中丝切准某一视线近于水平的明显目标，读取竖盘读数 L 和 R（注意每次读数前一定要使竖盘指标水准管气泡居中，或打开竖盘指标自动归零补偿器进行补偿）。用式(3-17)计算竖盘指标差 x，如果 x 超过规定的限差要求，则应进行校正。对于 DJ_6 光学经纬仪，竖盘指标差 x 的变化范围不得超过 ±25″。

2. 校正方法

先计算出盘右位置时竖盘的正确读数，应为 $R-x$。原盘右位置瞄准目标不动，然后转动竖盘指标水准管微动螺旋，使竖盘读数为 $R-x$，此时，竖盘指标水准管气泡不再居中，用校正针拨动竖盘指标水准管一端的校正螺钉，使气泡居中。此项检校需反复进行，直至指标差小于规定的限值。

由于目前的经纬仪大多都具有自动归零补偿器，因此此项校正最好应由仪器检修专业

人员进行。

(六)光学对中器的检验和校正

目的:使光学对中器的视准轴与仪器的竖轴中心线重合。

1. 检验方法

(1)在脚架的中央地面上放置一张白纸,在白纸上画一“+”字形标志 a_1。

(2)严格整平仪器,移动白纸,以 a_1 点为对中标志,即使对中器视场中的小圆圈对准 a_1 点标志,如图 3-26(a)所示。

(3)将照准部在水平方向转动 180°,如果小圆圈中心仍对准标志,说明光学对中器的视准轴与仪器的竖轴中心线重合,不需校正。如果小圆圈中心偏离标志,而得到另一 a_2 点,则说明光学对中器的视准轴与仪器的竖轴中心线不重合,需要进行校正。

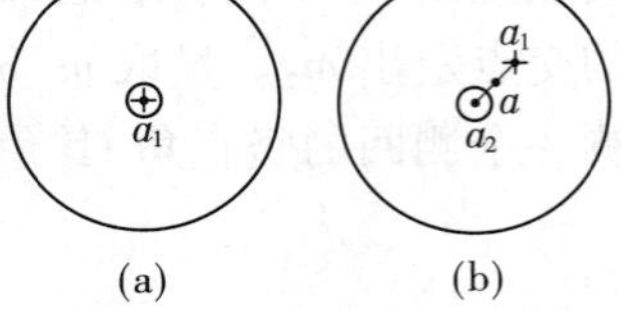

图 3-26　十字丝的检验

2. 校正方法

用尺子在白纸上定出 a_1、a_2 两点的中点 a,如图 3-26(b)所示，用校正针拨动对中器的校正螺钉,使小圆圈中心对准 a 点。此项检验与校正需反复进行,直到符合要求。

必须注意,这六项检验与校正的顺序不能颠倒,而且水准管轴应垂直于竖轴是其他几项检验与校正的基础,这一条件若不满足,其他几项的检校就不能进行,竖轴倾斜而引起的测角误差,不能用盘左、盘右观测加以消除,所以这项检验校正必须认真进行。

第七节　电子经纬仪简介

随着电子技术、计算机技术、光电技术、自动控制等现代科学技术的发展,角度测量向自动化记录方向的发展有了技术基础。电子经纬仪和全站型电子速测仪的出现,标志着经纬仪发展到了一个新的阶段,它为测量工作的自动化创造了有利的条件,电子经纬仪与光电测距仪、计算机、自动绘图仪相结合,使地面测量工作实现了自动化和内外业一体化,这是测绘工作的一次历史性变化。

电子经纬仪在结构及外观上和光学经纬仪相类似,根本区别在于读数系统,它用微机控制的电子测角系统代替光学读数系统,采用光电扫描和电子元件进行自动读数和液晶显示。其主要特点是:使用电子测角系统,能将测量结果自动显示出来,实现了读数的自动化和数字化;采用积木式结构,可和光电测距仪组合成全站型电子速测仪,配合适当的接口,将电子手簿记录的数据输入计算机,以进行数据处理和绘图。

一、仪器各主要部件名称

图 3-27 是苏一光 DJD 型电子经纬仪的外形结构图及部件的名称。

二、苏一光 DJD 型电子经纬仪的使用

DJD 型电子经纬仪采用光栅度盘测角系统,使用微型计算机技术实现测量、计算、显示、存储等多项功能,可同时显示水平角、竖直角测量结果,可以进行角度、坡度等多种模式的测量数据采集。

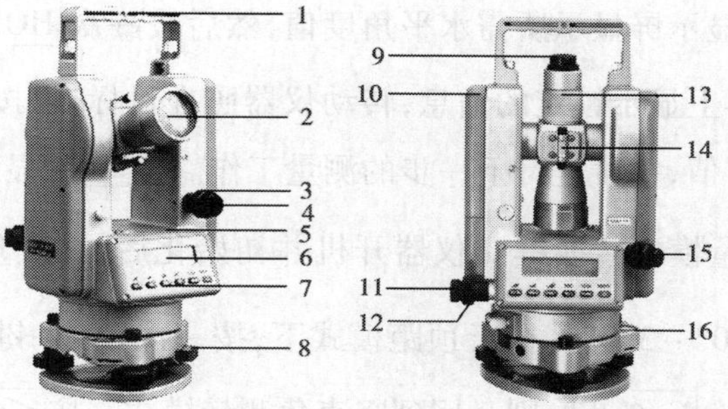

1—提手；2—望远镜物镜；3—望远镜微动螺旋；4—望远镜制动螺旋；5—照准部水准器；
6—液晶显示屏；7—键盘；8—基座固定扳手；9—望远镜目镜；10—电池盒；11—照准部制动螺旋；
12—照准部微动螺旋；13—望远镜调焦螺旋；14—光学瞄准器；15—光学对中器；16—圆水准器

图 3-27　DJD 型电子经纬仪外形结构

(一)仪器显示屏及操作键

DJD 型电子经纬仪的操作键如图 3-28 所示，各键的功能如下：

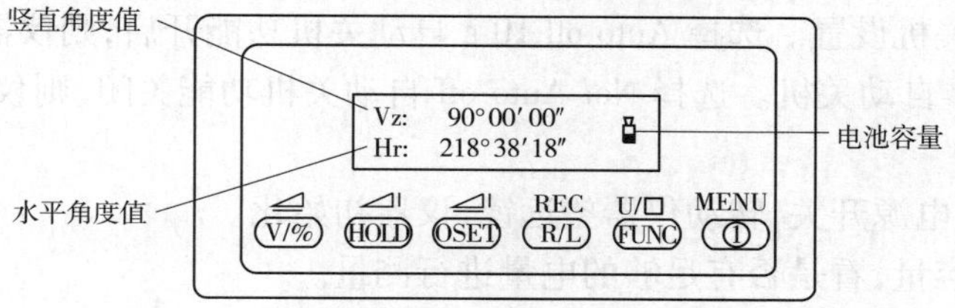

图 3-28　DJD 型电子经纬仪操作面板

MENU (①)　开机、关机键　按一次①键开机，再按一次①键关机。如果不想关机，可按 FUNC 键，对应 U，则返回测量状态；按 MENU 键打开手簿或测距菜单。

U/□ (FUNC)　360°/400gon 单位转换键　按住 FUNC 键直到显示屏第一行显示 To400gon 或 To360°即实现单位转换；U/□ 照明打开/关闭(按键时间较短)，按一下该键，则显示屏照明打开，望远镜分划板照明同时打开，再按一次则显示屏照明及望远镜分划板照明关闭；进入菜单后返回键。

REC (R/L)　向右/左水平角值增加键　仪器每次开机，并初始化后，显示"Hr"表示顺时针转动仪器时，水平角度值顺时针增加，按一下 R/L 键，显示"Hl"表示逆时针转动仪器，水平角度值为增加方向，再按一下 R/L 键，又返回"Hr"。REC 记录、向手簿发送数据。

◢| (OSET)　水平角度值置零键　按住 OSET 键直到显示屏第二行显示"OSET"并释放，则水平角度值自动显示为 00°00′00″。按 ◢| 键进行单次测距。

◢| (HOLD)　水平角值设置及任意设置键　按一次 HOLD 键，此时转动仪器，其设置的水平角值不变，再按一次，则恢复原状态，水平角值随仪器转动而变化；水平角值任意设置，转动

水平微动手轮，使仪器显示屏显示所需水平角度值，然后按一次 HOLD 键，则锁定所设置的水平角度值并在显示屏上显示锁定的信息，转动仪器照准目标，再按一次 HOLD 键，则不再锁定所设置的水平角度值，并可进行下一步的测量工作。按 ⊿ 键显示高差。

V/% 垂直角测量模式转换键 仪器开机并初始化后，垂直角自动显示天顶距模式 Vz；显示角度值范围为 0°～360°。在天顶距模式下，按一次 V/% 键，则竖直角测量模式转换为坡度模式，再按一次 V/% 键，则又回到竖直角测量模式。按 ◿ 键显示平距。

（二）仪器设置

同时按住 HOLD 键和 R/L 键，并上下转动望远镜，仪器进入设置状态，并显示设置项目。

（1）角度测量最小显示读数设置。可供选择的选项分别为 1″、5″、10″、20″。

（2）竖盘补偿器设置。可供选择的选项分别为补偿器校正（Modify）、补偿器检查（Check）、开启补偿器或关闭补偿器（Tilt on、Tilt off）。

（3）仪器自动关机设置。选择 Auto off 10 s 自动关机功能开启，则仪器如果在 10 min 以内无任何操作，仪器自动关机。选择 Not Auto off 自动关机功能关闭，则仪器不会自动关机。

（三）角度测量

（1）开机，打开电源开关，转动仪器望远镜，仪器初始化。

（2）检查电池容量，看是否有足够的电量进行测量。

（3）根据环境条件，确定是否打开照明。

（4）根据需要观测的角度，选择水平角度增加方向。

（5）选择测量角度单位。

（6）水平角度度盘置零或锁定任意水平角度值。

（7）瞄准目标，读取显示屏上的水平度盘读数。

（8）按水平角观测方法进行下一步测量工作。

（9）测量结束并关机。

第八节　角度测量误差的主要来源

使用经纬仪在野外进行角度测量时，因受各方面因素的影响难免出现误差，其误差主要来源于三个方面：仪器误差、观测误差及外界环境影响产生的误差。为了获得满足精度要求的测量成果，有必要分析这些误差来源，采取相应措施，将其消除或尽可能控制在容许范围以内。

一、仪器误差

仪器误差的来源主要有两个方面：一个是仪器制造、加工不完善的误差；另一个是仪器检校不完善的残余误差。主要有以下几种误差。

（一）视准轴误差

视准轴误差是由于视准轴与横轴不垂直而引起的水平方向读数误差。

(二)横轴误差

横轴误差是由于横轴与竖轴不垂直而引起的水平方向读数误差。

(三)竖轴误差

竖轴误差是由于照准部水准管与竖轴不垂直,或水准管整平不完善导致不水平引起的误差。

视准轴误差、横轴误差和竖轴误差是经纬仪的三个主轴误差,通常称为三轴误差。三轴误差中的视准轴误差和横轴误差,可以采用盘左、盘右两个位置进行观测,取其平均数的方法来消除,而竖轴误差不能通过盘左、盘右两个位置观测取平均数的方法来消除其对水平角观测方向的影响,只能通过校正尽量减少残存误差。另外,由于观测目标越高或越低,使瞄准目标的仰俯角变得越大,其误差的影响也越大,因此在山地测量时更应严格整平仪器。

(四)度盘偏心误差

该误差属于仪器零部件加工、安装不完善引起的误差。经纬仪的照准部旋转中心与水平度盘分划中心理论上说应该完全重合,但由于仪器误差,使照准部的旋转中心与水平度盘分划中心不重合而产生误差。度盘偏心误差可以采用盘左、盘右两个位置进行观测,取其平均数的方法加以消除。

(五)度盘刻划不均匀误差

该误差属于仪器零部件加工不完善引起的误差,是由于仪器度盘刻划不均匀引起的方向读数误差。该误差可以采用配置度盘各测回起始读数的方法,使读数均匀分布在度盘各区间而减弱其误差的影响。

(六)竖盘指标差

由于仪器竖盘指标没有处在正确的位置,而产生竖盘读数误差。这种误差同样可采用盘左、盘右两个位置观测取平均数的方法加以消除。

二、观测误差

观测误差是指观测者在观测操作过程中产生的误差,如对中误差、整平误差、目标偏心误差、照准误差和读数误差等。

(一)对中误差

在进行角度观测时,经纬仪应安置在测站上,由于经纬仪安置时没有严格对中,使仪器中心与测站中心不在同一铅垂线上引起的角度误差,称为对中误差,也称测站偏心误差。如图 3-29 所示,仪器中心 O' 在安置仪器时偏离测站点中心 O 的距离为 e,则实测水平角 β' 与正确的水平角 β 之间的关系为

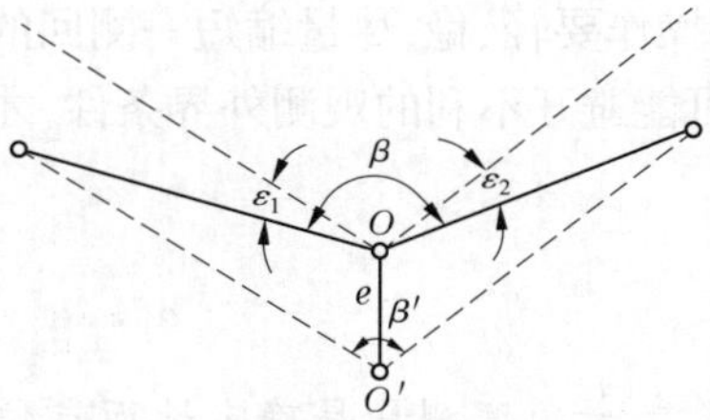

图 3-29 仪器对中误差

$$\beta = \beta' + \varepsilon_1 + \varepsilon_2 \tag{3-20}$$

设仪器对中误差对水平角的影响为 $\Delta\beta = \varepsilon_1 + \varepsilon_2$,从图 3-29 可见,对中误差与距离、角度的大小有关,观测方向与偏心方向越接近于 90°,距离越短,偏心距 e 越大,对水平角的影响越大。由于对中误差不能通过观测方法予以消除,因此为了减小此项误差的影响,在测角时,应特别注意严格对中。

(二)整平误差

整平误差是因安置仪器时未精平而产生的误差。整平误差导致水平度盘不能严格水平,竖盘及视准面不能严格竖直。它对测角的影响与观测目标的高度有关,随着目标点与测站点高差的增大而增大。因此,在山地测量时必须严格整平仪器。

(三)目标偏心误差

在观测照准目标时,由于往往不是直接瞄准地面点上标志点的本身,而是瞄准标志点上的照准标志,因此要求照准点的照准标志应严格位于地面点的铅垂线上。若安置的照准标志偏离地面点中心、目标倾斜或望远镜无法瞄准照准标志的底部,照准目标的部位偏离照准点中心的大小称为目标偏心误差。目标偏心误差对观测方向的影响与偏心距和边长有关,偏心距越大,边长越短,影响也就越大。因此,照准花杆目标时,应尽可能照准花杆底部,当测角边长较短时,应当用垂球对点。

(四)照准误差和读数误差

在角度观测中,照准误差与望远镜放大倍率、物镜孔径等仪器参数、人眼判断能力、目标形状与大小、衬托背景、目标影像的亮度和清晰度、通视情况、对光时是否消除视差等因素有关。一般认为望远镜放大倍率和人眼的判断能力是影响照准精度的主要因素。测量时选择观测的目标要清晰,目标亮度要适宜,操作应仔细并消除视差。

读数误差主要取决于仪器的读数设备,读数时必须仔细调节读数显微镜,使度盘与测微尺分划影像清晰,也要仔细调整反光镜,使影像亮度适中,然后仔细读数。

三、外界条件的影响

外界条件影响主要指各种外界条件的变化对角度观测精度的影响。外界条件的影响因素很多,也很复杂,如大风影响仪器的稳定;大气透明度影响照准精度;空气温度变化,特别是高温天气,会引起水准管气泡的移动和视准轴的变化,并且太阳照射地面产生热辐射引起大气层密度变化,使目标影像变得模糊甚至飘移;视线贴近地面或通过建筑物旁、冒烟的烟囱上方、接近水面的空间等还会产生不规则的折光。要完全避免这些影响是不可能的,但这些影响大多数与观测时间有关。因此,在进行角度观测时,应尽量选择有利的观测时间和地点,操作要轻、稳,尽量缩短一测回的观测时间,晴天在室外观测一定要给仪器打太阳伞。只有尽可能避开不利的观测外界条件,才可将外界条件的变化对角度观测的影响降到最低的程度。

本章小结

由于角度测量是确定地面点位的基本测量工作之一,因此本章的内容是本课程的重点内容之一,而经纬仪的使用和角度的观测方法又是重中之重。角度测量有水平角测量和竖直角测量。在求解地面点的平面位置时,需要观测水平角值。在测定地面点的高程时或通过倾斜距离求水平距离时,需要观测竖直角值。通过本章的学习,主要了解和掌握角度测量的基本知识。

(1)学习本章应弄清以下各主要问题:一是经纬仪测水平角的原理,经纬仪构造及其使用;二是水平角测量;三是竖直角测量。

水平角是任意空间两方向的相交直线在水平面上投影的夹角。常用的水平角观测方法有测回法(适用于两个方向间角度)及方向观测法(用于三个以上方向),要学会根据观测目标的多少选择观测方法。竖直角是在同一个竖直面内视线方向与水平线的夹角,学习时与水平角测量对照学习。测量竖直角与测量水平角不同,在测量水平角时,当望远镜随照准部在水平方向转动时,水平度盘是固定不动的,而指标线随照准部转动,因而不同的方向就有不同的读数,两方向读数相减即可求得水平角角值。然而,在测量竖直角时,由于竖盘装置在望远镜旋转轴的一侧,当仪器整平时,竖盘就代表一个竖直面,当望远镜瞄准不同高度的方向目标上、下转动时,望远镜的旋转轴带动竖盘一起旋转,就有了目标方向的读数,通过目标方向的读数和望远镜视线水平时的读数可计算竖直角角值。竖盘指标线是固定不变的,这与水平度盘不同,它与竖盘水准管相连,通过竖盘水准管微动螺旋的转动,指标可以作较小的移动。所以,观测时,必须转动竖盘水准管微动螺旋,使其气泡居中后,方能读取读数。竖直角观测时,计算竖直角角值的公式由竖盘的注记形式确定,这与水平角角值计算不相同。我们所说的盘左时读数 L 和盘右时读数 R 是在指标处于正确位置的情况下而言的。一般说来,指标位置不一定正确,它与正确位置读数的差,叫做竖盘指标差,通常用 x 表示。

(2)通过学习经纬仪的检验和校正,要了解经纬仪各轴系之间的关系,要掌握经纬仪检验和校正的项目及方法(校正方法中有需要具备一定设备条件的可不要求)。经纬仪的检验和校正只是保证角度观测达到一定的精度要求的一个方面。另一方面,需要进一步分析角度测量中产生误差的原因、消除或减弱误差的方法,以保证角度观测达到一定的精度要求。例如,我们采用盘左和盘右两个位置观测取平均数的方法,可消除照准部偏心误差,以及视准轴不垂直于横轴、横轴不垂直于竖轴的残余误差,但竖轴误差不能采用此方法消除。竖直角观测时采用盘左和盘右两个观置观测取平均数的方法可消除指标差的影响。又如,在短边上的端点观测角度时要特别注意对中,照准目标时要尽量瞄准目标的底部,因为它们对测角的影响与距离成正比。为了消除度盘的刻划误差,需要配置水平度盘的起始位置,每测回水平度盘变换的位置按 $180°/n$ 进行配置。

(3)为了使角度观测成果达到规范规定的要求,对各项观测成果有限差要求。如用测回法观测水平角时,规定的上、下半测回角值差的限差,各测回间角度之差的限差。方向观测法中,除注意上述两项限差外,还有半测回归零差和 $2C$ 的规定要求,若超出规定的限差范围,均需重测。

思考题与习题

1. 什么是水平角？若某测站点与两个不同高度的目标点位于同一铅垂面内,那么在水平度盘上的读数是否相同？为什么？

2. 光学经纬仪主要由哪三部分构成？

3. 安置经纬仪时为什么要对中、整平？如何操作？

4. 经纬仪上有几对制动、微动螺旋？它们各有什么作用？

5. 何谓水平度盘分划值？在经纬仪中,常用的度盘分划一般有哪几种？

6. 观测水平角时,为什么要进行对中和整平？简述光学经纬仪如何采用光学对中器进行对中。

7. 光学经纬仪的拨盘手轮的作用是什么？

8. 观测水平角时，如果要观测两个以上测回，为什么各测回间要变换起始方向水平度盘读数？假如确定观测 4 个测回，那么各测回盘左起始方向水平度盘读数应分别设置为多少？

9. 测回法适用于什么情况的水平角观测？简述测回法的观测步骤。

10. 水平角观测中有哪几个限差项？

11. 用 DJ_6 光学经纬仪采用测回法观测水平角，观测数据如图 3-30 所示，将数记入表 3-6 中，计算水平角值并说明成果是否达到精度要求。

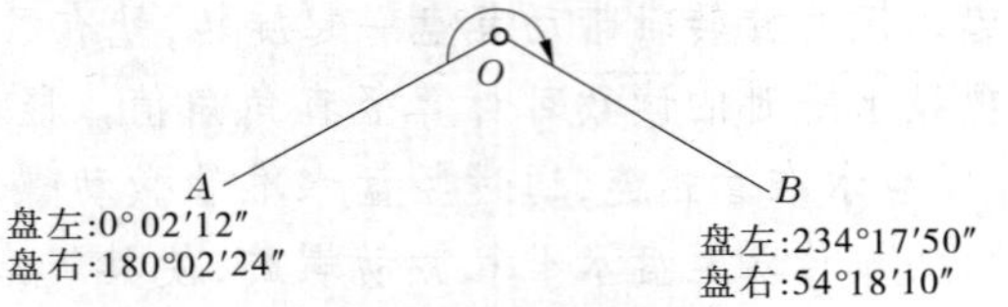

图 3-30　第 11 题图

表 3-6　测回法观测水平角记录手簿

测站	目标	盘位	水平度盘读数 (° ′ ″)	角　值 (° ′ ″)	平均角值 (° ′ ″)	备注

12. 表 3-7 为使用 DJ_6 光学经纬仪采用方向观测法观测水平角的记录，计算水平角值并检查各项限差是否在规定范围内。

表 3-7　方向观测法观测水平角记录手簿

测站	测回数	目标	水平度盘读数 盘　左 (° ′ ″)	水平度盘读数 盘　右 (° ′ ″)	2C = 盘左 − (盘右 ±180°) (° ′ ″)	平均读数 = 1/2 [盘左 + (盘右 ±180°)] (° ′ ″)	归零方向值 (° ′ ″)	各测回平均归零方向值 (° ′ ″)
1	2	3	4	5	6	7	8	9
		A	0 02 12	180 02 06				
		B	50 33 54	230 33 18				
O	1	*C*	115 27 06	295 27 00				
		D	192 52 42	12 52 30				
		A	0 02 24	180 02 20				
		A	90 32 24	270 32 20				
		B	141 03 36	321 03 18				
O	2	*C*	205 57 18	25 57 06				
		D	283 22 54	103 22 48				
		A	90 32 30	270 32 18				

13. 在水平角观测时，仪器对中精度是目标近要求高，还是目标远要求高？为什么？

14. 什么是竖直角？角度值的范围是多少？

15. 什么是竖盘指标差？如何计算和检验竖盘指标差？

16. 用一 DJ_6 光学经纬仪进行竖直角观测，竖盘位于盘左，望远镜视线水平时，竖直度盘的读数为 90°，当望远镜物镜上抬观测时，竖直度盘读数增大，根据表 3-8 的记录，计算竖直角和竖盘指标差。

表 3-8　竖直角观测记录手簿

测站	测点	盘位	竖盘读数 (°　′　″)	半测回角值 (°　′　″)	一测回角值 (°　′　″)	指标差
O	*A*	左	95　35　30			
		右	264　24　36			
	B	左	86　45　05			
		右	273　14　48			

17. DJ_6 光学经纬仪有哪些主要轴线？应满足的几何条件是什么？

18. 角度测量误差来源于仪器误差影响的项目有哪些？角度测量用盘左、盘右观测同一水平角可以消除哪些误差？

第四章 距离测量

重点提示：测量地面两点间的水平距离是确定地面点位的基本测量工作之一。本章重点介绍钢尺量距的一般方法与精密距离丈量的方法；钢尺量距误差分析及减弱措施；光学经纬仪视距测量的方法；光电测距仪简要介绍；全站仪的构造及基本的使用方法。重点是钢尺量距方法，全站仪的基本使用方法。

距离测量是确定地面点位置的三项基本测量工作之一。地面上不同位置的两个点投影到水平面上的投影点之间的直线长度，称为该两点之间的水平距离。在实际的测量工作中，需要丈量的直线两个端点一般并不在同一水平面上。因此，可根据不同精度要求和作业条件等情况，选择不同的距离测量方法，最常用的方法有钢尺量距、视距测量和光电测距等。距离测量按照所用仪器、工具的不同，又可分为直接测量和间接测量两种。用钢尺量距和光电测距仪测距称为直接测量，而视距测量称为间接测量。

第一节 钢尺量距的一般方法

钢尺量距是传统的量距方法，适用于地面比较平坦，边长较短的距离测量。其丈量方法分钢尺量距一般方法和钢尺量距精密方法，本节介绍钢尺量距一般方法。

一、量距的工具

钢尺丈量距离的工具以钢尺为主，辅助工具有花杆、测钎和垂球等。此外，在精密距离测量中，还有拉力计、温度计，以控制拉力和测定温度。

（一）钢尺

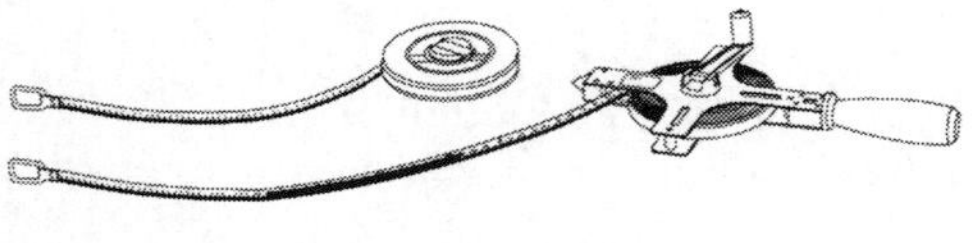

图 4-1 钢尺

钢尺是钢制的带尺，又称钢卷尺。常用钢尺宽 10 ~ 15 mm、厚 0.2 ~ 0.4 mm，长度有 20 m、30 m 及 50 m 等几种，将其卷放在圆形盒内或金属架上，如图 4-1 所示。钢尺的基本分划为厘米，在每米、每分米及每厘米处都有数字注记。目前，有的钢尺在起点处一分米内刻有毫米分划，有的钢尺在整个尺长内都刻有毫米分划。由于尺的零点位置的不同，钢尺分端点尺和刻线尺两种，在使用时应注意其零分划的位置。端点尺是以钢尺的最外端作为尺的零点，如图 4-2 所示。刻线尺是以钢尺前端的一刻线作为尺的零点，如图 4-3 所示。

钢尺因由优质钢制成，其抗拉强度高，不易拉伸，所以量距精度较高，在工程测量中一般都使用钢尺量距。但是，钢尺较薄，性脆易折断，易生锈，使用时应避免扭折，防止生锈。

（二）标杆（花杆、测杆）

标杆用木材或铝合金材料制成，长 2 m 或 3 m，直径 3 ~ 4 cm，杆上用红、白油漆交替漆成 20 cm 的小段，以便远处清晰可见，杆底装有锥形铁脚，以便插入土中，或对准点的中心，作为观测点的目标标志,如图4-4所示。标杆在距离测量中,用于直线定线。

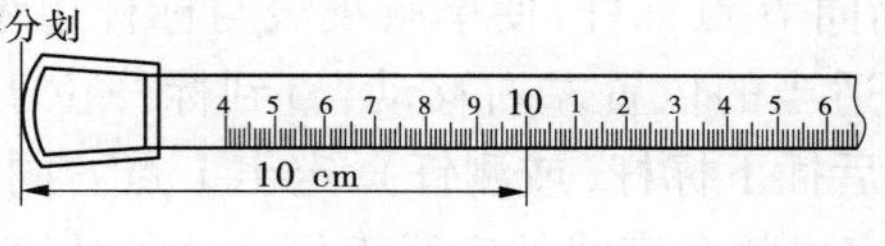

图4-2　端点尺

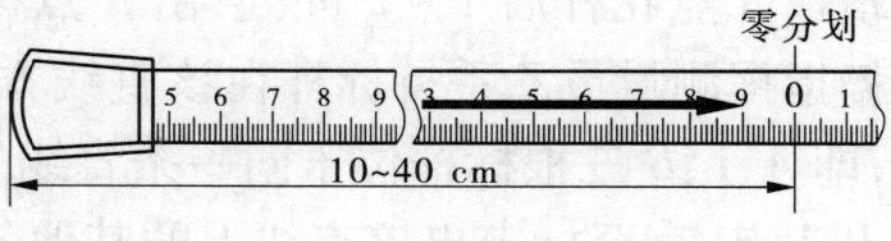

图4-3　刻线尺

(三)测钎

测钎用钢筋加工制成,直径3~6 mm,长30~40 cm,上端弯成环形,下端为尖形。常用来标定所量尺段的起、讫点和计算已量过的整尺段数。测钎一般以6根或11根为一组,装入圆环内,如图4-5所示。

(四)垂球

垂球由金属材料制成,外形似圆锥形,上端系有细线。当地面起伏较大或坡度较大时,用于对点、标点和投点,如图4-6所示。

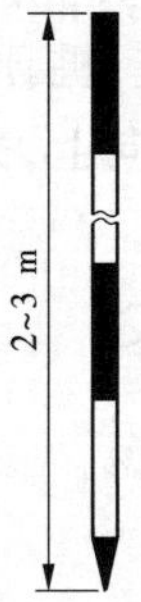

图4-4　标杆

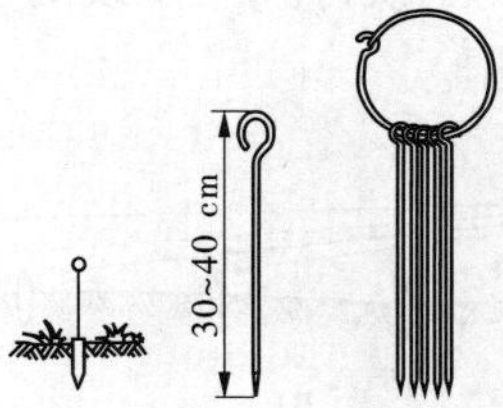

图4-5　测钎

图4-6　垂球

二、直线定线

用钢尺进行距离丈量,当两个地面点之间的距离较长,钢尺的一个整尺段不能完成距离丈量,或地势起伏较大时,为保证丈量的精度及量距工作方便,需将一条直线分成多个尺段进行丈量。要使一条直线上多个尺段的丈量能沿已知直线方向进行,则需要在两点间的直线上标定一系列的点位,将整个直线分成若干个等于或小于钢尺尺长的直线段,以便分段丈量,这一工作称为直线定线。直线定线方法常采用目估法定线和经纬仪定线。

(一)目估法定线

当距离丈量精度要求不高时,可采用目估法定线。如图4-7所示,设A、B为直线的两端

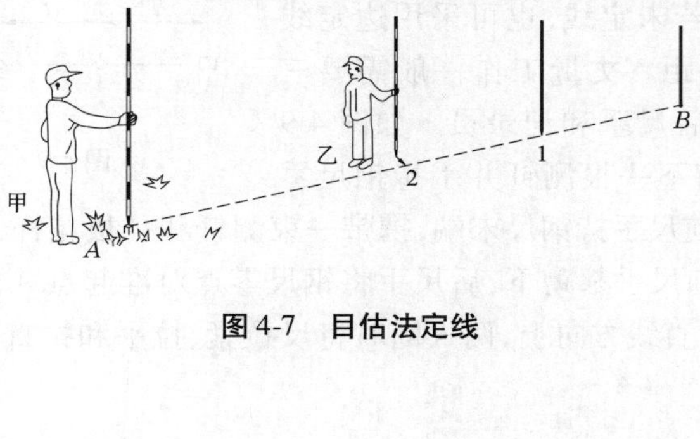

图4-7　目估法定线

点，现需在 A、B 之间标定 1、2 等点。在待测直线的两端点 A、B 各竖立一根标杆，由一测量员甲站在 A 点花杆后 1 ~ 2 m 处，由 A 点标杆瞄向 B 点标杆，使单眼视线与标杆边缘相切，以手势指挥测量员乙手持标杆在该直线方向上适当的位置左右移动，直到标杆位于 AB 直线上，即 A、1、B 三根标杆位于同一条直线上，然后插下标杆（或测钎），定出 1 点。同法可继续定出 2 点，直至标定出该直线上的其他各点，完成整个直线的定线工作。这种从直线远端 B 走向近端 A 的定线方法，称为"走近定线"。直线定线一般应采用走近定线。

（二）经纬仪定线

当距离丈量的精度要求较高时，必须用经纬仪进行直线定线。经纬仪定线方法事实上与目估法定线方法的原理是一样的，只不过是用经纬仪视准轴替代了人的单眼视线。方法如下：如图 4-8 所示，设 A、B 为地面上互为通视的两点。欲在 A、B 直线上精确定出 1、2…各点。定线由甲、乙两人进行，乙在 B 点竖立标杆，甲在 A 点安置经纬仪，对中、整平后，用望远镜精确瞄准 B 点竖立的标杆，瞄准时尽量瞄准标杆的底部，固定经纬仪的照准部。乙携带标杆，由 B 点走向 A 点，甲根据望远镜 AB 的视准线，指挥乙在距 B 点比钢尺一整尺略短的尺段端点 1 处左右移动，直至视准线精确对准标杆，标定出 1 点位置。同法，可继续依次定出比钢尺一整尺略短的尺段端点 2、3…。在各尺段端点打入木桩，桩顶高出地面 5 ~ 10 cm，在每个桩顶刻划十字线（或钉一小铁钉），十字线的一条在 AB 方向上，另一条垂直于 AB 方向，以其交点作为钢尺读数的依据。

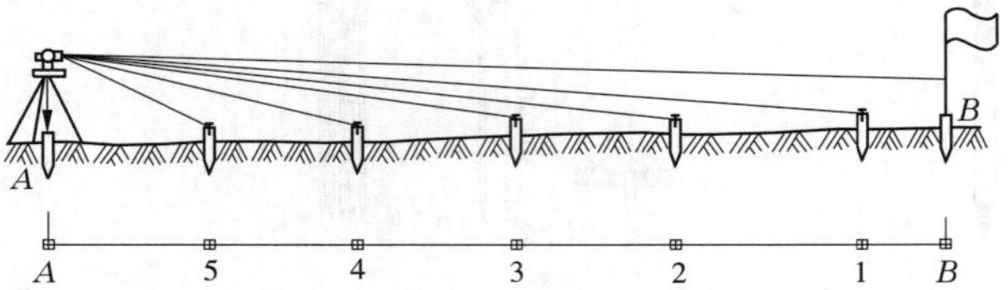

图 4-8　经纬仪定线

三、距离丈量方法

钢尺量距的基本要求是"定线直、尺身平、对点正、读数准"。距离丈量的一般方法可采用目估法定线，丈量时读数只要求到厘米。丈量时分平坦地面的距离丈量和倾斜地面的距离丈量。

（一）平坦地面距离丈量

平坦地面一般可沿地面用整尺法直接丈量水平距离。丈量前若直线已定好线，则用钢尺依次丈量各点间的距离。若未定线，也可采用边定线边丈量的方法进行量距。丈量工作一般需要三人，分别担任前尺手、后尺手和记录员。如图 4-9 所示，丈量时后尺手留下一根测钎并手持钢尺零点端站在 A 点后面。前尺手持钢尺末端，携带一束测钎和一根花杆，沿 AB 方向前进，走到一整尺段长处时，后、前尺手都蹲下，后尺手将钢尺零点对准起点 A 的标志，并以手势指挥前尺手将钢尺拉在 AB 直线方向上，两人同时将尺拉紧、拉平和拉直。当钢尺稳定后，前尺

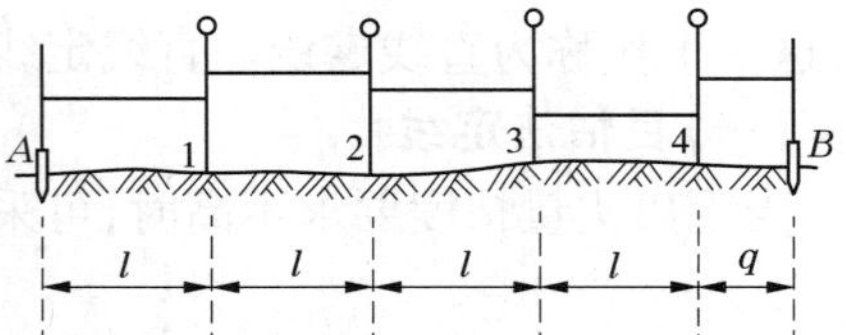

图 4-9　平坦地面丈量

手喊“预备”，后尺手将钢尺零点准确对准 A 点，并喊“好”，前尺手随即将测钎对准钢尺末端刻划处竖直插入地面(在坚硬地面处，可用铅笔在地面画线作标记)，得 1 点，这样就完成了第一尺段 $A1$ 的丈量工作。两个同时举尺前进，后尺手到达丈量第一段插测钎处停下，依照丈量第一段距离的方法进行第二个整尺段的丈量工作。然后，后尺手拔起 1 点测钎套入环内，再继续前进，依上述同样的方法量至终点。最后不足一整尺段的长度称为余长。AB 两点间水平距离 D 的计算公式为

$$D = nl + q \tag{4-1}$$

式中 n——整尺段数；

l——整尺长度；

q——不足一整尺段的余长。

为了校核、提高精度，一般还应由 B 点量至 A 点进行返测，返测时应重新进行定线。在直线距离丈量时，一般都应进行往、返丈量各一次，即由起点量至终点为往测，再由终点量至起点为返测。

钢尺量距成果精度一般用相对误差来衡量。往返丈量结果之差的绝对值与往返丈量结果的平均数之比，称为直线丈量的相对误差，常用 K 表示。相对误差应化成分子为 1 的分数形式，即

$$K = \frac{|D_{往} - D_{返}|}{D_{平均}} = \frac{1}{\dfrac{D_{平均}}{|D_{往} - D_{返}|}} \tag{4-2}$$

相对误差分母愈大，则 K 值愈小，精度愈高；反之，精度愈低。在平坦地区，钢尺量距一般方法的相对误差一般不应大于 1/3 000；在量距较困难的地区，其相对误差也不应大于 1/1 000。如果丈量结果达到精度要求，取往返丈量结果的平均数作为最后丈量结果。如果超过容许限度，应检查原因或重新丈量，直至符合精度要求。

【例 4-1】 用 30 m 长的钢尺往返丈量 A、B 两点间的水平距离，丈量结果分别为：往测 4 个整尺段，余长为 15.58 m；返测 4 个整尺段，余长为 15.62 m。计算 A、B 两点间的水平距离 D_{AB} 及其相对误差 K。

解 因

$$D_{AB} = nl + q = 4 \times 30 + 15.58 = 135.58(\text{m})$$
$$D_{BA} = nl + q = 4 \times 30 + 15.62 = 135.62(\text{m})$$

往返丈量较差为

$$|D_{AB} - D_{BA}| = |135.58 - 135.62| = 0.04(\text{m})$$

往返丈量平均数为

$$D_{平均} = \frac{1}{2} \times (135.58 + 135.62) = 135.60(\text{m})$$

所以，相对误差为

$$K = \frac{|D_{AB} - D_{BA}|}{D_{平均}} = \frac{1}{\dfrac{135.60}{0.04}} = \frac{1}{3\,390}$$

由于 $K < 1/3\,000$，因此成果满足精度要求，A、B 两点间的水平距离为

$$D_{AB} = D_{平均} = 135.60 \text{ m}$$

(二)倾斜地面距离丈量

在地面坡度较大或高低起伏不平的倾斜地面上进行距离丈量时,不能采用平坦地面距离丈量的方法,可使用平量法或斜量法。

1. 平量法

在倾斜地面上量距时,可将钢尺拉平分段进行丈量。如图 4-10 所示,欲丈量 A、B 两点间的水平距离 D_{AB},丈量时一般由高向低丈量。后尺手以尺的零点对准地面 A 点,并指挥前尺手将钢尺拉在 AB 直线方向上,同时前尺手抬高尺子的一端,并目估使尺水平,将垂球绳紧靠钢尺上某一分划,用垂球尖投影于地面上,再插以插钎,得 1 点。此时钢尺上分划读数即为 A、1 两点间的水平距离 l_1。同法继续丈量其余各段水平距离,分别可得 l_2、l_3、l_4。当丈量至 B 点时,应注意垂球尖必须对准 B 点。各测段丈量结果的总和就是 A、B 两点间的往测水平距离,即

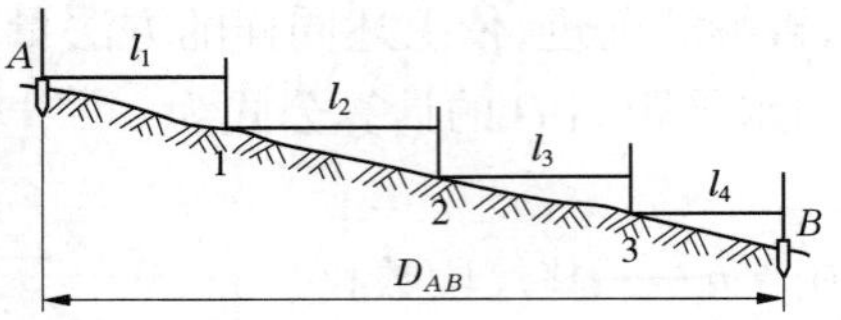

图 4-10　平量法

$$D_{AB} = l_1 + l_2 + l_3 + l_4$$

为了方便起见,返测也应由高向低丈量。若精度符合要求,则取往返测的平均值作为距离丈量的最后结果。

2. 斜量法

当倾斜地面的坡度均匀,大致成一倾斜面时,可采用该方法。如图 4-11 所示,丈量倾斜地面上 A、B 两点间的水平距离,可以沿倾斜地面丈量出 A、B 两点间的斜距 L,用经纬仪测出直线 AB 的倾斜角 α,或测量出 A、B 两点的高差 h,然后计算 AB 的水平距离 D_{AB},即

$$D_{AB} = \sqrt{L^2 - h^2} \tag{4-3}$$

或

$$D_{AB} = L\cos\alpha \tag{4-4}$$

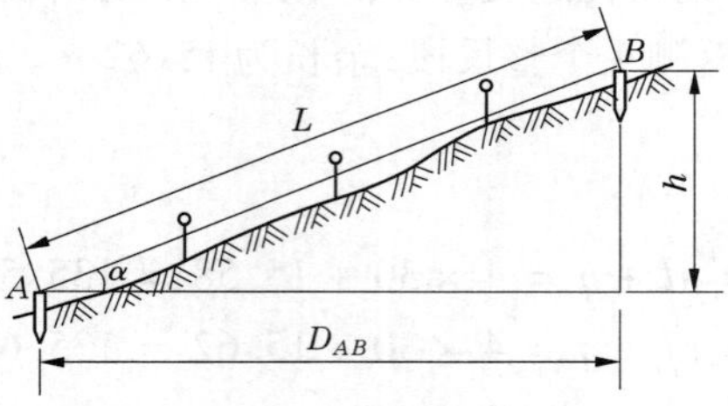

图 4-11　斜量法

第二节　钢尺量距精密方法

前面介绍了钢尺量距的一般方法,精度不高,相对误差一般只能达到 1/1 000 ~ 1/5 000。但在实际测量工作中,有时对量距精度要求很高,如要求在 1/10 000 以上,这时应采用钢尺精密量距方法。钢尺精密量距时须用经纬仪定线,读数应精确至毫米,并且丈量前要对钢尺进行检定。

一、钢尺检定

钢尺尺面注记长度称为名义长度，两端点刻划线间所代表的真长为钢尺的实际长度。钢尺由于材料、刻划误差、长期使用的变形以及丈量时温度和拉力不同的影响等多种原因会使其名义长度与实际长度不相等，所以钢尺在出厂时或精密量距前，均应进行检定，从而得出在标准温度、标准气压下钢尺的实际长度，以便对丈量结果加以改正。

（一）尺长方程式

经过检定的钢尺，其长度可用尺长方程式表示。一般形式为

$$l_t = l_0 + \Delta l + \alpha l_0 (t - t_0) \tag{4-5}$$

式中 l_t——钢尺在温度 t 时的实际长度，m；

l_0——钢尺的名义长度，m；

Δl——尺长改正数，mm；

α——钢尺线性膨胀系数，m/℃，一般取值为 1.25×10^{-5} m/℃；

t_0——检定钢尺时的温度，℃；

t——钢尺量距时的实际温度，℃。

式(4-5)所表示的含义是：钢尺在施加标准拉力下，其实际长度等于名义长度与尺长改正数和温度改正数之和。对于 30 m 和 50 m 的钢尺，其标准拉力为 100 N 和 150 N。

（二）钢尺的检定方法

钢尺一般采用在钢尺检定场或直接比长法进行检定。下面介绍直接比长法进行钢尺检定。

直接比长法是将一根标准尺与被检定的钢尺并排放置于水泥平台上，两端用拉力计对钢尺施加标准拉力，将钢尺的末端比齐，在零分划线附近读出两尺的差数，同时记录检定时的温度，这样就能够根据标准尺的尺长方程式推出被检定钢尺的尺长方程式。这里认为两根钢尺的线性膨胀系数相同。检定宜选在阴天或背阴的地方进行，使气温与钢尺温度基本一致。

钢尺检定通常可送交有检定条件（资质）的相关部门完成。

【例 4-2】 已知标准尺 1 号钢尺的尺长方程式为

$$l_{t1} = 30 + 0.004 + 1.25 \times 10^{-5}(t - 20\ ℃) \times 30$$

被检定的 2 号钢尺，其名义长度也是 30 m。比较时的温度为 24 ℃，当两把尺子的末端刻划对齐并施加标准拉力后，2 号钢尺零分划线正好对准 1 号钢尺的 0.007 m 处，试确定 2 号钢尺的尺长方程式。

解 因

$$l_{t1} = l_{t2} + 0.007$$

则

$$\begin{aligned} l_{t2} &= l_{t1} - 0.007 \\ &= 30 + 0.004 + 1.25 \times 10^{-5} \times (24\ ℃ - 20\ ℃) \times 30 - 0.007 \\ &= 30 - 0.003 + 1.25 \times 10^{-5} \times (24\ ℃ - 20\ ℃) \times 30 \end{aligned}$$

故 2 号钢尺的尺长方程式为

$$l_{t2} = 30 - 0.003 + 1.25 \times 10^{-5} \times (24\ ℃ - 20\ ℃) \times 30$$

由于比尺长时的温度为 24 ℃，比检定 1 号钢尺时的温度高 2 ℃，因此 1 号钢尺上 7 mm

的长度受温度升高的影响甚微，可忽略不计。那么，2 号钢尺的尺长亦可这样计算

$$l_{t2} = l_{t1} - 0.007$$
$$= 30 + 0.004 + 1.25 \times 10^{-5} \times (t - 20\ ℃) \times 30 - 0.007$$

故 2 号钢尺的尺长方程式为

$$l_{t2} = 30 - 0.003 + 1.25 \times 10^{-5} \times (t - 20\ ℃) \times 30$$

二、钢尺精密量距方法

（一）准备工作

准备工作包括丈量场地清理、直线定线和测定桩顶间高差等工作。场地清理是清除待丈量的直线方向线上影响丈量的障碍物，必要时要适当平整场地，以便于丈量工作的顺利进行。当丈量的距离超过一整尺段时，按经纬仪定线法进行直线定线。标定在直线上的点间的长度约小于钢尺一整尺长度，并在各点处打下木桩，桩顶画十字交叉线（或钉小铁钉）标定点位，以确定直线位置。由于标定在直线上各桩顶的高程不同，因此需测定桩顶间的高差，其目的在于将倾斜长度换算成水平距离。

（二）丈量方法

精密量距一般由 5 人进行，记录 1 人，前、后尺手各 1 人，前、后读数各 1 人。丈量时，后尺手挂弹簧秤于钢尺的零端，前尺手执尺子的末端，两人同时拉紧钢尺，把钢尺有刻划的一侧贴切于木桩顶十字线的交点，达到标准拉力时，由后尺手发出“预备”口令，两人拉稳尺子，由前尺手喊“好”。在此瞬间，前、后读尺员同时读取读数，估读至 0.5 mm，记录员依次将读数记入观测手簿，并计算尺段长度和测记钢尺表面温度。每尺段要求量距三次，每次量距应使钢尺前后移动 10 cm 左右，每一尺段读三组读数，由三组读数算得的长度之差要求不超过 3 mm，超限时应重测，不超限时取三次结果的平均值作为该尺段测量结果。每次丈量前后应各测记一次温度，取平均温度作为改正计算时的温度。

按上述方法由直线的起点丈量至直线的终点，即完成往测工作。完成往测后，应立即进行返测。

（三）成果整理

成果整理时，先将每一尺段丈量结果经过尺长改正、温度改正和倾斜改正后，得出水平距离，并求各尺段水平距离总和，得到直线往测、返测的全长。往测与返测较差满足精度要求后，取往返测量结果的平均值作为最后成果。

（1）尺长改正。钢尺在标准温度、标准拉力下的核定长度 l 与钢尺的名义长度 l_0 往往不一致，其差数 $\Delta l = l - l_0$，即为整尺段的尺长改正数。每米的尺长改正数为 $(l - l_0)/l_0$，则实际丈量出任意一尺段长度 L 后，其尺长的改正数 Δl_d 为

$$\Delta l_d = \frac{\Delta l}{l_0} L \tag{4-6}$$

钢尺的实际长度大于名义长度时，尺长改正数为正，反之为负。

（2）温度改正。设钢尺检定时温度为 t_0，丈量时的平均温度为 t，钢尺的线性膨胀系数为 α，则实际丈量出任意一尺段长度 L 后，其温度的改正数 Δl_t 为

$$\Delta l_t = \alpha(t - t_0)L \tag{4-7}$$

若丈量时的温度大于检定时的温度，改正数 Δl_t 为正，反之为负。

(3)倾斜改正。设实际丈量任意一尺段的倾斜长度为 L,用水准仪测得两桩顶的高差为 h,则需将斜距 L 加上倾斜改正数 Δl_h,使其成为两桩间的水平距离,倾斜改正数 Δl_h 为

$$\Delta l_h \approx -\frac{h^2}{2L} \tag{4-8}$$

倾斜改正数 Δl_h 始终为负值。

若用钢尺实际丈量出任意一尺段长度 L 后,考虑到有上述的三项改正,则该尺段经改正后的水平距离 D 为

$$D = L + \Delta l_d + \Delta l_t + \Delta l_h \tag{4-9}$$

(4)计算全长。计算出每一段改正后的水平距离后,将各段改正后的水平距离相加,即可得出往测和返测的水平距离及相对误差。如果相对误差没有超限,取往测和返测的平均值作为丈量结果。如果相对误差超限,则应分段检查或重新丈量。

【例4-3】 用 No.8 钢尺丈量 $A-1$ 尺段长度,已知钢尺的名义长度 $l_0=30$ m,实际长度 $l=30.003$ m,检定钢尺时温度 $t_0=20$ ℃,钢尺的线性膨胀系数 $\alpha=1.25\times10^{-5}$ m/℃。丈量距离$L=29.895$ m,丈量时温度 $t=25.5$ ℃,高差 $h_{A1}=+0.264$ m,计算该尺段改正后的水平距离 D。

解 计算尺长改正数 Δl_d,由式(4-6)得

$$\Delta l_d = \frac{30.003-30}{30}\times 29.895 = 0.003(\text{m})$$

计算温度改正数 Δl_t,由式(4-7)得

$$\Delta l_t = 1.25\times10^{-5}\times(25.5-20)\times 29.895 = 0.002\ 1(\text{m})$$

计算倾斜改正数 Δl_h,由式(4-8)得

$$\Delta l_h \approx -\frac{0.264^2}{2\times 29.895} = -0.001\ 2(\text{m})$$

将上面算出的三项改正数代入式(4-9),得该尺段改正后的水平距离为

$$D = 29.895 + 0.003 + 0.002\ 1 - 0.001\ 2 = 29.898\ 9(\text{m})$$

三、钢尺量距的误差及注意事项

钢尺量距时我们发现,当对同一段距离进行往返丈量时,往往会得到不同的结果,这说明丈量过程中不可避免地有误差存在。由于量距误差发生在量距全过程,受环境、工具、量测者技术熟练程度等诸多因素的影响,因此需要分析其来源并寻找减弱措施,以期达到提高量距精度的目的。

(一)钢尺量距误差

1.钢尺的尺长误差

量距时如果用未经检定的钢尺,其名义长度与实际长度不符,那么用钢尺名义长度丈量距离就会含有尺长误差,距离愈长,误差影响也就愈大。因此,钢尺量距时必须使用检定过的钢尺,根据尺长改正数对丈量的距离进行改正,以消除尺长误差的影响。但即使经过尺长改正,也不能完全消除尺长误差对距离丈量的影响,因为尺长改正数本身仍含有误差。

2.测定钢尺温度的误差

钢尺丈量时的温度与钢尺检定时的温度不同,将产生温度误差。在对丈量的距离进行

温度改正时,应当用丈量时钢尺的温度。但我们用温度计测量温度,测定的是空气的温度,并未真实反映钢尺本身的温度,特别是沿地面丈量时,钢尺温度与空气温度可能相差较大。按照钢尺的线性膨胀系数计算,在一般量距时,丈量温度与标准温度之差不超过 ±8.5 ℃时,可不考虑温度误差。对于钢尺精密丈量,必须进行温度改正,丈量时的温度应以测定钢尺温度为好,并且钢尺量距宜在阴天进行,并用点温计测定尺温。

3. 拉力误差

由于钢尺的长度随拉力的增大而变长,若钢尺量距时的拉力与检定时的拉力不一致,则会产生拉力误差,将会使钢尺的长度发生变化。因此,一般钢尺距离丈量保持拉力均匀即可,而精密钢尺距离丈量应施加检定时的标准拉力。

4. 钢尺的垂曲误差

垂曲误差,就是钢尺悬空丈量时,尺子因自重而产生下垂引起的丈量误差。垂曲误差使所量距离为曲线长度而非直线长度,使丈量距离变长。因此,一般在钢尺检定时,将钢尺分为悬空与沿地面两种方式检定,分别得出各自相应的尺长方程式。在成果整理时,按实际情况采用相应的尺长方程式计算各项改正数,即可消除此项误差的影响。

5. 定线误差

由于定线时中间各点并非严格测定在所在的直线方向上,因而量得的距离不是直线长而是折线长,其产生的误差为定线误差。在距离丈量中,一般距离丈量采用目估定线,精密量距采用经纬仪定线,可将此项误差对距离丈量的影响减弱到最小。

6. 丈量误差

这项误差包括读数凑整误差、钢尺未对准端点产生的误差、插测钎或垂球落点不准造成的误差、前后尺手配合不好以及读数不准等产生的误差、丈量时钢尺不水平产生的误差等。所有这些误差都是由于人的感官能力限制产生的,其性质可正可负,大小不定,在丈量结果中可以抵消一部分,但仍是距离丈量工作中一项主要误差来源,无法全部消除,只有通过在丈量过程中认真细致地进行操作、配合默契,才能将它对丈量结果的影响减弱到最小。

(二)钢尺量距注意事项

(1)伸展钢卷尺时,要小心慢拉,钢尺不可卷扭、打结。若发现有扭曲、打结情况,应细心解开,不能用力抖动,否则容易造成折断。

(2)丈量前,应辨认清钢尺的零端和末端。丈量时,钢尺应逐渐用力拉平、拉直、拉紧,不能突然猛拉。丈量过程中,钢尺的拉力应始终保持鉴定时的拉力。

(3)转移尺段时,前、后尺手应将钢尺提高,不应在地面上拖拉摩擦,以免磨损尺面分划。钢尺伸展开后,不能让车辆从钢尺上通过,否则极易损坏钢尺。

(4)测钎应对准钢尺的分划并插直。若插入土中有困难,可在地面上标志一明显记号,并把测钎尖端对准记号。

(5)单程丈量完毕后,前、后尺手应检查各自手中的测钎数目,避免加错或算错整尺段数。一测回丈量完毕,应立即检查限差是否合乎要求。不合乎要求时,应重测。

(6)丈量工作结束后,要用软布擦干净尺上的泥和水,然后涂上机油,以防生锈。

第三节 视距测量

视距测量是利用仪器望远镜内的视距丝配合视距尺,根据几何光学和三角测量原理,同时测定距离和高差的方法。这种方法具有操作方便、速度快、一般不受地形限制等优点。但测距精度较低,相对误差一般为1/200~1/300。高差测量的精度也低于水准测量和三角高程测量。虽然精度较低,但在地形图的碎部测量中能满足测定碎部点位置的精度要求,因此被广泛应用于地形图的碎部测量。

视距测量所用的仪器工具主要有经纬仪、水准仪、平板仪和视距尺等,视距尺是有刻划的尺子,也可以用水准尺代替。

一、视距测量的基本原理

进行视距测量,要用到视距丝。视距丝即在经纬仪及水准仪等仪器的望远镜内十字丝分划板上的上下两条短丝,它与横丝平行且等间距,如图4-12所示。进行视距测量时,由于望远镜视线可能是水平的,也可能是倾斜的,因此视距测量分两种情况加以讨论。

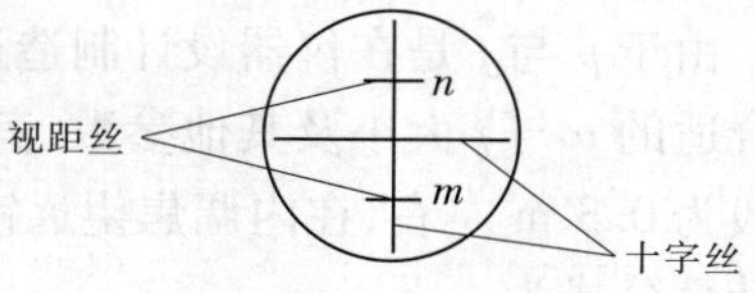

图4-12 视距丝

(一)视线水平时的视距测量原理

在平坦地区或地面起伏不大的地区进行视距测量时,往往使望远镜的视线处于水平状态。如图4-13所示,欲测A、B两点间水平距离D及高差h,可在A点安置经纬仪,在B点竖立视距尺。用望远镜照准视距尺,当望远镜视线水平时,视线与尺子垂直。如果视距尺上M、N点按几何光学原理成像在十字丝分划板上的两条视距丝m、n处,那么视距尺上MN的长度可由上、下视距丝读数之差求得,上、下视距丝读数之差称为视距间隔或尺间隔,用l表示,即$l=|MN|$。设十字丝分划板上上丝n与下丝m的尺间隔为p,即$p=|mn|$。在图4-13中,F为物镜焦点,f为物镜焦距,δ为物镜中心到仪器中心的距离,d为视距尺到物镜焦点F的距离。由图4-13可得

$$D = d + f + \delta$$

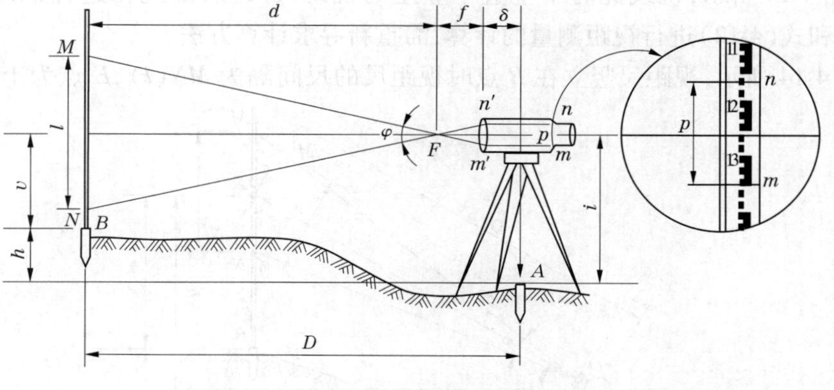

图4-13 视线水平时的视距测量原理

又由

$$\triangle m'Fn' \backsim \triangle MFN$$

则

$$\frac{d}{l} = \frac{f}{p}$$

$$d = \frac{f}{p}l$$

因而

$$D = \frac{f}{p}l + f + \delta$$

令$\frac{f}{p} = K, f + \delta = C$，于是我们得到视线水平时的视距计算公式为

$$D = Kl + C \tag{4-10}$$

式中 K——视距乘常数；

C——视距加常数。

由于 p 与 f 是在仪器设计制造过程中就已经确定的，为了计算方便，设计制造时就选择了合适的 p 与 f 大小及其他参数，其中使视距乘常数 $K = 100$，而 C 值，在外调焦望远镜中，一般为 0.3 m 左右，在内调焦望远镜中，$C = 0$，故用内调焦望远镜的测量仪器进行视距测量的计算公式为

$$D = Kl = 100l \tag{4-11}$$

同时，由图 4-13 很容易得出 A、B 两点间的高差 h 为

$$h = i - v \tag{4-12}$$

式中 i——仪器高，m；

v——十字丝中丝在视距尺上的读数，即中丝读数，m。

若已知测站点 A 的高程为 H_A，则立尺点 B 的高程为

$$H_B = H_A + h = H_A + i - v$$

（二）视线倾斜时的视距测量原理

在地面起伏较大的地区进行视距测量，必须使望远镜的视线处于倾斜位置才能看到视距尺，如图 4-14 所示，视线此时不垂直于竖立的视距尺尺面，因此在这种情形下，不能用式(4-11)和式(4-12)进行视距测量的计算，需重新寻求计算方法。

如图 4-14 所示，视距尺竖立在 B 点时视距尺的尺间隔为 $MN(l)$，E 点为十字丝横丝与

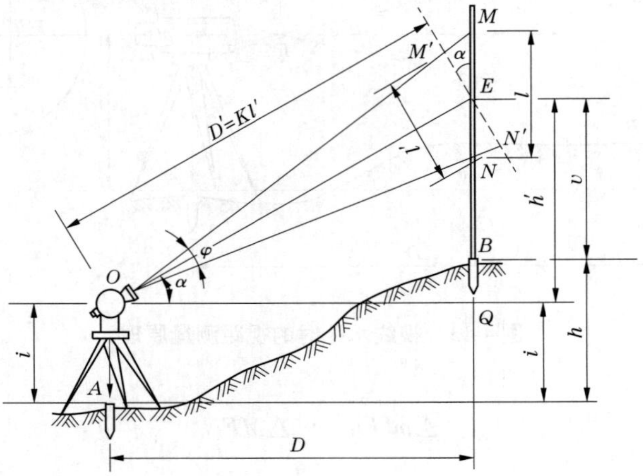

图 4-14 视线倾斜时的视距测量原理

视距尺的交点。现假设视距尺绕点 E 旋转，虚拟成一根与望远镜视线垂直的标尺 $M'N'$，其尺间隔为 $M'N'(l')$。如果我们把竖立在 B 点上视距尺的尺间隔 MN 化算成与视线相垂直的尺间隔 $M'N'$，就可用式(4-11)计算出倾斜距离 D'。然后根据 D' 和竖直角 α，算出水平距离 D 和高差 h。因此，只需找出 MN 与 $M'N'$ 之间的关系，则可确定望远镜视线倾斜时的视距计算公式。

在图 4-14 中，容易看出

$$D' = Kl'$$

$$D = D'\cos\alpha$$

$$M'N' = l'$$

$$MN = l$$

$$\angle MEM' = \angle NEN' = \alpha(\alpha\text{ 为视线倾斜时的竖直角})$$

$$\angle MM'E = 90° + \frac{1}{2}\varphi$$

$$\angle NN'E = 90° - \frac{1}{2}\varphi$$

由于 $\frac{1}{2}\varphi$ 的角度值很小（约 17′），所以可把 $\angle MM'E$ 和 $\angle NN'E$ 近似地认为是直角，这样在直角 $\triangle M'EM$ 和 $\triangle N'EN$ 中有

$$M'E = ME\cos\alpha$$

$$N'E = NE\cos\alpha$$

$$M'N' = M'E + EN' = (ME + EN)\cos\alpha = MN\cos\alpha$$

即

$$l' = l\cos\alpha$$

则

$$D' = Kl' = Kl\cos\alpha$$

故 A、B 两点间的水平距离为

$$D = D'\cos\alpha = Kl\cos^2\alpha \tag{4-13}$$

式(4-13)就是视距测量中，当视线不水平时的水平距离视距计算公式。

由图 4-14 我们还可以看出 A、B 两点间的高差为

$$h = h' + i - v$$

式中 h——A、B 两点间的高差，m；

h'——高差主值（也称初高差），m；

i——仪器高，m；

v——中丝读数，m。

在直角 $\triangle EOQ$ 中，由于 $h' = D'\sin\alpha$，于是

$$h' = D'\sin\alpha = Kl\cos\alpha\sin\alpha = \frac{1}{2}Kl\sin2\alpha = D\tan\alpha$$

故 A、B 两点间的高差 h 的视距计算公式为

$$h = \frac{1}{2}Kl\sin2\alpha + i - v = D\tan\alpha + i - v \tag{4-14}$$

应用式(4-14)时，不需要进行高差正与负的判断，而是将竖直角 α 的正、负号一同代入式中进行计算，所计算出的高差结果自然应有正与负之分。

二、视距测量的观测与计算

(一)视距测量的观测

现以观测仪器是经纬仪为例,说明视距测量的观测方法。

(1)在测站上安置仪器,进行对中、整平、量取仪器高 i(测站桩顶至仪器横轴中心的距离),精确到 cm,并记入表 4-1。

表 4-1 视距测量手簿

测站 A 测站高程 25.17 m 仪器高 i 1.45 m 仪器 DJ_6 竖盘指标差 x +36″

点号	下丝读数 上丝读数 (m)	视距间隔 l(m)	中丝读数 v(m)	竖盘读数 (° ′ ″)	竖直角 (° ′ ″)	水平距离 D(m)	初算高差 h'(m)	高差 h(m)	高程 H(m)
1	2.237 0.663	1.574	1.450	87 41 12	+2 19 24	157.14	+6.38	+6.38	31.55
2	1.835 0.796	1.039	1.316	93 22 48	-3 22 12	103.54	-6.10	-5.97	19.20

(2)在待测点竖立视距尺,注意立直。

(3)将盘位置于盘左,瞄准竖立于测点上的视距尺,调节竖直度盘指标水准管微动螺旋使气泡居中(若仪器有竖盘指标自动补偿装置,无须此操作),读取上、中、下三丝读数及竖直度盘读数,并记入表 4-1。

(4)求出竖直角 α。

(二)视距测量计算方法

将表 4-1 中的相关数据代入视距测量的水平距离和高差计算公式式(4-13)及式(4-14)中,使用计算器分别计算出水平距离 D 与高差 h,计算结果见表 4-1。

三、视距测量的误差及注意事项

(一)视距尺分划误差

如果所用的视距尺刻划不够均匀、准确,则给视距带来误差,该误差若系统地增大或减小,则视距尺分划误差对视距测量将产生系统性误差。这个误差在仪器常数检测时将会反映在视距乘常数 K 上。若视距尺分划误差是偶然误差,对视距测量的影响也是偶然性的。这种误差无法得到消除,所以应对所用的视距尺进行检验。

(二)视距乘常数 K 值的误差

视距乘常数 K 值通常为 100,但是由于仪器制造的误差以及温度变化的影响,实际的 K 值并不准确地等于 100。如果在视距测量中仍按 $K=100$ 计算,就会使所测距离含有误差。因此,对所使用的仪器均要严格检查其视距乘常数值。K 值应在 100 ± 0.1 之内,否则应该改正。

(三)竖直角测量误差

由视距测量原理可知,竖直角误差对水平距离的影响不显著,而对高差影响较大,故用视距测量方法测定高差时应注意准确测定竖直角。竖直角测量误差主要包含中丝瞄准误差、竖盘读数误差和指标差的影响。对于竖盘指标差的影响,可采用盘左、盘右观测取平均值的方法加以消除。由于通常进行视距测量时只用一个盘位测量竖直角,竖盘指标差不能用盘左、盘右观测取平均值的方法加以消除,所以应对竖盘指标差仔细检校。

(四)视距丝读数误差

视距丝读数误差是影响视距测量精度的重要因素。用视距丝读数时,由于估读标尺最小分划内的毫米数与视距远近成正比,距离愈远,最小分划的成像愈小,估读的误差就愈大。因此,施测的距离不能过大,不要超过规范中规定的范围,读数时要注意消除视差。

(五)视距尺倾斜引起的误差

视距公式是在视距尺严格竖直条件下推导出来的。但实际测量过程中,如果视距尺向前倾斜,则所得尺间隔变小;如果视距尺向后倾斜,则所得尺间隔变大。经计算表明,当水平距离 $D=100$ m,视线倾角 $\alpha=10°$时,若视距尺倾斜 3°,则视距测量误差约为 0.79 m。倾斜角越大,对观测距离的影响越大。因此,应使用安装有圆水准器的视距尺,观测时尽可能使视距尺竖直。

(六)外界气象条件对视距测量的影响

1. 大气折光的影响

视线穿过大气时会产生折射,其光从直线变成曲线,造成误差。由于视线通过的大气密度不同而产生垂直折光差,而且视线越接近地面,垂直折光差的影响也越大。因此,观测时应使视线离开地面至少 1 m 以上(视距丝离地面不得小于 0.3 m)。

2. 大气对流的影响

空气的对流将使视距成像不稳定,造成视距误差。当视线接近地面或水面时较为突出,特别在烈日下这种现象更为严重,所以视线要高出地面 1 m 以上。此外,风和大气能见度对视距测量也会产生影响。风力过大,尺子会抖动,空气中的灰尘和水汽会使视距尺成像不清晰,造成读数误差,所以应选择良好的天气进行测量,尽可能避开大面积水域。

第四节 光电测距简介

一、光电测距概述

(一)概述

光电测距是指以光波作为载波,通过测定光电波在测线两端点间往返传播的时间来测量距离。20 世纪 60 年代以来,随着光电技术的发展,相继出现了以红外光、激光、电磁波为载波的光电测距仪。光电测距仪测距具有工作轻便、测距精度高、测程远、作业效率高和不受地形影响等优点,不仅中、远程测距可用测距仪完成,而且近距离及室内距离测量也有很轻便的手持激光测距仪等专用测距仪器,光电测距仪已成为各类距离测量的主要仪器。

(二)测距仪分类

1. 按所采用的载波分类

测距仪按所采用的载波可分为采用微波段的无线电波作为载波的微波测距仪和采用光

波作为载波的光电测距仪。光电测距仪又分为用激光作为载波的激光测距仪和用红外光作为载波的红外测距仪。

微波测距仪和激光测距仪多用于远程测距,测程可达数十千米,一般用于大地测量。红外测距仪用于中、短程测距,一般用于小面积控制测量、地形测量和工程测量。

2. 按测定时间方式的不同分类

光电测距仪按测定时间方式的不同分为脉冲式测距仪和相位式测距仪。

脉冲式测距仪是通过直接测定光脉冲在测线上往返传播的时间来求得距离。

相位式测距仪是将测量时间变成测量光在测线中传播的载波相位差,间接测得时间,从而求出距离,测距精度较高。

脉冲式测距测程大,但由于是直接测定传播时间,测时精度较低,所以距离误差较大,现多采用相位式测距,测距精度高。

3. 按测程分类

测距仪按测程来分,有远程(测程在25 km以上)测距仪、中程(测程在10~25 km)测距仪和短程(测程在10 km以内)测距仪。

4. 按载波数分类

测距仪按载波数可分为单载波(可见光;红外光;微波)测距仪、双载波(可见光,可见光;可见光,红外光等)测距仪和三载波(可见光,可见光,微波;可见光,红外光,微波等)测距仪。

5. 按反射目标分类

测距仪按反射目标可分为漫反射目标(无合作目标)测距仪、合作目标(平面反射镜,角反射镜等)测距仪和有源反射器(同频载波应答机,非同频载波应答机等)测距仪。

6. 按精度指标分类

测距仪按精度指标划分为Ⅰ、Ⅱ、Ⅲ、Ⅳ四个等级。其中Ⅰ、Ⅱ级仪器主要用于高等级控制测量及变形观测等,Ⅲ、Ⅳ级仪器主要用于道路和建筑场地的施工测量、电子平板数据采集、地籍测量和房地产测量等。

二、光电测距的基本原理

光电测距的基本原理是通过测定光波在测线两端间往返传播的时间,借助光在大气中传播的速度来测定距离。

如图4-15所示,欲测定A、B两点之间的距离,在A点安置光电测距仪,在B点安置反射棱镜。由测距仪发射的光波,经过距离D到达反射棱镜,经反射后回到仪器的接收系统,测定出光波在A、B之间往返传播的时间t_{2D}。设光波在大气中的传播速度为c,则可计算出距

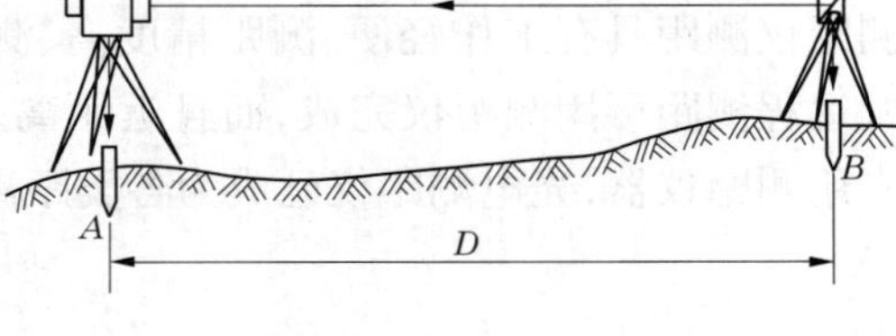

图4-15 光电测距原理

离 D 为

$$D = \frac{1}{2}ct_{2D} \tag{4-15}$$

由式(4-15)可知,光电测距仪测距的关键是测定光波在两点之间往返传播的时间。由于电磁波测距仪测定时间的方法有脉冲式和相位式两种类型,而目前以相位式测距仪居多,因此这里我们以相位式测距仪介绍其测距原理。

相位式光电测距仪是将发射光调制成正弦波的形式,通过测量正弦光波在待测距离上往返传播的相位移来解算时间,从而获得被测距离。图 4-16 表示的是将往返程的正弦波以棱镜站为中心对称展开后的图形。

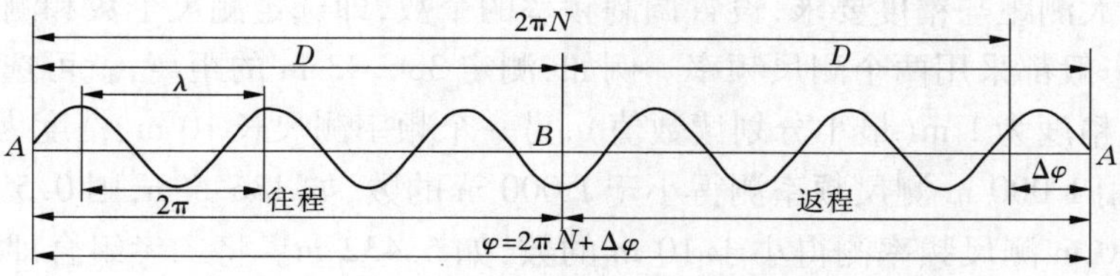

图 4-16 相位式测距往返程波形展开图

由图 4-16 我们知道,正弦光波振荡一个周期的相位移是 2π,设发射的正弦光波经过 $2D$ 距离后的相位移为 φ,则 φ 可以分解为 N 个 2π 整数周期和不足一个整数周期的相位移 $\Delta\varphi$,即

$$\varphi = 2\pi N + \Delta\varphi \tag{4-16}$$

式中 N——光波往返总相位移整周期个数;

$\Delta\varphi$——不足一个整周期的相位移。

根据物理学原理,相位移 φ 等于调制光波的角频率 ω 乘以传播时间 t,即 $\varphi = \omega t$。又因 $\omega = 2\pi f$(f 为调制光波的频率),故

$$t_{2D} = \frac{\varphi}{2\pi f} \tag{4-17}$$

由式(4-15)得

$$D = \frac{1}{2}ct_{2D} = \frac{1}{2}c\frac{\varphi}{2\pi f} = \frac{c}{2f}\left(N + \frac{\Delta\varphi}{2\pi}\right) \tag{4-18}$$

设调制光波波长为 λ,于是光速 $c = \lambda f$,则

$$D = \frac{\lambda}{2}\left(N + \frac{\Delta\varphi}{2\pi}\right) \tag{4-19}$$

令 $u = \frac{\lambda}{2}$,$\Delta N = \frac{\Delta\varphi}{2\pi}$,于是

$$D = u(N + \Delta N)$$

与钢尺量距公式相比,相位式测距相当于使用一把长度为 u 的光电尺子去丈量距离,由 N 个整尺长度加上不足 1 个整尺的余长 ΔN 就是被测距离。所以,通常把 u 称为"光尺"长度,它可以由下式确定

$$u = \frac{\lambda}{2} = \frac{c}{2f} = \frac{c_0}{2nf}$$

式中　c_0——真空中的光速；

　　n——大气折射率。

但目前由于检相器只能测出不足一个整周期的相位移 $\Delta\varphi$，无法测定整周期数 N(整相位 2π 的个数)，这好比一个人记不住已经丈量了多少整尺长度，只记住最后不足 1 个整尺的余长，所以测距仪只能测出不足 1 个整尺长度的距离。因此，只有当待测距离小于 $\lambda/2$ 时，才能得到确定的距离值。

为了求得完整距离，在测距仪上采用多把测尺(多个调制频率)的方法来解决，即相当于设置 n 把长度不同、最小分划读数值也不同的尺子，将它们组合使用就能获得单一的精确距离。这就如同钟表上用时、分、秒互相配合来确定 12 小时内的准确时刻。每台测距仪可根据仪器的最大测距与精度要求，设置调制频率的个数，即选定测尺个数和测尺精度。对于短程测距仪，一般都采用两个测尺频率。例如，测定 386.43 m 的距离，就可选用一个频率测尺长 1 000 m、精度为 1 m(最小分划读数值)，另一个频率测尺长 10 m、精度为 1 cm(最小分划读数值)。用 1 000 m 测尺频率测得小于 1 000 m 的数，如 386.5 m，因 0.5 m 小于其精度 1 m 舍去；用 10 m 测尺频率测得小于 10 m 的数，如 6.432 m。将二者组合即为所求距离值 386.432 m，其中毫米为估计读数。

若待测的距离比较大，还需加第三把测尺。不同测尺频率的组合过程，由测距仪的微处理器自动完成，并输送到显示器直接显示测距结果。

由于 c 值在不同的气压、温度和湿度时，其数值略有变动，故在进行光电测距时，还应测出当时的气象数据，用以计算距离气象改正数。

光电测距仪的使用可阅读说明书，本章主要介绍全站仪的使用方法。

第五节　全站仪及其使用

一、全站仪概述

全站仪的全称为全站型电子速测仪。它由电子测角、电子测距、电子补偿、微机处理装置四大部分组成。它本身就是一个带有特殊功能的计算机控制系统，其微机处理装置由微处理器、存储器、输入部分和输出部分组成。它是一种集自动测角、测距、测高程于一体化的测量仪器。一台全站仪具有对测量数据自动进行采集、计算、处理、存储、显示和传输的功能，不仅可全部完成测站上所有的距离、角度和高程测量以及三维坐标测量、点位的测设、施工放样和变形监测，还可用于控制网的加密、地形图的数字化测绘及测绘数据库的建立等。由于只需安置一次仪器就可以完成本站的所有测量工作，故称为“全站仪”。

全站仪的种类较多，按测角精度分为 0.5″、1.0″、1.5″、2.0″、3.0″、5.0″、7.0″等级别，按结构可分为分体式和整体式两类。分体式全站仪是全站仪的早期产品，它由测距头、光学(或电子)经纬仪及电子计算部分组成。测距头和经纬仪不是一个整体，进行作业时需将测距头安装在经纬仪上，相互之间用电缆连接，以实现数据通信，作业结束后，卸下分别装箱。其优点是能通过不同的构件进行多样组合，当个别构件损坏时，可以用其他构件代替。这种仪器还可根据作业精度要求，由用户自行选择不同测角、测距设备进行组合，具有很强的灵活性。整体式全站仪是将电子测距、测角、补偿、记录、计算、存储等部分在一个机器外壳内组成一个整体，将发射、接收、瞄准光学系统设计成同轴，共用一个望远镜，角度和距离测量只需一次瞄准，测量结果能自动显示。野外采集的测量数据可通过机内存储器自动存储，作业完成后通过通信电缆将主机与计算机连接，以便进行数据传输。这种仪器的优点是体积小、结构紧凑、性能稳定、操作方便、精度高。目前，全站仪主要为整体式。

二、全站仪的基本构造

目前，全站仪已经成为世界上许多著名厂家生产的主要仪器，如美国天宝，瑞士徕卡，日本索佳、拓普康及尼康，中国北光、南方、苏光等，而且品种、规格、型号越来越多，精度越来越高。随着电子技术和计算机技术的不断发展与应用，全站仪的功能将会不断增多，且智能化程度会越来越高，并朝着自动化、智能化的方向发展，如增加自动调焦、自动锁定跟踪目标、激光对点、数字键、免棱镜观测、DOS 操作等，为用户提供更大的方便。虽然全站仪的品种繁多，但各品牌的全站仪的主要外部结构基本类似，均由望远镜、电池、显示器、键盘、水准器、制动与微动螺旋及基座等组成。图 4-17 是拓普康 GST-100N 系列全站仪外形结构图及各主要部件的名称。该系列仪器能自动进行倾斜改正，补偿范围为 ±3′；测角的最小读数为 5″或 1″；测量显示为 12 位，最大显示为 99999999.9999；最短视距为 1.3 m；测量精度为：测距 1 km，最大测距误差不大于 5 mm。与电子经纬仪、光学经纬仪相比，全站仪增加了许多特殊部件，因而比其他测角、测距仪器具有更多的功能，在实际测量中得到了广泛应用。

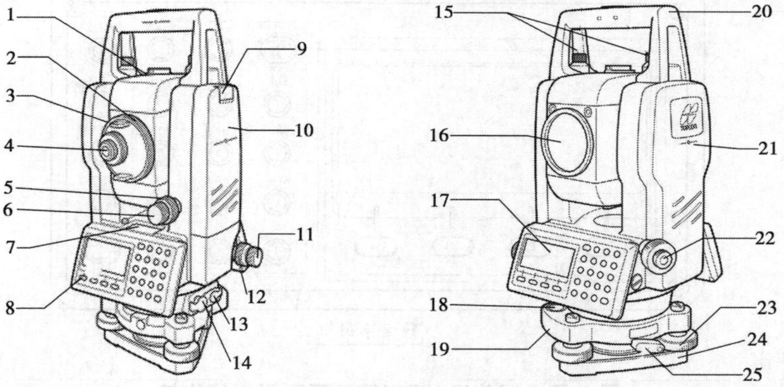

1—粗瞄准器；2—望远镜调焦螺旋；3—望远镜把手；4—目镜；5—垂直制动螺旋；6—垂直微动螺旋；7—管水准器；8—操作键；9—电池锁紧杆；10—电池；11—水平微动螺旋；12—水平制动螺旋；13—外接电源接口；14—串行信号接口；15—提手固定螺旋；16—物镜；17—显示屏；18—圆水准器；19—圆水准器校正螺钉；20—提手；21—仪器中心线；22—光学对中器；23—整平脚螺旋；24—基座底板；25—基座固定旋钮

图 4-17　拓普康 GST-100N 系列电子全站仪外形结构

三、拓普康 GST-201N 系列全站仪键盘上各键的基本功能

全站仪的构造的基本原理及基本功能大致相同，但具体操作步骤则不尽相同，使用时可详细阅读使用说明书。为了方便学习，本节以拓普康 GST-100N 系列全站仪为例说明其使用方法。

(一) 显示屏

拓普康 GST-100N 系列全站仪屏幕采用点阵式液晶显示（LCD），可显示 4 行，每行 24 个字符，通常前三行显示测量数据，最后一行显示随测量模式变化的按键功能。

显示屏前三行显示的符号内容见表4-2。

表4-2 显示的符号内容

显示	内容	显示	内容
V(V%)	竖直角(坡度显示)	N	北向坐标(X)
HR	水平角(右角)	E	东向坐标(Y)
HL	水平角(左角)	Z	高程(H)
HD	水平距离	*	EDM(电子测距)正在进行
VD	高差	m	以米为单位
SD	倾斜距离	f	以英尺/英寸为单位

(二)面板操作键

拓普康GST-100N系列显示面板如图4-18所示，操作键的名称及功能见表4-3。

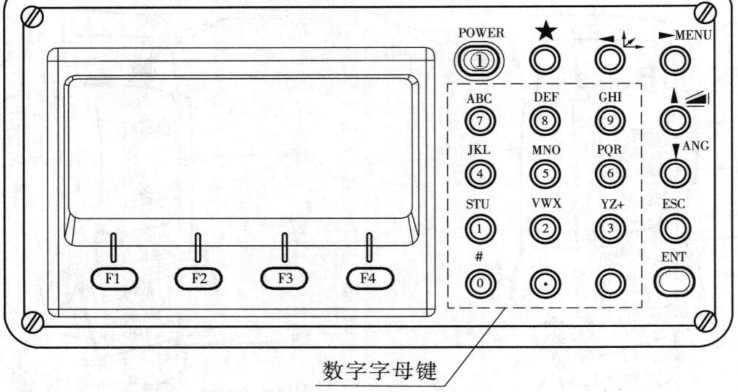

图4-18 拓普康GST-100N系列面板操作键

表4-3 拓普康GST-100N系列全站仪操作键的名称及功能

按键	名称	功能
★	星键	星键模式用于如下项目的设置或显示：①显示屏对比度；②十字丝照明；③背景光；④倾斜改正；⑤定线点指示器(仅适用于有定线点指示器类型)；⑥设置音响模式
↳	坐标测量键	坐标测量模式
◢	距离测量键	距离测量模式
ANG	角度测量键	角度测量模式
POWER	电源键	电源开关

续表 4-3

按键	名称	功能
MENU	菜单键	在菜单模式和正常测量模式之间切换,在菜单模式下可设置应用测量与照明调节、系统误差改正
ESC	退出键	·返回测量模式或上一层模式 ·从正常测量模式直接进入数据采集模式或放样模式 ·也可用在正常测量模式下的记录键
ENT	确认输入键	在输入值末尾按此键
F1 ~ F4	软键(或功能键)	对应于显示的软键功能信息

(三)F1 ~ F4 功能键(软键)

F1 ~ F4 功能键标记在显示屏的底行。该功能随测量模式的不同而改变,具体功能见表 4-4。

表 4-4 功能键表

模式	功能页	软键	显示	功能
角度测量模式	1	F1	置零	设置水平角值为 0°00′00″
		F2	锁定	水平角读数锁定
		F3	置盘	设置当前水平角数值
		F4	P1↓	显示第 2 页软键功能
	2	F1	倾斜	设置倾斜改正开关,若选择开,显示倾斜改正值
		F2	复测	重复(多测回)角度测量模式
		F3	V%	竖直角角度/百分度(%)显示切换
		F4	P2↓	显示第 3 页软键功能
	3	F1	H—蜂鸣	水平角读数为 0°、90°、180°、270°时,蜂鸣器开关
		F2	R/L	水平角右或左计数方向的切换
		F3	竖盘	竖直角显示模式(高度角/天顶距)的切换开关
		F4	P3↓	显示第 1 页软键功能
距离测量模式	1	F1	测量	开始进行距离测量
		F2	模式	设置测距模式(精测/粗测/跟踪)
		F3	S/A	设置音响模式
		F4	P1↓	显示第 2 页软键功能
	2	F1	偏心	进入偏心测量模式
		F2	放样	进入放样测量模式
		F3	m/f/i	米、英尺或英尺、英寸的单位切换
		F4	P2↓	显示第 1 页软键功能

续表 4-4

模式	功能页	软键	显示	功能
坐标测量模式	1	F1	测量	开始进行坐标测量
		F2	模式	设置测距模式(精测/粗测/跟踪)
		F3	S/A	设置音响模式
		F4	P1↓	显示第 2 页软键功能
	2	F1	镜高	输入棱镜高
		F2	仪器高	输入仪器高
		F3	测站	输入测站点(仪器点)坐标
		F4	P2↓	显示第 3 页软键功能
	3	F1	偏心	偏心测量模式
		F3	m/f/i	米、英尺或英尺、英寸的单位切换
		F4	P3↓	显示第 1 页软键功能

需要指出的是,全站仪是精密的光电仪器,使用前必须认真阅读仪器的使用说明,或在已掌握仪器操作的人员指导下使用,以保证正确操作与使用,避免仪器因使用不当而造成损坏。尤其是大多数全站仪都采用的是同轴制动螺旋,若过分旋转,将会对仪器造成直接损害。

四、全站仪的基本功能使用

(一)全站仪的安置与设置

1. 安置仪器

全站仪的安置内容也是对中、整平,其操作过程与普通经纬仪的安置方法相同。全站仪的对中,一般都采用光学对中器进行对中,目前有些较好的仪器装有激光对中装置,可使对中操作更为方便快捷。整平时,有的全站仪上装有电子水准气泡,可在显示屏上观察到气泡的位置,并根据显示屏的提示进行整平操作,相当方便。

2. 开机设置

打开电源开关,仪器进行自检(一般需在盘左时将望远镜在竖直方向旋转一圈,即仪器初始化完毕),确认显示屏中显示有足够的电池电量,当电池电量不多时,应及时更换电池。

1)设置温度和气压

光在大气中的传播速度会随大气的温度和气压而变化,15°和 760 mmHg 是仪器设置的一个标准,此时的大气改正为 0 ppm。在实际观测时,可输入实测时的温度和气压值,全站仪会自动计算大气改正值(也可直接输入大气改正值),并对相应的测量结果进行改正。

设置大气改正时,须量取温度和气压,由此即可求得大气改正值。拓普康 GST-100N 系列全站仪温度和气压值的设置方法为:在距离测量或坐标测量模式下按 F3(S/A)键进入"设置音响模式"后,再按 F3(T－P)键进入"温度与大气压设置"的界面,按 F1 键即可进行温度与气压值的输入,输入完毕后按 F4 键确认。

2)设置棱镜常数

全站仪在进行距离测量时发射的光线,在反射棱镜中经折射后沿原入射方向反射回全站仪。光在玻璃中的折射率一般为1.5~1.6,而在空气中的折射率约等于1,因此光在玻璃中的传播速度比在空气中慢。光在反射棱镜中传播所用的多余时间会使所测距离偏大某一数值,这一数值称为棱镜常数。目前大多数全站仪已经在仪器的内部修正了这一问题,若使用全站仪厂家生产的棱镜,棱镜常数一般为0;不是原厂生产的棱镜,则需要参考说明书或向厂家咨询。因此,在设置棱镜常数时,应根据厂家提供的棱镜常数进行设置。

3. 选择测量功能

根据要观测的项目选择相应的测量功能。

(二)全站仪的基本测量

1. 角度测量

由于全站仪观测水平角的方法与经纬仪观测水平角的方法相同,也分测回法和方向观测法,因此此处只对拓普康 GST-100N 系列全站仪的操作步骤进行介绍。

(1)进入测角模式,并设置为右角的计数方向(此时,仪器顺时针旋转时读数增大;如果设置为左角,则仪器顺时针旋转时读数减小),瞄准起始目标,固定照准部。进行水平度盘的设置,按 F1(“置零”确认键)显示屏提示当前水平度盘设置为0°00′00″,按 F3(“是”确认键);如果需要设置为其他的水平角读数,可按 F3(“置盘”确认键),然后用数字键输入设置的水平角,按 F4 确认键,记下水平度盘的读数。

(2)顺时针旋转照准部,瞄准右侧目标,显示屏上所显示的水平度盘读数即为所测的水平角角值。如果水平度盘的起始读数设置不是0°00′00″,则应按第三章第四节水平角观测的计算方法求出水平角角值。竖盘显示的为竖盘读数,同样需要用第三章第五节竖直角观测的计算方法求出竖直角角值,但是一定要注意选择好竖直角观测模式。

2. 距离测量

使用全站仪进行距离测量,需要设置距离测量单位、大气改正数与棱镜常数,否则所测的距离可能不准确。

(1)选择距离测量模式,输入棱镜常数、温度和气压参数等。在目标点上竖立棱镜。

(2)精确照准目标棱镜中心,全站仪自动进行距离观测,并在显示屏上显示出倾斜距离(SD)、水平距离(HD)、高差(VD)的观测结果,但三个结果不能在显示屏上同时显示,只能显示出两个,可用“距离测量模式键”进行切换。显示屏显示的符号内容见表4-2和表4-4。

(3)全站仪的测距模式有精测、粗测、跟踪三种。精测模式是最常用的测距模式,测量时间约2.5 s;粗测模式,测量时间约0.7 s;跟踪测量模式,常用于跟踪移动目标或放样时连续测距。

(三)全站仪的程序测量

全站仪的程序测量功能按测量模式存储在仪器内,不同型号的仪器测量模式不同,但大同小异,可详细阅读说明书。

1. 坐标测量

在进行地形测量时,需要测定许多特征点的平面位置和高程,使用全站仪的三维坐标测量和内存功能与绘图软件结合可使地形图数字化;在工程施工测量中使用坐标放样功能可实现任意设站,非常方便。

坐标测量是根据已知点的坐标、已知边的坐标方位角,计算未知点坐标的一种方法。全站仪坐标测量原理是用极坐标法直接测定待定点坐标,其实质是在已知测站点同时采集角度和距离经微处理器实时进行数据处理,由显示器输出测量结果。

坐标测量的操作步骤大致如下:

(1)安置仪器。在测站点安置仪器(对中、整平)后,选择好后视点,并在后视点和在目标点上分别竖立棱镜。

(2)设置测站。选择坐标测量模式,根据显示屏的提示或按软件功能键,输入测站点的已知坐标值、仪器高、棱镜高。

(3)仪器定向。输入后视点的已知坐标值或后视点的方位角,精确照准后视点棱镜中心后,按测量键确认。

(4)坐标测量。精确照准目标点棱镜中心,按测量键后,全站仪自动对目标点的坐标进行测量,测定完成后,显示出目标点坐标值。

注意:

(1)若未输入测站点的坐标,系统则以(0,0,0)作为测站坐标的默认值。

(2)坐标测量和放样测量都必须进行仪器的定向。

(3)关机后,测站点和坐标被保存。

(4)当仪器高和棱镜高没有输入时,系统将仪器高和棱镜高均以0计算。

(5)为了提高观测速度,可固定棱镜高,这样在一个观测站上进行观测时,只要照准目标后,按测量键即可观测出目标点的坐标。

(6)全站仪的坐标测量模式同样也分精测、粗测、跟踪三种。

2. 对边测量

如图4-19所示,将全站仪安置在测站 O 上,分别观测两个目标 A、B(A、B 间是否通视不限),从而间接地测定出 A、B 两点间的斜距、平距、高差,称为对边测量。对边测量模式有两个功能:辐射式,该功能是测量 A—B、A—C…的距离;连续式,该功能是测量 A—B、B—C、C—D…的距离。再根据仪器显示屏的提示来选择。

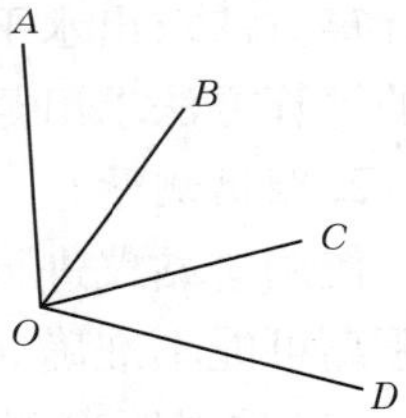

图4-19 对边测量

对边测量的操作步骤大致如下:

(1)在测站点 O 处安置仪器,量取仪器高,并选择对边测量模式和功能。在目标点上竖立棱镜。

(2)照准目标 A 处的棱镜中心,输入棱镜高,按测量键。如果要保存数据,则需先输入各目标点的点号后,再按测量键。

(3)依次照准目标 B、C…处的棱镜中心,每按一次测量键,分别显示 A—B、A—C、A—D…(辐射式)或 A—B、B—C、C—D…(连续式)的距离与高差。

3. 放样测量

放样测量是根据地面点坐标,用全站仪将地面点的位置在实地标定出来的测量工作。全站仪通常使用极坐标法进行点的放样工作,放样显示是连续的。

放样测量的操作步骤大致如下:

(1)在已知的测站点上安置仪器,并量取仪器高,在另一已知点(后视点)上竖立棱镜。

(2)选择放样测量模式,进入放样测量模式后,按显示屏的提示先输入测站点的点号、坐标值,仪器高,棱镜高。完成之后,返回测量模式。

(3)选择后视点,输入后视点的坐标,准确瞄准后视点的棱镜中心,确认后返回放样模式。

(4)选择放样,输入放样点的点号、坐标值和棱镜高,确认后仪器自动计算出放样的角度和放样的距离,然后在显示屏上显示出角度和边长实测值与放样值的差值。

(5)先根据水平角的偏离值 dHR,旋转全站仪照准部,使其偏离值为0。然后在望远镜所确定的方向线上移动棱镜,直至距离的偏离值 dHD 为0,此时棱镜所处的位置即为所要放样点的位置。

4. 悬高测量

如图 4-20 所示,架空的电线或管道上的点 T,远离地面,无法在目标点 T 上设置棱镜,此时可在点 T 的铅垂线方向的下方(或上方)能安置棱镜的点 E 处来测定目标点 T 的悬高,称为悬高测量。

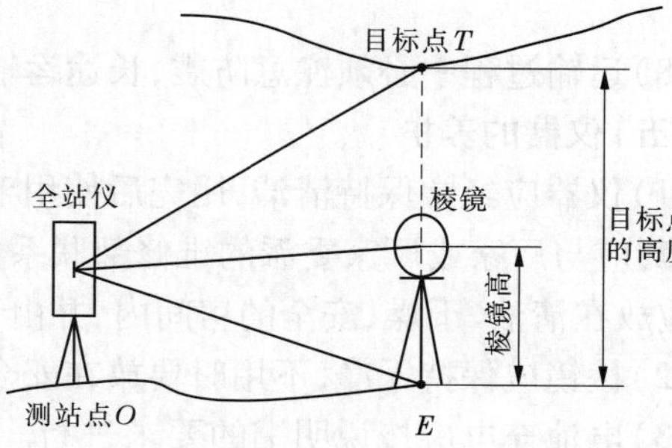

图 4-20　悬高测量

悬高测量的操作步骤大致如下:

(1)如图 4-20 所示,在测站点 O 处安置全站仪,在目标点 T 的铅垂线方向上点 E(在 T 点的上下方均可)处安置棱镜,并量取棱镜高。

(2)选择悬高测量模式,按显示屏的提示,输入棱镜高。

(3)照准棱镜,按距离测量键进行距离测量,显示出仪器至棱镜的水平距离。

(4)再转动望远镜照准目标 T,便能显示出地面至目标点 T 的高度。

5. 面积测量

利用全站仪的面积测量模式,可在实地进行土地面积测量工作,并能自动计算显示所测地块的面积,特别适合于小范围的土地面积测量。面积测量时点的坐标可以实时测得,也可以从内存调用或手工输入,但由于所测面积图形的边界只能用直线连接,即所测面积的图形为多边形,因而用全站仪进行面积测量,至少需要 3 个点的坐标或观测数据。

若依次先观测 1、2、3、4 四个点,则最后观测的点 4 与起点 1 自动连接,自动构成一闭合四边形。若再继续增加观测点,总是最后一个点与起点自动连接,而构成一任意的多边形。

面积测量的操作步骤大致如下:

(1)在适当位置处安置全站仪,选择面积测量模式,并设置单位。

(2)按显示屏上的提示依次输入被测点点号、棱镜高,被测点点号也可从内存的文件中调用。

(3)在待观测的面积边界上按顺时针方向分别在各转折点 1、2、3…处竖立棱镜,并依次进行观测。观测完毕,仪器就会显示出该四边形的面积值。

(四)使用注意事项

(1)新购置的仪器,如果首次使用,应结合仪器认真阅读使用说明书。通过反复学习、使用和总结,力求做到"得心应手",最大限度地发挥仪器的作用。

(2)避免温度骤变时作业。开箱后,应待箱内温度与环境温度适应后,再使用仪器。使用时测距仪的测距头不能直接照准太阳，以免损坏测距仪的发光二极管。

(3)在阳光下或阴雨天气进行作业时，应打伞遮阳、遮雨。

(4)在整个操作过程中，观测者不得离开仪器，严禁将仪器直接放置于地面上，以避免发生意外事故。

(5)仪器应保持干燥，遇雨后应将仪器擦干，放在通风处，完全晾干后才能装箱。

(6)全站仪在迁站时，应先关闭电源再从三脚架上取下仪器，即使很近，也应取下仪器装箱。

(7)禁止使用电压不符的电源或受损的电线、插座等，确保使用指定的充电器为电池充电。

(8)运输过程中必须注意防震，长途运输最好装在原包装箱内。

(五)仪器的养护

(1)仪器应经常保持清洁，用完后使用毛刷、软布将仪器上落的灰尘除去。如果仪器出现故障，应与厂家或厂家委派的维修部联系修理，决不可随意拆卸仪器，造成不应有的损害。仪器应放在清洁、干燥、安全的房间内，并由专人保管。

(2)棱镜应保持干净，不用时要放在安全的地方，如有箱子应装在箱内，以避免碰坏。

(3)电池充电应按说明书的要求进行。如果仪器长期不用，至少每三个月通电检查一次，以防电路板受潮。

(4)为确保仪器的观测精度，应定期对仪器进行检验和校正。

本章小结

本章讲述了钢尺量距、视距测量和光电测距的基本方法。距离测量是确定地面点位的基本测量工作内容之一。

(1)两点之间的距离指的是连接两点之间直线的水平距离。丈量距离的方法很多，本章重点介绍钢尺量距。钢尺量距分一般方法和精密量距方法。钢尺量距的实施包括直线定线和分段往返丈量，精密量距需要施加尺长改正、温度改正和倾斜改正。钢尺量距一般方法采用标杆目测定线，分平坦地面与倾斜地面的量距。测量读数至 cm，一般采用往、返测量，求相对误差。精密量距采用经纬仪定线，经钢尺概量打下木桩。然后用经过检定的钢尺进行往测量距，每一尺段移动 3 次钢尺位置，得 3 个量距结果，3 次较差合乎要求后，取平均值，读数均至 mm。然后进行返测量距。每条直线丈量的次数，视不同要求按规范而定。每尺段均要进行尺长改正、温度改正和倾斜改正。

(2)视距测量是用经纬仪和标尺同时测定两点间的水平距离和高差的一种方法，用十字丝的上、中、下三丝对标尺进行读数，同时观测中丝所指目标点的竖直角，并量取仪器高，通过视线倾斜时的视距公式，计算出测站至目标点的水平距离和高差。

(3)光电测距常用的是相位式测距仪，其测距原理为通过测定光波往返测程所产生的相位差，间接测定光波往返测程所耗费的时间，从而推算测站到目标点的水平距离。

(4)全站仪是一种将光电测距仪、电子经纬仪、微处理器和电子手簿合为一体的新型电子测量仪器，既可全部完成测站上所有的距离测量、角度测量和高程测量以及点位的测设，还可通过调用相应的程序，进行坐标测量、对边测量、放样测量、悬高测量和面积测量，不同的测量工作一定要在相应的测量模式下进行。各种不同厂家生产的全站仪,其操作方法有相同的地方,也有不同之处,要认真阅读全站仪使用说明书。

思考题与习题

1. 距离测量的方法主要有哪几种?

2. 何谓直线定线? 目估定线通常是如何进行的?

3. 用目估定线,在距离 30 m 处标杆中心偏离直线 0.40 m,由此产生的量距误差为多少?

4. 用钢尺丈量倾斜地面的距离有哪些方法? 各适用于什么情况?

5. 用钢尺往、返丈量了一段距离,其平均值为 184.26 m,要求量距的相对误差不超过 1/5 000,则往、返丈量距离之差不能超过多少?

6. 怎样衡量距离丈量的精度? 用钢尺丈量了 *AB*、*CD* 两段距离,*AB* 的往测值为 206.32 m,返测值为 206.17 m;*CD* 的往测值为 102.83 m,返测值为 102.74 m。问这两段距离丈量的精度是否相同? 为什么?

7. 下列情况使得丈量结果比实际距离增大还是减小?

(1)钢尺比标准尺长　　(2)定线不准　　(3)钢尺不平

(4)拉力偏大　　(5)温度比检定时低

8. 某钢尺的尺长方程式为 $l_t = 30.000\,0 + 0.007\,0 + 1.2 \times 10^{-5} \times 30(t - 20\ ℃)$。用此钢尺在 10 ℃条件下丈量一段坡度均匀、长度为 170.380 m 的距离。丈量时的拉力与钢尺检定拉力相同,并测得该段距离两端点高差为 −1.8 m,试求其水平距离。

9. 完成表 4-5 中视距测量观测成果的计算。

表 4-5　视距测量计算

测站 <u>A</u>　　测站高程 <u>45.86 m</u>　　仪器高 <u>1.42 m</u>　　仪器 <u>DJ_6</u>　　指标差 <u>0</u>

点号	视距间隔(m)	中丝读数(m)	竖盘读数	竖直角	高差	高程	平距	备注
1	0.874	1.42	86°43′					盘左观测,竖盘为顺时针分划注记
2	0.952	2.42	89°38′					
3	0.548	1.42	93°13′					
4	0.689	2.42	97°25′					

10. 简述光电测距的基本原理。

11. 全站仪的结构包括哪几部分?

12. 全站仪的基本测量包括哪些内容? 如何进行?

第五章 方向测量

重点提示:测量工作中要确定地面上两点间的平面位置关系,就必须确定该两点所在直线的方向。本章重点介绍标准方向的种类、直线方向的表示方法、几种方位角之间的关系、用罗盘仪和陀螺经纬仪测定直线方位角的方法、坐标方位角的推算、坐标计算原理等内容。重点是直线方向的表示方法、坐标方位角的推算和坐标计算原理。

第一节 直线定向

一、概述

在测量工作中常常需要确定两点间的平面位置的相对关系,在确定这种关系时,仅测定两点之间的距离是不够的,还需要测定这两点所在直线的方向。在测量工作中,确定一条直线与标准方向之间的角度关系称为直线定向。要确定一条直线的方向,首先要选定一个标准方向作为直线定向的依据,然后测定出该直线与标准方向间的水平角,则该直线的方向也就确定了,如图 5-1 所示。

二、标准方向的种类

标准方向也称为基准方向或起始方向,在我国的测量工作中,目前通常采用的标准方向有真子午线方向、磁子午线方向和坐标纵轴方向三种。

(一)真子午线方向

通过地球表面某点的真子午线的切线方向称为该点的真子午线方向,常用 N 表示。地面上某点的真子午线方向是用天文测量方法或用陀螺经纬仪测定的。

(二)磁子午线方向

通过地球表面某点的磁子午线的切线方向称为该点的磁子午线方向,常用 N_m 表示。地面某点的磁子午线方向是用罗盘仪测定的,以磁针在该点自由静止时所指的方向即为磁子午线方向。

(三)坐标纵轴方向

地球上各点的子午线互相不平行,而是向两极收敛的。但是在一个坐标系中,坐标纵轴线方向是相互平行的。在一个高斯投影带中,若以中央子午线为坐标纵轴,那么在各处的坐标纵轴方向都是与该投影带中央子午线相平行的。因此,为测量、计算工作的方便,在一般的测量工作中,采用坐标纵轴线作为标准方向,即高斯投影带中的中央子午线方向。在工程中常用坐标纵轴方向为标准方向,即指北方向。

上述三种标准方向简称为真北方向、磁北方向和坐标北方向,总称三北方向,如图 5-2 所示。

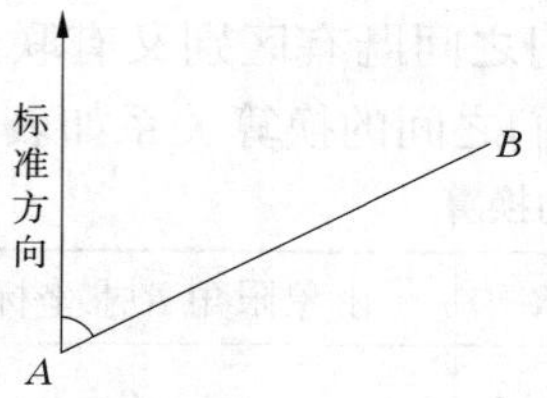

图 5-1　直线定向的概念

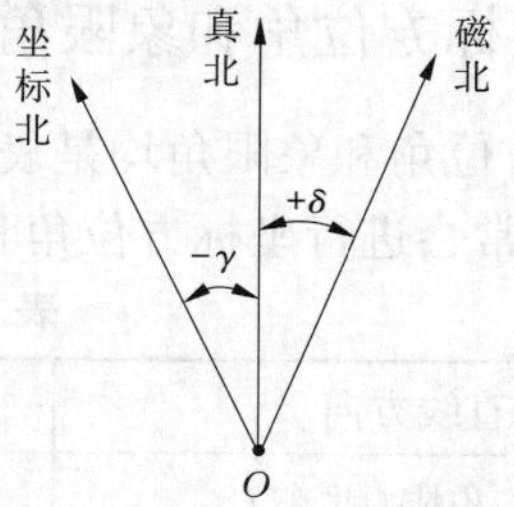

图 5-2　三北方向

第二节　直线方向的表示方法

在测量工作中，常用方位角和象限角来表示直线的方向。

一、方位角

从标准方向北端起顺时针方向量至某直线所夹的水平角，称为该直线的方位角。方位角的角值范围为 0°～360°。

由于所选择的标准方向不同，方位角又分真方位角、磁方位角和坐标方位角三种，如图 5-3 所示。

(1)从真子午线的北端起顺时针方向量至某直线的水平角，称为该直线的真方位角，用 A 表示。

(2)从磁子午线的北端起顺时针方向量至某直线的水平角，称为该直线的磁方位角，用 A_m 表示。

(3)从坐标纵轴线的北端起顺时针方向量至某直线的水平角，称为该直线的坐标方位角，用 α 表示。

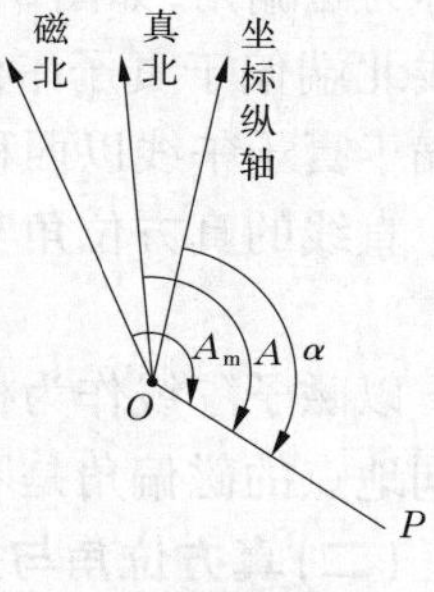

图 5-3　方位角

二、象限角

为了计算上的方便，测量上有时用象限角来确定直线的方向。所谓象限角，就是由标准方向的北端或南端起量至某直线所夹的水平锐角，常用 R 表示，象限角的角值范围为 0° ~ ±90°。由于象限角为锐角，量算又可以从标准方向的南、北两端开始，这样同一个角值的象限角，可以出现在四个象限中。因此，用象限角表示直线方向时，不仅需要表示出象限角的大小，还需要注明这条直线所在的象限名称。象限的名称可以分别用北东（NE）、南东（SE）、南西（SW）和北西（NW）注明。如图 5-4 中，R_{O1} = NE35°、R_{O2} = SE45°、R_{O3} = SW45°、R_{O4} = NW75°。

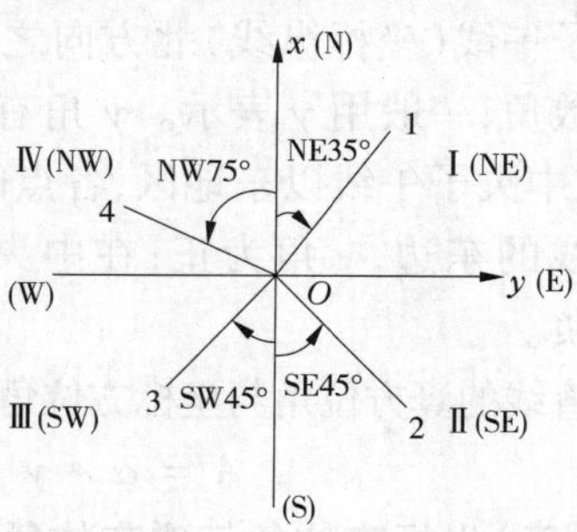

图 5-4　象限角

象限角也分真象限角、磁象限角和坐标象限角三种。由于象限角常用于坐标的计算，因而一般所说的象限角均是指坐标象限角。

三、坐标方位角和象限角的换算关系

坐标方位角和象限角均是表示直线方向的方法，它们之间既有区别又有联系。在实际测量中，经常会进行坐标方位角和象限角之间的互换，它们之间的换算关系如表 5-1 所示。

表 5-1　坐标方位角和象限角的换算

直线方向	由坐标方位角 α 求象限角 R	由象限角 R 求坐标方位角 α
第Ⅰ象限(北东)	$R=\alpha$	$\alpha=R$
第Ⅱ象限(南东)	$R=180°-\alpha$	$\alpha=180°-R$
第Ⅲ象限(南西)	$R=\alpha-180°$	$\alpha=180°+R$
第Ⅳ象限(北西)	$R=360°-\alpha$	$\alpha=360°-R$

四、几种方位角之间的关系

(一)真方位角与磁方位角之间的关系

由于地球南北极与地磁南北极并不重合，因此过地面上某点的真子午线方向与磁子午线方向通常是不重合的，两者之间的夹角称为磁偏角，如图 5-5 中的 δ。磁偏角有东偏和西偏之分，磁子午线北端偏于真子午线以东称东偏，其磁偏角为正；磁子午线北端偏于真子午线以西称西偏，其磁偏角为负。

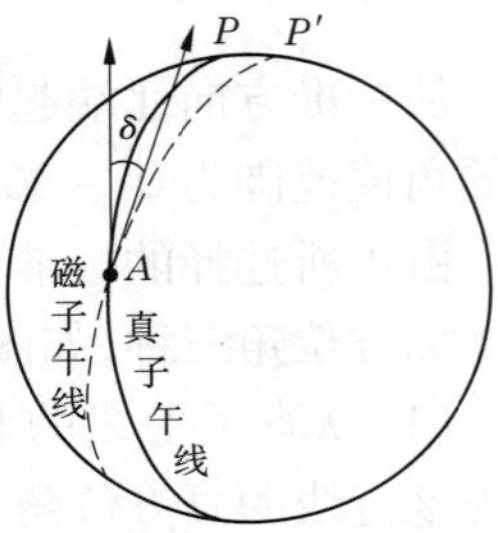

图 5-5　磁偏角

直线的真方位角与磁方位角之间的换算关系如下

$$A=A_m+\delta \tag{5-1}$$

以磁子午线作为标准方向线，仅适用低精度的测量。地球上不同地点的磁偏角是不同的，我国磁偏角的变化在 $+6°\sim-10°$。

(二)真方位角与坐标方位角之间的关系

除赤道上各点的真子午线方向相互平行外，地球表面上其他各点的真子午线都收敛于地球的两极，其真子午线是不平行的。地面上点的真子午线北方向与中央子午线(坐标纵线)北方向之间的夹角，称为子午线收敛角，一般用 γ 表示。γ 角有正有负，如图 5-6 所示，在中央子午线以东地区，各点的坐标纵轴线偏在真子午线的东边，γ 角为正；在中央子午线以西地区，γ 角为负。

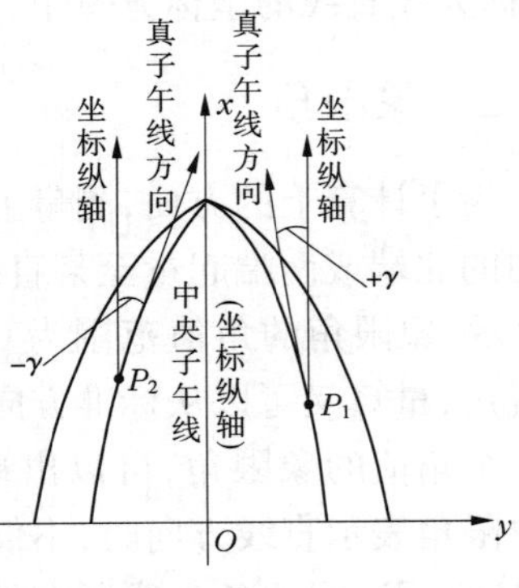

图 5-6　子午线收敛角

直线的真方位角与坐标方位角之间的换算关系如下

$$A=\alpha+\gamma \tag{5-2}$$

(三)坐标方位角与磁方位角之间的关系

已知地面上某点的磁偏角 δ 与子午线收敛角 γ，则坐标方位角与磁方位角之间的换算关系为

$$\alpha=A_m+\delta-\gamma \tag{5-3}$$

第三节　直线方位角的测定

由于直线方位角有磁方位角和真方位角之分,因此测定直线方位角的方法也分磁方位角测定和真方位角测定。本节主要介绍用罗盘仪测定直线的磁方位角和用陀螺经纬仪测定直线的真方位角的方法。

一、用罗盘仪测定直线的磁方位角

罗盘仪是利用磁针测定直线磁方位角的仪器。其特点是构造简单,使用方便,但精度不高,广泛应用于各种勘测和精度要求不高的测量工作中。当测区内没有国家控制点可用,在小区域建立独立的平面控制网时,可用罗盘仪测定直线的磁方位角,作为该控制网起始边的坐标方位角,将过起始点的磁子午线当做坐标纵轴线。

(一)罗盘仪的构造

罗盘仪的主要部件有望远镜、磁针、刻度盘和基座。如图 5-7 所示为 DQL-1 型森林罗盘仪。

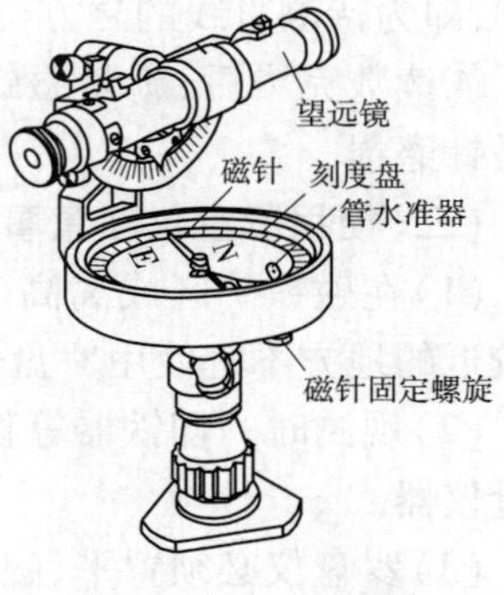

图 5-7　罗盘仪的构造

1. 望远镜

罗盘仪的望远镜用于瞄准目标,它与经纬仪的望远镜结构基本相似,也有物镜、对光螺旋、十字丝分划板和目镜等,望远镜一侧为竖直度盘,可以测量竖直角。

2. 磁针

磁针用于确定南北方向并用做指标读数。磁针为长条形磁铁,是用人造磁铁制成的,其中心装有镶嵌着玛瑙的圆形球窝,支承于刻度盘中心的顶针尖端上,可灵活转动。当磁针静止时,磁针的两端恒指向地球的南、北极,即磁子午线方向。由于我国处在地球的北半球,地磁北极对磁针的南端吸引力较大,而磁针是一根精细均匀的磁铁,顶针顶于磁针的中部,地磁北极的引力就会使磁针南端向下倾斜,此时,磁针与水平线有一夹角,此夹角称为磁倾角。因此,在我国范围内使用罗盘仪时,为了消除磁倾角,在磁针北端加一铜圈,以使磁针保持平衡。铜圈还有一个作用是区分磁针的南北极,不带铜圈的一端为磁针南极,它是指向地磁的北极,读方位角时应该读取磁针指北端(磁针南极)所指的读数。为减少顶针的磨损,不用时用磁针制动螺旋将磁针顶起,固定在玻璃盖上。

3. 刻度盘

用钢或铝制成的圆环,可随望远镜一起转动。刻度盘按逆时针方向从 0°注记到 360°,最小刻划为 1°或 30′,每 10°有一注记。望远镜的视准轴在刻划 0°与 180°的连线上方且在同一处竖直面内。刻度盘内还装有两个相互垂直的水准管或一圆水准器,用于罗盘仪的整平。

4. 基座

罗盘仪的基座是采用球臼结构,安在三脚架上,松开球臼接头螺旋,可摆动刻度盘使水准管气泡居中,此时刻度盘已处于水平位置,然后旋紧接头螺旋。

(二)罗盘仪测定直线的磁方位角

用罗盘仪测定地面上已知直线的磁方位角的方法如下:

(1)在待测直线的一端安放仪器,另一端插上花杆。

(2)安置仪器。

①对中:将罗盘仪装于三脚架上,并挂上垂球后,移动三脚架,使垂球尖对准测站点,此时仪器中心与地面点处于同一条铅垂线上。

②整平:松开罗盘仪基座上球臼接头螺旋,上、下、左、右调整度盘位置,使度盘上的两个水准管气泡同时居中,旋紧螺旋,固定度盘,此时罗盘仪度盘处于水平位置。

(3)瞄准读数。

①转动目镜调焦螺旋,使十字丝清晰。

②转动罗盘仪,使望远镜对准待测直线另一端的目标,转动对光螺旋,使目标成像清晰稳定,再转动望远镜,使十字丝对准立于测点上的花杆的最底部。

③松开磁针制动螺旋,等磁针静止后,从正上方向下读取磁针指北端(磁针南极)所指的读数,图 5-8 中的读数为 300°,即为待测直线的磁方位角。

④读数完毕后,旋紧磁针制动螺旋,将磁针顶起,以防止磁针磨损。

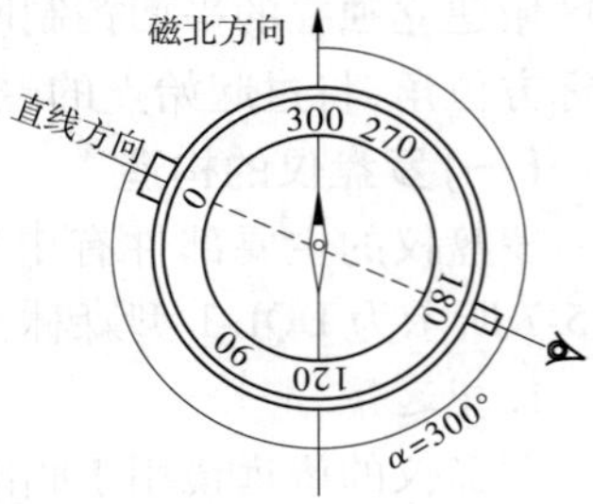

图 5-8　罗盘仪的刻度盘

(三)使用罗盘仪注意事项

(1)在磁铁矿区或离高压线、无线电天线、电视转播台等较近的地方不宜使用罗盘仪,因为有电磁干扰现象。

(2)观测时一切铁器等物体,如斧头、钢尺、测钎等不要接近仪器。

(3)罗盘仪必须置平,磁针能自由转动,须等磁针静止不动时才能读数。

(4)读数时,眼睛的视线方向与磁针应在同一竖直面内,以减小读数误差。

(5)观测完毕后搬动仪器应拧紧磁针制动螺旋,固定好磁针,以防损坏磁针,保护磁针的灵活性。若磁针长时间摆动还不能静止,则说明罗盘使用的时间过长,磁针的磁性不强,需对磁针进行充磁。

二、用陀螺经纬仪测定直线的真方位角

陀螺经纬仪是陀螺仪和经纬仪相结合用以测定真方位角的仪器。陀螺仪内悬挂有三向自由旋转的陀螺,利用陀螺的特性定出真北方向,再用经纬仪测出真北至直线的水平角,即可确定其真方位角。利用陀螺经纬仪定向,操作简单迅速,且不受时间制约,常用于公路、铁路、隧道测量。

(一)陀螺经纬仪的构造

图 5-9 是国产 JT15 陀螺经纬仪的结构图,使用它测定我国地面任一点的真子午线方向的精度可以达到 ±15″。陀螺经纬仪由 DJ_6 经纬仪、陀螺仪和陀螺电源组成,陀螺仪安装在 DJ_6 经纬仪上的连接支架上。陀螺仪由摆动系统、观测系统和锁紧限幅机构组成。

1. 摆动系统

摆动系统包括悬吊带、导线、转子(马达)、转子底盘等,它们是整个陀螺仪的灵敏部件。转子要求运转平稳,重心要通过悬吊带的对称轴,可以通过转子底盘上的六个螺钉进行调节。

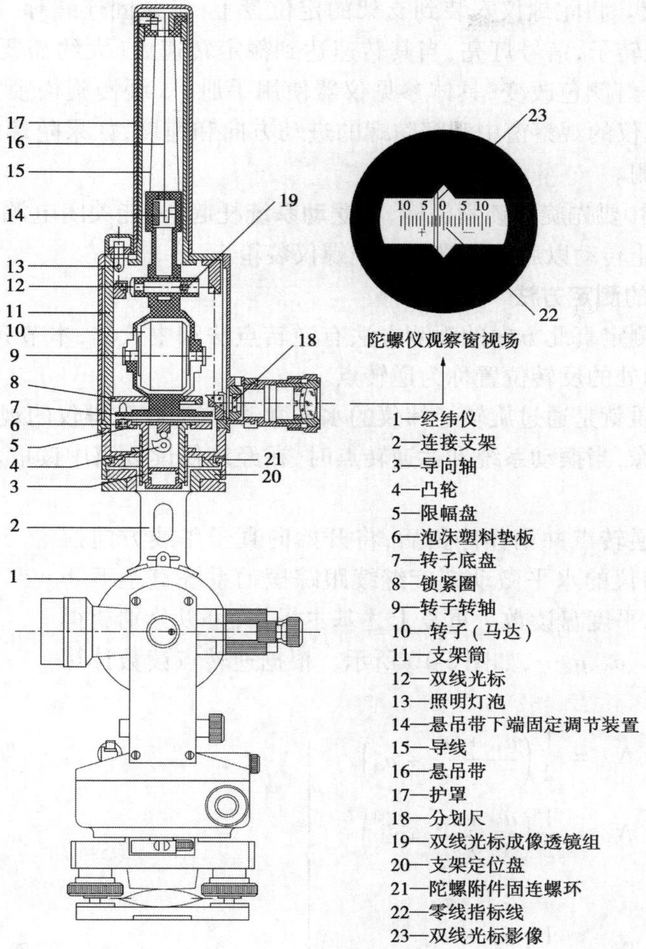

图 5-9　国产 JT15 陀螺经纬仪的构造

2. 观测系统

观测系统是用来观察摆动系统的工作情况的。照明灯泡将灵敏部件上的双线光标照亮，通过成像透镜组使双线光标成像在分划板上，以便在观察窗中观察。

3. 锁紧限幅机构

锁紧限幅机构包括凸轮、限幅盘、转子底盘、锁紧圈。用凸轮使限幅盘沿导向轴向上滑动，使限幅盘托起转子的底盘靠在与支架连接的锁紧圈上。

（二）陀螺经纬仪的操作方法

由于陀螺仪转子的额定转度≥21 500 r/min，可以形成很大的内力矩，如果操作不正确，很容易毁坏仪器。因此，正确使用陀螺仪非常重要。

在需要测定真子午线方向的点上安置好经纬仪后，应按下列步骤操作陀螺经纬仪：

（1）粗定向。将仪器附带的罗盘仪安装在支架上的定位盘上，旋转经纬仪照准部，使视线方向指向近似的真子午线北方向（误差 ±（1°～2°）），将经纬仪的水平微动螺旋旋至行程的中间位置，制动照准部，取下罗盘仪。

(2)安置陀螺仪。将陀螺仪安装到支架的定位盘上,旋紧固连螺环,接好电源线,打开电源开关,启动陀螺转子,信号灯亮,当其转速达到额定转速后(大约需要 3 min)信号灯熄灭(有些仪器是信号灯颜色改变,具体参见仪器使用手册)。缓慢旋松锁紧机构,将摆动系统平稳放下,在陀螺仪的观察窗中观察陀螺的进动方向和速度,如果陀螺的进动速度很慢,就可以开始进行观测。

(3)观测完成后,要先旋紧锁紧机构,将摆动系统托起,才能关闭电源,拔掉电源线。待陀螺仪转子完全停止转动以后才允许卸下陀螺仪装箱。

(三)真北方向的测定方法

用陀螺经纬仪测定真北方向的观测方法有逆转点法和中天法,本节介绍逆转点法。陀螺仪转轴在东、西两处的反转位置称为逆转点。

逆转点法的实质就是通过旋转经纬仪的水平微动螺旋,在陀螺仪的观察窗中,用零指标线跟踪双线光标影像,当摆动系统到达逆转点时,在经纬仪读数窗中读取水平度盘读数(称为逆转点读数)。

摆动系统到达逆转点并稍作停留后,将开始向真子午线方向摆动,反方向旋转经纬仪的水平微动螺旋继续跟踪摆动系统直至下一个逆转点,并读取水平度盘读数。重复上述基本操作,可以分别获得逆转点读数为 a_1、a_2、a_3、a_4…,如图 5-10 所示。根据逆转点读数计算中点位置,公式如下

$$\left.\begin{aligned} N_1 &= \frac{1}{2}\left(\frac{a_1 + a_3}{2} + a_2\right) \\ N_2 &= \frac{1}{2}\left(\frac{a_2 + a_4}{2} + a_3\right) \\ &\vdots \\ N_n &= \frac{1}{2}\left(\frac{a_n + a_{n+2}}{2} + a_{n+1}\right) \end{aligned}\right\} \tag{5-4}$$

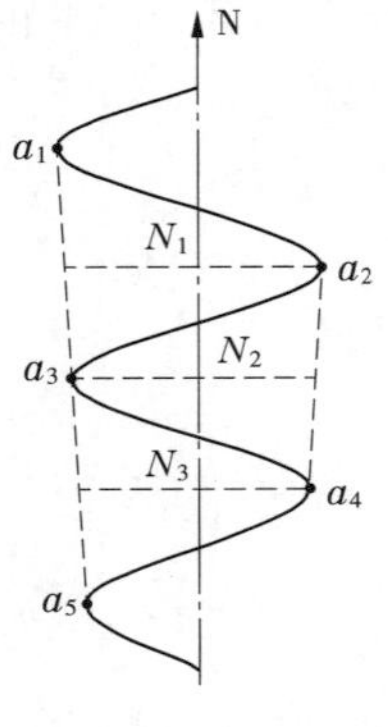

图 5-10 逆转点读数

当 n 个中点位置的互差不超限时,则取其平均值作为真北方向 N_T。

$$N_T = \frac{1}{n}(N_1 + N_2 + N_3 + \cdots + N_n) \tag{5-5}$$

用陀螺经纬仪测定了直线一个端点的真北方向后,就可以用经纬仪观测水平角,确定出直线的真方位角。

第四节 坐标方位角的推算

一、正、反坐标方位角

由于在我们介绍的标准方向线中,唯有高斯平面直角坐标纵轴方向是直线方向。因此,一般在测量中都采用高斯平面直角坐标纵轴方向为标准方向。在测量工作中,凡直线都被认为是具有一定的方向性,即一条直线的起始点不同,存在正、反两个方向。我们通常以直线前进的方向为正方向。如图 5-11 所示,若由 A 至 B 为直线前进的方向,则直线 AB 的坐标

方位角 α_{AB} 称为直线 AB 的正坐标方位角，而直线 BA 的坐标方位角 α_{BA} 称为直线 AB 的反坐标方位角。正、反坐标方位角的概念是相对的，即 α_{AB} 与 α_{BA} 互为反方位角。

在图 5-11 中，由于在同一高斯平面直角坐标系内各点处的坐标北方向均相互平行，则

$$\alpha_{AB} = \alpha_{BA} - 180°$$

$$\alpha_{BA} = \alpha_{AB} + 180°$$

于是可得出，同一条直线的正、反坐标方位角相差 180°，即

$$\alpha_{正} = \alpha_{反} \pm 180° \tag{5-6}$$

式(5-6)中，当反方位角 $\alpha_{反}$ 大于 180°时，取"−"号；否则取"+"号。

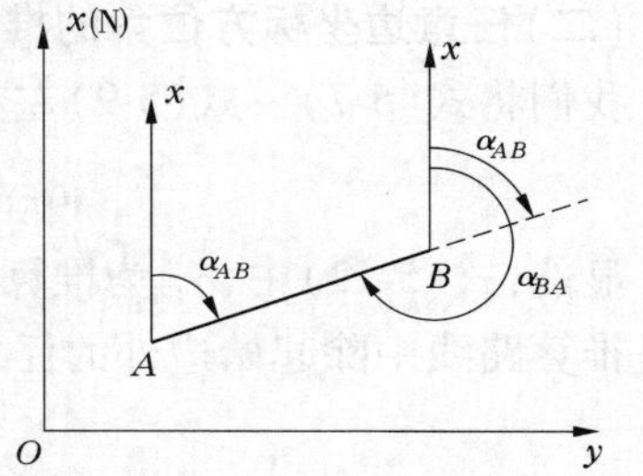

图 5-11 正、反坐标方位角

二、坐标方位角的推算

在实际测量工作中，我们并不需要去测定每条直线的坐标方位角，而是通过观测直线间的水平夹角并与已知坐标方位角的直线联测以后，利用同一高斯平面直角坐标系内各点处坐标北方向均相互平行，推算出各直线的坐标方位角。

如图 5-12 所示，从 1 到 4 是条折线，已知直线 12 的坐标方位角为 α_{12}，对折线中相邻直线间所夹的水平角 β_2 和 β_3 进行观测，这些角称为转折角。转折角常按其对应的点号进行编号，如 β_2 为 2 点转折角，β_3 为 3 点转折角。在进行坐标方位角的推算时，转折角 β 有左角和右角之分，一般规定观测的水平夹角在推算线路前进方向的左侧（或右侧）的称为左角（或右角），在图 5-12 中，β_3 是左角，β_2 是右角。坐标方位角的推算分相邻两条边坐标方位角的推算和任意边坐标方位角的推算。

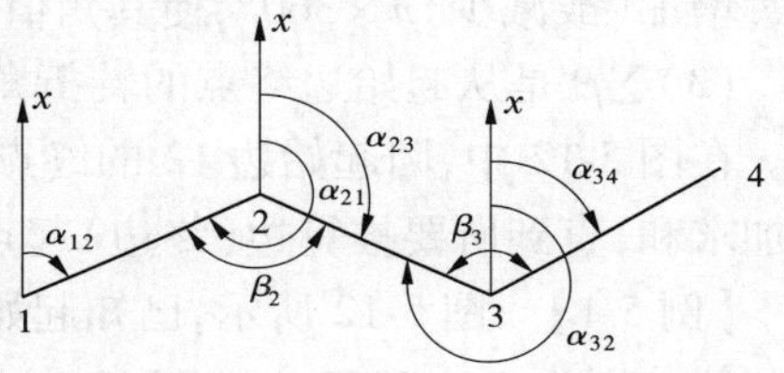

图 5-12 坐标方位角的推算

（一）相邻两条边坐标方位角的推算

设观测的转折角 β 为左角，已知起始边的方位角为 α_{12}，现依次推算 23、34 等直线的方位角。由图 5-12 的几何关系可知

$$\alpha_{23} = \alpha_{21} + \beta_{2左} = \alpha_{12} + \beta_{2左} - 180° \tag{5-7}$$

$$\alpha_{34} = \alpha_{32} + \beta_{3左} = \alpha_{23} + \beta_{3左} - 180° \tag{5-8}$$

$$\vdots$$

$$\alpha_{i(i+1)} = \alpha_{i(i-1)} + \beta_{i左} = \alpha_{(i-1)i} + \beta_{i左} - 180° \tag{5-9}$$

由此，我们可以得出观测转折角的左角时，推算相邻两条边坐标方位角的计算公式为

$$\alpha_{前} = \alpha_{后} + \beta_{左} - 180° \tag{5-10}$$

即：前一边的方位角等于后一边的方位角减 180°，再加观测的左角。

由于转折角的左、右角的关系为 $\beta_{左} = 360° - \beta_{右}$，则当观测转折角的右角时，推算相邻两条边坐标方位角的计算公式为

$$\alpha_{前} = \alpha_{后} - \beta_{右} + 180° \tag{5-11}$$

即：前一边的方位角等于后一边的方位角加 180°，再减观测的右角。

计算时，如果按式(5-10)或式(5-11)算出的$\alpha_{前}>360°$或$\alpha_{前}<0°$，则应对其计算的角值减去360°或加上360°。

(二)任意边坐标方位角的推算

我们将式(5-7)～式(5-9)左右两边依次相加，可得

$$\alpha_{i(i+1)} = \alpha_{12} \pm \sum\beta \pm n \times 180° \tag{5-12}$$

显然，式(5-12)中，α_{12}为推算路线起始边的方位角，$\alpha_{i(i+1)}$为推算路线终边的方位角，也就是推算路线中除起始边外的任意一边的方位角。因而，任意边坐标方位角的推算公式为

$$\alpha_{终} = \alpha_{始} \pm \sum\beta \pm n \times 180° \tag{5-13}$$

显而易见，式(5-10)和式(5-11)都是式(5-13)的特殊情况，即式(5-13)是坐标方位角推算的通式。

在使用式(5-13)时应注意如下事项：

(1)式(5-13)中转折角β前"±"号的取法：当β为左角时，取"+"号；当β为右角时，取"-"号。

(2)在实际计算过程中，$n\times180°$前的"±"号可以任意取，这时会出现坐标方位角大于360°或负值两种情况。由于方位角的取值范围为0°～360°，因此可以将所计算出来的角值，通过增加(或减少)$n\times360°$，使其角值在0°～360°范围内，即为所求的坐标方位角。

(3)$\sum\beta$是从起始边终点的转折角开始，依次相加至所要推算的边(终边)起点的转折角。在图5-12中，因起始边12的终点为2点，所以从转折角β_2开始，依次对后面的转折角相加求和，直到所要推算边(终边)起点的转折角β_i。

【例5-1】 图5-12所示，已知起始边的方位角$\alpha_{12}=120°$，观测得2、3点的左转折角，其观测值分别为$\beta_2=235°$，$\beta_3=159°$。试计算34边的方位角α_{34}。

解 由式(5-13)得

$$\alpha_{34} = 120° + (235° + 159°) + 2 \times 180° = 874°$$

因

$$874° - 2\times360° = 154°$$

则34边的方位角$\alpha_{34}=154°$。

第五节 坐标计算

从第一章我们知道，地面点的平面位置可以用该点的纵、横坐标来表示。事实上，在平面直角坐标系中，两个地面点的平面位置关系与两点之间的水平距离和坐标方位角都有着密切联系，我们可以用这种关系来求解地面点的坐标。

一、坐标增量

在平面内，两个点的纵、横坐标的差值称为坐标增量，一般用Δx表示纵坐标增量，用Δy表示横坐标增量。

如图5-13所示，A、B两点的坐标分别是$A(x_A,y_A)$、$B(x_B,y_B)$，则B点相对于A点的坐标增量为

$$\Delta x_{AB} = x_B - x_A,\quad \Delta y_{AB} = y_B - y_A$$

而 A 点相对于 B 点的坐标增量应为

$$\Delta x_{BA} = x_A - x_B, \Delta y_{BA} = y_A - y_B$$

由此可见,增量是具有方向性的。

二、坐标正算

根据直线起点的坐标、直线的水平距离及其坐标方位角计算直线终点的坐标,称为坐标正算。如图 5-13 所示,已知直线 AB 的起点为 A,终点为 B,A 点的坐标为 (x_A, y_A),A、B 两点间的距离为 D_{AB},直线 AB 的坐标方位角为 α_{AB},计算直线终点 B 的坐标。

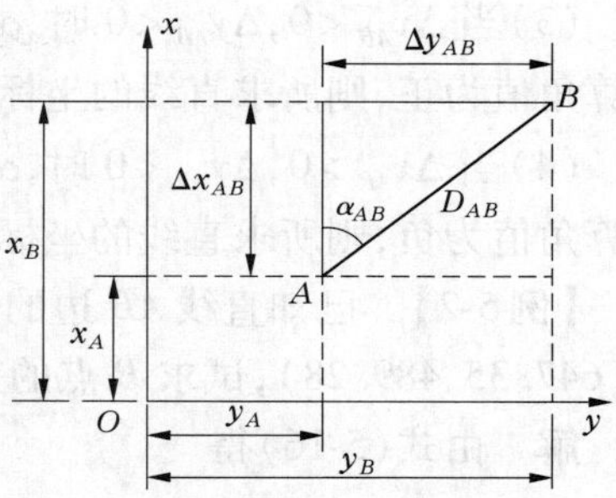

图 5-13　坐标计算

由图 5-13 可知

$$\left.\begin{aligned} x_B &= x_A + \Delta x_{AB} \\ y_B &= y_A + \Delta y_{AB} \end{aligned}\right\} \tag{5-14}$$

又由数学公式有

$$\left.\begin{aligned} \Delta x_{AB} &= D_{AB}\cos\alpha_{AB} \\ \Delta y_{AB} &= D_{AB}\sin\alpha_{AB} \end{aligned}\right\} \tag{5-15}$$

于是 B 点的坐标计算公式为

$$\left.\begin{aligned} x_B &= x_A + \Delta x_{AB} = x_A + D_{AB}\cos\alpha_{AB} \\ y_B &= y_A + \Delta y_{AB} = y_A + D_{AB}\sin\alpha_{AB} \end{aligned}\right\} \tag{5-16}$$

三、坐标反算

根据直线起点和终点的坐标,计算直线的水平距离和该直线的坐标方位角,称为坐标反算。

在图 5-13 中,已知直线 A、B 两点的坐标分别为 (x_A, y_A) 和 (x_B, y_B),利用平面上两点间的距离公式及三角函数知识,很容易得出 A、B 两点的水平距离 D_{AB} 和该直线的坐标方位角的初算值 α'_{AB}

$$D_{AB} = \sqrt{(x_B - x_A)^2 + (y_B - y_A)^2} = \sqrt{(\Delta x_{AB})^2 + (\Delta y_{AB})^2} \tag{5-17}$$

$$\alpha'_{AB} = \arctan\frac{y_B - y_A}{x_B - x_A} = \arctan\frac{\Delta y_{AB}}{\Delta x_{AB}} \tag{5-18}$$

在式(5-18)中,由于 Δx_{AB} 和 Δy_{AB} 会有正负值出现,根据三角函数知识,坐标方位角的初算值 α'_{AB} 的范围可在 $-90° \sim 90°$,这与方位角的角值范围在 $0° \sim 360°$ 不符,也就是说,这个初算值 α'_{AB} 不一定就是所求直线的方位角 α_{AB}。因此,我们需要根据 Δx_{AB} 和 Δy_{AB} 的符号变化情况,判断所求直线的坐标方位角 α_{AB} 是第几象限的角,从而确定出直线的坐标方位角 α_{AB},判断方法如下:

(1)当 $\Delta x_{AB} > 0, \Delta y_{AB} > 0$ 时,α_{AB} 是第Ⅰ象限的角,其角值范围在 $0° \sim 90°$,此时 α'_{AB} 的计算角值为正,则所求直线的坐标方位角 α_{AB} 正好等于正角值 α'_{AB},即 $\alpha_{AB} = \alpha'_{AB}$。

(2)当 $\Delta x_{AB} < 0, \Delta y_{AB} > 0$ 时,α_{AB} 是第Ⅱ象限的角,其角值范围在 $90° \sim 180°$,此时 α'_{AB} 的计算角值为负,则所求直线的坐标方位角 α_{AB} 等于角值 α'_{AB} 加上 $180°$,即 $\alpha_{AB} = \alpha'_{AB} + 180°$。

(3)当$\Delta x_{AB}<0$,$\Delta y_{AB}<0$时,α_{AB}是第Ⅲ象限的角,其角值范围在180°~270°,此时α'_{AB}的计算角值为正,则所求直线的坐标方位角α_{AB}等于正角值α'_{AB}加上180°,即$\alpha_{AB}=\alpha'_{AB}+180°$。

(4)当$\Delta x_{AB}>0$,$\Delta y_{AB}<0$时,α_{AB}是第Ⅳ象限的角,其角值范围在270°~360°,此时α'_{AB}的计算角值为负,则所求直线的坐标方位角α_{AB}等于角值α'_{AB}加上360°,即$\alpha_{AB}=\alpha'_{AB}+360°$。

【例5-2】 已知直线AB边的边长为185.52 m,AB边的方位角为76°45′45″,A点的坐标为(647.35,489.28),试求B点的坐标。

解 由式(5-16)得

$$x_B = 647.35 + 185.52\cos 76°45'45'' = 647.35 + 42.48 = 689.83$$

$$y_B = 489.28 + 185.52\sin 76°45'45'' = 489.28 + 180.59 = 669.87$$

【例5-3】 已知A、B两点的坐标为(525.35,789.64)、(694.21,523.88),试计算直线AB的边长和坐标方位角。

解 由两点间距离公式式(5-17)得

$$D_{AB} = \sqrt{(694.21-525.35)^2+(523.88-789.64)^2} = 314.87$$

初算坐标方位角为

$$\alpha'_{AB} = \arctan\frac{523.88-789.64}{694.21-525.35} = \arctan\frac{-265.76}{168.86} = -57°34'07''$$

由于$\Delta x_{AB}>0$,$\Delta y_{AB}<0$,所以α_{AB}是第Ⅳ象限的角,则直线AB的坐标方位角是

$$\alpha_{AB} = \alpha'_{AB} + 360° = -57°34'07'' + 360° = 302°25'53''$$

本章小结

方向测量是平面控制测量的基础,学习本章应主要掌握以下几方面内容:

(1)直线定向基本知识。了解直线定向的概念以及三个标准方向,其中坐标纵轴方向是彼此平行的,是测量学中用得最普遍的基准方向。一般在测量工作中,常用方位角和象限角来表示直线的方向,应重点掌握方位角的概念及种类,特别是坐标方位角的概念。理解三种坐标方位角之间的关系,能进行坐标方位角与坐标象限角之间的换算。

(2)坐标方位角的推算。坐标方位角的推算知识是本章的重点内容之一,它是学习导线测量内业计算的基础知识。坐标方位角有正、反坐标方位角之分,一条直线的正、反坐标方位角相差180°。坐标方位角的推算关键在于理解其推导过程。要重点掌握方位角的计算方法,特别是任意边方位角的计算,在计算中要根据转折角的左角和右角正确选取"+"、"-"号,依据方位角的取值范围在0°~360°,确定方位角的角值。

(3)坐标计算。坐标的正算与反算知识是本章另一个重点内容,坐标正算仍是导线测量内业计算的基础,而坐标反算则是施工放样中放样数据计算的关键。坐标反算是学习中的难点,需要用三角函数方面的知识对坐标方位角进行象限判断,以确定直线方位角的大小。

(4)方位角的测定。根据不同的标准方向,方位角的测定有用罗盘仪测定直线的磁方位角和用陀螺经纬仪测定直线的真方位角两种。由于罗盘仪操作简单易行,因此应重点掌握罗盘仪的构造和测定直线的磁方位角的方法。

思考题与习题

1. 什么叫直线定向？为什么要进行直线定向？

2. 在直线定向中有哪几种标准方向线？它们之间的关系是什么？

3. 什么叫方位角？方位角有哪几种？

4. 已知直线的坐标方位角分别为 $\alpha_{12}=56°17'$，$\alpha_{13}=162°55'$，$\alpha_{14}=196°33'$，试分别求出它们的象限角和反坐标方位角。

5. 已知某直线的象限角为南西 35°15′，求该直线的坐标方位角。

6. 如图 5-14 所示，已知 $\alpha_{AB}=50°40'$，$\beta_B=133°58'$，$\beta_C=140°25'$，求 BC 边和 CD 边的坐标方位角。

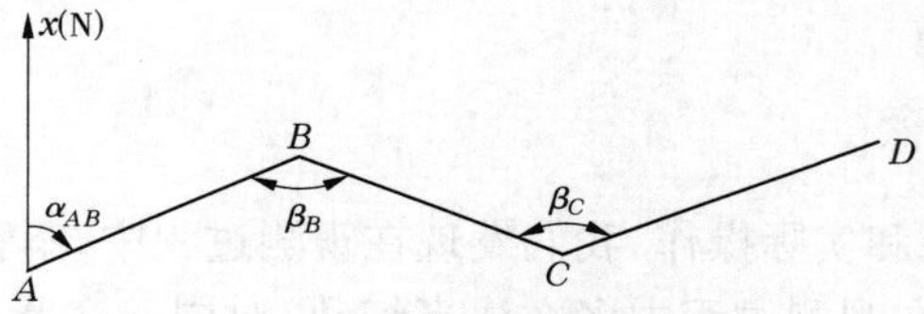

图 5-14　坐标方位角推算示意图

7. 已知 A 点的磁偏角为西偏 3°21′，过 A 点的子午线的收敛角为 +4°55′，直线 AB 的坐标方位角 $\alpha_{AB}=164°40'$，求 AB 直线的真方位角与磁方位角。

8. 已知 A 点的坐标为(648.45，378.53)，AB 边的边长 $D_{AB}=78.25$ m，AB 边的坐标方位角 $\alpha_{AB}=234°40'$，试求 B 点的坐标。

9. 已知 A 点的坐标为(135.67，178.42)，B 点的坐标 B(103.70，328.96)，试求 AB 边的边长 D_{AB} 和坐标方位角 α_{AB}。

第六章　测量误差基本知识

重点提示：本章主要讲述测量误差的概念及误差的分类、偶然误差的特性、精度及衡量精度的标准、观测值的误差及其函数误差传播定律、等精度直接观测平差及不等精度直接观测平差等内容。重点是中误差、非线性函数误差传播定律、等精度和不等精度直接观测平差的精度评定。

第一节　测量误差概述

一、测量误差的概念

通过前面章节的学习和实际操作，我们发现在观测过程中，不管使用的测量仪器精度等级有多高，也无论观测者在观测过程中多么认真细致，对同一个量进行观测时，其结果总是存在一定的差异。例如，进行角度测量时，三角形内角和往往不等于理论值 180°，进行距离测量时，往返丈量的结果总会有差异，进行闭合水准测量时，其高差总和往往不等于零等，这都说明观测结果不可避免地包含了误差。任何一个量，本身都有一个反映其真实大小的数值，这个数值称为该量的真值。通过测量，直接或间接得到一个量大小的数据，称为该量的观测值。观测值与真值之差叫做真误差，即

真误差 = 观测值 − 真值

在测量工作中，任何观测都是在一定的外界环境中进行的，观测误差的产生是不可避免的。通过研究分析误差的性质和规律，找到误差产生的原因，从而采取各种措施来消除或减小误差的影响，是测量过程中一项重要的工作。

二、测量误差来源及产生的原因

测量工作是由人通过一定的仪器并且是在一定的外界条件下进行的，所以测量误差的来源可以归结为以下三个方面。

（一）仪器误差

仪器加工、制造工艺水平的限制，致使仪器的精密度受到一定限制。同时，仪器的检验、校正工作不可能十分完善，使仪器只具有一定限度的准确性，这样就必然给观测成果带来误差。

（二）观测误差

观测者是通过自身的感觉器官来进行工作的。但人的感觉器官的鉴别能力有一定的局限性，使得在仪器安置、照准、读数等方面都不可避免地产生误差，从而给观测结果带来误差。同时，观测者的工作态度和技术水平对观测结果也有着直接的影响。

（三）外界条件的影响

观测时所处的外界条件，如温度、湿度、气压、风力、大气折光等因素，都会对观测结果直

接产生影响。而且由于这些因素随时都可能发生变化,因而对测量结果的影响也将随之变化,也必然会给观测结果带来误差。

任何测量工作都会受到上述三方面因素的影响,这三个方面的因素综合起来称为观测条件。显然,观测条件的好坏与观测成果的质量有着密切关系。观测成果的精确程度称为精度;观测条件相同的各次观测,称为等精度观测;观测条件不相同的各次观测,称为不等精度观测。

三、测量误差的分类

根据测量误差的性质可将其分为系统误差和偶然误差两大类。

(一)系统误差

在相同的观测条件下,对某量进行一系列的观测,如果误差在大小、符号上表现出系统性,或者按一定的规律变化,或者保持某一常数,这种误差称为系统误差。例如,用名义长度为 30 m 的钢尺量距,而该钢尺的实际长度为 30.004 m。显然用该钢尺量距时,每量一尺段距离就会产生一个 -0.004 m 的系统误差,它是一个常数;又如水准仪的 i 角影响,使每次读数都产生一个与视距长度成比例的误差等。这些都属于系统误差。

系统误差对观测结果的影响具有累积性,对测量成果的影响特别显著,应当设法消除或减弱它的影响,使之达到忽略不计的程度。消除或减弱系统误差影响的方法除对测量仪器进行校正外,一般有两种方法。一种是在观测过程中采取一定措施。例如:测角中采用正、倒镜观测,盘左、盘右读数,分不同时间段观测;水准测量中采取前、后视等距离的方法,以消除 i 角的影响,分上、下午进行往返观测;三角高程测量中的对向观测等。另一种方法是通过计算,在观测结果中施加改正。例如钢尺量距中的尺长改正、温度改正等。尽管系统误差对测量成果影响很大,但是都能通过计算或采取适当措施加以消除或抵消,所以本章对系统误差不再做深入论述。

(二)偶然误差

在相同的观测条件下,对某量作一系列的观测,如果误差出现的大小和符号均不一致,表现出偶然性,即从单个误差看,误差的大小和符号都没有规律性,但就大量误差总体来分析,却具有一定的统计规律性,这种误差称为偶然误差。例如照准误差、读数误差等都属于偶然误差。

偶然误差的不确定性、偶然性,在数学上称为随机性,所以偶然误差也称为随机误差。偶然误差是不可避免的,它是观测过程中一些偶然因素所造成的,人们不能确知其产生的具体原因。因此,事先既不能防范,事后也不能改正,只能通过较好的观测条件来减弱它。例如,用经纬仪测角时,就单一观测值而言,由于受照准误差、读数误差、外界条件变化所引起的误差等综合的影响,测角误差的大小及正负号都不能预知,具有偶然性,所以测角误差属于偶然误差。

测量工作过程中,除上述两类性质的误差外,有时还会出现错误,例如观测过程中数据读错、听错、算错、记错及测错等造成的错误,或因外界条件发生意外的显著变动引起的差错,这些统称为粗差,或过失。粗差是由观测者疏忽大意、操作不当,或受外界干扰等造成的,由于它会严重影响观测成果的质量,因此在测量成果中是不允许存在的。而测量成果中的误差是不可避免的,不能将粗差和误差两者混淆在一起。只要测量工作者具有高度的责任心和良好的工作作风、良好的操作技能水平，严格按操作规范、程序进行测量工作，并对观测结果采取必要的检核措施，一般来说，粗差是可以发现和避免的。由于粗差的数值往往偏大，使观测结果显著偏离真值，因此粗差是大量级的观测误差，其误差值大大超过系统误差或偶然误差，不能将粗差列入误差范畴。

粗差可以通过有效的检核方法加以防止，一旦发现含有粗差的观测值，应将其从观测成果中剔除出去。系统误差可以在作业中采取一定的措施或施加改正的方法予以消除，所以观测结果中通常我们只认为包含偶然误差，偶然误差是本章研究的主要对象。

四、偶然误差的特性

前已述及，偶然误差的产生是随机的，就单个误差而言，其大小和符号是没有规律的。但通过大量的实践证明，对某量进行多次观测，在只含有偶然误差的情况下，偶然误差呈现出一定的统计规律性，并且观测的次数越多，这种规律愈明显。显然，揭示这种规律性具有重要的实用价值。现通过以下的实例来阐述偶然误差的统计规律。

在相同的观测条件下，独立地观测了 358 个三角形的全部内角。由于观测误差的存在，致使三角形三个内角之和 l_i 不等于其真值 180°，则观测值与真值之差为三角形内角和的真误差 Δ_i，即

$$\Delta_i = l_i - 180^\circ \quad (i = 1, 2, \cdots, 358) \tag{6-1}$$

现取误差区间的间隔为 $d\Delta = 5''$，以误差值的大小及其正负号，分别统计出误差出现在各区间内的个数 k 及相对个数 k/n（频数）（本例 $n = 358$）。统计结果列于表 6-1。从表中可以看出，小误差出现的个数（或频数）多于大误差出现的个数（或频数），绝对值相等的正负误差出现的个数（或频数）相近，绝对值最大的误差不超过某一定值（本例为 40″）。在其他测量结果中也显示出上述同样的规律。通过大量的试验统计结果，特别是当观测次数较多时，可以总结出偶然误差具有如下四个特性（统计规律性）：

表 6-1　误差频率分布表

$d\Delta$	$-\Delta$（负误差）		$+\Delta$（正误差）		合计	
	k	k/n	k	k/n	k	k/n
0～5″	45	0.126	46	0.128	91	0.254
5″～10″	40	0.112	41	0.115	81	0.227
10″～15″	33	0.092	33	0.092	66	0.184
15″～20″	23	0.064	21	0.059	44	0.123
20″～25″	17	0.047	16	0.045	33	0.092
25″～30″	13	0.036	13	0.036	26	0.072
30″～35″	6	0.017	5	0.014	11	0.031
35″～40″	4	0.011	2	0.006	6	0.017
40″以上	0	0	0	0	0	0
总计	181	0.505	177	0.495	358	1

（1）有限性。在一定的观测条件下，偶然误差的绝对值不会超过一定的限值。用概率

的术语来表述，即超过一定限值的误差，其出现的概率为零。该特性称为偶然误差的有限性。

(2)聚中性。绝对值小的误差比绝对值大的误差出现的可能性大。或者说，小误差出现的概率大，大误差出现的概率小。该特性称为偶然误差的聚中性。

(3)对称性。绝对值相等的正误差与负误差，出现的可能性相等。或者说，它们出现的概率相等。该特性称为偶然误差的对称性。

(4)抵消性。在相同条件下，对同一量进行重复观测，偶然误差的算术平均值，随着观测次数无限增加而趋近于零，即

$$\lim_{n\to\infty}\frac{[\Delta]}{n}=0 \tag{6-2}$$

式中，$[\Delta]$为误差总和。换言之，偶然误差的理论均值为零。该特性称为偶然误差的抵消性。这个特性对研究偶然误差具有十分重要的意义。

上述是采用表格形式来反映偶然误差的分布情况(称误差频率分布表)。为了更直观形象地反映偶然误差的上述特性，我们可以用图形来反映偶然误差的分布情况。如图 6-1 所示，图中以横坐标表示误差的大小，以纵坐标表示各区间误差出现的频数除以区间的间隔，即$\frac{k/n}{\mathrm{d}\Delta}$。这样，每一误差区间上方的长方形面积，就代表误差出现在该区间的频率。例如，图中画有斜线的长方形面积就代表误差出现在$+10''\sim+15''$区间内的频率，其值$\frac{k/n}{\mathrm{d}\Delta}\cdot\mathrm{d}\Delta=0.092$。这种图在统计学上称为直方图，其特点是能形象反映误差的分布情况。

当观测次数愈来愈多时，误差出现在各个区间的频率的变动幅度就愈来愈小。当$n\to\infty$时，各误差出现的频率也就趋近于一个完全确定的值，这个数值就是误差出现在各个区间的概率。此时如果把误差的区间无限缩小，则图 6-1 中各长方形顶边所形成的折线将变成一条光滑曲线，如图 6-2 所示，这样的曲线称为误差分布曲线。在概率论中，把这种误差分布称为正态分布，描绘这种分布的函数为

$$f(\Delta)=\frac{1}{\sqrt{2\pi}\sigma}e^{-\frac{\Delta^2}{2\sigma^2}} \tag{6-3}$$

式中 e——自然数，其近似值为 2.718 23；

σ——观测值的标准差，其平方称为方差。

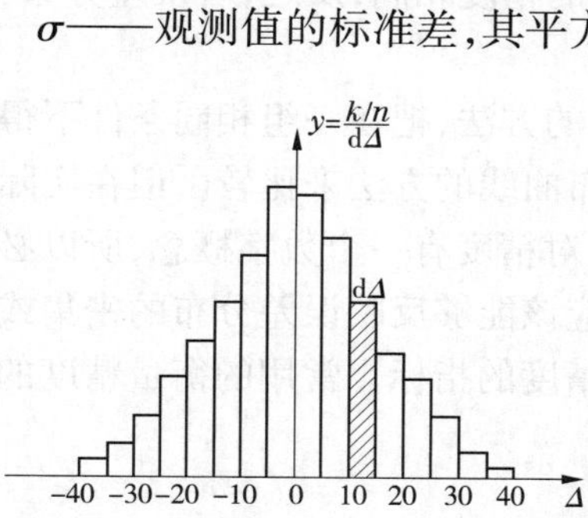

图 6-1　直方图

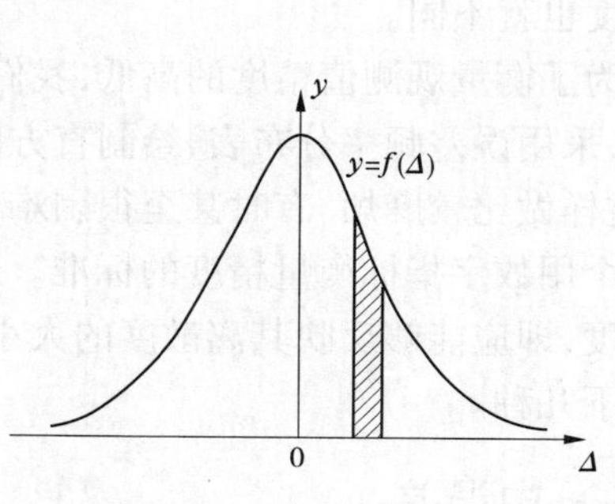

图 6-2　误差分布曲线

图 6-2 中小长方条的面积为$f(\Delta)\mathrm{d}\Delta$，代表误差出现在该区间的概率$P$，即

$$P=f(\Delta)\mathrm{d}\Delta \tag{6-4}$$

当函数 $f(\Delta)$ 较大时，误差出现在该区间的概率也较大，反之则较小。因此，称函数 $f(\Delta)$ 为概率密度函数，简称密度函数或概率密度。从正态分布图中不难看出，曲线中间高、两端低，表明小误差出现的概率大，大误差出现的概率小；曲线对称，表明绝对值相等的正、负误差出现的概率相等；曲线以横轴为渐近线，即最大误差不会超过一定的限值。

综上所述，一定的观测条件对应着一定的误差分布，不同的观测条件误差分布也不同。在图6-3 中绘出了不同条件下两组观测值的误差分布曲线 y_1 及 y_2，对应的标准差分别为 σ_1 及 σ_2。从图中可以看出，曲线 y_1 较高且陡峭，表明绝对值较小的误差出现的概率大，误差分布较密集；曲线 y_2 较低且平缓，表明绝对值较大的误差出现的概率小，误差分布较离散。由此可见，第一组观测精度较高，第二组观测精度较低。所以，观测条件的好坏即观测质量的高低在误差曲线的形态上得到了充分反映。由式(6-3)可知，当 $\Delta = 0$ 时，有

$$y = f(\Delta) = \frac{1}{\sqrt{2\pi}\sigma}$$

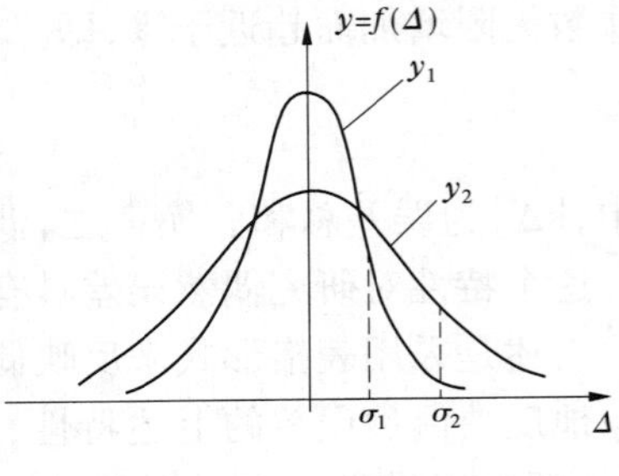

图 6-3　两组误差曲线对比

可见，标准差越小，误差分布越密集，观测精度越高，所以观测成果的质量又可以用标准差来表示。标准差在分布图上的几何意义是分布曲线拐点的横坐标，其值可通过求取 $f(\Delta)$ 二阶导数的方法求得。

第二节　衡量精度的指标

在测量工作中，观测成果质量的高低是以精度来衡量的。由第一节我们知道，在一定的观测条件下进行的一组观测，它对应着一种确定的误差分布。如果分布较为密集，即离散度较小时，则表示该组观测成果质量较好，也就是说，这一组观测精度较高；反之，如果分布较为离散，即离散度较大时，则表示该组观测成果质量较差，也就是说，这一组观测精度较低。因此，所谓精度，就是指误差分布的密集或离散的程度，也就是指误差分布离散度的大小。假如两组观测成果的误差分布相同，便是两组观测成果的精度相同；反之，若误差分布不同，则精度也就不同。

为了衡量观测值精度的高低，我们当然可以用上节的方法，把在一组相同条件下得到的误差，采用误差频率分布表、绘制直方图或画出误差分布曲线的方法来比较。但在实际工作中，这样做比较麻烦，有时甚至很困难，而且人们还需要对精度有一个数字概念，所以必须寻求一个用数字指标衡量精度的标准。这种具体的数字应该能够反映误差分布的密集或离散的程度，即应能够反映其离散度的大小，因此称为衡量精度的指标。常用的衡量精度的指标有以下几种。

一、中误差

上节已述及，标准差的大小可以反映观测成果质量的好坏，但如果标准差采用统计中的公式进行计算，要求观测次数无限，这在实际的测量工作中是不可能的，因此我们采用中误差作为衡量观测成果精度的标准。在相同的观测条件下对某未知量进行了 n 次观测，各观

测值真误差平方和的平均值的平方根,称为中误差,常用 m 表示,即

$$m = \pm \sqrt{\frac{\Delta_1^2 + \Delta_2^2 + \cdots + \Delta_n^2}{n}} = \pm \sqrt{\frac{[\Delta\Delta]}{n}} \tag{6-5}$$

中误差实际上是标准差的近似值,统计学上称为估值,随着 n 的增加,m 将趋近于 σ。应当指出,在相同的观测条件下进行的一组观测,测得的每一个观测值的精度都是相同的,称为等精度观测值。由于它们对应着同一个误差分布,因此中误差是指该组每个观测值都具有这个值的精度,也称观测值中误差。但是等精度观测值的真误差却彼此并不一定相等,有的差别还比较大。

【例 6-1】 在等精度条件下,有两个观测组对某一已知值的角度进行 6 次观测,每个小组各次观测的真误差分别为

第Ⅰ组:+3″, +2″, −4″, +2″,0″, −4″;

第Ⅱ组:+3″, −5″, +1″, −3″,0″, +4″。

如果直接从观测数据来评定两组的观测精度显然是比较困难的,但是采用中误差来评定两组的观测精度,则可见分晓。两组观测值的中误差分别为

$$m_{\text{I}} = \pm \sqrt{\frac{[\Delta\Delta]}{n}} = \pm \sqrt{\frac{(3'')^2 + (2'')^2 + (-4'')^2 + (2'')^2 + (0'')^2 + (-4'')^2}{6}} = \pm 2.8''$$

$$m_{\text{II}} = \pm \sqrt{\frac{[\Delta\Delta]}{n}} = \pm \sqrt{\frac{(3'')^2 + (-5'')^2 + (1'')^2 + (-3'')^2 + (0'')^2 + (4'')^2}{6}} = \pm 3.2''$$

计算的结果表明 $|m_{\text{I}}| < |m_{\text{II}}|$,即说明第Ⅰ组观测值比第Ⅱ组观测值的精度高。所以,若中误差绝对值较小,则观测的精度较高;若中误差绝对值较大,则观测的精度较低。计算的结果还说明,在一组观测值中,m 不是某一个观测值的中误差,它与每一个真误差的大小有关,它描述了一组观测值中误差的离散程度,突出了较大误差与较小误差之间的差异,将较大误差对观测结果的影响显现出来。因此,中误差是衡量观测精度的可靠标准,测量工作中常常采用中误差作为衡量精度的标准。

应当指出,在测量中,即使一次测量的偶然误差正好为 0,也不能说明精度就高,它的精度仍然是相同条件下的中误差精度。例如,一次观测三角形的三个内角,其和正好为 180°,这个不能够说明本次观测各角的精度就高,只是因为各内角观测的偶然误差相互有抵消而偶然为 0 而已。

二、相对误差

真误差和中误差都是没有考虑有些观测值本身量大小时的误差,一般称为绝对误差。在测量工作中,有时单纯用绝对误差的大小还不能来说明测量精度的高低。例如,分别丈量长度为 600 m 和 800 m 两段距离,其中误差均为 ±0.1 m,显然我们认为这两段距离的丈量精度是相同的,但事实上,量距误差的大小与距离的长短有关,也即是说这两段距离丈量的精度实际上是不一样的。为了客观地衡量这一类测量的精度,还必须采用另一种标准来衡量,这就是相对误差。相对误差就是绝对误差的绝对值与相应观测结果的比值,通常以分子为 1 的分数形式表示,常用 K 表示相对误差,K 值愈小,其测量的精度愈高。例如,距离测量的相对误差为

$$K=\frac{|m|}{D}=\frac{1}{\frac{D}{|m|}} \tag{6-6}$$

式中 m——丈量某一段距离的中误差；

D——丈量距离的长度。

如丈量上述两段距离中，前者的相对误差为 $K_1=|\pm 0.1|/600=1/6\ 000$，后者的相对误差为 $K_2=|\pm 0.1|/800=1/8\ 000$。显然，用相对误差来衡量观测精度有 $K_1>K_2$，即后者的精度高于前者。

需要指出，经纬仪角度测量与水准测量等不能用相对误差的概念来衡量精度的高低，因为其误差与观测值本身量的大小无关。

三、允许误差

中误差虽然反映了一组观测值的精度，但它并不代表个别观测值的真误差的大小，也就是需要判断每个观测值的结果是否合乎规定要求。因此，要衡量某一观测值的质量，决定其取舍，还要引入允许误差的概念。允许误差是一定观测条件下规定的测量的限值，又称为限差或极限误差。

由偶然误差的第一特性可知，在一定的观测条件下，误差的绝对值不会超过一定的限值。从大量的测量实践得出，在等精度观测的一组误差中，绝对值大于一倍中误差的偶然误差，其出现的概率为32%；绝对值大于两倍中误差的偶然误差，其出现的概率为4.6%；绝对值大于三倍中误差的偶然误差，其出现的概率仅为0.3%，已经是概率接近于零的小概率事件，或者说实际上是不可能事件。因此，对于观测次数有限的测量工作，绝对值大于三倍中误差的偶然误差实际上基本不会出现，故通常规定以三倍中误差作为偶然误差的允许误差，即 $\Delta_{限}=3m$。

在实际的测量工作中，有的测量对精度要求比较高，要求观测值不容许存在较大的误差，常以两倍中误差作为偶然误差的允许误差，即 $\Delta_{限}=2m$。

如果某一观测值超过上述限差，就可以认为该观测值不可靠，应舍去不用或返工重测。

第三节　误差传播定律及其应用

上一节已经叙述了衡量一组等精度观测值的精度指标，并指出在测量工作中通常以中误差作为衡量精度的指标。但在实际的测量工作中，某些未知量往往不可能或不便于直接测得，而是由某些直接观测值通过一定的函数关系间接计算而求得的。例如水准测量中，每一站的高差是由前、后视读数求得的，即 $h=a-b$。这种由某些直接观测值通过一定的函数关系间接计算而求得的量称为间接观测值。间接观测值是直接观测值的函数，由于直接观测值含有误差，受其影响，它的函数也必然存在误差。在此情况下，函数的中误差与直接观测值的中误差之间必定有一定的关系。阐述这种函数关系的定律，称为误差传播定律。现就线性与非线性两种函数形式分别讨论如下。

一、线性函数

线性函数的一般形式为

$$z = k_1x_1 \pm k_2x_2 \pm \cdots \pm k_nx_n \tag{6-7}$$

式中：$x_1,x_2,\cdots,x_n$ 为独立观测值；$k_1,k_2,\cdots,k_n$ 为常数。

设观测值的中误差分别为 m_1、m_2、$\cdots$、m_n，函数 z 的中误差为 m_z。下面来讨论观测值中误差与函数中误差之间的关系。为简便起见，先讨论具有两个独立观测值的函数，此时式(6-7)可写成

$$z = k_1x_1 \pm k_2x_2 \tag{6-8}$$

设 x_1、x_2 具有真误差 Δx_1、Δx_2，则函数 z 必存在真误差 Δz，即

$$z + \Delta z = k_1(x_1 + \Delta x_1) \pm k_2(x_2 + \Delta x_2) \tag{6-9}$$

式(6-9)减式(6-8)，得真误差关系式

$$\Delta z = k_1\Delta x_1 \pm k_2\Delta x_2 \tag{6-10}$$

若对 x_1、x_2 进行了 n 次观测，则有

$$\left.\begin{aligned}\Delta z_1 &= k_1(\Delta x_1)_1 + k_2(\Delta x_2)_1\\ \Delta z_2 &= k_1(\Delta x_1)_2 + k_2(\Delta x_2)_2\\ &\vdots\\ \Delta z_n &= k_1(\Delta x_1)_n + k_2(\Delta x_2)_n\end{aligned}\right\} \tag{6-11}$$

将式(6-11)等号两边平方求和，并除以 n，得

$$\frac{[\Delta z^2]}{n} = \frac{k_1^2[\Delta x_1^2]}{n} + \frac{k_2^2[\Delta x_2^2]}{n} \pm 2\frac{k_1k_2[\Delta x_1 \cdot \Delta x_2]}{n} \tag{6-12}$$

由于 Δx_1、Δx_2 均为偶然误差，因此乘积 $\Delta x_1 \cdot \Delta x_2$ 也必然呈现偶然性，根据偶然误差第四特性，则有 $\lim\limits_{n\to\infty}\dfrac{k_1k_2[\Delta x_1 \cdot \Delta x_2]}{n}=0$。

于是，根据中误差的定义，则得到观测值中误差与函数中误差的关系为

$$m_z^2 = (k_1m_1)^2 + (k_2m_2)^2$$

或

$$m_z = \pm\sqrt{(k_1m_1)^2 + (k_2m_2)^2} \tag{6-13}$$

即：两观测值和(差)的中误差的平方，等于各观测值中误差乘常数的平方之和。

将其推广，可得线性函数中误差的关系式为

$$m_z^2 = (k_1m_1)^2 + (k_2m_2)^2 + \cdots + (k_nm_n)^2$$

或

$$m_z = \pm\sqrt{(k_1m_1)^2 + (k_2m_2)^2 + \cdots + (k_nm_n)^2} \tag{6-14}$$

即：n 个观测值代数和的中误差的平方，等于各观测值中误差乘常数的平方之和。

由式(6-14)，可以写出下列两种特殊线性函数及其中误差关系式：

(1)倍数函数。设函数为 $z=kx$，则由式(6-14)得中误差关系式为

$$m_z = \pm km_x \tag{6-15}$$

(2)和差函数。设函数为 $z=x_1 \pm x_2 \pm \cdots \pm x_n$，则由式(6-14)得中误差关系式为

$$m_z^2 = m_1^2 + m_2^2 + \cdots + m_n^2$$

或

$$m_z = \pm\sqrt{m_1^2 + m_2^2 + \cdots + m_n^2} \tag{6-16}$$

在等精度观测条件下，即当 $m_1=m_2=\cdots=m_n=m$ 时，有

$$m_z = \pm m\sqrt{n} \tag{6-17}$$

二、非线性函数

非线性函数即一般函数,其函数形式为

$$z = f(x_1, x_2, \cdots, x_n) \tag{6-18}$$

式中:$x_1, x_2, \cdots, x_n$ 为独立观测值;z 为 $x_1, x_2, \cdots, x_n$ 的函数。

为推导中误差关系式,对上式取全微分,得

$$\mathrm{d}z = \frac{\partial f}{\partial x_1}\mathrm{d}x_1 + \frac{\partial f}{\partial x_2}\mathrm{d}x_2 + \cdots + \frac{\partial f}{\partial f_n}\mathrm{d}x_n \tag{6-19}$$

设观测值 $x_1, x_2, \cdots, x_n$ 的真误差为 $\Delta x_1, \Delta x_2, \cdots, \Delta x_n$,由这些真误差引起函数 z 的真误差为 Δz。因真误差均很小,用其代替上式中的微分,得真误差关系式为

$$\Delta z = \frac{\partial f}{\partial x_1}\Delta x_1 + \frac{\partial f}{\partial x_2}\Delta x_2 + \cdots + \frac{\partial f}{\partial x_n}\Delta x_n \tag{6-20}$$

式中,$\frac{\partial f}{\partial x_i}(i=1,2,\cdots,n)$是函数对各自变量 x 的偏导数,以观测值代入,所得的值为常数,于是设

$$\frac{\partial f}{\partial x_1} = k_1, \frac{\partial f}{\partial x_2} = k_2, \cdots, \frac{\partial f}{\partial x_n} = k_n$$

因此,式(6-20)即成为类似于线性函数的真误差关系式。则由式(6-14)可得出非线性函数的中误差关系式为

$$m_z^2 = k_1^2 m_1^2 + k_2^2 m_2^2 + \cdots + k_n^2 m_n^2$$

即

$$m_z = \pm\sqrt{\left(\frac{\partial f}{\partial x_1}\right)^2 m_1^2 + \left(\frac{\partial f}{\partial x_2}\right)^2 m_2^2 + \cdots + \left(\frac{\partial f}{\partial x_n}\right)^2 m_n^2} \tag{6-21}$$

事实上,线性函数的中误差关系式亦可通过求函数全微分的方法导出,因此线性函数中误差可以认为是非线性函数中误差的一种特殊形式。

应用误差传播定律求函数中误差时,首先应根据问题的性质列出正确的函数关系式,对于线性函数,可直接采用相应的中误差公式来求;对于非线性函数,应先对函数进行全微分,再求取函数的中误差。应当注意,观测值必须是独立的观测值,即函数式中各自变量必须是互相独立的,不包含相同的误差,否则应作并项或分项处理,使其均为独立观测值,否则将会得出错误的结果。

【例6-2】 在比例尺为1∶1 000的地形图上,量得 A、B 两点间的距离 $d = 102.3$ mm,其中误差 $m_d = \pm 0.1$ mm。求 A、B 两点间的实际距离 D 及其中误差 m_D。

解 A、B 两点间的实际距离与图上所量距离是倍数函数关系,即

$$D = Md = 1\,000 \times 102.3 \text{ mm} = 102.3 \text{ m}$$

由式(6-15)得

$$m_D = Mm_d = 1\,000 \times (\pm 0.1 \text{ mm}) = \pm 0.1 \text{ m}$$

结果一般写为

$$D = (102.3 \pm 0.1)\text{m}$$

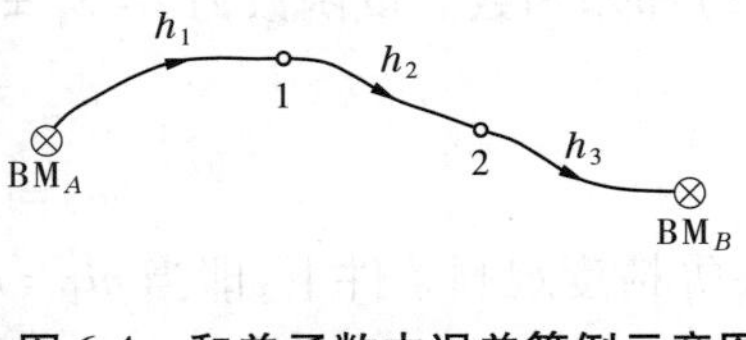

图6-4　和差函数中误差算例示意图

【例6-3】 如图6-4所示,自 BM_A 点向 BM_B 点进行水准测量,已测得各段高差分别为

$$h_1 = +4.083\ \text{m} \pm 2\ \text{mm}$$
$$h_2 = +5.084\ \text{m} \pm 3\ \text{mm}$$
$$h_3 = -3.132\ \text{m} \pm 1\ \text{mm}$$

求 BM_A、BM_B 两点间的高差 h_{AB} 及其中误差 m_h。

解

$$h_{AB} = h_1 + h_2 + h_3 = 4.083 + 5.084 + (-3.132) = +6.035(\text{m})$$

由式(6-16)得

$$m_h = \pm \sqrt{m_1^2 + m_2^2 + m_3^2} = \pm \sqrt{2^2 + 3^2 + 1^2} = \pm 3.7(\text{mm})$$

【例 6-4】 等精度观测某量 n 次，观测值分别为 l_1、l_2、…、l_n，中误差 $m_1 = m_2 = \cdots = m_n = m$，求观测值算术平均值 x 的中误差 m_x。

解 n 个观测值的算术平均值为

$$x = \frac{l_1 + l_2 + \cdots + l_n}{n} = \frac{1}{n}l_1 + \frac{1}{n}l_2 + \cdots + \frac{1}{n}l_n$$

由式(6-14)得

$$m_x = \pm \sqrt{\frac{1}{n^2}m_1^2 + \frac{1}{n^2}m_2^2 + \cdots + \frac{1}{n^2}m_n^2} = \pm \frac{1}{n}\sqrt{m_1^2 + m_2^2 + \cdots + m_n^2}$$

由于各观测值等精度，即 $m_1 = m_2 = \cdots = m_n = m$，则

$$m_x = \pm \frac{1}{n}\sqrt{nm^2}$$

即

$$m_x = \pm \frac{m}{\sqrt{n}} \tag{6-22}$$

【例 6-5】 等精度观测得某三角形的三内角 A、B、C，其中误差 $m_A = m_B = m_C = m$。由于测角误差的存在，三内角之和不等于 180°，产生闭合差

$$w = A + B + C - 180° \tag{1}$$

为了消除闭合差，将闭合差反号平均分配至各角，得各内角的最后结果为

$$\left.\begin{aligned} \hat{A} &= A - \frac{1}{3}w \\ \hat{B} &= B - \frac{1}{3}w \\ \hat{C} &= C - \frac{1}{3}w \end{aligned}\right\} \tag{2}$$

试求 w 及 $\hat{B}$ 的中误差 m_w 及 $m_{\hat{B}}$。

解 三内角均为独立观测值，闭合差与三内角的函数关系式式(1)为和差函数，由式(6-14)得

$$m_w = \pm \sqrt{m_A^2 + m_B^2 + m_C^2} = \pm \sqrt{3}m$$

求 $\hat{B}$ 的中误差，由于式(2)中的 w 是由三内角算得的，并非独立观测值，为此将式(1)代入式(2)消去 w，得 $\hat{B}$ 与独立观测值(三内角)的函数关系式为

$$\hat{B} = B - \frac{1}{3}w = B - \frac{1}{3}(A + B + C - 180°) = -\frac{1}{3}A + \frac{2}{3}B - \frac{1}{3}C + 60°$$

于是由式(6-14)得

$$m_{\hat{B}} = \pm\sqrt{\left(-\frac{1}{3}\right)^2 m_A^2 + \left(\frac{2}{3}\right)^2 m_B^2 + \left(-\frac{1}{3}\right)^2 m_C^2} = \pm\sqrt{\frac{2}{3}}m$$

【例 6-6】 如图 6-5 所示,直线 AB 的长度 $D = 216.318\ \text{m} \pm 0.005\ \text{m}$,方位角 $\alpha = 116°38'30'' \pm 5''$,求直线端点 B 的点位中误差。

解 坐标增量的函数式为

$$\Delta x = D\cos\alpha$$

$$\Delta y = D\sin\alpha$$

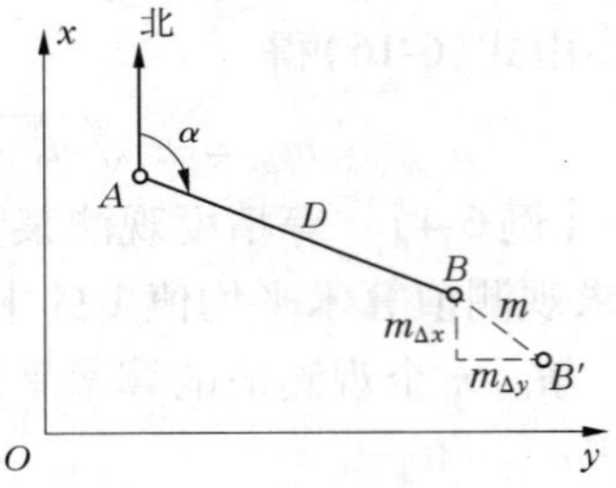

图 6-5 点位误差算例示意图

设 Δx、Δy、D 及 α 的中误差分别为 $m_{\Delta x}$、$m_{\Delta y}$、m_D 及 m_α。将上两式对 D 及 α 求偏导数,则

$$\frac{\partial(\Delta x)}{\partial D} = \cos\alpha$$

$$\frac{\partial(\Delta x)}{\partial \alpha} = -D\sin\alpha$$

$$\frac{\partial(\Delta y)}{\partial D} = \sin\alpha$$

$$\frac{\partial(\Delta y)}{\partial \alpha} = D\cos\alpha$$

由式(6-20),得

$$m_{\Delta x} = \pm\sqrt{\cos^2\alpha \cdot m_D^2 + (-D\sin\alpha)^2\left(\frac{m''_\alpha}{\rho}\right)^2}$$

$$m_{\Delta y} = \pm\sqrt{\sin^2\alpha \cdot m_D^2 + (D\cos\alpha)^2\left(\frac{m''_\alpha}{\rho}\right)^2}$$

由图 6-5 可知,B 点的点位中误差为

$$m^2 = m_{\Delta x}^2 + m_{\Delta y}^2 = m_D^2 + \left(D\frac{m''_\alpha}{\rho}\right)^2$$

则

$$m = \pm\sqrt{m_D^2 + \left(D\frac{m''_\alpha}{\rho}\right)^2}$$

将 $m_D = \pm 5\ \text{mm}$,$m_\alpha = \pm 5''$,$\rho = 206\,265''$,$D = 216.318\ \text{m}$ 代入上式,得

$$m = \pm\sqrt{5^2 + \left(216.318 \times 10^3 \times \frac{5}{206\,265}\right)^2} \approx \pm 7.2(\text{mm})$$

第四节 等精度直接观测平差

除了标准实体,自然界中任何单个未知量(如某一角度、某一长度等)的真值都是无法确知的,只有通过重复观测,才能对其真值做出可靠的估计。在测量工作中,重复测量的目的还在于提高观测成果的精度,同时也为了发现和消除粗差。

重复测量形成了多余观测,加之观测值必然含有误差,这就产生了观测值之间的矛盾,为了消除这种矛盾,就必须依据一定的数据处理准则,采用适当的计算方法,对有矛盾的观测值加以必要而又合理的调整,给以适当的改正,从而求得观测量的最佳估值,同时对观测成果进行质量评估。人们把这一数据处理的过程称做测量平差。

在相同条件下进行的观测是等精度观测,所得到的观测值称为等精度观测值。如果观测所使用的仪器精度不同,或观测方法不同,或外界条件差别较大,不同观测条件下所获得的观测值称为不等精度观测值。

对一个未知量的直接观测值进行平差,称为直接观测平差。根据观测条件,有等精度直接观测平差和不等精度直接观测平差。平差结果是得到未知量最可靠的估值,其值最接近其真值,该值称为最或然值或最或是值。

一、求最或是值

设对某量在相同条件下进行了 n 次等精度观测,观测值分别为 l_1、l_2、…、l_n,这其中哪个的数值最接近真值呢?现根据这 n 个观测值确定出该未知量的最或然值。

设该未知量的真值为 X,则其真误差为

$$\Delta_i = l_i - X \quad (i = 1,2,\cdots,n)$$

该观测量的一组真误差为

$$\left.\begin{aligned}\Delta_1 &= l_1 - X\\ \Delta_2 &= l_2 - X\\ &\vdots\\ \Delta_n &= l_n - X\end{aligned}\right\}$$

将上式两端相加,得

$$[\Delta] = [l] - nX$$

两端同时除以 n,得

$$\frac{[\Delta]}{n} = \frac{[l]}{n} - X$$

设观测值的算术平均值以 x 表示,即

$$x = \frac{[l]}{n}$$

则

$$X = x - \frac{[\Delta]}{n}$$

由偶然误差的第四特性可知

$$\lim_{n\to\infty}\frac{[\Delta]}{n} = 0$$

也就是,当 $n\to\infty$ 时,算术平均值等于未知量的真值。

但在实际的测量中,由于观测的次数 n 始终是有限的,所以算术平均值不可视为所求未知量的真值。但随着观测次数的增加,x 是趋近于真值的。因此,在等精度观测的条件下,观测值的算术平均值就是最或是值,在计算时,不论观测次数多少,均以算术平均值 x 作为未知量的最或是值,即

$$x = \frac{l_1 + l_2 + \cdots + l_n}{n} = \frac{[l]}{n} \tag{6-23}$$

最或是值与观测值之差,称为改正数,也称最或是误差,用符号 $v_i(i=1,2,\cdots,n)$ 来表示,即

$$v_i = x - l_i \quad (i = 1,2,\cdots,n) \tag{6-24}$$

二、精度评定

(一)算术平均值中误差

算术平均值虽然最接近未知量的真值,但毕竟还不是真值,自然它也存在误差。设算术平均值 x 的中误差为 m_x。由式(6-23)可得

$$x = \frac{[l]}{n} = \frac{1}{n}l_1 + \frac{1}{n}l_2 + \cdots + \frac{1}{n}l_n$$

上式中$\frac{1}{n}$为常数。由于各独立值精度相同,设其中误差均为 m,则由式(6-14)可得算术平均值 x 的中误差 m_x 为

$$m_x = \pm\sqrt{\left(\frac{1}{n}m\right)^2 + \left(\frac{1}{n}m\right)^2 + \cdots + \left(\frac{1}{n}m\right)^2} = \pm\sqrt{\frac{m^2}{n}} = \pm\frac{m}{\sqrt{n}} \tag{6-25}$$

从式(6-25)可以看出,增加观测次数,可以提高算术平均值的精度。在测量过程中当观测次数达到一定数值后(如 $n=10$),单纯增加观测次数,不仅工作量增加,而且提高精度的效果也不太明显了。因此,不能单纯以增加观测次数来提高测量成果的精度,应设法提高观测值本身的精度。例如,选用精度较高的仪器、提高观测技能、在良好的外界条件下进行观测等,而不必增加多余的观测次数,以提高测量工作的效率。

(二)观测值的中误差

在第二节中给出了评定精度的中误差公式,即 $m = \pm\sqrt{\frac{[\Delta\Delta]}{n}}$,式中 Δ 为真误差。由于观测量的真值无法确知,相应地真误差亦无法求得,因此实际上是不能用真误差来计算中误差的。但在前面的叙述中,我们已经知道算术平均值是可计算出来的,并且它又是最接近未知量的真值,所以为了评定精度,须寻求用改正数来计算中误差的公式。

将式 $\Delta_i = l_i - X$ 与 $v_i = x - l_i$ 相加,得

$$\Delta_i = (x - X) - v_i \quad (i = 1,2,\cdots,n) \tag{6-26}$$

将式(6-26)等号两端分别平方再求和,可得

$$[\Delta\Delta] = n(x - X)^2 + [vv] - 2(x - X)[v] \tag{6-27}$$

由 $v_i = x - l_i$ 可得

$$[v] = nx - [l] = n\frac{[l]}{n} - [l] = 0 \tag{6-28}$$

将式(6-27)等号两边除以 n,并顾及$[v]=0$,得

$$\frac{[\Delta\Delta]}{n} = \frac{[vv]}{n} + (x - X)^2 \tag{6-29}$$

式(6-29)中,$(x-X)$是最或是值(算术平均值)的真误差,也难以求得,通常以算术平均值的中误差 m_x 代替,由式(6-25)并顾及 $m = \pm\sqrt{\frac{[\Delta\Delta]}{n}}$,得

$$m^2 = \frac{[vv]}{n} + \frac{m^2}{n}$$

经整理,得

$$m = \pm\sqrt{\frac{[vv]}{n-1}} \tag{6-30}$$

这就是以改正数计算的观测值中误差公式,称为白塞尔公式。

将式(6-30)代入式(6-25)可得

$$m_x = \pm\sqrt{\frac{[vv]}{n(n-1)}} \tag{6-31}$$

式(6-31)则是用改正数来计算平均值中误差的公式。

【例 6-7】 用经纬仪对某一水平角进行了 6 次等精度观测,观测值列于表 6-2 中,计算该水平角的算术平均值,并求观测值中误差 m 及算术平均值的中误差 m_x。

解 计算过程及结果列于表 6-2 中。

表 6-2 等精度观测平差计算

观测次序	观测值 l_i	v	vv	计算
1	68°36′18″	+1″	1	
2	68°36′24″	−5″	25	$m = \pm\sqrt{\frac{1\,814}{6-1}} = \pm 19.0''$
3	68°36′10″	+9″	81	$m_x = \pm\frac{19.0}{\sqrt{6}} = \pm 7.8''$
4	68°36′08″	+11″	121	观测成果:
5	68°36′00″	+19″	361	68°36′19″ ±7.8″
6	68°36′54″	−35″	1 225	
算术平均值 x=68°36′19″		检核[v]=0	[vv]=1 814	

观测成果用误差界限法表达。如例中观测成果为 68°36′19″ ±7.8″,其含义是观测角的真值以某一较大概率落在(68°36′19″ −7.8″,68°36′19″ +7.8″)区间。

第五节 不等精度直接观测平差

上一节所讨论的问题是如何从 n 次等精度观测中寻求未知量的最或是值,并评定其精度。在实际的测量中获得的直接观测值,除了有等精度的还有不等精度的。如不同组的人用不同精度的经纬仪测同一个角度值,同一组的人使用同一台水准仪测不同路线上同一点的高程等。这些观测结果的精度不同,又如何求得这些不等精度观测值的最或是值并评定它的精度呢?要解决此问题,必须引入"权"的概念。

一、权

在不等精度观测中,各观测值的中误差各不相同。因此,不同精度的观测值在平差结果中应占的比重是不一样的,精度高的观测值在其中所占的比重要大一些,而精度低的观测值在其中所占的比重要小一些,这个"比重"就反映了观测的精度。比重是可以用数值表示的，在测量工作中，称这个数值为观测值的“权”。显然，观测值的精度愈高，即中误差愈小，其权就愈大；反之，观测值的精度愈低，即中误差愈大，其权就愈小。

在测量误差理论中，以 p 表示权，并定义权与中误差的平方成反比，即设有一组不等精度的观测值 l_i，其中误差为 $m_i(i=1,2,\cdots,n)$，则第 i 个观测值 l_i 的权 p_i 定义为

$$p_i=\frac{C}{m_i^2} \tag{6-32}$$

式中，C 是选定的任意常数。通常称等于 1 的观测值的权为单位权。权等于 1 的观测值的中误差称为单位权中误差，一般用 μ 表示。习惯上取一次观测、一测回、一千米线路、一千米长的测量误差为单位权中误差。这样，式(6-32)的另一种表示方式为

$$p_i=\frac{\mu^2}{m_i^2} \tag{6-33}$$

在用式(6-32)求一组观测值的权 p_i 时，必须采用同一个 C 值。从上式可见，当已知一组观测值的中误差时，可以先设定 C 值，然后按式(6-32)确定这组观测值的权。

【例 6-8】 设对于同一段距离 D 分两组进行丈量，第一组丈量了 2 次，得观测值 l_1、l_2，第二组丈量了 3 次，得观测值 l_3、l_4、l_5，每一次丈量的中误差是相同的，设为 m。两组观测值分别取算术平均值及计算其中误差。

解 因

$$x_1=\frac{1}{2}(l_1+l_2),\quad m_1=\pm\frac{m}{\sqrt{2}}$$

$$x_2=\frac{1}{2}(l_3+l_4+l_5),\quad m_2=\pm\frac{m}{\sqrt{3}}$$

由于 $m_1\neq m_2$，因此同一段距离的两组观测为不等精度观测。

由式(6-32)，两组观测值的权分别为

$$p_1=\frac{C}{m_1^2}=\frac{2C}{m^2},\quad p_2=\frac{C}{m_2^2}=\frac{3C}{m^2}$$

由于 C 为任意常数，因此对于上式取 $C=m^2$，则 $p_1=2$，$p_2=3$。

在不等精度观测中，引入权的概念是为了建立一种精度的比值，以便进行合理的成果处理。例如对于上例，取一次丈量的权为 1，则 2 次与 3 次丈量分别取平均值的权为 2 与 3。由此知道，距离丈量的权与丈量的次数成正比。为了计算方便，需要选择适当的 C 值，以使权 p 尽可能为一整数。

二、加权平均值

例 6-8 为一段距离分两组观测，每组丈量的次数分别为 2 次和 3 次，每一次丈量均为等精度观测。因此，该段距离的最或是值可以取 5 次观测值的算术平均值

$$x=\frac{1}{5}(l_1+l_2+l_3+l_4+l_5)$$

已经分别求得两组观测值的算术平均值及其权为

$$x_1=\frac{1}{2}(l_1+l_2),\quad p_1=2$$

$$x_2 = \frac{1}{3}(l_3 + l_4 + l_5), \quad p_2 = 3$$

以上的观测虽为不等精度观测,但按下式计算仍可以得到其最或是值

$$x = \frac{2x_1 + 3x_2}{2 + 3}$$

称为不等精度观测的加权平均值。

一般地,如果对某一量进行了 n 次不等精度观测,观测值为 $l_1, l_2, \cdots, l_n$,其相应的权为 $p_1, p_2, \cdots, p_n$,中误差为 $m_1, m_2, \cdots, m_n$,则加权平均值为

$$x = \frac{p_1 l_1 + p_2 l_2 + \cdots + p_n l_n}{p_1 + p_2 + \cdots + p_n} = \frac{[pl]}{[p]} \tag{6-34}$$

将加权平均值作为不等精度观测时的平差值。平差值与观测值之差称为改正数,用符号 $v_i (i = 1, 2, \cdots, n)$ 来表示,即

$$v_i = x - l_i \quad (i = 1, 2, \cdots, n) \tag{6-35}$$

三、精度评定

(一)加权平均值中误差

不等精度观测值的加权平均值的计算公式式(6-34)也可以写成线性函数形式

$$x = \frac{p_1}{[p]} l_1 + \frac{p_2}{[p]} l_2 + \cdots + \frac{p_n}{[p]} l_n$$

由线性函数误差传播定律可得

$$m_x = \pm \sqrt{\left(\frac{p_1}{[p]}\right)^2 m_1^2 + \left(\frac{p_2}{[p]}\right)^2 m_2^2 + \cdots + \left(\frac{p_n}{[p]}\right)^2 m_n^2}$$

将 $p_i = \frac{\mu^2}{m_i^2}$ 代入上式可得

$$m_x = \pm \sqrt{\frac{p_1 \frac{\mu^2}{m_1^2} m_1^2 + p_2 \frac{\mu^2}{m_2^2} m_2^2 + \cdots + p_n \frac{\mu^2}{m_n^2} m_n^2}{[p]^2}}$$

$$= \pm \sqrt{\frac{p_1 \mu^2 + p_2 \mu^2 + \cdots + p_n \mu^2}{[p]^2}}$$

则加权平均值中误差为

$$m_x = \pm \frac{\mu}{\sqrt{[p]}} \tag{6-36}$$

由权的定义及式(6-36)可得出带权平均值的权为 $[p]$,即

$$p_x = [p] \tag{6-37}$$

(二)单位权中误差

在等精度观测中,可根据式(6-30)来计算观测值的中误差。但是在不等精度观测中,每个观测值的精度不同,就必须先求出单位权中误差 μ,而后由式(6-36)求出观测值中误差。对权分别为 $p_1, p_2, \cdots, p_n$,不等精度观测值为 $l_1, l_2, \cdots, l_n$,构造虚拟观测值为 $l'_1, l'_2, \cdots, l'_n$,其中设

$$l_i' = \sqrt{p_i} l_i$$

则

$$v_i' = \sqrt{p_i} v_i$$

根据误差传播定律可得

$$m_{l_i'}^2 = p_i m_i^2 = \frac{\mu^2}{m_i^2} m_i^2 = \mu^2$$

由式(6-30)可得

$$\mu = \pm\sqrt{\frac{[v'v']}{n-1}}$$

于是单位权中误差为

$$\mu = \pm\sqrt{\frac{[\sqrt{pv}\sqrt{pv}]}{n-1}} = \pm\sqrt{\frac{[pvv]}{n-1}} \tag{6-38}$$

将式(6-38)单位中误差代入加权平均值中误差公式式(6-36),则有

$$m_x = \pm\sqrt{\frac{[pvv]}{[p](n-1)}} \tag{6-39}$$

式(6-39)即为用改正数计算不等精度加权平均值中误差的公式。

【例 6-9】 如图 6-6 所示,从地面上 A、B、C 三点出发,对地面点 P 的高程进行四等水准测量,其中 A、B、C 三点为已知的水准点,在相同条件下独立观测三段水准路线的高差,并根据每段高差的观测值计算出 P 点的高程分别为 $H_{P(A)} = 258.452$ m、$H_{P(B)} = 258.455$ m、$H_{P(C)} = 258.447$ m,各段水准路线长为 $S_{AP} = 2.0$ km、$S_{BP} = 4.0$ km、$S_{CP} = 3.0$ km。求 P 点的高程及其精度。

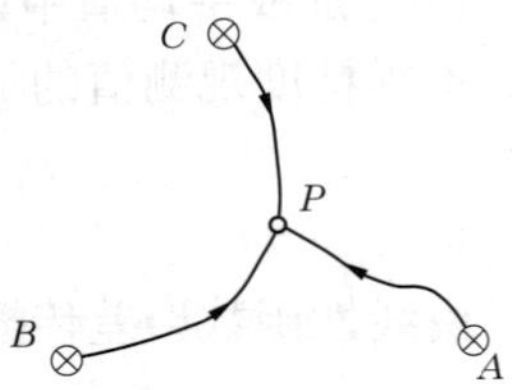

图 6-6　一个结点水准网

解　1. 确定每一个测段水准路线的权

由于每站视线长度大致相等,即每千米距离设站数基本上相同,因而每千米水准测量中误差相等。为此,可设每千米的高差中误差为 m_0,根据误差传播定律可知

$$m_A = \sqrt{S_{AP}} m_0 = \sqrt{2} m_0, m_B = \sqrt{S_{BP}} m_0 = \sqrt{4} m_0, m_C = \sqrt{S_{CP}} m_0 = \sqrt{3} m_0$$

取 $C = 2m_0^2$,则从 A、B、C 三点测 P 点高程的三段水准路线的权分别为

$$p_A = \frac{C}{m_A^2} = \frac{2m_0^2}{2m_0^2} = 1, p_B = \frac{C}{m_B^2} = \frac{2m_0^2}{4m_0^2} = \frac{1}{2}, p_C = \frac{C}{m_C^2} = \frac{2m_0^2}{3m_0^2} = \frac{2}{3}$$

2. 求 P 点高程加权平均值

由式(6-34)可得 P 点高程加权平均值为

$$\overline{H}_P = \frac{p_A H_{P(A)} + p_B H_{P(B)} + p_C H_{P(C)}}{p_A + p_B + p_C}$$

$$= \frac{258.452 \times 1 + 258.455 \times \frac{1}{2} + 258.447 \times \frac{2}{3}}{1 + \frac{1}{2} + \frac{2}{3}}$$

$$= 258.451(\text{m})$$

各段观测高差改正数为

$$v_A = H_{P(A)} - \overline{H}_P = 258.452 - 258.451 = 0.001(\text{m})$$

$$v_B = H_{P(B)} - \overline{H}_P = 258.455 - 258.451 = 0.004(\mathrm{m})$$

$$v_C = H_{P(C)} - \overline{H}_P = 258.447 - 258.451 = -0.004(\mathrm{m})$$

3. 求单位权中误差μ

由式(6-38)可得

$$\mu = \pm\sqrt{\frac{[pvv]}{n-1}} = \pm\sqrt{\frac{1\times 0.001^2 + \frac{1}{2}\times 0.004^2 + \frac{2}{3}\times(-0.004)^2}{3-1}} = \pm 0.0031(\mathrm{m})$$

4. 求加权平均值的中误差

由式(6-36)可得

$$m_{H_P} = \pm\frac{\mu}{\sqrt{[p]}} = \pm\frac{0.0031}{\sqrt{1+\frac{1}{2}+\frac{2}{3}}} = 0.002(\mathrm{m})$$

故P点的高程为$H_P = 258.451\ \mathrm{m} \pm 0.002\ \mathrm{m}$。

本章小结

在测量工作中,误差是始终存在的,也是不可避免的。为了使观测成果满足规范要求,我们有必要对测量误差进行分析研究,以便采取适当的措施来消除或削弱其影响。因而,如何处理测量误差是测量工作的核心之一。本章的知识内容主要有以下几个方面:

(1)测量误差的基本知识。

观测误差是客观存在、不可避免的。产生误差的原因有属于观测者方面的因素,有属于测量的仪器和工具方面的因素,也有外界条件的影响。这三个方面综合起来称观测条件。在同样的观测条件下所进行的观测称等精度观测,否则就是非等精度观测。

根据误差的性质,测量误差可分为系统误差和偶然误差。需要弄清系统误差和偶然误差的概念,要分清误差与粗差的不同。系统误差可以通过一定的方法加以消除或减弱,而偶然误差不可能用测量的方法加以消除。所以,测量中主要是研究偶然误差,偶然误差的四个特性必须掌握,通过这些特性,我们可以论证许多问题,如可以证明算术平均值是最可靠的数值等。

(2)测量中评定精度的标准。

测量中衡量精度的标准常用中误差、相对误差和允许误差,要学会根据不同的测量内容选取评定精度的标准。应重点掌握中误差的概念、计算方法。

(3)误差传播定律。

误差传播定律是阐述函数的中误差与直接观测值的中误差之间函数关系的定律。注意理解线性函数中误差可以认为是非线性函数中误差的一种特殊形式,而和(差)函数中误差及倍数函数的中误差又是线性函数中误差的特例。因此,要理解非线性函数中误差的传播定律。掌握常用的以误差传播定律求观测值函数中误差的计算方法。

(4)等精度直接观测平差。

在实际的测量中,单个被观测的量往往是未知的。在等精度观测的条件下,不论观测次数的多少,均以算术平均值x作为未知量的最或是值,即以算术平均值作为观测量的平差值。由于算术平均值还不是真值,其自身也存在误差,因此要掌握用观测值与算术平均值之差来计算一组观测值的中误差,从而导出算术平均值的中误差。

(5)不等精度直接观测平差。

在不等精度观测中,由于各观测值的中误差各不相同,观测值具有不同程度的可靠性,为此引入了“权”的概念。在不等精度观测中,引入权的概念是为了建立一种精度的比值。观测值的精度愈高,即中误差愈小,其权就愈大;反之,观测值的精度愈低,即中误差愈大,其权就愈小。掌握用不等精度的观测值计算加权平均值并作为观测值的平差值,学会用改正数计算加权平均值的中误差的方法。

等精度直接观测平差和不等精度直接观测平差是本章的重点内容之一,理论性较强,是学习的难点,要通过实例的计算加以理解和掌握。

思考题与习题

1. 什么叫测量误差?为什么在测量工作中其观测结果一定存在测量误差?

2. 什么是系统误差?它给观测结果带来怎样的影响?如果观测结果中存在系统误差,能否将其消除?怎样消除?

3. 什么是偶然误差?偶然误差具有哪些特性?如果观测结果中存在偶然误差,能否将其消除?

4. 何谓观测条件?观测条件与观测成果的质量有什么关系?

5. 何谓精度?常用的衡量观测精度的标准有哪几种?

6. 什么叫中误差、相对误差、允许误差?中误差与真误差有何区别?

7. 何谓误差传播定律?

8. 在相同条件下,用经纬仪对已知水平角 α($\alpha=45°00'03''$,设 α 无误差)做了 10 次观测,其观测结果为:

45°00′06″	44°59′55″	44°59′58″	45°00′03″	45°00′04″
45°00′00″	44°59′58″	45°00′04″	45°00′06″	44°59′03″

试求观测值的中误差。

9. 用钢尺丈量两段距离,其成果为 $D_1=150.56\text{ m}\pm0.03\text{ m}$,$D_2=234.45\text{ m}\pm0.03\text{ m}$。求:(1)每段距离的相对误差;(2)两段距离之和的相对中误差。

10. 在一个三角形中,等精度观测了两个内角,其中误差均为 ±5″,求第三个内角的中误差。

11. 已知一测回测角中误差为 ±10″,欲使测角精度达到 ±3″,问至少应观测几个测回?

12. 在 1∶1 000 的地形图上有一长 8.63 cm±0.03 cm、宽 3.79 cm±0.03 cm 的矩形地块,试求该地块的实地面积中误差。

13. 在相同条件下,对某一水平角 β 进行了 3 次观测,观测值分别为 $\beta_1=54°45'34''$,$\beta_2=54°45'26''$,$\beta_3=54°45'40''$。求水平角 β 的算术平均值。精度如何?

14. 从地面上 A、B、C 三个水准点同测地面点 P 的高程,在相同条件下独立观测三段水准路线的高差。从 A 点测得 P 点高程为 $H_{P(A)}=59.350\text{ m}$,从 B 点测得 P 点高程为 $H_{P(B)}=59.369\text{ m}$,从 C 点测得 P 点高程为 $H_{P(C)}=59.380\text{ m}$,各段水准路线长为 $S_{AP}=1\text{ km}$、$S_{BP}=2\text{ km}$、$S_{CP}=2\text{ km}$。求 P 点的高程及其精度。

第七章　小区域控制测量

重点提示：控制测量分为平面控制测量和高程控制测量。平面控制测量主要介绍导线测量和交会定点的基本原理、观测方法以及观测成果的计算；高程控制测量重点介绍三、四等水准测量的观测程序、观测限差及观测成果的计算，三角高程测量的基本原理以及实测方法。对 GPS 测量作了简要的介绍。导线测量的内业计算，三、四等水准测量为本章的重点内容。

第一节　控制测量概述

任何测量过程中均不可避免地存在着测量误差，为了限制测量误差的累积与传播，满足测图和施工的精度需要，使分区的测图能拼接成整体，或是整体的工程能分区施工放样，这就必须遵循测量工作的基本原则，即“从整体到局部”、“先控制后碎部”、“由高级到低级”。对于“先控制后碎部”来说，应在做局部测量或碎部测量以前，先要进行整体的控制测量。控制测量是指在整个测区范围内，选定若干个具有控制作用的点，设想用直线连接相邻的控制点，组成一定的几何图形，用精密的测量仪器和工具进行外业测量，获得相应的外业资料，并根据外业资料用准确的计算方法，确定控制点的平面位置和高程的工作。具有控制作用的点，称为控制点；用直线连接相邻的控制点所组成的几何图形，称为控制网。

控制测量分为平面控制测量和高程控制测量。

一、平面控制测量

（一）概述

在测区内选择一系列控制点，测定其平面位置的测量工作，叫做平面控制测量。常规平面控制测量按照控制点之间组成几何图形的不同，主要有导线控制测量（简称导线测量）和三角控制测量（简称三角测量）。

如图 7-1 所示，将一系列的控制点依相邻次序连成折线图形，测量导线网各折线边长和相邻两边的夹角，再根据起始数据通过计算推求各控制点的平面位置所进行的控制测量工作，称为导线控制测量，简称导线测量。这种构成折线的图形称为导线，其控制点称为导线点，相邻导线点间的直线称为导线边，相邻导线边之间的夹角称为转折角，以此建立的控制网称为导线网。

如图 7-2 所示，将控制点连起来组成相互相邻接的连续三角形，观测三角形的内角，至少精密测量其中一条边或几条边的边长和方位角，再根据起点的坐标推求各三角点的平面位置所进行的控制测量工作，称为三角控制测量，简称三角测量。这种构成三角形的控制点称为三角点，以此建立的控制网称为三角网。如果是测量三角形的边长和方位角，再根据起点的坐标推求各三角点的平面位置所进行的控制测量工作，称为三边测量，相应所建立的控制网称为三边网。

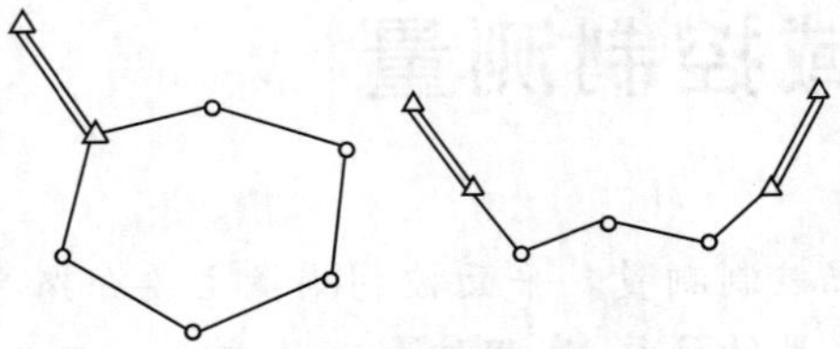

图 7-1　导线网

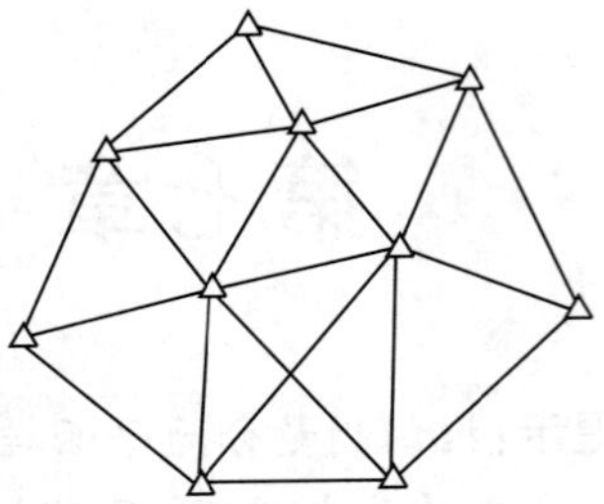

图 7-2　三角网

(二)国家基本平面控制网

在全国范围内布设的平面控制网,称为国家基本平面控制网。它提供了全国性的、统一的空间定位基准,是全国各种比例尺测图和工程建设的基本控制。国家平面控制网的作用是满足国家国防、科研和经济建设等各种不同的需要。

建立国家平面控制网的常规方法是三角测量和导线测量。国家平面控制网采用分级布网、逐级控制的原则,按其精度分成一、二、三、四等。其中一等网精度最高,逐级降低;而控制点的密度则是一等网最小,逐级增大。如图 7-3 所示,一等三角网一般称为一等三角锁,它是在全国范围内,沿经纬线方向布设的,是国家平面控制网的骨干,除用做扩展低等级平面控制网的基础外,还为测量学科研究地球的形状和大小提供精确数据;二等三角网布设于一等三角锁环内,是国家平面控制网的全面基础;三、四等三角网是二等三角网的进一步加密,主要为测绘地形图和各工程建设提供高程起算数据。国家平面控制各等级三角网主要技术指标见表 7-1。

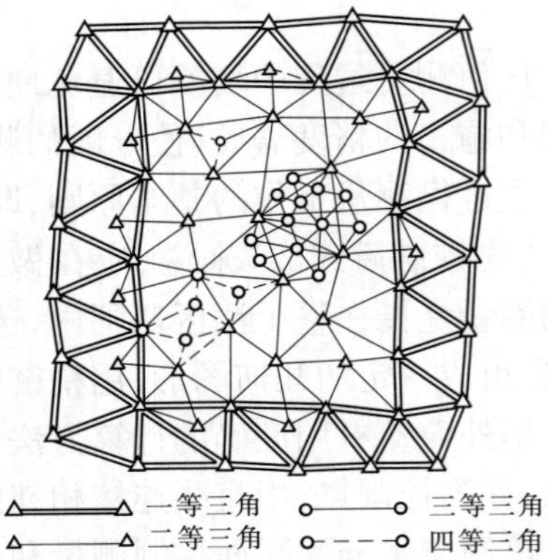

图 7-3　三角网的布设

表 7-1　国家平面控制各等级三角网主要技术指标

等级	平均边长(km)	测角中误差(″)	三角形最大闭合差(″)	起始边相对中误差
一等	20 ~ 25	±0.7	±2.5	1/350 000
二等	13 左右	±1.0	±3.5	1/250 000
三等	8 左右	±1.8	±7.0	1/150 000
四等	2 ~ 6	±2.5	±9.0	1/100 000

在某些局部地区,当采用三角测量有困难时,也可用同等级的导线测量代替,如图 7-4 所示,其中一、二等导线测量,又称为精密导线测量。在通视困难的地区,采用精密导线测量来代替相应等级的三角测量是非常方便的,特别是目前高精度测距仪器的出现,为精密导线测量的实施创造了良好的条件。精密导线测量也分为一、二、三、四等,各等级导线测量主要技术指标见表 7-2。

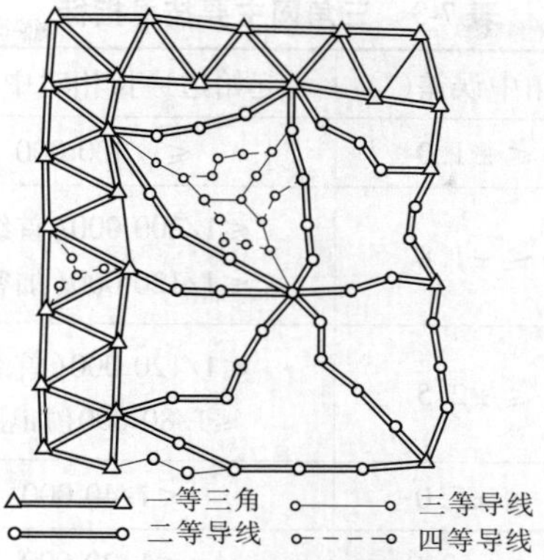

图 7-4　导线网的布设

表 7-2　各等级导线测量主要技术指标

等级	平均边长(km)	测角中误差(″)	导线边数	边长测定相对中误差
一等	10～30	±0.7	<7	1/250 000
二等	10～30	±1.0	<7	1/200 000
三等	7～20	±1.8	<20	1/150 000
四等	4～15	±2.5	<20	1/100 000

一般在不超过 15 km^2 小区域范围内建立的控制网,称为小区域控制网,在小区域内进行的控制测量工作称为小区域控制测量。在这个区域内,水准面可视为水平面,采用平面直角坐标系,不需要将测量成果归算到参考椭球面上。但小区域控制网的建立最好能与国家控制网或城市控制网联测,这样可将国家或城市高级控制点的坐标作为小区域控制网的起算和检校数据。如果测区内或测区附近没有国家的高级控制点,或联测较为困难,也可建立小区域内的独立平面控制网。

(三)城市及工程平面控制网

1. 城市平面控制网

在城市地区建立的平面控制网称为城市平面控制网。它属于区域控制网,一般可在国家平面控制网的基础上,根据测区大小、城市规划和城市工程建设的需要,布设不同等级的城市平面控制网,为城市大比例尺测图、城市规划、城市地籍管理、市政工程建设以及城市管理等提供基本控制点。城市平面控制网建立的方法主要有三角测量、边角测量(测量三角形的三边长和三个内角)、导线测量、GPS 定位测量。其中,导线测量和 GPS 定位测量是城市平面控制网建立的主要方法。三角网、GPS 网和边角网的精度等级依次为二、三、四等和一、二级;导线网的精度等级依次为三、四等和一、二、三级。城市各等级平面控制网的主要技术指标见表 7-3～表 7-5。

2. 工程平面控制网

为满足工程建设的需要而建立的平面控制网称为工程平面控制网。用于工程的平面控制测量一般是建立小区域平面控制网,工程平面控制测量采用的方法、等级及主要技术指标与城市平面控制测量基本相同。工程平面控制网根据工程建设的需要可分为不同种类:因

表 7-3　三角网主要技术指标

等级	平均边长(km)	测角中误差(″)	起始边边长相对中误差	最弱边边长相对中误差
二等	9	≤ ±1.0	≤1/300 000	≤1/250 000
三等	5	≤ ±1.8	≤1/200 000(首级) ≤1/120 000(加密)	≤1/80 000
四等	2	≤ ±2.5	≤1/120 000(首级) ≤1/80 000(加密)	1/45 000
一级小三角	1	≤ ±5.0	≤1/40 000	≤1/20 000
二级小三角	0.5	≤ ±10.0	≤1/20 000	1/10 000

表 7-4　边角组合网边长和边长测量的主要技术指标

等级	平均边长(km)	测距中误差(mm)	测距相对中误差
二等	9	≤ ±30	≤1/300 000
三等	5	≤ ±30	≤1/160 000
四等	2	≤ ±16	≤1/120 000
一级	1	≤ ±16	≤1/60 000
二级	0. 5	≤ ±16	≤1/30 000

表 7-5　光电测距导线主要技术指标

等级	闭合环及附合导线长度(km)	平均边长(km)	测距中误差(mm)	测角中误差(″)	导线全长相对中误差
三等	15	3 000	≤ ±18	≤ ±1.5	≤1/60 000
四等	10	1 600	≤ ±18	≤ ±2.5	≤1/40 000
一级	3.6	300	≤ ±15	≤ ±5.0	≤1/14 000
二级	2.4	200	≤ ±15	≤ ±8.0	≤1/10 000
三级	1.5	120	≤ ±15	≤ ±12.0	≤1/6 000

工程设计、规划的用图需要而布设的测图平面控制网；在工程建设中，为工程建（构）筑物施工测量而布设的施工平面控制网；工程建设阶段及运营期间，为工程建筑物进行变形监测而布设的变形监测网等。

3. 图根控制网

国家控制点的精度高，但密度比较小，在测图中仅用这些控制点来进行测图，其控制点的数量是不能满足测图要求的。因此，需要在基本控制点的基础上进行控制点的加密，即在测区内增加足够数量的、精度虽低但能够满足测图需要的控制点，由这些控制点可为测图建立控制网。为此，我们称用于测图而建立的控制网为图根控制网，组成图根控制网的控制点称为图根点，测定图根点位置的工作称为图根控制测量。在小测区建立图根控制网时，若测区内或附近有国家控制点，应与国家控制点进行联测，使测区的坐标系与国家的坐标系统一。但是,如果测区内或附近没有国家控制点,或联测较为困难,可采用独立的坐标系。

建立图根平面控制网的方法有图根导线测量和图根三角测量。局部地区如果图根点的数量不够或测图不方便而需要加密图根点时,可采用全站仪极坐标法和交会定点的方法来加密图根点。

图根点的密度大小取决于测图比例尺和地形的复杂程度。一般平坦开阔地区图根点的密度可参考表 7-6 的规定,其他地区可视实地情况适当增加。

表 7-6　平坦开阔地区图根点的密度

测图比例尺	图幅尺寸(cm×cm)	每幅图解析图根点的个数	每平方千米的图根点个数
1:500	50×50	8	150
1:1 000	50×50	12	50
1:2 000	50×50	15	15
1:5 000	40×40	30	5

二、高程控制测量

测定控制点高程的测量工作,叫做高程控制测量。根据采用测量方法的不同,高程控制测量分为水准测量和三角高程测量。

国家测绘部门在全国范围内已建立了统一的高程控制网,国家高程控制网的建立主要采用精密水准测量的方法,其精度分为一、二、三、四等,分别采用一、二、三、四等水准测量方法测定控制点的高程,所以高程控制网也称水准网,高程控制点又称水准点。

如图 7-5 所示是国家水准网布设示意图。一等水准网是国家最高级的高程控制骨干,它除用做扩展低等级高程控制的基础外,还为科学研究提供依据,其环线周长一般为 1 000 ~ 2 000 km。一般布设在地质构造稳定、坡度较平缓的交通线附近。二等水准网为一等水准网的加密,是国家高程控制的全面基础。二等水准路线应尽可能沿公路、铁路、河流布设,以保证较好的观测条件。二等水准网环线周长根据地形条件一般不超过 750 km。

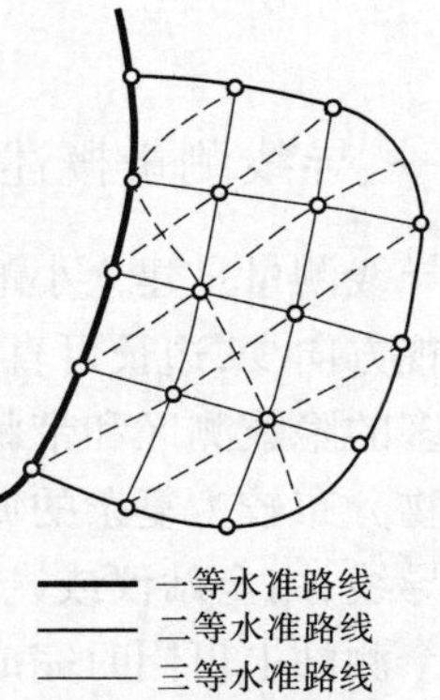

图 7-5　国家高程控制网

三、四等水准网为在二等网的基础上进一步加密,直接提供地形测图和各种工程建设所必需的高程控制点。三等水准路线根据需要在高等水准网的基础上加密布设成附合路线,并尽可能相互交叉构成闭合环。单独的附合路线长度应不超过 150 km,环线周长不超过 200 km。四等水准路线一般以附合路线布设于高级水准点之间,附合路线长度应不超过 80 km。

各级水准测量基本精度指标见表 7-7。

表 7-7 **各级水准测量基本精度指标**

等级	每千米高差中数的偶然中误差限值(mm)	每千米高差中数的全中误差限值(mm)
一等	±0.45	±1.0
二等	±1.0	±2.0
三等	±3.0	±6.0
四等	±5.0	±10.0

用于工程的小区域高程控制网,亦应根据工程施工的需要和测区面积的大小,采用分级建立的方法。一般以国家或城市等级水准点为基础,在测区建立三、四等水准线路或水准网,再以三、四等水准点为基础,测定控制点的高程。

三、小区域控制测量常用方法

小区域控制测量分为平面控制测量和高程控制测量。平面控制测量常用的方法有导线测量、三角测量、三边测量、边角测量、GPS 卫星全球定位系统。高程控制测量常用的方法有水准测量、三角高程测量和 GPS 高程测量。随着科技的日新月异,卫星大地测量的方法也逐渐成熟起来。目前平面控制测量最常用的是 GPS 卫星全球定位系统,20 世纪 80 年代末,我国开始应用 GPS 定位技术在全国范围内建立平面控制网,并已逐渐成为布设控制网的主要方法,三角测量这一传统测量方法已逐步被 GPS 全球定位技术所取代。因此,本章平面控制测量主要介绍用导线测量方法建立小区域平面控制网,以及用三、四等水准测量方法建立小区域高程控制网,对 GPS 卫星全球定位作简要的介绍。

第二节 导线测量

一、导线测量概述

导线测量是建立小地区平面控制网常用的一种方法。其特点是导线测量布设灵活,要求通视方向少,边长可直接测定,精度均匀。适宜布设在地物分布较复杂的建筑区、视线障碍较多的隐蔽测区和带状地区,如厂区、地下工程、矿山建筑区、森林、铁路、公路、隧道、渠道及地物分布较为复杂的城市地区等。用经纬仪测量转折角,用钢尺丈量边长的导线,称为经纬仪导线;用全站仪或光电测距仪测量边长的导线称为光电测距导线。随着全站仪的普及,在一个测站上可同时完成测距、测角的观测工作,目前光电测距导线测量方法广泛地用于控制网的建立。导线测量是依据各导线边长和各转折角,根据起算数据,推算各边的坐标方位角,进而求得各导线点的平面坐标。

(一)导线的布设形式

根据测区的不同情况和要求,导线的布设有以下三种形式。

1. 闭合导线

从一个已知控制点出发,经过若干个未知导线点以后,又回到已知导线点,这样的导线称为闭合导线。如图 7-6 所示,导线以已知高级控制点 *A*、*B* 中的 *B* 为起点,以已知 *AB* 边方位角为起始方位角，经过1、2、3等未知导线点，最后又回到起点B，形成一个闭合的多边形导线，即是闭合导线。因导线闭合，本身具有严密的几何条件，可以对观测成果进行一定的检核。因此，闭合导线不但适用于平面控制网的加密，也适用于面积较宽阔的独立测区的首级平面控制。

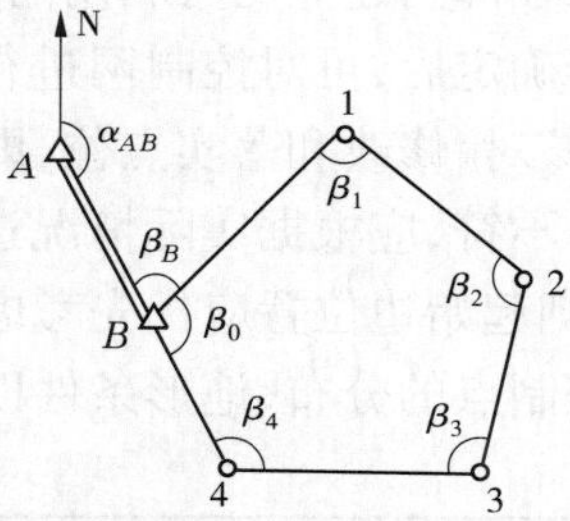

图7-6　闭合导线

2. 附合导线

从一个已知高级控制点出发，经过若干个未知导线点以后，附合到另一个已知高级控制点上，这样的导线称为附合导线。如图7-7所示，导线以已知高级控制点A、B中的B为起点，以已知AB边方位角为起始方位角，经过1、2、3等未知导线点，最后附合到另一个已知高级控制点C及已知方向CD边上，形成一条连续的折线，即是附合导线。由于其本身的已知条件，该形式同样具有对观测成果检验的作用，通常用于带状地区做首级控制和平面控制网的加密，广泛用于公路、铁路和水利工程。

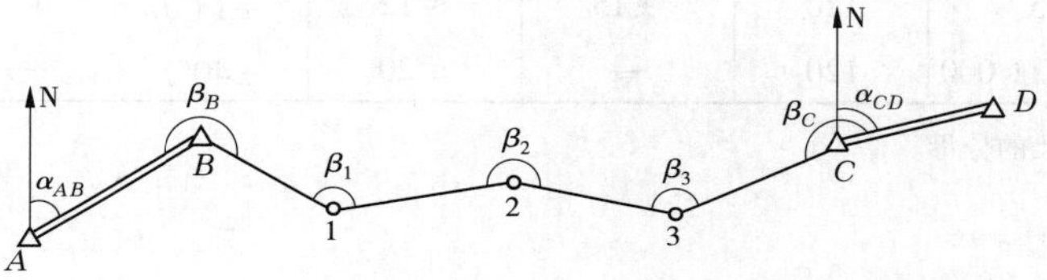

图7-7　附合导线

3. 支导线

从一个已知控制点出发，经过1～2个未知导线点后，既不闭合到起始的控制点上，也不附合到另一个已知控制点上，这样的导线称为支导线。如图7-8所示，导线以已知高级控制点A、B中的B为起点，以已知AB边方位角为起始方位角，经过P_1、P_2未知导线点后，终止在P_3点处，点P_3既不是起点也不是另一高级控制点，所以该导线为支导线。由于支导线缺乏已知条件，无法进行检核，故其边数一般不宜超过3条，它仅适用于图根控制补点。

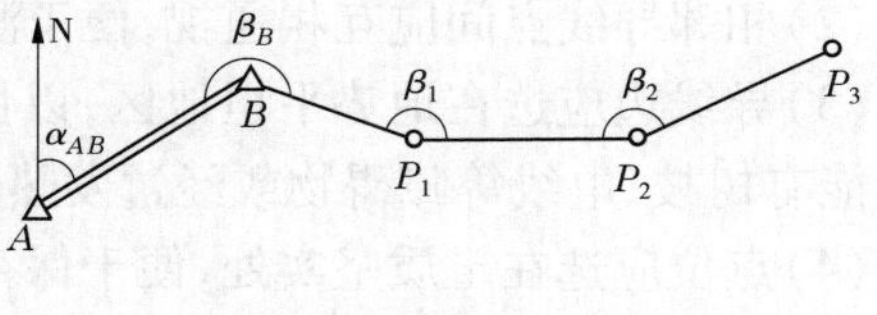

图7-8　支导线

(二)导线测量的技术要求

导线按精度分为三、四等导线和一、二、三级导线(又称5″级、8″级、12″级导线)及图根导线(20″级导线)。城市导线控制测量主要技术要求见表7-8。

二、导线测量的外业工作

导线测量的外业工作主要包括踏勘选点及建立标志、测角、测距和联测。各项工作均应按相关规定完成。

(一)踏勘选点及建立标志

选点就是根据测区的地形情况选择一定数量的导线点。在选点时，首先调查收集测区已有的小比例尺地形图和控制点的成果资料。根据测区内已有的国家控制点或测区附近其他工程部门建立的可利用的控制点,确定其联测的方案及拟订导线布设方案。在布网方案初步确定后,可对控制网进行精度估算,必要时需对初定控制点作调整。然后到野外去踏勘、核对、修改和落实点位,即检查在图上所选择的点的位置是否与实地情况相符,若与实地情况不符,应根据实际情况进行适当的调整,以便最后确定导线点的位置。如需测定起始边,则起始边位置应优先考虑。如果测区没有以前的地形资料,则需详细踏勘现场,根据已知控制点的分布、地形条件以及测图和施工需要等具体情况,合理地拟定导线点的位置。

表 7-8 城市导线控制测量主要技术要求

平面控制网等级	导线长度(km)	平均边长(m)	每边测距中误差(mm)	测角中误差(″)	角度闭合差	测回数		导线全长相对闭合差
						DJ_2	DJ_6	
三等	15	3 000	±18	±1.5	$\pm 3''\sqrt{n}$	10	—	1/60 000
四等	10	1 600	±18	±2.5	$\pm 5''\sqrt{n}$	6	—	1/40 000
一级	3.6	300	±15	≤5	$\pm 10''\sqrt{n}$	2	4	1/14 000
二级	2.4	200	±15	≤8	$\pm 16''\sqrt{n}$	1	3	1/10 000
三级	1.5	120	±15	≤12	$\pm 14''\sqrt{n}$	1	2	1/6 000
图根	≤0.5M/1 000	120	—	≤20	$\pm 40''\sqrt{n}$	—	1	1/4 000

注:①M 为测图比例尺的分母。
②n 为测站数。

实地踏勘选点时,应注意以下几点:

(1)导线点要均匀分布于整个测区,同一等级的导线,其相邻边的长度应大致相等,不宜相差过大,以免因过长或过短而引起较大的测角误差。一般相邻边的长度之比以不超过3倍为宜。

(2)相邻导线点间应互相通视,便于测角。

(3)导线边应选在地势平坦地区,以便量距;当采用光电测距导线时,其导线边的测线上不能有树枝、电线等障碍物或经过发热体的上方。

(4)点位应选在土质坚实处,便于保存标志和安置仪器。而且要选在视野开阔处,便于施测碎部。

(5)导线点应有足够的密度,分布较均匀,便于控制整个测区。

导线点选定后,应在地面上相应位置建立标志,需要长期保存的导线点,应埋设石桩或混凝土桩,桩顶嵌入带有"+"字的金属,如图 7-9 所示。如果不需要长期保存或仅为测图,可将木桩(或钢筋钉)打入地面,在桩的顶面上画一"+"字或钉一小铁钉,以表示点位,在桩的侧面写上点的编号。如果是在硬化的地面上,可用红油漆画一圆圈,圆内点一小点或画一"+"字作为临时标志。为了便于测量的管理,导线点要沿导线走向顺序进行统一的编号。为便于今后查找,在每一个导线点附近的明显地物(房角、电杆)上用油漆注明导线点编号和距离,并绘制导线点的位置草图,注明尺寸,称为点之记。

(二)测角

平面控制测量中的角度测量,根据控制等级的不同,通常采用 DJ_2 型或 DJ_6 型经纬仪或全站仪进行观测。观测前,应对所使用的仪器进行检校,保证仪器各项指标满足规范要求。采用多测回水平角观测时,应按规范要求对每测回配置水平度盘起始读数;多方向水平角观测应注意选择好零方向，一测站观测方向数超过3个时，应严格按全圆方向观测法操作程序进行观测。不同等级导线的测角技术要求见表7-8。图根导线，一般用 DJ_6 光学经纬仪测一个测回。若盘左、盘右所测的角值较差不超过40″，则取其平均值。

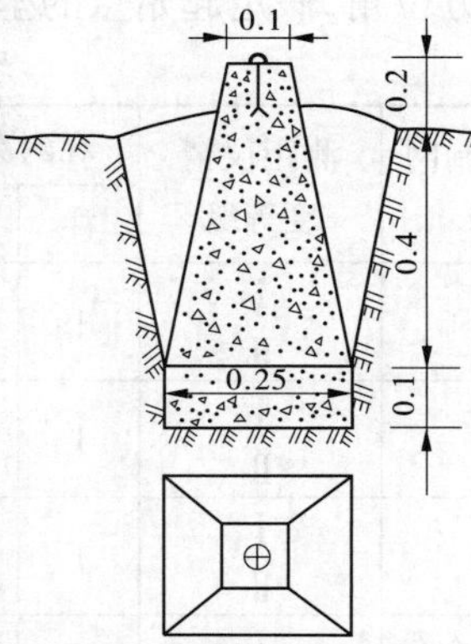

图7-9　导线点标石埋设　（单位：m）

导线的转折角有左角和右角之分，以导线为界，按编号顺序方向前进，在前进方向左侧的角称为左角，在前进方向右侧的角称为右角。在闭合导线中，一般均测其内角，闭合导线若按逆时针方向编号，其内角均为左角，反之均为右角。在附合导线中，可测其左角亦可测其右角，但整个导线要作统一规定。

当独立的连接角不参加闭合差计算时，其观测错误无法发现。所以，应特别注意连接角的观测。水平角观测的各种限差应满足规范要求，不合格的结果应重测。水平角观测的主要技术要求见表7-9。

表7-9　水平角观测的主要技术要求

平面控制网等级	经纬仪型号	光学测微器两次重合读数差(″)	半测回归零差(″)	同一测回中2C较差(″)	同一方向各测回间较差(″)
四等以上	DJ_1	1	6	9	6
	DJ_2	3	8	13	9
一级以下	DJ_2	—	12	18	12
	DJ_6	—	24	—	24

(三)测距

导线测量中要对导线边进行距离测量，导线边长可以用光电测距仪测定，也可以用钢尺进行丈量。根据控制网的等级不同，其主要技术要求也不相同。若用钢尺丈量，钢尺必须经过检定。对于一、二、三级导线，应按钢尺量距的精密方法进行丈量。对于图根导线，用一般的方法往返丈量或同一方向丈量两次；当尺长改正数大于1/10 000时，应加尺长改正。采用测距仪或全站仪进行距离测量，距离观测的次数、较差和仪器精度指标都要满足有关测量规范的要求。不合格的结果应重测。光电测距的主要技术要求见表7-10。

场地平坦的地区，无测距仪器时，也可以采用钢尺丈量距离。不同等级的导线，对丈量距离的精度有不同的要求。钢尺丈量距离应满足规范要求。普通钢尺丈量导线边长的主要技术要求见表7-11。

(四)联测

导线联测是指新布设的导线与周围已有的高级控制点的联系测量，以取得新布设导线的起算数据，即起始点的坐标和起始方位角。当导线与测区已有的高级控制点连接时，必须测出连接角，即导线边与已知边发生联系的角，如图7-6中所示的连接角 β_B 和图7-7中所示的连接角 β_B 及 β_C。对于独立导线，则须测定起始方向的方位角，利用罗盘仪施测导线起始边的磁方位角,假定起始点的坐标作为起算数据。

表 7-10　光电测距的主要技术要求

平面控制网等级	测距仪精度等级	观测次数		每边总测回数	一测回读数间较差(mm)	单程各测回较差(mm)	各测回较差(mm)
		往	返				
三等	Ⅰ Ⅱ	1	1	6 8	≤5 ≤10	≤7 ≤15	≤2
四等	Ⅰ Ⅱ	1	1	4~6 4~8	≤5 ≤10	≤7 ≤15	
一级	Ⅰ Ⅱ	1	—	2 4	≤10 ≤20	≤15 ≤30	
二级	Ⅰ Ⅱ	1	—	1~2 2	≤10 ≤20	≤15 ≤30	

表 7-11　普通钢尺丈量导线边长的主要技术要求

定向偏差(mm)	每尺段往返高差之差(cm)	最小读数(mm)	三组读数之差(mm)	同段尺长差(mm)	外业手算计算取值(mm)		
					尺长	各项改正	高差
5	1	1	3	4	1	1	1

注:每尺段是指 2 根同向丈量或单尺往返丈量。

三、导线测量的内业计算

导线测量的内业计算的目的,是根据已知的起算数据和外业的观测资料,通过对误差进行必要的调整,最后计算出各导线点的平面坐标。导线点坐标计算是根据起始边的坐标方位角和起始点坐标,以及测量的转折角和边长,计算各导线点的坐标。

内业计算前,应仔细全面地检查导线测量的外业记录,检查数据是否齐全,有无记错、算错,成果是否符合精度要求,起算数据是否准确。然后绘制导线略图,把各项数据注于图上相应位置。

(一)闭合导线的计算

计算前,首先将导线草图中的点号、角度的观测值、边长的量测值以及起始边的方位角、起始点的坐标等填入表 7-12 中的第 1 栏、第 2 栏、第 6 栏、第 5 栏、第 11 栏、第 12 栏相应栏目内。然后按以下步骤进行计算。

1. 角度闭合差的计算与调整

闭合导线在几何上是一个 n 边形,其内角和的理论值为

$$\sum \beta_{理} = (n-2) \times 180° \tag{7-1}$$

而在实际角度观测过程中,由于不可避免地存在着测角误差,实测的多边形的内角和并不等于上述的理论值,二者的差值称为闭合导线的角度闭合差,习惯以 f_β 表示。即

$$f_\beta = \sum \beta_{测} - \sum \beta_{理} = \sum \beta_{测} - (n-2) \times 180° \tag{7-2}$$

式中　$\sum\beta_{理}$——转折角理论值总和;

$\sum\beta_{测}$——转折角观测值总和。

各等级导线角度闭合差的容许值$f_{\beta容}$列于表7-8中。若$f_\beta > f_{\beta容}$,则说明角度闭合差超限,不满足精度要求,应检查原因或重新观测,直到满足精度要求;若$f_\beta \leqslant f_{\beta容}$,则说明所测角度满足精度要求,在此情况下,可进行角度闭合差的调整。由于各转折角观测均在相同的观测条件下进行,故可认为各转折角产生的误差相等。因此,角度闭合差调整的原则是:将f_β以相反的符号平均分配到各观测角中,即各转折角度的改正数为

$$v_\beta = -\frac{f_\beta}{n} \tag{7-3}$$

改正值v取值到秒,若f_β不能被n整除而有余数,一般情况下,将余数分配给短边的邻角。各转折角值加上一个改正数,则为调整以后的转折角值,即

$$\beta = \beta_{测} + v_\beta \tag{7-4}$$

调整后的内角和必须等于理论值,即

$$\sum \beta = (n-2) \times 180°$$

2. 导线边坐标方位角的推算

根据起始边的已知坐标方位角及调整后的各内角值,从第一条已知边的方位角开始,依次推算其他导线边的方位角。其计算方法由第五章第四节知

$$\alpha_{前} = \alpha_{后} \pm \beta \mp 180° \tag{7-5}$$

在具体推算时要注意以下几点:

(1)式(7-5)中的$\pm\beta$项,若β角为左角,则取$+\beta$;若β角为右角,则取$-\beta$。

(2)式(7-5)中的$\pm 180°$项,若$\alpha_{前} < 180°$,则取$+180°$;若$\alpha_{前} \geqslant 180°$,则取$-180°$。使各导线边的坐标方位角在$0° \sim 360°$的取值范围内。

(3)起始坐标的坐标方位角最后也能推算出来,其推算值应与原已知值相等,否则推算过程有误,因此可以此作为方位角计算的校核。

3. 坐标增量及坐标增量闭合差的计算与调整

根据第五章第五节式(5-15),导线边的增量为

$$\left.\begin{aligned} \Delta x &= D\cos\alpha \\ \Delta y &= D\sin\alpha \end{aligned}\right\} \tag{7-6}$$

由于导线从起始点出发经过若干个导线点以后,最后又回到了起始点,为闭合多边形,由数学知识可知,闭合导线各边坐标增量的代数和理论上应等于零,如图7-10(a)所示,即

$$\left.\begin{aligned} \sum \Delta x_{理} &= 0 \\ \sum \Delta y_{理} &= 0 \end{aligned}\right\} \tag{7-7}$$

但是,实际上从式(7-6)可以看出,坐标增量由边长D和坐标方位角α计算而得,然而由于角度闭合差的调整与实际情况并不一定相符,边长测量还存在误差,从而导致坐标增量带有误差,使得通过实测值计算出的坐标增量之和$\sum \Delta x_{测}$和$\sum \Delta y_{测}$与坐标增量的理论值一般不等,即其差值不等于零,此差值称为坐标增量闭合差,通常以f_x和f_y分别表示纵坐标增量闭合差和横坐标增量闭合差。对于闭合导线,有

$$\left.\begin{aligned} f_x &= \sum \Delta x_{测} \\ f_y &= \sum \Delta y_{测} \end{aligned}\right\} \tag{7-8}$$

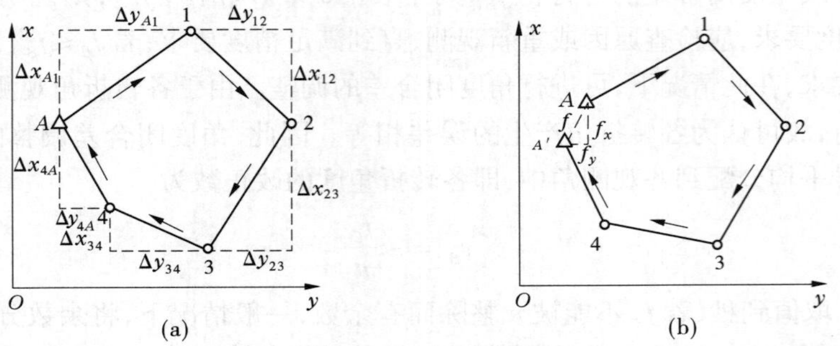

图 7-10　闭合导线坐标增量

如图 7-10(b)所示。

由于坐标增量闭合差存在,根据计算结果绘制出来的闭合导线图形不能闭合,如图 7-10(b)所示。因不闭合而产生的缺口大小,称为导线全长闭合差,通常以 f 表示。利用数学几何学知识,用坐标增量闭合差可求得导线全长闭合差 f

$$f = \sqrt{f_x^{\ 2} + f_y^{\ 2}} \tag{7-9}$$

导线全长闭合差 f 是随着导线长度的增大而增大的,所以导线测量的精度是用导线全长相对闭合差 K 来衡量的。导线全长闭合差 f 与导线全长 $\sum D$ 之比值称为导线全长相对闭合差,简称导线全长闭合差。导线全长相对闭合差 K 通常用分子为 1 的分数形式表示,即

$$K = \frac{f}{\sum D} = \frac{1}{\sum D/f} \tag{7-10}$$

导线全长相对闭合差综合反映了导线测角、量边的精度,不同等级的导线全长相对闭合差容许值 $K_{容}$ 是不相同的,可见表 7-8,用时可查阅。

若 K 大于容许值,说明导线测角或量边存在粗差,应仔细检查外业记录和内业计算成果,如确无问题,应认真分析超限的原因后重新观测。若 K 小于容许值,表明观测结果满足精度要求,则可将纵、横坐标增量闭合差反符号,按与边长成正比分配到各坐标增量中去,即各纵、横坐标增量的改正数可按下式计算

$$\left.\begin{aligned} v_{x_i} &= -\frac{f_x}{\sum D} D_i \\ v_{y_i} &= -\frac{f_y}{\sum D} D_i \end{aligned}\right\} \tag{7-11}$$

式中　v_{x_i}、v_{y_i}——第 i 边的纵坐标、横坐标增量的改正数;

D_i——第 i 条边的边长。

计算出的纵、横坐标增量改正数应满足

$$\left.\begin{aligned} \sum v_{x_i} &= -f_x \\ \sum v_{y_i} &= -f_y \end{aligned}\right\} \tag{7-12}$$

各边增量值加改正数,即得各边改正后的增量。改正后的纵、横坐标增量的代数和应分别为零,可以此作计算校核。

4. 导线点坐标计算

坐标增量改正后，可根据起始点的已知坐标和改正后的坐标增量，计算各导线点的坐标。导线点的坐标计算公式如下

$$\left.\begin{aligned} x_{i+1} &= x_i + \Delta x'_{i(i+1)} \\ y_{i+1} &= y_i + \Delta y'_{i(i+1)} \end{aligned}\right\} \tag{7-13}$$

式中 x_{i+1}、y_{i+1}——第 $i+1$ 点的纵、横坐标；

x_i、y_i——第 i 点的纵、横坐标；

$\Delta x'_{i(i+1)}$、$\Delta y'_{i(i+1)}$——第 $i \sim i+1$ 边改正后的纵、横坐标增量。

同样用式(7-13)最后可以推导出起始点的坐标，推算值应与已知值相等，以此可检查整个计算过程是否有误。

闭合导线内业计算算例见表7-12。

（二）附合导线的计算

附合导线的内业计算步骤和前述的闭合导线的计算方法基本相同，所不同的是二者的角度闭合差及坐标增量闭合差的计算方法不一样。下面主要介绍角度闭合差及坐标增量闭合差的计算方法。

1. 角度闭合差的计算与调整

附合导线首尾各有一条已知坐标方位角的边，如图7-7中的 AB 边和 CD 边，这里称之为始边和终边，由于外业工作已测得导线各个转折角的大小，所以可以根据起始边的坐标方位角及测得的导线各转折角，由第五章第四节式(5-13)推算出终边的坐标方位角 $\alpha'_{终}$。这样导线终边的坐标方位角有一个原已知值 $\alpha_{终}$，还有一个由始边坐标方位角和测得的各转折角推算值 $\alpha'_{终}$。由于测角存在误差，因而二值不相等，二值之差即为附合导线的角度闭合差 f_β。即

$$f_\beta = \alpha'_{终} - \alpha_{终} = \alpha_{始} - \alpha_{终} \pm \sum \beta \mp n \times 180° \tag{7-14}$$

附合导线角度闭合差调整的原则是：当观测角为左角时，将 f_β 以相反的符号平均分配到各观测角中；当观测角为右角时，将 f_β 以相同的符号平均分配到各观测角中。改正值取值到秒，若 f_β 不能被 n 整除而有余数，一般情况下，将余数分配给短边的邻角。

2. 坐标增量闭合差的计算

附合导线的首尾各有一个已知坐标值的点，如图7-7中的 A 点和 C 点，这里称之为始点和终点。附合导线的纵、横坐标增量的代数和，在理论上应等于终点与始点的纵、横坐标差值，即

$$\left.\begin{aligned} \sum \Delta x_{理} &= x_{终} - x_{始} \\ \sum \Delta y_{理} &= y_{终} - y_{始} \end{aligned}\right\} \tag{7-15}$$

但是由于量边和测角有误差，因此根据观测值推算出来的纵、横坐标增量的代数和 $\sum \Delta x_{测}$ 和 $\sum \Delta y_{测}$ 与上述的理论值通常是不相等的，二者之差即为纵、横坐标增量闭合差

$$\left.\begin{aligned} f_x &= \sum \Delta x_{测} - (x_{终} - x_{始}) \\ f_y &= \sum \Delta y_{测} - (y_{终} - y_{始}) \end{aligned}\right\} \tag{7-16}$$

式(7-16)中的 $\Delta x_{测}$ 和 $\Delta y_{测}$ 的计算方法与闭合导线的计算方法相同。

附合导线内业计算算例见表7-13。

表 7-12 闭合导线坐标计算表

点号	观测角(左角)(° ′ ″)	改正数(″)	改正后的角值(° ′ ″)	坐标方位角(° ′ ″)	边长 D(m)	坐标增量计算值 Δx(m)	坐标增量计算值 Δy(m)	改正后的增量 Δx(m)	改正后的增量 Δy(m)	坐标 x(m)	坐标 y(m)	点号
(1)	(2)	(3)	(4)=(2)+(3)	(5)	(6)	(7)	(8)	(9)	(10)	(11)	(12)	(13)
(4)												(4)
				215 53 17								
1	89 36 30	13	89 36 43							500.000	500.000	1
				125 30 00	105.221	−0.024 −61.102	+0.020 85.662	−61.126	85.682			
2	107 48 30	12	107 48 42							438.874	585.682	2
				53 18 42	80.182	−0.018 47.906	+0.015 64.298	47.888	64.313			
3	73 00 20	12	73 00 32							486.762	649.995	3
				306 19 14	129.343	−0.029 76.610	+0.025 −104.214	76.581	−104.189			
4	89 33 50	13	89 34 03							563.343	545.806	4
				215 53 17	78.165	−0.017 −63.326	+0.015 −45.821	−63.343	−45.806			
1										500.000	500.000	1
Σ	359 59 10	50	360 00 00		392.911	0.088	−0.075	0.000	0.000			

辅助计算

$f_\beta = \sum\beta_{测} - \sum\beta_{理} = -50'', f_{\beta容} = \pm 60\sqrt{4} = \pm 120''$

$f_x = \sum\Delta x_{测} = 0.088\ \text{m}, f_y = \sum\Delta y_{测} = -0.075\ \text{m}, f = \sqrt{f_x^2 + f_y^2} = 0.116\ \text{m}$

$K = \dfrac{f}{\sum D} = \dfrac{1}{3\ 390} < K_{容} = \dfrac{1}{2\ 000}$

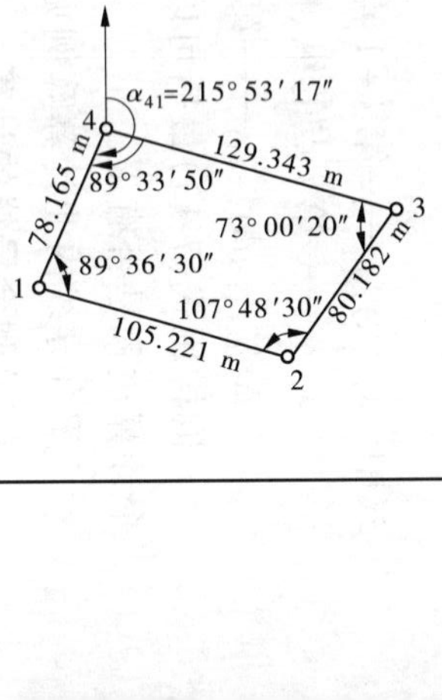

表 7-13　附合导线坐标计算表

点号	观测角(左角)(° ′ ″)	改正数(″)	改正后的角值(° ′ ″)	坐标方位角(° ′ ″)	边长 D(m)	坐标增量计算值 Δx(m)	坐标增量计算值 Δy(m)	改正后的增量 Δx(m)	改正后的增量 Δy(m)	坐标 x(m)	坐标 y(m)	点号
(1)	(2)	(3)	(4)=(2)+(3)	(5)	(6)	(7)	(8)	(9)	(10)	(11)	(12)	(13)
A												A
				135 48 01								
B	94 56 33	−8	94 56 25							4 196.44	4 008.08	B
				50 44 26	154.86	+0.02 98.00	+0.02 119.91	98.02	119.93			
1	243 40 00	−8	243 39 52							4 294.46	4 128.01	1
				114 24 18	171.50	+0.03 −70.86	+0.02 156.18	−70.83	156.20			
2	101 38 54	−8	101 38 46							4 223.63	4 284.21	2
				36 03 04	132.78	+0.02 107.35	+0.02 78.14	107.37	78.16			
C	182 47 36	−7	182 47 29							4 331.00	4 362.37	C
				38 50 33								
D										4 478.21	4 480.91	D
Σ	623 03 03	−31	623 02 32		459.14	134.49	354.23	134.56	354.29			

辅助计算

$f_\beta=\alpha_{AB}-\alpha_{CD}+\sum\beta-n\times180°=31''$, $f_{\beta容}=\pm60\sqrt{4}=\pm120''$

$f_x=\sum\Delta x-(x_C-x_B)=-0.07\text{ m}$, $f_x=\sum\Delta y-(y_C-y_B)=-0.06\text{ m}$

$f=\sqrt{f_x^2+f_y^2}=0.092\text{ m}$

$K=\dfrac{f}{\sum D}=\dfrac{1}{5\,000}<K_{容}=\dfrac{1}{2\,000}$

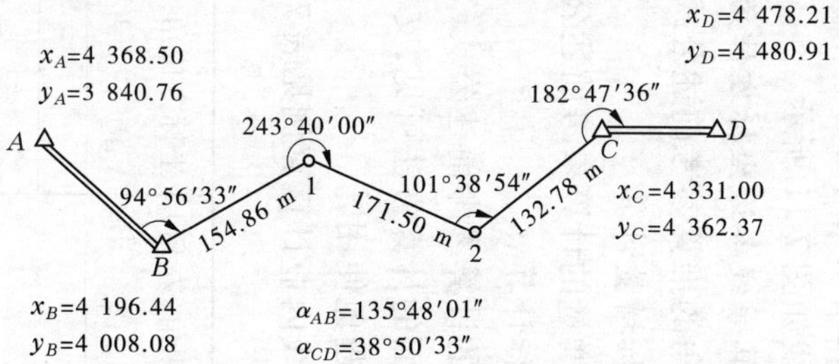

(三)支导线的计算

支导线如图 7-11 所示。

1. 推算导线各边坐标方位角

方位角的推算参考前述公式(7-5)。

2. 坐标增量计算

坐标增量的计算参考前述公式(7-6)。

3. 坐标计算

坐标的计算参考前述公式(7-13)。

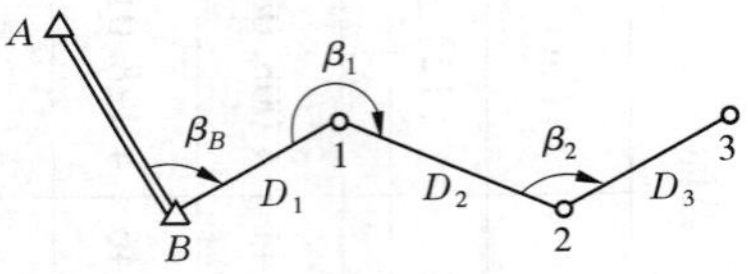

图 7-11　支导线

从上面的计算方法可见,支导线的计算无检核条件,故其精度与可靠性较差,实际工作中应尽量避免使用。

支导线内业计算算例见表 7-14。

表 7-14　支导线坐标计算表

点名	观测角(左角)(° ′ ″)	坐标方位角(° ′ ″)	边长(m)	坐标增量 Δx(m)	坐标增量 Δy(m)	坐标 x	坐标 y
A							
		228 06 06					
B	273 12 50					4 868. 385	13 866. 785
		321 18 56	53. 829	+42. 019	−33. 645		
1	253 12 50					4 910. 404	13 833. 140
		34 31 46	58. 427	+48. 134	+33. 118		
2	79 34 18					4 958. 538	13 866. 258
		294 06 04	41. 993	+17. 148	−38. 332		
3						4 975. 686	13 827. 926

第三节　交会定点测量

在地形测量及普通工程测量中,当用三角锁(网)或导线的方法布设的平面控制点密度不足时,还可用交会定点的方法进行加密。所谓交会定点的测量方法,就是根据几个平面已知点,测定一个或少量的几个未知点的平面坐标的测量方法。基本方法是先在实地布设一个较为简单的图形,然后,用经纬仪测量水平角,或另外再用测距仪(或全站仪)测定某条(或某些)边的边长,经过计算求得未知点的坐标。

交会法定点分为测角交会和测边交会两种方法。

一、测角交会

测角交会又分为前方交会、侧方交会和后方交会三种。

(一)前方交会

如图 7-12 所示,已知 A 点的坐标为(x_A,y_A),B 点的坐标为(x_B,y_B)。分别在 A、B 两点处设站,测出图示的水平角 α 和 β,通过计算确定出未知点 P 的坐标,此方法称为前方交会。

P 点的坐标可按以下的方法进行计算。

1. 按导线推算 P 点的坐标

(1)用坐标反算公式计算 AB 边的坐标方位角 α_{AB} 和边 D_{AB}

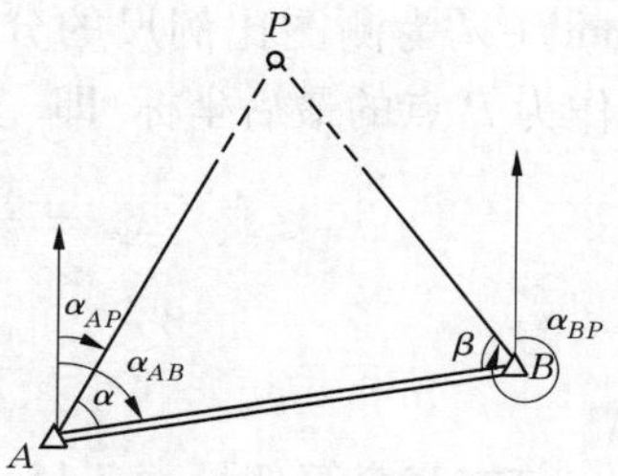

图 7-12 前方交会

$$\left.\begin{aligned} \alpha_{AB} &= \arctan \frac{y_B - y_A}{x_B - x_A} \\ D_{AB} &= \sqrt{(x_B - x_A)^2 + (y_B - y_A)^2} \end{aligned}\right\} \quad (7\text{-}17)$$

(2)计算 AP、BP 边的方位角 α_{AP}、α_{BP} 及边长 D_{AP}、D_{BP}

$$\left.\begin{aligned} \alpha_{AP} &= \alpha_{AB} - \alpha \\ \alpha_{BP} &= \alpha_{AB} \pm 180^\circ + \beta \\ D_{AP} &= \frac{D_{AB}}{\sin\gamma}\sin\beta \\ D_{BP} &= \frac{D_{AB}}{\sin\gamma}\sin\alpha \end{aligned}\right\} \quad (7\text{-}18)$$

式中:$\gamma = 180^\circ - \alpha - \beta$,且应有 $\alpha_{AP} - \alpha_{BP} = \gamma$(可用做检核)。

2. 按坐标正算公式计算 P 点的坐标

$$\left.\begin{aligned} x_P &= x_A + D_{AP}\cos\alpha_{AP} \\ y_P &= y_A + D_{AP}\sin\alpha_{AP} \end{aligned}\right\} \quad (7\text{-}19)$$

或

$$\left.\begin{aligned} x_P &= x_B + D_{BP}\cos\alpha_{BP} \\ y_P &= y_B + D_{BP}\sin\alpha_{BP} \end{aligned}\right\} \quad (7\text{-}20)$$

由式(7-19)和式(7-20)计算的 P 点坐标理应相等,可用做校核。由于计算中存在小数位的取舍,可能有微小差异,可取平均值。

3. 按余切公式(戎洛公式)计算 P 点的坐标

我们可以从以下公式计算 P 点的坐标,推导过程略去

$$\left.\begin{aligned} x_P &= \frac{x_A\cot\beta + x_B\cot\alpha + (y_B - y_A)}{\cot\alpha + \cot\beta} \\ y_P &= \frac{y_A\cot\beta + y_B\cot\alpha - (x_B - x_A)}{\cot\alpha + \cot\beta} \end{aligned}\right\} \quad (7\text{-}21)$$

式(7-21)常称为余切公式或戎洛公式。在利用式(7-21)计算时,三角形的点号 A、B、P 应按逆时针顺序排列,其中 A、B 为已知点,P 为未知点。

为了校核和提高 P 点精度,前方交会通常是在三个已知点上进行观测的,如图 7-13 所示,从 A、B、C 三个已知点分别向 P 点进行角度观测,即观测出两组角度 α_1、β_1 和 α_2、β_2。然后将由两个交会三角形观测出的角度和已知点的坐标各自代入式(7-21)计算 P 点坐标,得到 $P_1(x_1, y_1)$、$P_2(x_2, y_2)$ 两组数据。因测角误差的影响,计算所得出的两组 P 点坐标一般不会完全相同,其坐标较差为

$$\left.\begin{aligned} \delta_x &= x_1 - x_2 \\ \delta_y &= y_1 - y_2 \end{aligned}\right\} \quad (7\text{-}22)$$

由此可计算出点位移 $\Delta D=\sqrt{\delta_x^2+\delta_y^2}$。当 $\Delta D\leqslant 2\times 0.1M$(mm)($M$ 为测图比例尺的分母)时,可取两组坐标的平均值作为 P 点的最后坐标,即

$$\left.\begin{aligned} x_P &= \frac{x_1+x_2}{2} \\ y_P &= \frac{y_1+y_2}{2} \end{aligned}\right\} \tag{7-23}$$

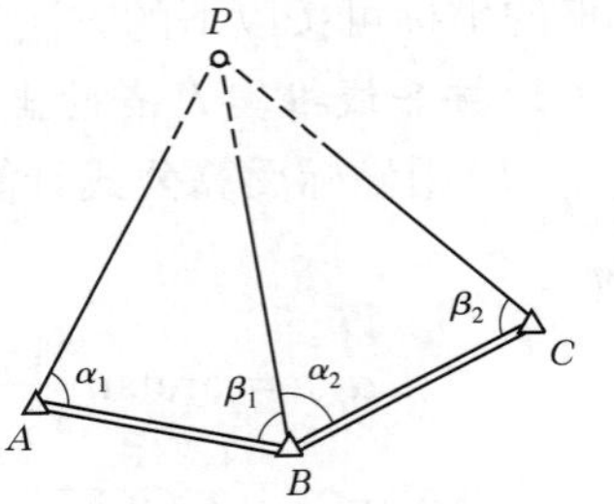

图 7-13　三点前方交会

前方交会算例见表 7-15。

表 7-15　前方交会计算表

略图与公式	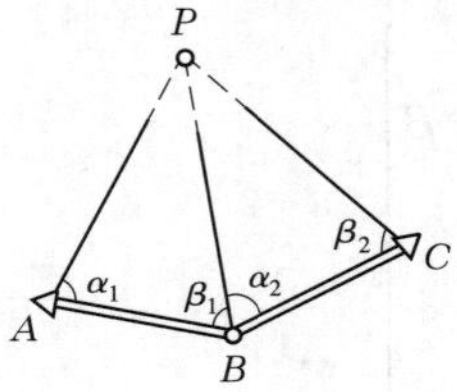				$x_P=\dfrac{x_A\cot\beta+x_B\cot\alpha+(y_B-y_A)}{\cot\alpha+\cot\beta}$ $y_P=\dfrac{y_A\cot\beta+y_B\cot\alpha-(x_B-x_A)}{\cot\alpha+\cot\beta}$			
已知数据	x_A	3 646.35	y_A	1 054.54	x_B	3 873.96	y_B	1 772.68
	x_B	3 873.96	y_B	1 772.68	x_C	4 538.45	y_C	1 862.57
观测角	α_1	64°03′30″	β_1	59°46′40″	α_2	55°30′36″	β_2	72°44′47″
计算结果	x_{P1}	4 421.71	y_{P1}	1 168.43	x_{P2}	4 421.68	y_{P2}	1 168.50
	$x_P=4\ 421.70$　　$y_P=1\ 168.46$							
校核计算	$\Delta D=\sqrt{\delta_x^2+\delta_y^2}=\sqrt{0.03^2+(-0.07)^2}=0.076(\text{m})<\Delta D_{容}=0.2\times 1\ 000=0.2(\text{m})$ 测图比例尺 1∶1 000							

在实际应用中具体采用哪一种交会法进行观测,需要根据现场的实际情况而定。为了提高交会的精度,在选用交会法的同时,还要注意交会图形的好坏。一般情况下,当要加密的控制点与已知点所成的水平角接近于 90°时,其交会精度最高。

(二)侧方交会

如图 7-14 所示,以两个已知点 A、B 为基础,分别在这两个已知点中的 A 点(或 B 点)和待求点 P 上设站,测量 α(或 β)、γ 角,计算出待求点 P 的坐标,这种方法称为侧方交会法。它的计算公式及规定要求与前方交会法相同,所不同的是 β(或 α)值不是直接观测的,而是计算求出的,即 $\beta=180°-\alpha-\gamma$。

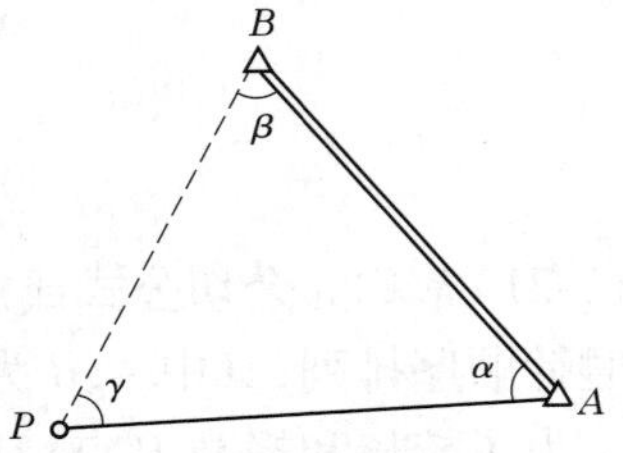

图 7-14　侧方交会

(三)后方交会

如果已知点离待定点较远,可将仪器安置于待定点 P 向三个已知点 A、B、C 观测各方向间的夹角 α、β,如图 7-15 所示,然后根据已知点的坐标计算待定点 P 的坐标,这种方法称为后方交会。

后方交会法的计算方法较多,这里分别以如图 7-15(a)、(b)所示的待定点在已知点所

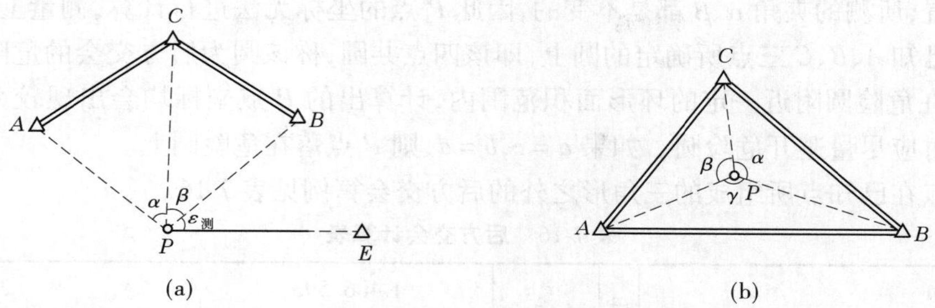

图 7-15　后方交会

组成的三角形之外，以及待定点在已知点所组成的三角形之内两种情形各介绍一种待定点 P 的坐标计算方法。

1. 待定点在已知点所组成的三角形之外

如图 7-15(a)所示，待定点 P 在已知点 A、B、C 所组成的三角形之外，其坐标计算方法如下：

(1)引入辅助量 a、b、c、d，其中

$$\left.\begin{aligned} a &= (x_A - x_C) + (y_A - y_C)\cot\alpha \\ b &= (y_A - y_C) - (x_A - x_C)\cot\alpha \\ c &= (x_B - x_C) - (y_B - y_C)\cot\beta \\ d &= (y_B - y_C) + (x_B - x_C)\cot\beta \end{aligned}\right\} \tag{7-24}$$

令

$$k = \frac{c - a}{b - d} \tag{7-25}$$

(2)计算坐标增量

$$\left.\begin{aligned} \Delta x_{CP} &= \frac{a + bk}{1 + k^2} \quad 或 \quad \Delta x_{CP} = \frac{c + dk}{1 + k^2} \\ \Delta y_{CP} &= k\Delta x_{CP} \end{aligned}\right\} \tag{7-26}$$

(3)计算待定点 P 的坐标

$$\left.\begin{aligned} x_P &= x_C + \Delta x_{CP} \\ y_P &= y_C + \Delta y_{CP} \end{aligned}\right\} \tag{7-27}$$

(4)检核计算。

为了进行检查，应在 P 点观测第四个已知点 E，以该方向作为检查方向。测得 $\varepsilon_{测}$ 角，同时可根据已知点 B、E 及 P 点坐标，按坐标反算求得

$$\alpha_{PB} = \arctan\frac{y_B - y_P}{x_B - x_P}, \quad \alpha_{PE} = \arctan\frac{y_E - y_P}{x_E - x_P}$$

并计算

$$\varepsilon_{计} = \alpha_{PE} - \alpha_{PB} \tag{7-28}$$

则较差

$$\Delta\varepsilon = \varepsilon_{计} - \varepsilon_{测} \tag{7-29}$$

对于 1:500～1:2 000 的地形图来说，较差 $\Delta\varepsilon$ 的容许值为 $\Delta\varepsilon_{容} = \pm\frac{0.2M\rho}{D}$，$D$ 为检查方向的边长。

(5)危险圆问题。

选择后方交会 P 点时，如果 P 点恰好落在 A、B、C 所在的圆周上，则无论 P 点在圆周上

的什么位置，所测的夹角 α、β 都是不变的，因此 P 点的坐标无法进行计算，测量上把未知点正好通过已知 A、B、C 三点所确定的圆上，即该四点共圆，称该圆为后方交会的危险圆；并且若 P 点落在危险圆附近一定的环形面积范围内，计算出的 P 点坐标均会出现较大的误差，所以选点时应尽量避开危险圆。如果 $a=c,b=d$，则 P 点落在危险圆上。

待定点在已知点所组成的三角形之外的后方交会算例见表 7-16。

表 7-16　后方交会计算表

略图	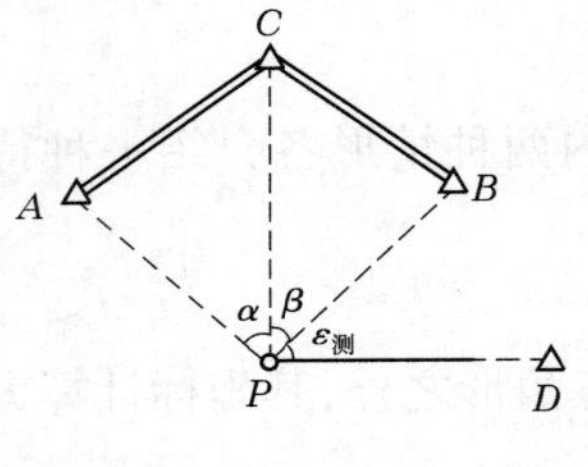	已知数据	x_A	1 406.593	y_A	2 654.051
			x_B	2 019.396	y_B	2 264.071
			x_C	1 659.232	y_C	2 355.537
			x_D	2 470.374	y_D	2 686.094
		观测值	α	51°06′17″	β	46°37′26″
			$\varepsilon_{测}$	67°38′35″		
计算值	$a=(x_A-x_C)+(y_A-y_C)\cot\alpha$	−11.809 2	$k=\dfrac{c-a}{b-d}$	+1.808 3	$\Delta x_{CP}=\dfrac{a+bk}{1+k^2}$	+209.969
	$b=(y_A-y_C)-(x_A-x_C)\cot\alpha$	+502.333 6	$\Delta x_{CP}=\dfrac{c+dk}{1+k^2}$	+209.969	$\Delta y_{CP}=k\Delta x_{CP}$	+307.691
	$c=(x_B-x_C)-(y_B-y_C)\cot\beta$	+446.586 9	x_C	1 659.232	y_C	2 355.537
	$d=(y_B-y_C)+(x_B-x_C)\cot\beta$	+248.839 8	x_P	1 869.201	y_P	2 735.228
校核计算	$\alpha_{PD}=\arctan\dfrac{y_D-y_P}{x_D-x_P}=355°19'40''$ $\alpha_{PB}=\arctan\dfrac{y_B-y_P}{x_B-x_P}=287°40'52''$ $\varepsilon_{计}=67°38'48''$	$\Delta\varepsilon=\varepsilon_{计}-\varepsilon_{测}=+13''$ $\Delta\varepsilon_{容}=\pm\dfrac{0.2M\rho}{D}=\pm\dfrac{0.2\times1\,000\times206\,265''}{603.177\times1\,000}=\pm68''$ $\Delta\varepsilon<\Delta\varepsilon_{容}$　测图比例尺 1:1 000				

2. 待定点在已知点所组成的三角形之内

如图 7-15(b)所示，待定点 P 在已知点 A、B、C 所组成的三角形之内，三角形的三个内角分别为 A、B、C。此时，待定点 P 的纵、横坐标值 x_P、y_P 分别为三个已知点的纵、横坐标值的加权平均值，即

$$\left.\begin{aligned}x_P&=\frac{p_Ax_A+p_Bx_B+p_Cx_C}{p_A+p_B+p_C}\\ y_P&=\frac{p_Ay_A+p_By_B+p_Cy_C}{p_A+p_B+p_C}\end{aligned}\right\}\tag{7-30}$$

已知点坐标值的权按下式计算

$$\left.\begin{aligned}p_A&=\frac{1}{\cot A-\cot\alpha}\\ p_B&=\frac{1}{\cot B-\cot\beta}\\ p_C&=\frac{1}{\cot C-\cot\gamma}\end{aligned}\right\}\tag{7-31}$$

二、测边交会

如图 7-16 所示，在求算要加密控制点 P 的坐标时，也可以由待定点 P 测量 PA、PB 的水平距离 a 和 b，然后解任意三角，求算出 P 点的坐标，这种方法称为测边交会法，也称距离交会法。由于全站仪和光电测距仪的普及，测边交会定点也是目前使用较多的确定未知点点位的一种方法。其计算有以下两种方法。

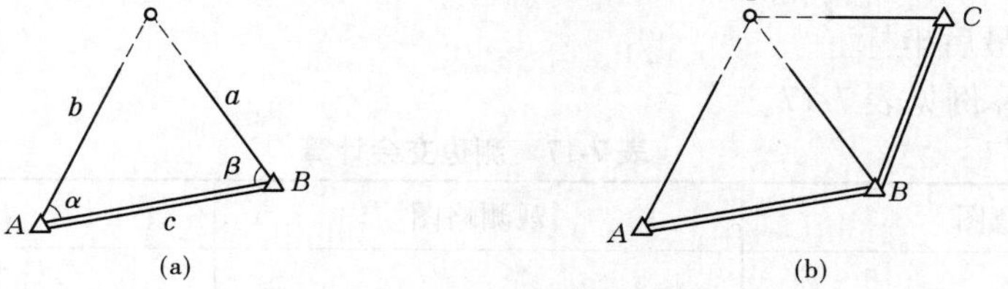

图 7-16　测边交会

(一)根据观测边反算角度求待定点的坐标

如图 7-16(a)所示，A、B 为已知点，在 P 点测定出 PA、PB 的边长 b 和 a 后，即可计算出 P 点的坐标。计算方法为：首先根据 A、B 两点的坐标计算出 AB 边的长度 c，然后根据边长 a、b、c，由解任意三角形中的余弦定律反求出 α 和 β，即

$$\left.\begin{aligned} \alpha &= \arccos \frac{c^2 + b^2 - a^2}{2bc} \\ \beta &= \arccos \frac{c^2 + a^2 - b^2}{2ac} \end{aligned}\right\} \tag{7-32}$$

最后利用余切公式式(7-21)，则可计算出待定点 P 的坐标。

(二)用观测边直接计算待定点的坐标

如图 7-17 所示，A、B 为已知点，在 P 点测定出 PA、PB 的边长 b 和 a。从 P 点向 AB 边作垂线，垂足为 E，设 $PE = h$，$AE = c_1$，$BE = c_2$。在 $\triangle APE$ 中，有 $\cot\alpha = \frac{c_1}{h}$，在 $\triangle BPE$ 中，有 $\cot\beta = \frac{c_2}{h}$，将上述两式代入余切公式式(7-21)，经整理后，则可得出计算待定点 P 的坐标公式

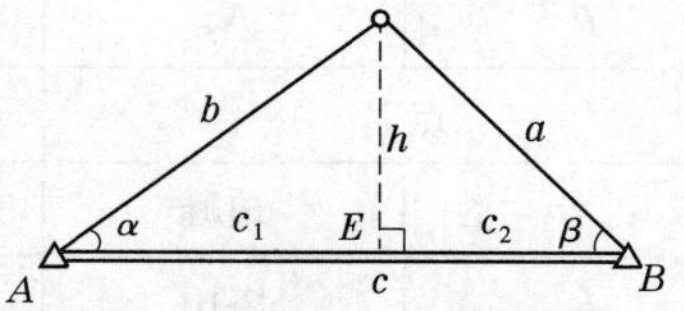

图 7-17　测边交会直接计算坐标

$$\left.\begin{aligned} x_P &= \frac{c_2 x_A + c_1 - h(y_A - y_B)}{c} \\ y_P &= \frac{c_2 y_A + c_1 - h(x_A - x_B)}{c} \end{aligned}\right\} \tag{7-33}$$

式(7-33)又称为变形戎洛公式。式中 c_1、c_2、h 可由下面算式求出

$$\left.\begin{aligned} c_1 &= \frac{c^2 + b^2 - a^2}{2c} \\ c_2 &= \frac{c^2 + a^2 - b^2}{2c} \end{aligned}\right\} \tag{7-34}$$

$$h = \sqrt{a^2 - c_2^2} = \sqrt{b^2 - c_1^2} \tag{7-35}$$

在使用式(7-33)时，一定要注意 A、B、P 是逆时针方向进行编号的，而且使 A 角、B 角和 P 角所对的依次为 a、b、c。

在实际的测量中，为了检核和提高 P 点的坐标精度，通常采用三边交会法，即由 P 点向三个已知点测定边长，如图 7-16(b)所示。将观测出的三边中，以两边为一计算组，分两组分别计算 P 点坐标进行核对。可按前方交会校核方法，即确定两组所计算出的坐标的点位移 $\Delta D = \sqrt{\delta_x^2 + \delta_y^2}$，当 $\Delta D \leqslant 2 \times 0.1M$(mm)($M$ 为测图比例尺分母)时，可取两组坐标的平均值作为 P 点的最后坐标。

测边交会算例见表 7-17。

表 7-17　测边交会计算

<table>
<tr><td colspan="2">示意图</td><td colspan="2">观测略图</td><td colspan="2">计算公式</td></tr>
<tr><td colspan="2">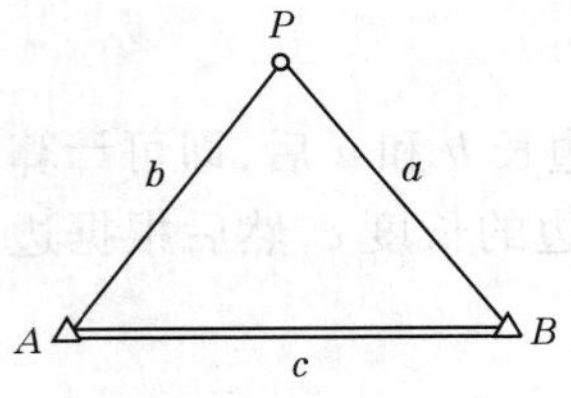
</td><td colspan="2">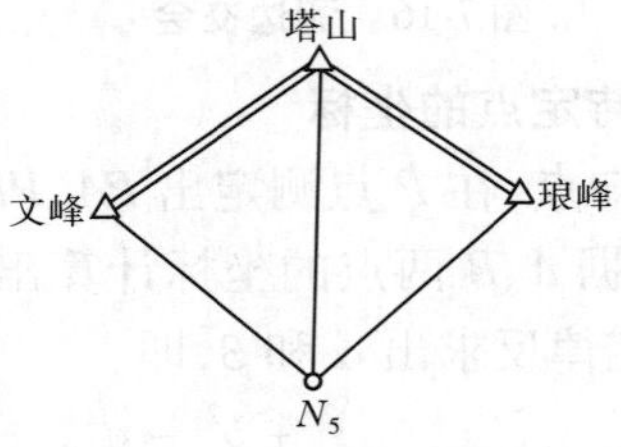
</td><td colspan="2">$x_P = \dfrac{c_2 x_A + c_1 - h(y_A - y_B)}{c}$
$y_P = \dfrac{c_2 y_A + c_1 - h(x_A - x_B)}{c}$
$c_1 = \dfrac{c^2 + b^2 - a^2}{2c}$
$c_2 = \dfrac{c^2 + a^2 - b^2}{2c}$
$h = \sqrt{a^2 - c_2^2} = \sqrt{b^2 - c_1^2}$</td></tr>
<tr><td colspan="2">点名</td><td colspan="2">边长(m)</td><td>x(m)</td><td>y(m)</td></tr>
<tr><td>A</td><td>塔山</td><td>a</td><td>1 236.385</td><td>3 314 761.875</td><td>449 301.335</td></tr>
<tr><td>B</td><td>文峰</td><td>b</td><td>858.852</td><td>3 314 539.908</td><td>448 036.590</td></tr>
<tr><td>P</td><td>N_5</td><td>c</td><td>1 284.075</td><td>3 313 924.810</td><td>449 109.112</td></tr>
<tr><td colspan="2">点名</td><td colspan="2">边长(m)</td><td>x(m)</td><td>y(m)</td></tr>
<tr><td>A</td><td>琅峰</td><td>a</td><td>858.852</td><td>3 314 547.604</td><td>449 994.206</td></tr>
<tr><td>B</td><td>塔山</td><td>b</td><td>1 082.258</td><td>3 314 761.875</td><td>449 301.335</td></tr>
<tr><td>P</td><td>N_5</td><td>c</td><td>725.246</td><td>3 313 924.813</td><td>449 109.090</td></tr>
<tr><td colspan="2">$\Delta D = \sqrt{\delta_x^2 + \delta_y^2} = 0.011$(m)</td><td colspan="2">中数</td><td>3 313 924.812</td><td>449 109.106</td></tr>
</table>

导线测量、测角交会、测边交会是大比例尺地形图测绘中平面控制测量和图根点加密的常用方法。但随着科学技术和测量技术的发展，新的测量技术及新的测量仪器设备的不断出现，如光电测距仪、全站仪、GPS 等测量方法都在不断地更新，其测量的精度也相应地不断提高，以满足不同等级平面控制测量的需求。因此，要求我们要不断地学习，掌握现代测量仪器的使用及测量方法。

第四节　高程控制测量

高程控制测量，可采用水准测量或三角高程测量的方法进行。同一项目应采用同一高程系统,并应与相邻项目高程系统相衔接。

一、三、四等水准测量

三、四等水准测量,除用于国家高程控制网的加密外,还常用做小地区的首级高程控制网,以及工程建设地区内工程测量和变形观测的基本控制。三、四等水准网应从附近的国家一、二等水准点引测高程。三、四等水准路线的布设,在加密国家控制点时,多布设为附合水准路线,或结点网的形式;在独立测区作为首级高程控制时,应布设成闭合水准路线形式;而在山区、带状工程测区,可布设为水准支线。

三、四等水准测量的路线一般沿道路布设,避开土质松软地段,水准点间距在城市建筑区为 1 ~2 km,在郊区为 2 ~4 km。水准点的埋设应选在地基稳固、能长久保存和便于观测的地点。

(一)三、四等水准测量的技术要求

国家测绘局制定的三、四等水准测量的主要技术要求见表7-18。三、四等水准测量使用的仪器为 DS_1 型或 DS_3 型水准仪,要求望远镜放大倍数应大于 25 倍,水准仪的视准轴与水准管轴之间的夹角 i,在作业开始的第一周内应每天测定一次,i 角稳定后每隔 15 天测定一次,其值不应超过 20″。使用的水准尺可采用因瓦尺或双面尺,双面尺上的米间隔平均长与名义长之差,对于线条式因瓦标尺不应大于 0.1 mm,对于其他的标尺不应大于 0.5 mm。

表 7-18 三、四等水准测量的主要技术要求

等级	视距(m)	高差闭合差限差(mm)		视线离地面最低高度(m)	前后视较差(m)	前后视累积差(m)	黑、红面读数差(mm)	黑、红面所测高差之差(mm)
		平地	山区					
三等	≤75	$\pm 12\sqrt{L}$	$\pm 4\sqrt{n}$	0.3	≤2.0	≤5.0	≤2.0	≤3.0
四等	≤100	$\pm 20\sqrt{L}$	$\pm 6\sqrt{n}$	0.2	≤3.0	≤10	≤3.0	≤5.0

(二)三、四等水准测量的实施方法

三、四等水准测量的观测应在通视良好、成像清晰稳定的情况下进行。一般采用双面水准标尺观测。下面以一个测站为例,介绍四等水准测量观测的程序与记录。

1. 测站观测程序

首先在距离前后两根水准尺的距离大致相等的地方安置仪器,粗平后瞄准后视与前视的黑面尺,利用视距测量方法,检查前、后视距离差及累积差是否超过表 7-18 的要求,如果超限,则需移动前视尺或水准仪的位置,以保证满足规定的要求。然后按下述顺序观测,并将观测结果记入表 7-19 相应栏内。

(1)照准后视尺黑面,分别读取上、下、中三丝读数,并分别记为(1)、(2)、(3);

(2)照准前视尺黑面,分别读取上、下、中三丝读数,并分别记为(4)、(5)、(6);

(3)照准前视尺红面,读取中丝读数,并记为(7);

(4)照准后视尺红面,读取中丝读数,并记为(8)。

上述四等水准测量观测程序可简称为“后→前→前→后”或“黑→黑→红→红”,这样的观测步骤可消除或减弱仪器或尺垫下沉误差的影响。对于四等水准测量,每站的观测程序也可为“后→后→前→前”或“黑→红→黑→红”,这种步骤比上述的步骤要简便些。对于三

等水准测量则只能为“后→前→前→后”的观测程序。

将上述的 8 个数据记入表 7-19 相应栏内后，立即在测站上进行测站校核。当各项限差均满足表 7-18 相应等级水准测量技术要求后，方可迁站继续测量。迁站时，前视尺不动，后视尺和仪器按路线的前进方向移动，搬至下一站，否则重新观测。

2. 一个测站的计算与检核

1) 视距的计算与检核

后视距：(9) = [(1) − (2)] × 100；

前视距：(10) = [(4) − (5)] × 100；

表 7-19　三、四水准测量观测记录手簿

自＿＿＿＿＿＿测至＿＿＿＿＿＿天气＿＿＿＿＿＿观测者＿＿＿＿＿＿

时间＿＿＿＿＿＿成像＿＿＿＿＿＿记录者＿＿＿＿＿＿仪器型号＿＿＿＿＿＿

测站编号	点号	后尺 上丝 下丝 后视距 视距差 d(m)	前尺 上丝 下丝 前视距 累计差 $\sum d$(m)	方向及尺号	水准尺读数(m) 黑面	水准尺读数(m) 红面	黑 + K − 红(mm)	平均高差(m)	备注
		(1) (2) (9) (11)	(4) (5) (10) (12)	后 前 后 − 前	(3) (6) (15)	(8) (7) (16)	(13) (14) (17)	(18)	
1	BM_1—ZD_1	1.426 0.995 43.1 +0.1	0.801 0.371 43.0 +0.1	后 K_1 前 K_2 后 − 前	1211 0586 +0.625	5998 5273 +0.725	0 0 0	+0.625 0	
2	ZD_1—ZD_2	1.812 1.296 51.6 −0.2	0.570 0.052 51.8 −0.1	后 K_2 前 K_1 后 − 前	1554 0311 +1.243	6241 5097 +1.144	0 +1 −1	+1.243 5	K_1 = 4787 K_2 = 4687
3	ZD_2—ZD_3	0.889 0.507 38.2 +0.2	1.713 1.333 38.0 +0.1	后 K_1 前 K_2 后 − 前	0698 1523 −0.825	5486 6210 −0.724	−1 0 −1	−0.824 5	
4	ZD_3—A	1.891 1.525 36.6 −0.2	0.758 0.390 36.8 −0.1	后 K_2 前 K_1 后 − 前	1708 0574 +1.134	6395 5361 +1.034	0 0 0	+1.134 0	
本页校核	$\sum[(3)+(8)] - \sum[(6)+(7)] = 29.291 - 24.935 = +4.356$ $\sum[(15)+(16)] = +4.356$　　$\sum(18) = +2.178$　　$2\sum(18) = +4.356$ 由此可见满足：$\sum[(3)+(8)] - \sum[(6)+(7)] = \sum[(15)+(16)] = 2\sum(18)$ $\sum(9) - \sum(10) = 169.5 - 169.6 = -0.1 =$ 末站(12) 总视距 $= \sum(9) + \sum(10) = 339.1$ m								

前、后视距差：(11) = (9) - (10)；

前、后视距累积差：(12) = 本站(11) + 上站(12)。

前、后视距差及前、后视距累积差应满足表 7-18 相应等级的技术要求。

2) 水准尺黑、红面中丝读数差的计算与检核

同一根水准尺黑面与红面中丝读数之差的计算为

前尺黑面与红面中丝读数之差：(13) = (3) + K - (8)；

后尺黑面与红面中丝读数之差：(14) = (6) + K - (7)。

水准尺黑、红面中丝读数差同样应满足表 7-18 相应等级的技术要求。上式中的 K 为红面尺的起点数，也就是黑、红面的起点差，称为尺常数，一般为 4.687 m 或 4.787 m。表 7-19 中的 K_1 = 4.787 m，K_2 = 4.687 m。

3) 高差的计算与检核

黑面尺所测的高差：(15) = (3) - (6)；

红面尺所测的高差：(16) = (8) - (7)。

检核：

黑、红面高差之差：(17) = (15) - [(16) ± 0.100] 或 (17) = (13) - (14)；

高差的平均值：(18) = [(15) + (16) ± 0.100]/2。

由于三、四等水准测量采用的是黑红面一对水准尺，这一对水准尺红面尺起始读数相差 0.1 m，因此红面尺所测的高差应 ± 0.1 m，但测站间这两根水准尺是交替前进的，所以"+"、"-"也应交替变化。何时取"+"，何时取"-"，关键要确定 K_1 和 K_2 两红面尺中谁在后视。例如在表 7-19 第一测站中，确定 K_1 为后视尺，即后尺红面起点为 4.787 m，则在这一测站红面所测的高差应 -0.1 m。若确定 K_2 为后视尺，即后尺红面起点为 4.687 m，则在这一测站红面所测的高差应 +0.1 m。

3. 每页计算校核

(1) 高差部分。在每页上，后视红、黑面读数总和与前视红、黑面读数总和之差，应等于红、黑面高差之和。

对于测站数为偶数的页

$$\sum[(3) + (8)] - \sum[(6) + (7)] = \sum[(15) + (16)] = 2\sum(18)$$

对于测站数为奇数的页

$$\sum[(3) + (8)] - \sum[(6) + (7)] = \sum[(15) + (16)] = 2\sum(18) \pm 0.100$$

(2) 视距部分。在每页上，后视距总和与前视距总和之差应等于本页末站视距差累积值与上页末站视距差累积值之差。校核无误后，可计算水准路线的总长度。

$$\sum(9) - \sum(10) = \text{本页末站之}(12) - \text{上页末站之}(12)$$

$$\text{水准路线总长度} = \sum(9) + \sum(10)$$

(三) 三、四等水准测量的成果整理与高程计算

三、四等水准测量外业施测工作结束后，在外业记录、计算检核无误的情况下，可转入内业计算。单一水准路线高差闭合差的计算、调整及高程的计算与第二章介绍的方法相同，但是对于高差闭合差的容许值是不一样的，应满足三、四等水准路线高差闭合差的限差要求，具体见表 7-18。

二、三角高程测量

在丘陵地区或山区，由于地面高低起伏较大，或水准点位于较高的建筑物上，用水准测量方法进行高程控制时困难大且速度也慢，甚至无法施用，这时可应用三角高程测量的方法测定两点间的高差而求得高程。该方法较水准测量精度低，常用于山区各种比例尺测图的高程控制。

(一)三角高程测量原理

三角高程测量的基本思想是，根据由测站对照准点所观测的竖直角和测站至照准点之间的水平距离来计算两点之间的高差。如图 7-18 所示，已知 A 点高程 H_A，欲求 B 点高程 H_B，可将仪器安置在 A 点，在 B 点竖立标杆，当照准 B 点目标高为 v 时，测得竖直角为 α，量取仪器高 i。

设 AB 两点间水平距离为 D，A、B 两点高差为 h_{AB}，则由图 7-18 可得

$$h_{AB} = D\tan\alpha + i - v \tag{7-36}$$

如果用测距仪测得 A、B 两点间的斜距为 S，则高差 h_{AB} 为

$$h_{AB} = S\sin\alpha + i - v \tag{7-37}$$

则 B 点高程为

$$H_B = H_A + h_{AB} \tag{7-38}$$

具体应用上述公式时，要注意竖直角的正负号，当竖直角 α 为仰角时取正号，当竖直角 α 为俯角时取负号。

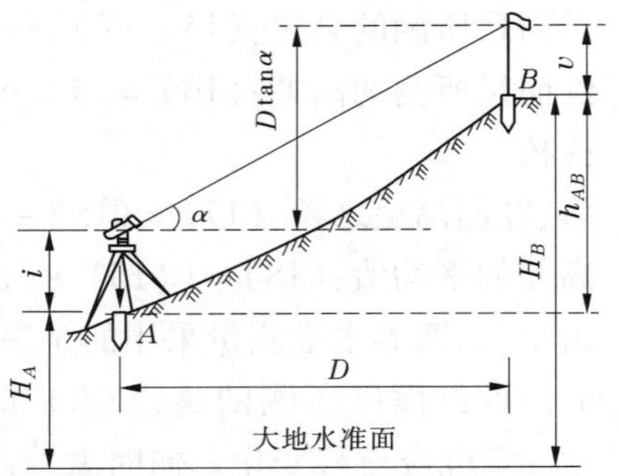

图 7-18　三角高程测量原理

(二)地球曲率和大气折光对高差的影响(球气差的改正数)

式(7-36)和式(7-37)是在假定地球表面为水平面(即把水准面当做水平面)，认为观测视线是直线的条件下导出的，当地面上两点间的距离小于 300 m 时是适用的。当两点间距离大于 300 m 时，则要考虑地球曲率及观测视线受大气垂直折光的影响。地球曲率对高差的影响称为地球曲率差，简称球差。加曲率改正，称为球差改正。同时，观测视线受大气垂直折光的影响而成为一条向上凸起的弧线差异，称为气差。必须加入大气垂直折光差改正，称为气差改正。以上两项改正合称为球气差改正，简称二差改正。

如图 7-19 所示，O 为地球中心，R 为地球曲率半径($R = 6\ 371$ km)，A、B 为地面上两点，D 为 A、B 两点间的水平距离，R'为过仪器高 P 点的水准面曲率半径，PE 和 AF 分别为过 P 点和 A 点的水准面。实际观测竖直角 α 时，水平线交 OB 于 G 点，GE 就是由于地球曲率而产生的高程误差，即球差，用符号 c 表示。由于大气折光的影响，来自目标 N 的光沿弧线 PN 进入仪器望远镜，而望远镜却位于弧线 PN 的切线 PM 上，MN 即为大气垂直折光带来的高程误差，即气差，用符号 γ 表示。

由于 A、B 两点间的水平距离 D 与曲率半径 R'之比值很小，例如当 $D = 3$ km 时，其所对圆心角约为 2.8′，故可认为 PG 近似垂直于 OM，则

$$MG = D\tan\alpha$$

于是，A、B 两点高差为

$$h = D\tan\alpha + i - v + c - \gamma \quad (7\text{-}39)$$

令 $f = c - \gamma$，称为球气差，则式(7-39)为

$$h = D\tan\alpha + i - v + f \quad (7\text{-}40)$$

式(7-40)即为受球气差影响的三角高程计算公式。

由图 7-19 可知

$$(R' + c)^2 = R'^2 + D^2$$

整理得

$$c = \frac{D^2}{2R' + c}$$

c 与 R' 相比很小，可略去，并考虑到 R' 与 R 相差很小，故以 R 代替 R'，则上式变为

$$c = \frac{D^2}{2R}$$

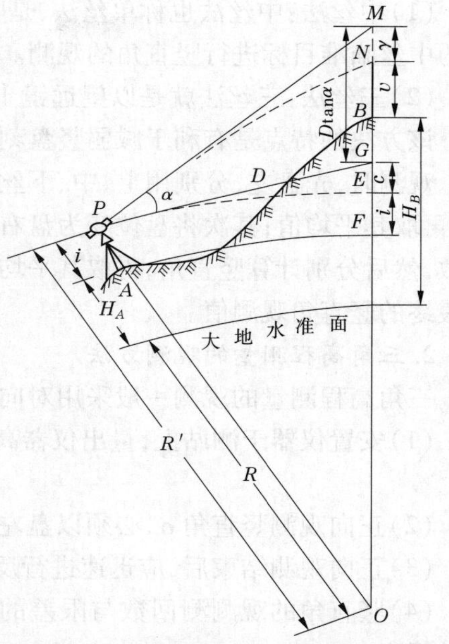

图 7-19　地球曲率和大气折光影响

气差的影响较为复杂，它与气温、气压、地面坡度和植被等因素均有关。在我国境内，一般认为气差是球差的 1/7，于是

$$\gamma = \frac{D^2}{14R}$$

二差改正为

$$f = c - \gamma = \frac{D^2}{2R} - \frac{D^2}{14R} \approx 0.43\,\frac{D^2}{R} \quad (\text{cm}) \quad (7\text{-}41)$$

式(7-41)中水平距离 D 以 km 为单位。

表 7-20 是将式(7-41)中取不同的 D 值所对应的球气差 f 的数值，用时可在表中查取。

表 7-20　球气差改正值

D(100 m)	1	2	3	4	5	6	7	8	9	10
f(cm)	0.1	0.3	0.6	1.1	1.7	2.4	3.3	4.3	5.5	6.7

由表 7-20 可以看出，当两点间水平距离 $D < 300$ m 时，其影响不足 1 cm，故一般规定当水平距离 $D < 300$ m 时，不考虑球气差的影响，只有当水平距离 $D > 300$ m 时，才考虑球气差的影响。

在进行三角高程测量时，一般都采用双向观测，又称对向观测或直反觇观测，即在已知高程点 A 处安置仪器，在另一 B 点立觇标，进行高差观测，测得高差 h_{AB}，称为直觇；然后在 B 点安置仪器，在 A 点立觇标，测得高差 h_{BA}，称为反觇。若将直、反觇测得的高差取平均值，可以抵消球气差的影响。另外，三角高程测量采用对向观测时，应尽可能在较短的时间内完成。

(三)三角高程测量的施测方法

1. 竖直角的观测方法

在三角高程测量中，竖直角的观测方法有中丝法和三丝法。

(1)中丝法:中丝法也称单丝法,是竖直角观测最常用的方法。该方法是以望远镜十字丝的中丝瞄准目标进行竖直角的观测。具体方法见第三章竖直角测量一节。

(2)三丝法:三丝法就是以望远镜十字丝的上、中、下三条横丝依次瞄准目标观测竖直角。该方法的特点是有利于减弱竖盘刻划误差的影响。

观测时,先盘左,分别用上、中、下丝瞄准同一目标并读取竖盘读数,然后分别计算竖直角,再取其平均值;其次将盘位变为盘右,同样分别用上、中、下丝瞄准同一目标并读取竖盘读数,然后分别计算竖直角,再取其平均值;最后将盘左与盘右观测的平均值再取平均值,即为最终的竖直角观测值。

2. 三角高程测量的观测方法

三角高程测量的观测一般采用对向观测,观测应按下述步骤进行:

(1)安置仪器于测站上,量出仪器高 i,觇标立于测点上,量出目标高(觇标高)v,读数至mm。

(2)正向观测竖直角 α,必须以盘左、盘右进行观测。

(3)正向观测结束后,应迅速进行反向观测,方法同上。

(4)竖直角的观测测回数与限差的规定,应符合相关的技术要求,如表7-21和表7-22中的规定。

(5)用电磁波测距仪测量两点之间的水平距离或倾斜距离,或用三角测量方法计算出两点之间的水平距离。

三角高程测量有电磁波测距三角高程测量、经纬仪三角高程测量和独立高程点三种,其观测数据应满足规定的技术要求。对于不同的方法及观测精度等级也有相应的技术要求。表7-21为电磁波测距三角高程测量的主要技术要求,表7-22为经纬仪三角高程测量的主要技术要求。

表7-21 电磁波测距三角高程测量的主要技术要求

等级	边长(km)	仪器	竖直角测回数		竖盘指标差较差(″)	竖直角较差(″)	对向观测高差较差(mm)	附合或环形闭合差(mm)
			三丝法	中丝法				
四等	≤1	DJ_2	1	3	≤7	≤7	$\pm 40\sqrt{D}$	$\pm 20\sqrt{\sum D}$
一级(等外)	≤1	DJ_2		2	≤10	≤10	$\pm 60\sqrt{D}$	$\pm 30\sqrt{\sum D}$
二级(图根)		DJ_6		2	≤25	≤25		$\pm 40\sqrt{\sum D}$

注:①D 为电磁波测距边长,以 km 为单位。

②采用单向观测时,应考虑地球曲率和大气折光的影响。

表7-22 经纬仪三角高程测量的主要技术要求

等级	总长(km)	仪器	竖直角测回数		竖盘指标差较差(″)	竖直角较差(″)	对向观测高差较差(mm)	附合或环形闭合差(mm)
			三丝法	中丝法				
一级(等外)	1.5	DJ_2	1	2	≤15	≤15	$\pm 200s$	$\pm 0.07\sqrt{n}$
二级(图根)	0.5	DJ_6		2	≤25	≤25	$\pm 400s$	$\pm 0.11H_d\sqrt{n}$

注:①s 为边长,以 km 为单位;n 为测站数;H_d 为等高距,以 m 为单位。

②采用单向观测时,应考虑地球曲率和大气折光的影响。

3. 三角高程测量的计算

三角高程测量路线应布设为闭合或附合高程导线。如图 7-20 所示，如果 A、E 两点是已知高程点，则可沿 $A—B—C—D—E$ 布设为附合高程导线；如是只有 A 点为已知高程点，则可沿 $A—B—C—D—E—A$ 布设为闭合高程导线。每边均取对向观测。

三角高程测量每条边采用对向观测，所测得的两次高差之差（经二差改正后）不应大于规定的限差要求，若较差符合限差要求，则取两次所测高差的中数（即平均数）作为该边上两端点的高差。为了减少折光差的影响，目标高应不小于 1 m。图根高程控制测量，量取仪器高 i 和目标高 v 至 cm 即可。现以图 7-21 所示的闭合三角高程导线为例，说明三角高程测量的计算方法。

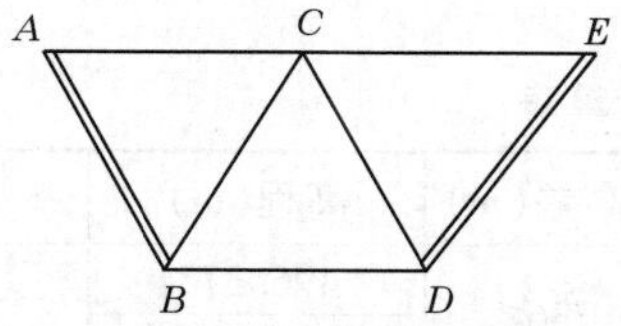

图 7-20　三角高程导线

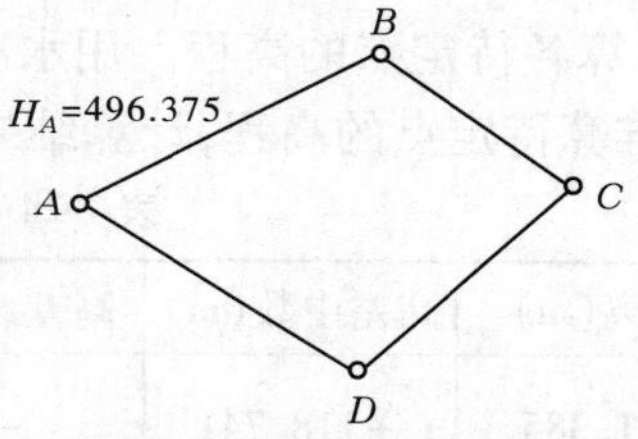

图 7-21　三角高程测量闭合路线

如图 7-21 所示，为一三角高程测量闭合路线，已知 A 点高程，计算待定点 B、C、D 点的高程。每边均取对向观测。观测数据和已知数据列于表 7-23。

（1）在计算之前，应检查外业观测的数据是否满足规定的技术要求。所有数据合乎要求后方可进行数据的抄录，并绘制三角高程线路图，见图 7-21。

表 7-23　三角高程路线高差计算表

测站点	A	B	B	C	C	D	D	A
觇点	B	A	C	B	D	C	A	D
觇法	直	反	直	反	直	反	直	反
D(m)	581.385	581.385	488.997	488.997	530.007	530.007	611.118	611.118
α	11°38′30″	−11°23′5″	6°51′35″	−6°34′30″	−10°04′24″	10°20′30″	−7°23′09″	7°37′45″
i(m)	1.442	1.490	1.490	1.503	1.503	1.486	1.486	1.442
v(m)	2.500	3.000	3.00	2.500	2.600	3.000	3.000	2.600
f(m)	0.020	0.020	0.020	0.020	0.020	0.020	0.020	0.020
h(m)	+118.744	−118.738	+57.216	−57.224	−95.231	+95.222	−80.711	+80.719
Δh	+0.006		+0.008		−0.009		+0.008	
$h_{中}$(m)	+118.741		+57.220		−95.226		−80.715	

（2）各边高差的计算。数据检查结束后，将已知点、未知点的点名填入表 7-23 中相应的栏目内。观测数据确认无误后，同样填入表 7-23 中相应的栏目内，并计算二差改正数 f，利用式(7-40)计算各边直、反觇高差。两点间直、反觇高差的较差若满足表 7-21 的技术要求，则计算直、反觇所测高差的中数。如果超过规定的限差，则应重新观测。图 7-21 中所示的

各观测数据及各边高差的计算结果见表 7-23。

(3)调整高差闭合差。各段高差计算完后,即可进行高差闭合差的计算与调整。三角高程测量高差闭合差计算与调整的方法与水准测量高差闭合差的计算与调整方法相同,具体方法可见第二章第四节。

本例的高差闭合差为

$$f_h = \sum h_{中} = 118.741 + 57.220 - 95.226 - 80.715 = +0.020(\text{m})$$

其路线高差闭合差的容许值以电磁波三角高程测量一级计算有

$$f_{h容} = \pm 60\sqrt{D} = \pm 60\sqrt{2.2115} = \pm 0.089(\text{m})$$

于是 $|f_h| < |f_{h容}|$,精度满足要求,则可进行高差闭合差的调整,计算结果见表 7-24。

(4)计算各待定点的高程。用水准测量计算高程的方法,由已知点开始,根据改正后的高差逐一推算待定点的高程,计算结果见表 7-24。

表 7-24　三角高程路线高程计算表

点名	距离(m)	高差中数(m)	高差改正数(m)	改正后的高差(m)	高程(m)	备注
A					496.375	
	581.385	+118.741	−0.005	+118.736		
B					615.111	
	488.997	+57.220	−0.004	+57.216		
C					672.327	
	530.007	−95.226	−0.005	−95.231		
D					577.096	
	611.118	−80.715	−0.006	−80.721		
A					496.375	
$\sum$	2 211.507	+0.020	−0.020	0		
辅助计算	$f_h = \sum h_{中} = +0.020\ \text{m}$ $f_{h容} = \pm 60\sqrt{D} = \pm 60\sqrt{2.2115} = \pm 0.089(\text{m})$, $\|f_h\| < \|f_{h容}\|$					

三、图根高程控制测量

测量图根平面控制点高程的工作,称为图根高程控制测量。它是在国家高程控制网或地区首级高程控制网的基础上,采用图根水准测量或图根三角高程测量来进行的。

图根水准测量采用普通水准测量方法,具体方法详见第二章第三节。水准路线沿图根点布设,并起闭于高级水准点上,形成附合水准路线或闭合水准路线。图根水准测量视线长度不超过 100 m,测量时所有图根点应作为水准路线上的转点,以保证图根点高程得到检核。在地形起伏较大的地区,可采用图根三角高程测量。图根三角高程路线应起闭于水准测量测定的水准点上。三角高程路线沿图根点布设,交会点也可组成在三角高程路线中。三角高程路线的边数不要超过 12 条。不能组成在三角高程路线内的交会点,可用不少于三个方向观测单独计算,各方向推算出的高程的较差不得超过 $0.2H$(H 为基本等高距)。图根三角高程测量又分图根经纬仪三角高程测量和图根光电测距三角高程测量。图根光电测距三角高程测量常与图根光电测距导线合并进行。图根三角高程测量的各项技术要求见表 7-21 和表 7-22。

第五节　GPS 测量简介

一、概述

全球定位系统(GPS)是英文 Navigation System Timing and Ranging/Global Positioning System 的字头缩写词 NAVSTAR/GPS 的简称。它的含义是,利用导航卫星进行测时和测距,以构成全球定位系统。现在国际上公认将这一全球定位系统简称为 GPS,即"授时与测距导航系统/全球定位系统"。

全球定位系统(GPS)于 1973 年由美国政府组织研究,耗费巨资,历经约 20 年,于 1993 年全部建成。该系统是伴随现代科学技术的迅速发展而建立起来的新一代精密卫星导航和定位系统,不仅有全球性、全天候、连续的三维测速、导航、定位与授时能力,而且具有良好的抗干扰性和保密性。该系统的研制成功已成为美国导航技术现代化的重要标志,被视为本世纪继阿波罗登月计划和航天飞机计划之后的又一庞大的空间计划。

全球定位系统(GPS)的研制目的最初主要用于军事,如为陆海空三军提供实时、全天候和全球性的导航服务,并用于情报收集、核爆监测、应急通信和爆破定位等方面。随着 GPS 步入试验和实用阶段,其定位技术的高度自动化及所达到的高精度和巨大的潜力,引起了各国政府的普遍关注,同时引起了广大测量工作者的极大兴趣。特别是近几年来,GPS 定位技术在应用基础的研究、新应用领域的开拓、软硬件的开发等方面都取得了迅速发展。目前,GPS 精密定位技术已经广泛地渗透到了经济建设和科学技术的许多领域,尤其是在大地测量学及其相关学科领域,如地球动力学、海洋大地学、天文学、地球物理和资源勘探、航空与卫星、遥感精密工程测量、变形监测,城市控制测量等方面都得以广泛应用,充分显示了这一卫星定位技术的高精度和高效益,这将使测绘事业的发展进入一个新的时代。

二、GPS 的组成

GPS 定位技术是利用空中的 GPS 卫星,向地面发射 L 波段的载频无线电测距信号,由地面上的用户接收机实时地连续接收,并依此计算出接收机天线相位中心所在的位置。因此,GPS 主要由三大部分组成,即空间星座部分(GPS 卫星星座)、地面监控部分(地面监控系统)和用户设备部分(GPS 用户接收机),如图 7-22 所示。对于整个全球定位系统来说,它们都是不可缺少的。GPS 是利用无线电传输特性来定位的,它由卫星来发射定时信号、卫星位置和健康状况信息,故具有发射信号能覆盖全球和定位精度高的优点。系统中所有卫星构成 GPS 的空间部分。卫星由地面站(地面监控部分)监测和控制,它监测卫星健康状况和空中定位精度,定时向卫星发送控制指令、轨道参数和时间改正数据。

(一)GPS 空间部分

1. GPS 卫星星座

全球定位系统的空间星座部分由 24 颗卫星组成,如图 7-23 所示,其中包括 3 颗可随时启用的备用卫星。卫星高度为 20 200 km,运行周期为 11 小时 58 分钟。工作卫星分布在 6 个轨道面内,每个轨道面上有 4 颗卫星。在地平线上的卫星数目随时间和地点而异,最少为 4 颗,最多达 11 颗。即是说在地球表面上任何地点、任何时间,在高度角 15°以上至少可同

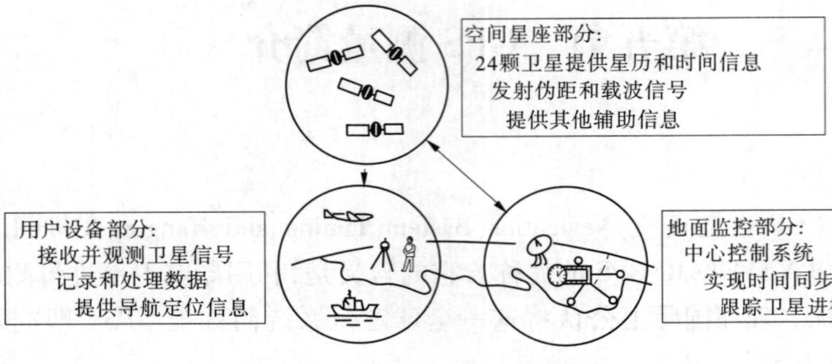

图 7-22 GPS 的组成

时观测到 4 颗卫星。同时在波束覆盖区域内,用户接收到的卫星信号强度近似相等。这对提高定位精度十分有利。使其能在全球任何地方、任何恶劣的气候条件下,为用户提供 24 小时不间断的免费服务。所以,GPS 是一种全球性、全天候的连续实时定位系统。

2. GPS 卫星及功能

卫星的主体呈圆柱形,设计寿命为 7.5 年。主体两侧配有能自动对日定向的双叶太阳能集电板,为保证卫星正常工作提供电源;通过一个驱动系统保持卫星运转并稳定轨道位置。每颗卫星装有 4 台高精度原子钟,以保证发射出标准频率,为 GPS 测量提供高精度的时间信息。

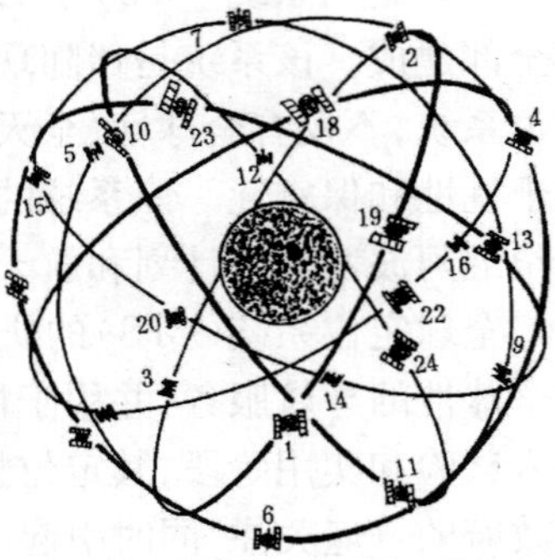

图 7-23 GPS 卫星星座

GPS 卫星的主要功能是:接收、储存和处理地面监控系统发射来的导航电文及其他有关信息;进行必要的数据处理工作;向用户连续不断地发送导航与定位信息,并提供时间标准、卫星本身的空间实时位置及其他在轨卫星的概略位置;在地面监控站的指令下,通过推进器调整卫星的姿势和启用备用卫星等。

(二)GPS 地面监控部分

GPS 的地面监控系统主要由分布在全球的 5 个地面站组成,按其功能分为主控站(MCS)、注入站(GA)和监测站(MS)三种,如图 7-24 所示。

图 7-24 GPS 地面监测站示意图

主控站1个,设在美国的科罗拉多的斯普林斯(Colorado Springs)。主控站拥有大型电子计算机,作为数据采集、计算、传输、诊断、编辑等功能的主体设备。主控站负责协调和管理所有地面监控系统的工作,其作用是收集各个监测站所测得的伪距和积分多普勒观测值、环境要素等数据,计算每颗GPS卫星的星历、时钟改正量、状态数据,以及信号的大气层传播改正,并按一定的形式编制成导航电文,传送到注入站。此外,还控制和监视其余站的工作情况并管理调度GPS卫星,提供全球定位的时间基准,调整卫星状态和启用备用卫星等。

注入站现有3个,分别设在印度洋的迭哥伽西亚(Diego Garcia)、南太平洋的卡瓦加兰(Kwajalein)和南大西洋的阿松森群岛(Ascencion)。注入站的作用是将主控站传来的卫星星历、钟差、导航电文和其他控制性指令注入相应卫星的存储系统,并监测注入信息的正确性,主控站将编辑的卫星电文传送到位于三大洋的三个注入站,而注入站用10 cm(S)波段的微波作载波,分别注入相应的GPS卫星中,通过卫星将导航电文传递给地面上的广大用户,这就是所用的广播星历。导航电文是GPS用户所需要的一项重要信息,通过导航电文才能确定出GPS卫星在各时刻的具体位置,因此注入站的作用是很重要的。

监测站共有5个,除上述4个地面站具有监测站功能外,还在夏威夷(Hawan)设有一个监测站。监测站的主要任务是连续观测和接收所有GPS卫星发出的信号并监测卫星的工作状况,为主控站编算导航电文提供原始观测数据。每个监测站上都有GPS接收机对所见卫星作伪距测量和积分多普勒观测,定时将采集到的环境要素等数据连同当地气象观测资料和时间信息,经初步处理后传送到主控站。

整个系统除主控站外均由计算机自动控制,而无须人工操作。各地面站间由现代化通信系统联系,实现了高度的自动化和标准化。

(三)用户设备部分

GPS的空间星座部分和地面监控部分,为用户广泛利用该系统进行导航和定位提供了基础。而用户要实现利用GPS进行导航和定位的目的,还需要GPS接收机,即用户设备部分。用户设备部分由GPS接收机硬件、数据处理软件和微处理机及其终端设备等组成。GPS接收机硬件包括接收机主机、天线和电源,它的主要功能是接收GPS卫星发射的信号,以获得必要的导航和定位信息及观测量,并经简单数据处理而实现实时导航和定位。GPS软件是指各种后处理软件包,通常由厂家提供,其主要作用是对观测数据进行精加工,以便获得精密的定位结果。

GPS接收机的种类比较多,按其用途不同可分为导航型、大地型和授时型三类;按接收的卫星信号频率,又可分为单频(L_1)接收机和双频(L_1、L_2)接收机等。单频接收机适用于10 km左右或更短距离的精密定位工作,其相对定位的精度能达5 mm+1 ppm·D(D为基线长度,以km计)。而双频接收机可进行长距离的精密定位工作,其相对定位的精度可优于5 mm+1 ppm·D,但其结构复杂,价格昂贵。

导航型:定位精度较低,价格便宜。主要用于船舶、车辆、飞机等运载体的实时定位和导航。

大地型:定位精度高,结构比较复杂,价格昂贵。主要用于控制测量、工程测量及变形测量中的三维坐标定位。大地型GPS接收机可分为单频接收机和双频接收机,一般都是采用较精密的双频接收机,由于其观测数据必须进行后期处理,因此必须配有功能完善的后处理软件,才能求得测站点的三维坐标。

授时型:主要用于天文台或地面监测站进行时间频标的同步测定。

因用户并不需要给卫星发射任何信号,卫星也不必理会用户的存在,故系统中对用户数量没有限制。

二、GPS 定位的基本原理

(一)GPS 的定位方法与定位模式

1. GPS 的定位方法

GPS 的定位方法,若按用户接收机天线在测量中所处的状态来分,可分为静态定位和动态定位;若按定位的结果来分,可分为绝对定位和相对定位。

(1)静态定位:在定位过程中,接收机天线的位置相对于周围地面点而言,处于静止状态。

(2)动态定位:在定位过程中,接收机天线处于运动状态,定位结果是连续变化的。如用于陆地车辆、飞机、轮船、宇宙飞行器等导航定位的方法就属动态定位。

(3)绝对定位:亦称单点定位,是利用 GPS 独立确定用户接收机天线在 WGS-84 坐标系中的绝对坐标。由于单点定位受卫星星历误差、大气延迟误差等影响较大,故定位精度低,一般为 25~30 m。单点定位多用于船舶、飞机、勘探、海洋作业等方面。

(4)相对定位:又称差分定位,是 WGS-84 坐标系中确定接收机天线与某一地面参考点之间的相对位置或两观测站之间相对位置的方法。

2. GPS 的定位模式

各种定位方法还可组合为不同的定位模式,在实际的工作中,应按照工程需要,根据具体情况选择适当的 GPS 定位模式,以提高定位精度和作业效率。

(1)静态绝对定位:是指在接收机天线处于静止状态的情况下,以确定观测站的绝对坐标的方法。静态绝对定位一般用于测定观测站在 WGS-84 坐标系中的绝对坐标。

(2)动态绝对定位:是指用户接收机安置在运动的载体上,并处于动态的情况下,确定载体瞬时绝对位置的定位方法。动态绝对定位一般用于飞机、船舶及陆地车辆的导航,在航空物探和卫星遥感中也有广泛的用途。

(3)静态相对定位:是指设置在基线两端点的接收机天线处于固定不动的情况下,以确定观测站的绝对坐标的方法。这种定位方法可通过重复观测,取得足够的多余观测数据,以提高定位精度。静态相对定位是目前 GPS 测量中精度最高的一种定位方法,广泛应用于大地测量、精密工程测量和地球动力学研究等项工作。

(4)动态相对定位:是将一台接收机安置在已知的参考点上固定不动,另一台接收机设置在运动载体上(亦称流动接收机),两台接收机同步观测相同的卫星,以实时确定运动点相对于参考点的位置。

其他还有如伪动态相对定位、半动态相对定位及快速静态相对定位等。

(二)GPS 定位的基本原理

1. 绝对定位原理

利用 GPS 进行绝对定位的基本原理为:以 GPS 卫星与用户接收机天线之间的几何距离观测量 ρ 为基础,并根据卫星的瞬时坐标(X_S, Y_S, Z_S),以确定用户接收机天线所对应的点位,即观测站的位置。

设接收机天线的相对中心坐标为(X,Y,Z)，则有

$$\rho^2=(X-X_S)^2+(Y-Y_S)^2+(Z-Z_S)^2 \tag{7-42}$$

式(7-42)中卫星的瞬时坐标(X_S,Y_S,Z_S)可根据导航电文获得，为已知数据，而ρ为伪距观测值，也可以由观测数据文件得到。因此，上述方程只有3个未知数。可见，用户用GPS接收机在某一时刻只要同时接收3颗以上的GPS卫星信号，测量出测站点P至3颗以上GPS卫星的距离并解算出该时刻GPS卫星的空间坐标，据此即可利用距离交会法解算出测站点P的位置。显然，GPS进行绝对定位的基本原理是空间后方交会。

如图7-25所示，设在时刻t_i在测站点P用GPS接收机同时测得P点至3颗GPS卫星S_1、S_2、S_3的距离ρ_1、ρ_2、ρ_3，通过GPS导航电文解译出该时刻3颗GPS卫星的三维坐标分别为(X^j,Y^j,Z^j) $(j=1,2,3)$，则用距离交会的方法求解P点的三维坐标(X,Y,Z)的方程为

$$\left.\begin{aligned}\rho_1^2&=(X-X^1)^2+(Y-Y^1)^2+(Z-Z^1)^2\\\rho_2^2&=(X-X^2)^2+(Y-Y^2)^2+(Z-Z^2)^2\\\rho_3^2&=(X-X^3)^2+(Y-Y^3)^2+(Z-Z^3)^2\end{aligned}\right\} \tag{7-43}$$

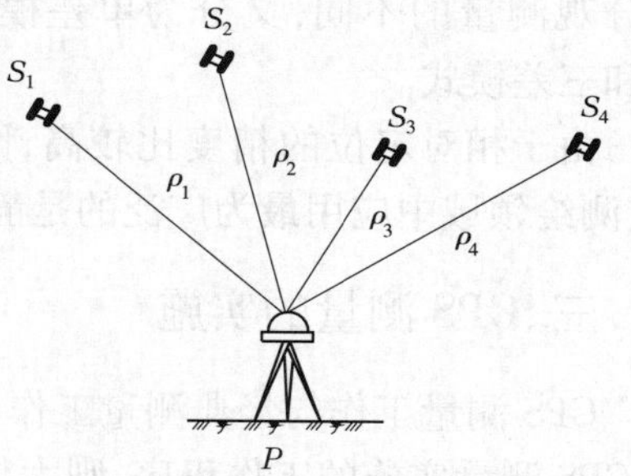

图7-25　GPS卫星绝对定位定位原理

解该方程即可求得测站点P的三维坐标。

但是由于GPS采用了单程测距原理，而卫星钟与用户接收机又难以保持严格同步，因此实际观测中，观测站至卫星之间的距离ρ中含有卫星钟与接收机钟同步差的影响，另外还含有载波在运行过程中电离层、对流层折射的影响，因此称为伪距。卫星钟差，电离层、对流层折射可以通过导航电文中所给出的有关参数加以修正，单接收机钟差却一般难以预先准确地确定，所以通常将接收机钟差当做一个未知数，与测站点坐标一起在数据处理中进行解算。这样在一个观测站上要实时解出4个未知参数，即3个点位坐标分量和1个钟差参数，就至少要同时观测到4颗卫星。

由于GPS绝对定位受卫星轨道误差、钟差及信号传播误差等诸多因素的影响，因而精度较低。

2. 相对定位原理

GPS相对定位，亦称差分GPS定位，是目前GPS定位中精度最高的一种定位方法。其基本定位原理如图7-26所示。将两台GPS接收机分别安置在测线两端(该测线称为基线)，同步接收GPS卫星信号，利用同步观测值进行解算，求定基线两端在WGS－84坐标系中的相对位置或称基线向量。当其中一个端点坐标已知时，则可推算出另一个待定点(端点)的坐标。

在实际作业中，也有用多台接收机置于多条基线端点，通过同步观测GPS卫星以确定多条基线向量的。

因为在两个观测站或多个观测站同步观测相同卫星的情况下，卫星的轨道误差，卫星钟差，接收机钟差及电离层、对流层折射误差等对观测量的影响具有一定的相关性，因此利用这些观测量的不同组合，进行相对定位，即可有效地消除或减弱上述误差的影响，从而提高

相对定位的精度。

相对定位常使用的基本观测量是载波相位。相对定位的观测量可以是原始的载波相位观测量,也可以是在观测站、卫星、历元之间组合的差分观测量。用原始的非差相位进行的相对定位称为非差模式,用差分相位进行的相对定位称为差分模式。差分模式根据所用差分观测量的不同,又分为单差模式、双差模式和三差模式。

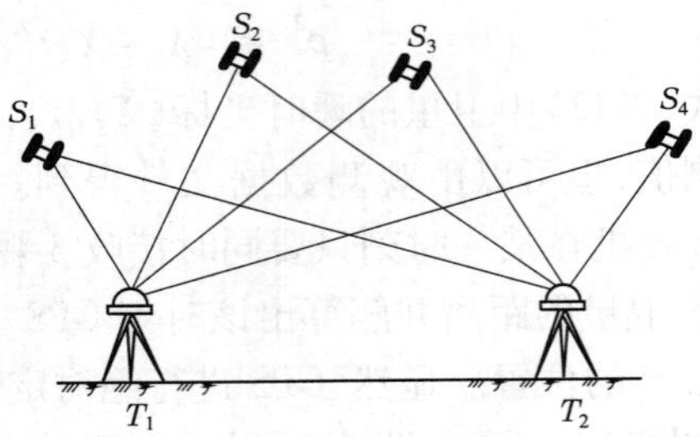

图 7-26　GPS 卫星相对定位原理

由于相对定位的精度比较高,因此目前工程、测绘领域中应用最为广泛的是静态相对定位和动态相对定位。

三、GPS 测量的实施

GPS 测量工作与经典测量工作相类似,按其性质可分为外业和内业两大部分。如果按照 GPS 测量实施的工作程序,则大体上可分为如下几个阶段:技术设计,选点与建立标志,外业观测,内业数据处理。

(一)技术设计

1. GPS 测量控制网技术要求

通常将应用 GPS 卫星定位技术建立的控制网称为 GPS 测量控制网。对 GPS 测量控制网的精度要求,主要取决于网的用途。精度指标,通常均以网中相邻点之间的距离误差来表示,其形式为

$$\sigma = \sqrt{a^2 + (bD)^2} \tag{7-44}$$

式中　σ——网中相邻点间的距离误差,mm;

a——与接收设备有关的固定误差,mm;

b——比例误差系数,ppm 或 10^{-6};

D——相邻点间的平均距离,km。

精度指标是 GPS 测量控制网优化设计的一个重要量,它的大小将直接影响 GPS 测量控制网的布设方案、观测计划、观测数据的处理方法以及作业的时间和经费。所以,在实际设计工作中,要根据用户的实际需要和可能慎重确定。

2. GPS 测量控制网图形构成的基本概念

(1)观测时段:测站上开始接收卫星信号到观测停止,连续工作的时间称为观测时段。

(2)同步观测:2 台或 2 台以上的接收机对同一组卫星同时进行观测称为同步观测。

(3)同步观测环:3 台或 3 台以上的接收机同步观测获得的基线向量所构成的闭合环称为同步观测环。

(4)独立观测环:由独立观测获得的基线向量所构成的闭合环称为独立观测环。

(5)异步观测环:在构成多边形环路的所有基线向量中,只要有非同步观测基线向量,则该多边形环路即称异步观测环。

(6)独立基线:对于 N 台 GPS 接收机构成的同步观测环,有 J 条同步观测基线,其中独立基线数为 $N-1$,即 J 条同步观测基线中有 $N-1$ 条独立基线。

（7）非独立基线：除独立基线外的其他基线称为非独立基线，总基线数与独立基线数之差即为非独立基线数。

3. GPS 测量控制网的网形设计

为了确保 GPS 成果的可靠性，有效地发现观测成果中的粗差，必须使 GPS 测量控制网中独立边构成一定的几何图形，这种几何图形一般是由数条独立边构成的非同步多边形（亦称非同步闭合环），如三边形、四边形、五边形等。当 GPS 测量控制网中有若干个起算点时，也可以是由起算点之间的数条 GPS 独立边构成的附合路线。GPS 的网形设计就是根据用户要求，确定具体的布网观测方案。网的图形设计，主要取决于用户的要求，再依据有关经费、时间和人力的消耗，以及所需接收设备的类型、数量，后勤保障条件和野外作业条件等因素，设计出由独立 GPS 边构成的多边形网。GPS 控制网图形的基本形式有点连式、边连式、边点混合连接式等多种基本构网方式，如图 7-27 所示。

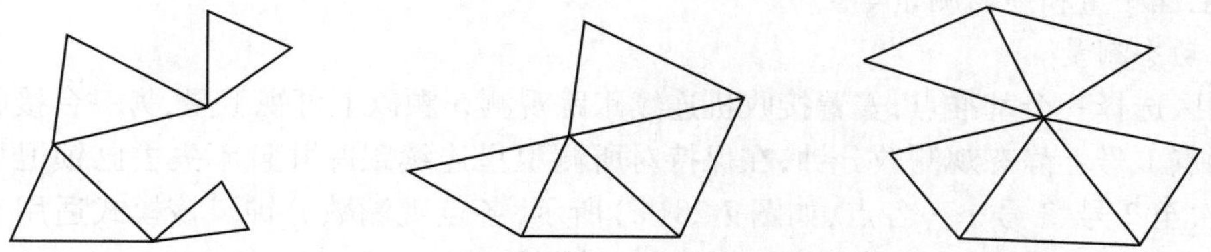

(a)点连式　　(b)边连式　　(c)边点混合连接式

图 7-27　GPS 控制网图形基本形式

（1）点连式：相邻同步图形之间仅由一个公共点连接，非同步图形之间缺少闭合条件，可靠性较差，一般不单独使用。

（2）边连式：同步图形之间由一条公共基线连接，有较多的复测边和非同步图形闭合条件，可行性较高，精度高，但工作量大。

（3）边点混合连接式：是点连式和边连式的有机结合，既能保证网的图形强度，提高可行性，又能减少外业工作量，降低成本，精度较高，是工程控制网中常用的布设方案。

应当指出，布网方案不是唯一的，工作中可根据实际情况灵活布网，如可布设星形网、导线网及环形网等。

4. GPS 测量控制网与常规测量控制网的联测

为了使 GPS 测量控制网和地面常规测量控制网建立必要的联系，应考虑 GPS 测量控制网至少和 3 个以上相应等级的常规控制点进行联测，如需测定高程，还应与国家等级水准点进行联测，平坦地区联测点不应少于 5 个，丘陵山区联测点不应少于 10 个，且分布均匀。

（二）选点与建立标志

由于 GPS 测量不要求观测点之间通视，故选点工作较常规大地测量简便，为了与常规控制网进行联测和加密，每点应有一个以上的通视方向。但 GPS 测量又有其自身的特点，因此选点时一般应满足以下要求：

点位应选在交通方便、便于接收设备安置和操作的地方，且视野开阔，以便与常规地面控制网联测；GPS 点应远离大功率无线发射源（如电台、电视台、微波站等），并远离高压输电线和微波无线电信号传送通道；点位附近不应有强烈反射卫星信号的物件（如大型建筑物、大范围水面等）。

点位选定后，应按要求埋置标石，以便保存。最后，应绘制点之记、测站环视图和 GPS 测量控制网选点图，作为提交的选点技术资料。

（三）作业模式

根据用户的要求，目前 GPS 测量采用的作业模式常用的有以下几种。

1. 静态测量

采用 2 台或 2 台以上的接收机，分别安置在一条基线的两个端点，如图 7-28（a）所示，同步观测 4 颗以上卫星，每时段长 45 分钟至 2 小时。该模式适用于国家级大地控制网，建立地壳运动监测网及精度要求较高的工程控制测量等。

2. 快速静态测量

在测区中部选择一个基准站，并安置一台接收设备连续跟踪所有可视卫星，另一台接收机依次到各点流动设站，如图 7-28（b）所示，每点观测数分钟。该模式适用于控制网的建立及加密、工程测量和地籍测量等。

3. 准动态测量

在测区选择一个基准点，安置接收机连续跟踪观测 5 颗以上可视卫星，另一台接收机先置于起始点 1 号上静态观测数分钟，在保持对所测卫星连续跟踪并且不失去已锁卫星的情况下，依次至 2 号、3 号……各点，如图 7-28（c）所示，各点观测数分钟。该模式适用于开阔地区的加密控制测量、工程定位、碎部测量及线路测量等。

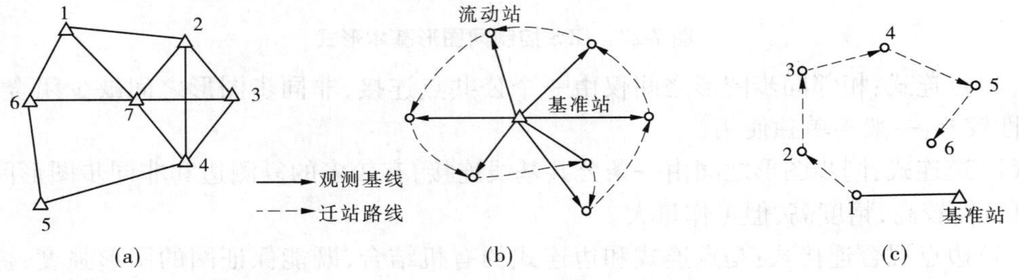

图 7-28　常用 GPS 测量作业模式

4. 动态测量

在已建立的一个基准点上安置接收机连续跟踪所有可视卫星，另一台流动接收机先在出发点上静态观测数分钟，保持对卫星连续跟踪观测状态，流动接收机从出发点开始连续运动，依预定时间间隔自动同步观测 5 颗以上卫星，一般采样率不小于 1 s。该模式适用于道路中心线的测定、勘界、航道测量及海洋测绘等。

5. 实时动态定位测量（简称 RTK）

实时动态（Real Time Kinematic，RTK）测量系统，是基于载波相位测量的实时差分 GPS 测量技术，是 GPS 测量技术与数据通信传输技术相结合的组合系统，它实现了高精度和实时定位两个目标，是 GPS 测量的重大突破。它的出现使测绘工作一改过去先控制、后加密、再测图或工程放样的传统做法，使一步法自动化数字成图、工程放样一步到位成为现实，极大地提高了作业效率和减轻了劳动强度，是目前应用最广泛的 GPS 测量技术。实时动态定位测量如图 7-29 所示，在基准站安置一台 GPS 接收机，对所有可视卫星进行连续观测，并将观测数据通过无线电传输设备实时地发送给用户观测站。在用户观测站上，GPS 接收机在接收 GPS 卫星信号的同时，通过无线电接收设备，接收基准站传输的观测数据和改正数据，然后根据相对定位原理，实时地计算并显示用户站的三维坐标及其精度。目前实时动态测量采用如下两种作业模式：

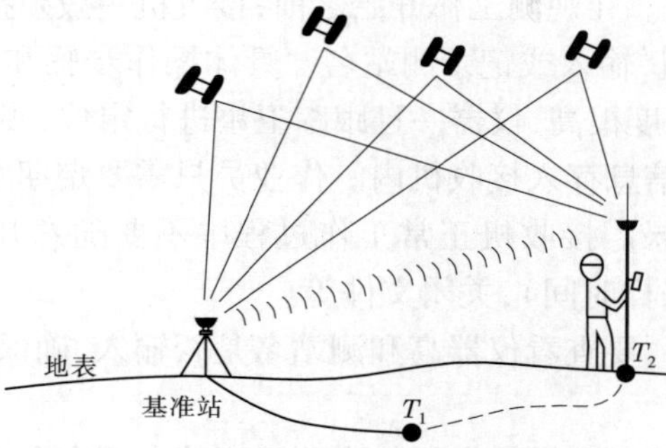

图 7-29　RTK 定位示意图

(1)自由 RTK。首先在某一起始点上静止地进行观测，以便采用快速解算整周未知数的方法实时地进行初始化工作。初始化后，流动的接收机在每一观测站上静止观测历元，并连同基准站的同步观测数据，实时地解算流动站的三维坐标。

(2)自动 RTK。首先在某一起始点上静止地观测数分钟，以便进行初始化工作。之后，运动的接收机按预定的采样时间间隔自动地进行观测，并连同基准的同步观测数据，实时地确定采样点的空间位置。

实时动态定位测量适用于开阔地区的加密控制测量、地形测图、地籍测量、工程定位及碎部测量、线路测量、航道测量、道路中线测量，以及运动目标的精密导航等。

(四)外业观测

外业观测是指利用 GPS 接收机采集来自 GPS 卫星的电磁波信号，其作业过程大致可分为天线安置、开机观测、观测记录和观测成果的外业检核等。外业观测应严格按照技术设计时所拟订的观测计划进行实施，只有这样，才能协调好外业观测的进程，提高工作效率，保证测量成果的精度。

1. 天线安置

天线的妥善安置是实现精密定位的重要条件之一。具体内容包括对中、整平、定向并量取天线高。其安置工作一般应满足以下要求：

(1)天线安置应尽可能利用三脚架，并安置在标志中心的上方直接对中观测，对中误差不得大于 1 mm。

(2)天线底板上的圆水准器气泡必须严格居中。

(3)天线的定向标志线应指向正北，并顾及当地磁偏角的影响，以减弱相位中心偏差的影响。定向的误差依定位的精度要求不同而异，一般不应超过 ±(3°~5°)。

(4)雷雨天气安置天线时，应注意将其底盘接地，以防止雷击。

天线安置后，应在各观测时段的前、后各量取天线高一次。量测的方法按仪器的操作说明进行。两次测量结果之差不应超过 ±3 mm，并取其平均值。

这里的天线高，是指天线的相位中心至观测点标志中心顶端的铅垂距离。一般分为上、下两段，上段是相位中心至天线底面的距离，此为常数，由厂家给出；下段是从天线底面至观测点标志中心顶端的距离，由观测者现场测定。天线高的量测值为上、下两段距离之和。

2. 开机观测

开机观测作业的主要内容是捕获GPS卫星信号，并对其进行跟踪、处理和测量，以获取所需的定位信息和观测数据。在观测工作开始之前，接收机一般须按规定经过预热和静置。按规定时间打开GPS接收机，输入或记录测站名。具体操作步骤和方法可参见仪器的操作手册。GPS接收机自动化程度很高，仪器一旦跟踪卫星进行定位，接收机自动将接收的卫星星历、观测值文件以及输入信息存入接收机内。作业员只需要定期查看接收机工作状况，发现故障及时排除，并做好记录。接收机正常工作过程中不要随意开关电源，更改设置参数（如卫星截止高度角、观测采样时间），关闭文件等。

一个时段的测量结束后，要查看仪器高和测站名是否输入，确保无误后再关机、关电源，迁站。

无论采用何种接收机，GPS测量的主要技术要求应符合规定要求。

3. 观测记录

在外业观测过程中，所有的观测数据和资料均须完整记录。GPS接收机记录的数据有：GPS卫星星历和卫星钟差参数，观测历元的时刻和伪距观测值及载波相位观测值，GPS绝对定位结果，测站信息。

记录可通过以下两种途径完成：

(1) 自动记录。观测记录由接收设备自动完成，记录在储存介质（如数据储存卡）上。其主要内容包括：载波相位观测值及相应的观测历元，同一历元的测码伪距观测值，GPS卫星星历及卫星钟差参数，实时绝对定位结果，测站控制信息及接收机工作状态信息。

(2) 手工记录。手工记录是指在接收机启动前及观测过程中，由操作者随时填写测量手簿。其中，观测记事栏应记载观测过程中发生的重要问题、问题出现的时间及其处理方式。为了保证记录的准确性，测量手簿必须在作业过程中随时填写，不得事后补记。

观测记录是GPS定位的原始数据，也是后续数据处理的唯一依据，必须妥善保管。

4. 观测成果的外业检核

观测成果的外业检核是外业工作的最后一个环节，也是确保外业观测质量和实现定位精度的重要环节。每当观测任务结束时，必须对观测数据的质量进行分析并作出评价，以确保观测成果和定位结果的预期精度。所以，外业观测数据在测区时就要按规范要求严格检查、分析，根据情况进行必要的重测和补测，确保外业成果无误后方可离开测区。

在外业观测工作中，应注意以下事项：

(1) 当确认外接电源电缆及天线各项连接无误后，方可连通电源，启动接收机。

(2) 开机后，接收机的有关指示和仪器数据显示正常时，方可进行自测试和输入有关测站和时段控制信息。

(3) 接收机在开始记录数据后，用户应注意查看有关观测卫星数据、卫星号、相位测量残差、实时定位结果及其变化、存储介质记录等情况。

(4) 在观测过程中，接收机不得关闭并重新启动，不准改变卫星高度角的限值，不准改变天线高。

(5) 每一观测时段中，气象资料一般应在时段始末及中间各观测记录一次。当时段较长时，应适当增加观测次数。

(6)观测站的全部预定作业项目,经检查均已按规定完成,且记录与资料均完整无误后,方可迁站。

(五)内业数据处理

GPS 测量数据处理是在 GPS 控制测量外业工作结束后,将外业观测数据传输至计算机中,然后一般均可借助相应的后处理软件在计算机中自动完成数据处理。

1. 数据预处理

对观测数据进行检验,剔除粗差,将各种数据文件加工成标准化数据文件。

2. 基线向量解算

计算所有同步观测相邻点之间的三维坐标差(即独立基线向量),检核重复边,即同一基线在不同时间段测得的基线边长的较差,以及由基线向量构成的各种同步环的闭合差是否满足相应等级的限差要求。

3. GPS 测量控制网无约束平差

以解算的基线向量作为观测值,对 GPS 网进行无约束平差,从而得到各 GPS 点之间的相对坐标差值,再以基准点在WGS－84坐标系的坐标值为起始数据,即得各 GPS 点的 WGS－84坐标,以及所有基线的边长和相应的精度。

4. GPS 测量控制网约束平差

根据 GPS 测量控制网和国家或城市测量控制网联测的结果,将联测的高级点的坐标、边长、方位角或高程作为强制约束条件,对 GPS 网进行二维或三维约束平差和坐标转换,使所有 GPS 点获得与国家或城市测量控制网相一致的二维或三维坐标值。

四、GPS 测量的应用

GPS 测量的应用包括以下几个方面:

(1)在图根控制测量中的应用。常规控制测量如三角测量、导线测量,均要求测站之间相互通视,这样不但费工费时,而且精度不均匀,外业测量中不可能知道测量成果的精度。采用 GPS 进行控制测量,不需要测站之间相互通视,因而较常规控制测量的方法速度快、精度高。如用 RTK 技术进行图根控制测量,既可知道定位结果,又可知道定位精度,这样可大大提高作业效率。

(2)布设精密工程测量控制网。用 GPS 布设隧道贯通、大坝施工等精密工程测量控制网,其精度较常规方法高出一个数量级。

(3)加密测图控制网。GPS 静态测量可用于加密测图控制网,一次布测完成,无须逐级加密和复杂的计算。

(4)GPS－RTK 技术直接用于地形测量、地籍测量或施工测量。采用 GPS－RTK 测量技术,可不布设各级控制点,仅依据一定数量的基准控制点,不要求点间通视,仅需一人在野外进行数据采集。然后在室内用专业测图软件进行图形编辑,获得电子地形图。应用 RTK 技术测定每一宗土地的权属界址以及测绘地籍图,同测绘地形图一样,能实时测定有关界址点及地物点的位置并能达到厘米级精度。将 GPS 获得的数据处理后直接录入 GIS 系统,可及时精确地获得地籍图。采用 RTK 技术还可进行工程的定线、放线,

(5)用于变形监测。国内外目前已将 GPS 广泛应用于油田、矿山地壳的变形监测,城市因过度抽取地下水造成的地面沉降监测,大型水库的大坝变形监测,大型桥梁及高层建筑物

的变形监测等。

本章小结

任何测量工作都必须遵循“先控制后碎部”的基本原则，小地区控制测量是以后学习地形测绘和工程施工测量的基础，该内容由于理论性较强、精度要求较高，因此为本课程的重点内容之一。控制测量分为平面控制测量和高程控制测量。

(1)控制测量是精确测定控制点的平面位置和高程。要了解国家平面控制网、城市平面控制网、图根控制网和小地区平面控制网的基本概念，以及建立控制网的基本原则和方法。平面控制测量的主要方法有三角测量、导线测量和 GPS 测量，高程控制测量主要有三、四等水准测量和三角高程测量。重点掌握导线测量和三、四等水准测量的方法。

(2)导线就是将测区内的相邻控制点连成一连续的折线，构成导线的控制点称为导线点，折线称为导线边。导线测量是用测量仪器测定各转折角和导线边长及起始边的方位角，然后根据已知数据和观测数据计算导线点的坐标。导线测量的外业工作包括选点、标定和绘制点之记。为了进行导线边的定向，起始边应与另外的高级控制点相连接，需要测定连接角。若无已知点联测，则用罗盘仪测定磁方位角进行定向；除观测连接角外，就是观测相邻两导线边之间的水平角和丈量边长。外业工作结束之后应全面检查记录手簿，并检查角度闭合差及全长闭合差是否在限差容许范围之内，若符合要求，则可进行内业计算。内业工作是根据已知数据和观测数据计算导线点的坐标，这是导线测量的重点学习内容，也是学习的难点。导线测量的内业计算包括：角度闭合差的计算与调整，各边方位角的推算，坐标增量的计算，坐标增量闭合差的计算与调整，导线点坐标的计算。在计算中有两个关键点：角度闭合差的计算与调整和坐标增量闭合差的计算与调整，角度闭合差的调整原则是反符号平均分配到各角上，而坐标闭合差调整的原则是反符号按边长成比例分配到各边的坐标增量上。本章所述的这两个误差的调整（即平差）方法为近似平差。在计算时，还要注意导线的布设形式不同，角度闭合差和坐标增量闭合差的计算方法也不尽相同。

(3)交会定点是在已有控制点的基础上进行控制点加密的测量方法。交会定点方法有测角交会和距离交会。测角交会主要有前方交会、侧方交会和后方交会三种方法。在交会定点测量中关键要注意弄清各种方法的主要特点和所使用的场合。如前方交会是在两个已知控制点上设站，分别向待定点观测两个水平角度，根据两个已知点的坐标和观测的两个水平角，用余切公式求得待定点的坐标。而侧方交会则是在一个已知点和一个待定点上设站，向另外一个已知点观测两个水平角度，其计算方法与前方交会基本相同。在坐标计算中要掌握余切公式的使用条件与方法。在交会定点测量中通常可用已知点进行校核，这个步骤不能少。

(4)高程控制测量是精确地测定控制点的高程。高程控制网分为国家高程控制网和图根高程控制网。高程控制测量可采用三、四等水准测量测定控制点的高程，三、四等水准测量是高程控制测量的重点内容。三、四等水准测量对仪器有一定的要求，在观测方法上与普通水准测量完全不同，应掌握其外业施测方法和内业的计算方法，特别是在一个测站的观测、记录及计算方法。三、四等水准测量在每一站应严格按照观测顺序进行，即三等水准测量按照“后—前—前—后（黑—红—红—黑）”的观测顺序，四等水准测量可以按“后—前—

前—后”或者“后—后—前—前(黑—红—黑—红)”的观测顺序。三、四等水准测量每个站都需要观测 8 个数据,要进行 10 项计算,记录有一定格式,以便检查,观测的限差要求有 5 项。每一测站的数据计算完毕,如果在规定的限差要求范围内,才能搬迁至下一测站。在观测过程中,还需要对每一页的数据进行检核。水准测量的成果计算与普通水准测量的成果计算相同。

当地面起伏较大时,可采用三角高程测量的方法测定控制点的高程。三角高程测量与水准测量相比,具有速度快、效率高的特点。它是根据两点间的水平距离与测定的竖直角来计算高差的。在观测过程中,一般采用双向观测法进行三角高程测量,要分清单向观测和双向观测的概念。理解地球曲率和大气折光对三角高程测量的影响。当边长超过 300 m 时,应加二差改正数。三角高程测量的施测包括外业观测和内业成果的计算。外业观测主要是竖直角和距离的测定,当外业成果达到规定的技术要求后,可进行内业的计算。内业的计算主要是利用公式计算出各待定点的高程,高差闭合差的计算与调整和高程的计算均与水准测量的计算方法相同。

(5)GPS 测量。全球定位系统(GPS)由空间星座部分、地面监控部分和用户设备部分三大部分组成。GPS 的定位方法,若按用户接收机天线在测量中所处的状态来分,可分为静态定位和动态定位;若按定位的结果来分,可分为绝对定位和相对定位。GPS 定位技术的基本原理是根据卫星发射的信号进行空间测距后方交会,从而直接解算出地面点的三维坐标。具有全球性、全天候、速度快、自动化等优点,在测量中应用广泛。

思考题与习题

1. 国家平面控制网是采用什么方法建立的?分哪几个等级?

2. 为什么要建立控制网?控制网可分为哪几种?

3. 何谓平面控制测量?建立平面控制测量的方法有哪些?

4. 何谓小区域控制测量?小区域控制测量选定控制点时应注意哪些问题?

5. 小区域控制测量中,导线的布设形式有哪几种?各适用于什么情况?导线的外业工作有哪些内容?

6. 闭合导线与附合导线有哪些异同点?

7. 交会定点有哪几种形式?它们宜在什么情况下采用?

8. 采用前方交会点法交会的坐标需要哪些数据?如何进行检核?它与侧方交会有何异同?

9. 简述三、四等水准测量一个测站的观测程序。如何记录?如何计算?限差要求有哪些?

10. 什么情况下采用三角高程测量?如何观测?如何记录?如何计算?

11. 何为单向观测?何为双向观测?

12. 简述全球定位系统(GPS)的组成,并说明各部分的作用。

13. 如图 7-30 所示的闭合导线,已知 12 边的坐标方位角 $\alpha_{12}=46°57'02''$,1 点的坐标及外业观测边长和转折角的数据如图所示,计算闭合导线各点的坐标。

14. 如图 7-31 所示的附合导线,已知起始边 AB 和终边 CD 的坐标方位角分别为 $\alpha_{AB}=$

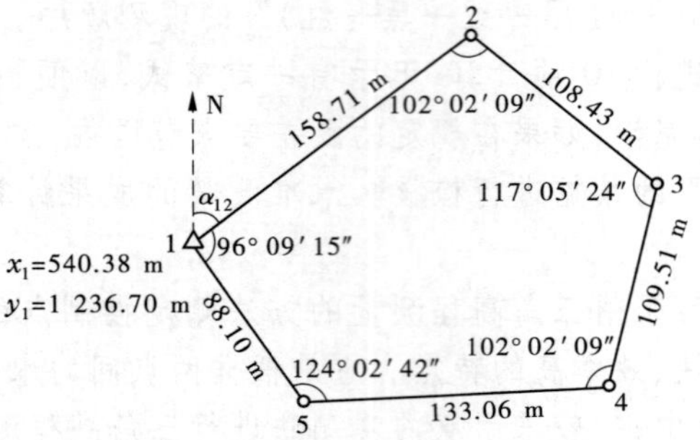

图 7-30　第 13 题图

45°00′00″、α_{CD} = 283°51′33″，B、C 两点的坐标及外业观测的边长和转折角的数据如图所示，计算附合导线各点的坐标。

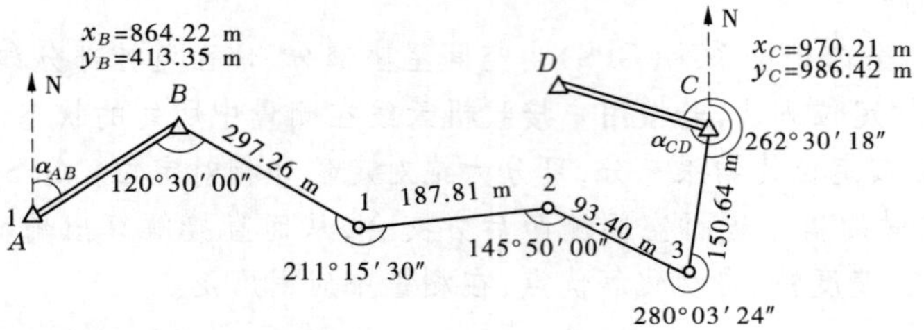

图 7-31　第 14 题图

15. 如图 7-32 所示为一采用前方交会法测定 P 点的坐标值的示意图，已知点 A、B 的坐标及观测交会角的数据如图所示，用前方交会的方法计算 P 点的坐标值。

16. 如图 7-33 所示为一采用测边交会法测定 P 点的坐标值的示意图，已知点 A、B 的坐标及观测边长的数据如图所示，用测边交会的方法计算 P 点的坐标值。

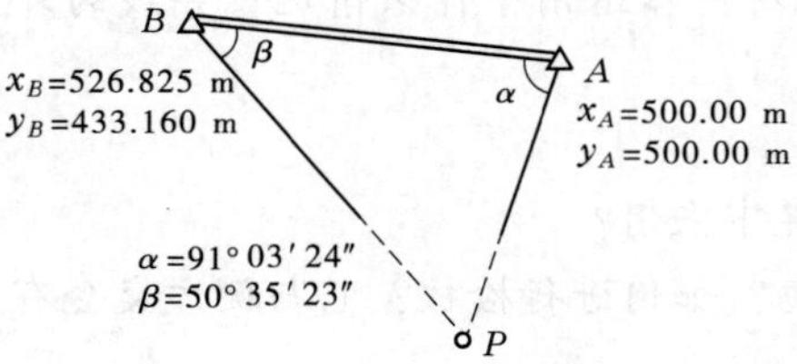

图 7-32　第 15 题图

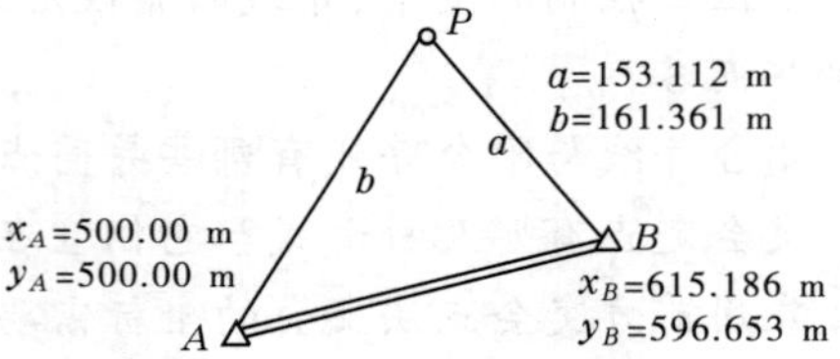

图 7-33　第 16 题图

17. 三角高程路线上 AB 边的平距为 85.7 m，由 A 向 B 直觇时，竖直角观测值为 −12°00′09″，仪器高为 1.561 m，觇标高为 1.949 m。由 B 向 A 反觇时，竖直角观测值为 +12°22′23″，仪器高为 1.582 m，觇标高为 1.783 m。已知 A 点高程为 500.123 m，试计算该边的高差 h_{AB} 及 B 点的高程。

18. 表 7-25 为一四等水准测量外业测量成果，完成表中相应栏目的计算。

表 7-25　四等水准测量观测记录手簿

测站编号	点号	后尺 上丝 下丝	前尺 上丝 下丝	方向及尺号	水准尺读数(m)		黑 + K − 红(mm)	平均高差(m)	备注
		后视距	前视距		黑面	红面			
		视距差 d(m)	累计差 $\sum d$(m)						
		(1) (2) (9) (11)	(4) (5) (10) (12)	后 前 后 − 前	(3) (6) (15)	(8) (7) (16)	(13) (14) (17)	(18)	
1	BM_1—ZD_1	1.842 1.415	1.213 0.785	后 K_1 前 K_2 后 − 前	1628 0999	6315 5787			
2	ZD_1—ZD_2	1.645 1.082	2.033 1.459	后 K_2 前 K_1 后 − 前	1346 1746	6133 6434			$K_1=4687$ $K_2=4787$
3	ZD_2—ZD_3	1.918 1.322	1.839 1.253	后 K_1 前 K_2 后 − 前	1620 1546	6306 6334			
4	ZD_3—A	1.774 1.388	0.910 0.526	后 K_2 前 K_1 后 − 前	1576 0718	6 364 5 405			
本页校核									

第八章　大比例尺地形图测绘

重点提示：本章以大比例尺地形图测绘为主线，介绍地形图图件与比例尺，地物、地貌在地形图上的表示方法，大比例尺地形图测绘内容及模拟测图方法，等高线的特性及勾绘，地形图的拼接、检查及整饰，数字测图简介等内容。

测量学的主要任务之一就是要把地球表面的各种形态用图表示出来，即测图。在测量学基础知识中我们已经知道，地球表面高低起伏不平，地势起伏形态各异，并且地球表面上各种物体种类繁多。为了能将地球表面的各种形态在图纸上表示出来，我们将地球表面上的各种形态分为地物和地貌两类。大比例尺地形图测绘是以控制点或图根点为测站，利用测量仪器和工具，将地面上的地物和地貌的现状、空间位置及相互之间的关系，通过合理的取舍，并采用正射投影的方法，依据地形图图式规定的符号，按一定的比例尺真实准确地测绘于图纸上的过程。通常所说的大比例尺地形测图多指 1∶500 ~ 1∶1 000 的比例尺测绘，大比例尺地形图测绘是各种测量工作和各种基本仪器的综合应用，它是平面和高程测量的综合性测量。其特点是测区范围小，比例尺大，精度要求高。

第一节　图与比例尺

一、测绘常用图件

图是测绘成果的主要表现形式之一，也就是说，我们常常是用各种图将地面的地形准确地表示出来的，在测绘工作中我们主要采用以下几种图。

（一）平面图

当测区面积不大时，可把水准面视为平面。将地面上的地物按正射投影投影到水平面上，再按一定的比例尺，以规定的符号缩绘在图纸上，图上只表示地物，不表示地貌，这种图称为平面图，如图 8-1 所示。平面图能反映地面上地物的形状、大小及各地物之间的相对平面位置关系。

（二）地形图

以平面图为基础，即在图上已表示出了房屋、道路、河流等一系列地物的平面位置。再将地面上的地貌经过综合取舍后，用规定的符号和一定的表示方法描绘在图纸上，这种图称为地形图，如图 8-2 所示。显然，地形图不仅能反映地面上地物的形状、大小及各地物之间的相对平面位置关系，还能反映地面的高低起伏形态。

（三）断面图

过地面某一方向线的铅垂面与地表面的交线称为该方向线的断面图，断面图反映出地面上某一方向的起伏变化形态。断面图可分为纵断面图和横断面图。

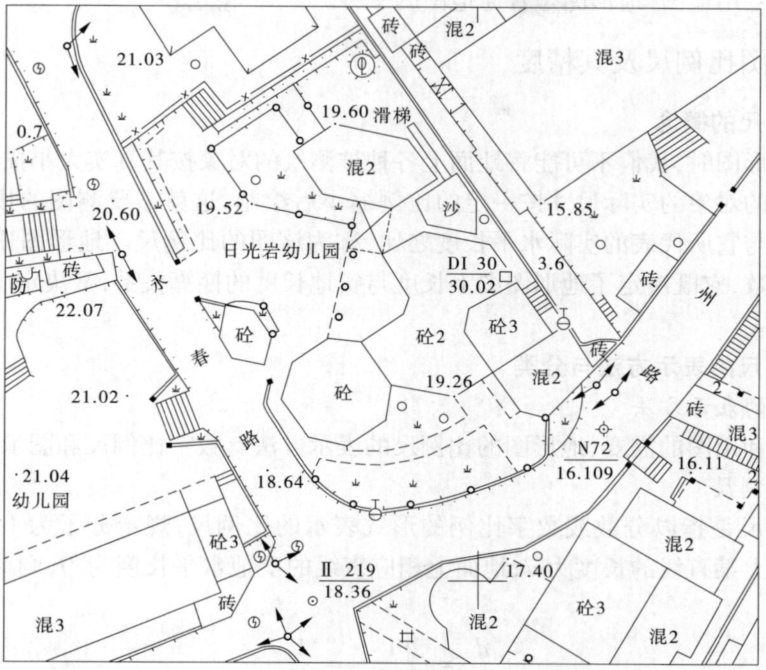

图 8-1　平面图

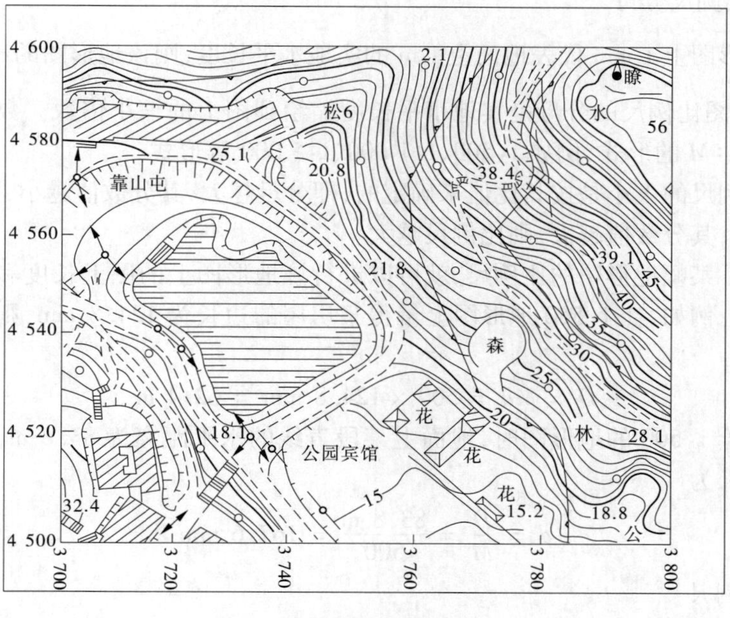

图 8-2　地形图

(四)地图

考虑地球曲率的影响,应用地图投影的方法,将整个地球或地面一个大区域的图形,依比例缩绘在平面上的图,称为地图。地图表示了地球表面各种自然要素和社会要素,它可分为普通地图和专用地图,地形图是普通地图的一种。

二、地形图比例尺及其精度

(一)比例尺的概念

在测绘地形图时,我们不可能将地面上各种被测绘的对象按其真实大小描绘在图纸上,而是将所测绘的对象的实际尺寸按一定的比例缩小后绘制,这就需要测图的比例尺。图上某一直线长度与它所代表的实际水平长度之比,称为该图的比例尺。地形图比例尺是地形图最重要的参数,它既决定了地形图图上长度与实地长度的换算关系,又决定了地形图的精度与详细程度。

(二)比例尺的表示方法与分类

1. 比例尺的表示方法

由于测图和用图的需要,地形图的比例尺的表示方法有数字比例尺和图示比例尺两种。

1)数字比例尺

数字比例尺是指以分数或数字比例的形式表示的比例尺,规定分子为1,分母为一整数。设地形图上某直线的长度为 d,地面上相应直线的实地水平长度为 D,则该地形图的比例尺为

$$\frac{d}{D}=\frac{1}{\frac{D}{d}}=\frac{1}{M} \tag{8-1}$$

式中 M——比例尺分母。

如果某地形图上1 mm代表地面上1 m的实地水平长度,则该地形图的比例尺为$\frac{1}{1\ 000}$。由此可见,地形图比例尺的分母是实地水平长度缩绘到图上的缩小倍数。数字比例尺在地形图上常写成1∶M的形式,例如1∶500、1∶1 000、1∶5 000等形式。

地形图比例尺的大小是按其比值来确定的,即分母越大,其分数值越小,则比例尺越小;反之,分母越小,其分数值越大,则比例尺越大。

如果知道了某幅地形图的比例尺,就可以进行该地形图上的图上长度和相应实地长度间的相互换算。例如,在1∶500地形图上量得某房屋的边长为124.8 mm,则该房屋边长的实际水平长度为

$$D=Md=500\times124.8\ \text{mm}=62.4\ \text{m}$$

如果在测绘1∶500的地形图时,地面上某段直线的水平距离为83.8 m,则相应线段绘在地形图上的长为

$$d=\frac{D}{M}=\frac{83.8\ \text{m}}{500}=167.6\ \text{mm}$$

2)图示比例尺

为了用图方便,以及减弱由于图纸伸缩而引起的误差,在绘制地形图时,常在图上绘制图示比例尺。图示比例尺分为直线比例尺和斜线比例尺,其中直线比例尺在地形图上最为常见。现以图8-3所示的1∶2 000的直线比例尺为例,说明其绘制方法。绘制时先在图上绘两条平行线,再把它分成若干相等的线段,称为比例尺的基本单位,一般为2 cm,对于1∶2 000的比例尺,每一基本单位所代表的实地长度为2 cm×2 000=40 m;将左端的一段基

本单位又分成10等份,若基本单位为2 mm,那么对于1:2 000的比例尺,每等份的图上长度相当于实地长度4 m。

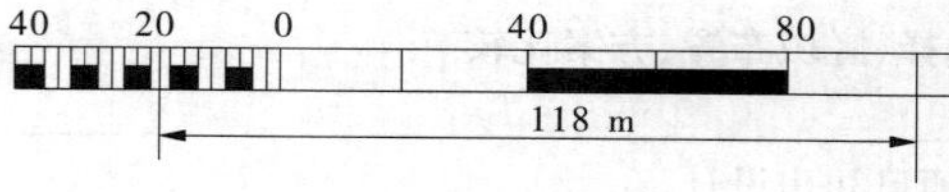

图8-3　直线比例尺

2. 地形图比例尺的大小

在地形图测绘中,通常把不大于1:5 000的比例尺称为大比例尺,把1:1万、1:2.5万、1:5万和1:10万的比例尺称为中比例尺,把1:25万、1:50万、1:100万的比例尺称为小比例尺。1993年3月开始实施的《国家基本比例尺地形图分幅和编号》(GB/T 13989—92)的国家标准,将1:5 000、1:1万、1:2.5万、1:5万和1:10万、1:25万、1:50万、1:100万这八种比例尺地形图列为国家基本地形图。

(三)比例尺精度

一般认为,人的肉眼能分辨的图上最小距离是0.1 mm,因此一般在图上度量或者实地测图时,就只能达到图上0.1 mm的精确性。我们把地形图上0.1 mm所表示的实地水平距离称为比例尺的精度。显然,比例尺越大,则比例尺精度越高。几种常用地形图比例尺的精度如表8-1所示。

表8-1　不同比例尺的比例尺精度

比例尺	1:500	1:1 000	1:2 000	1:5 000	1:10 000
比例尺精度(m)	0.05	0.1	0.2	0.5	1.0

地形图比例尺精度的概念,对测图和设计用图都有着很重要的意义。

1. 测图时可依据比例尺精度取舍地物

在地形图测绘时,我们可依据比例尺的精度,确定在量测水平距离时应准确到什么程度。例如,在测绘建筑物时,若测图比例尺为1:1 000,则其比例尺的精度为0.1 m,即在实地量距时只需精确到0.1 m。那么在测图时,建筑物的形状凹凸变化如果小于0.1 m,可以忽略不计。因为量得再精细,在图上也无法表示出来。

2. 根据用图所需的量距精度来确定测图比例尺的大小

当设计规定需在图上能量出的实地最短长度时,根据比例尺的精度,可以确定测图比例尺。例如,某项工程设计要求在图上能反映地面上0.05 m的量距精度,则所选的比例尺就不得小于1:500。

由比例尺的精度可知,地形图的比例尺愈大,表示地物和地貌的情况就愈详细,精度亦愈高。但是必须指出,同一测区,测图比例尺选择的愈大,其测绘的工作量和费用将会成倍地增加。因此,采用哪一种比例尺测图,应从工程规划、施工实际及用图需要的精度出发,不应盲目追求更大比例尺的地形图。

部分地形图比例尺的选用可参考表8-2。

表 8-2　部分地形图比例尺的选用

比例尺	用途
1∶10 000	城市总体规划、厂址选择、区域布置、方案比较
1∶5 000	
1∶2 000	城市详细规划及工程项目初步设计
1∶1 000	建筑设计、城市详细规划、工程施工图设计、竣工图
1∶500	

注：本表主要考虑实用、经济。

第二节　地物地貌在地形图上的表示方法

由于地形图上主要反映的是地球表面的地物和地貌，因此如何准确地将地球表面的地物和地貌在地形图上表示出来是地形图测绘的主要内容之一。

一、地形图图式

由于地物和地貌种类繁多、形状各异，因此为了便于测图和用图，在地形图上需用各种不同的符号将实地的地物和地貌表示在图上，这些符号统称为地形图图式，地形图图式由国家测绘总局统一制定。地形图图式中有三类符号，分别是地物符号、地貌符号和注记符号。其中地物符号和地貌符号是用来表示地物和地貌的，注记符号是用数字或文字对地物和地貌加以说明，如房屋的结构和层数、地名、河流名称、高速公路名称、高程数字及水流方向等。表 8-3 所示为部分常见的 1∶500 和 1∶1 000 地形图图式符号。

二、地物在地形图上的表示方法

在地形图上，我们是以地物符号来表示地物的类别、形状、大小及水平位置的。一般将地物符号分为比例符号、非比例符号和线形符号。

（一）比例符号

对于地面上有些外轮廓较大的地物，如房屋、池塘、高速公路、运动场等，可以将其外轮廓的形状和大小按测图的比例尺缩小绘在图纸上，这种符号称为比例符号，又称轮廓符号。这类地物符号表达了所表示地物的位置和轮廓特征，与实际地物的形状相似，即准确地反映出所表示地物的平面位置、大小和形状。

（二）非比例符号

对于某些外轮廓太小的地物或具有特殊意义的地物，如果按测图的比例尺进行缩小绘在图纸上仅为一个点，很难表示地物的属性，因此这类地物不能按测图的比例尺进行缩小绘在图纸上，而需用特定的符号在图上表示这类地物的中心位置，这种符号称为非比例符号，又称不依比例符号。如三角点、水准点、导线点、电线杆、路灯、消防栓等，在地形图上均采用非比例符号表示。非比例符号中表示地物中心位置的点，叫定位点，因中心位置与地物实际中心位置随地物的不同而异，所以在地形图上确定定位点要注意以下几点：

表 8-3　1∶2 000～1∶500 地形图常见部分图式符号

编号	符号名称	符号	编号	符号名称	符号
1	三角点 横山—点名 95.931—高程	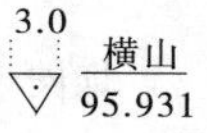	13	篱笆	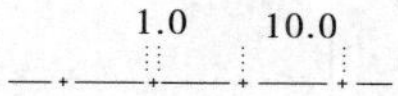
2	导线点 Ⅰ25—等级、点号 62.74—高程	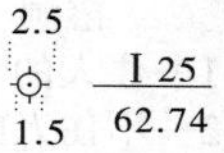	14	活树篱笆	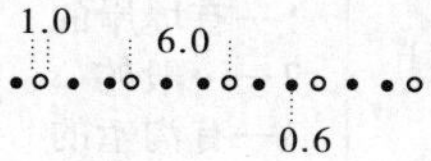
3	水准点 Ⅱ京石5—等级、点名、点号 32.804—高程	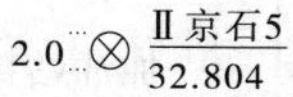	15	花圃	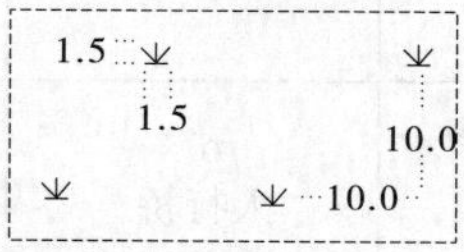
4	GPS控制点 B14—点号 265.598—高程	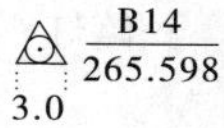	16	草地	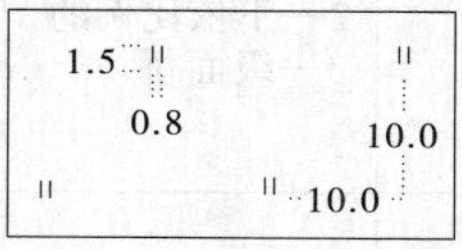
5	永久性房屋 4—房屋层数	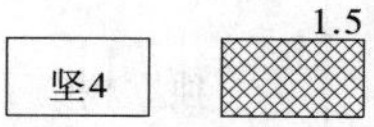	17	经济作物地	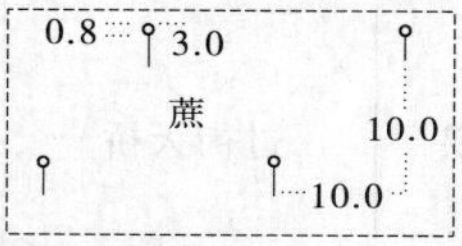
6	普通房屋	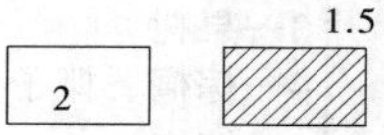	18	水生经济作物地	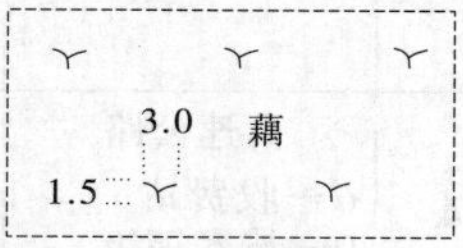
7	台阶	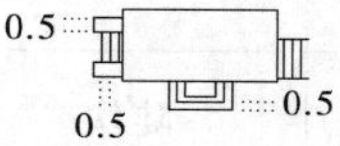	19	水稻田	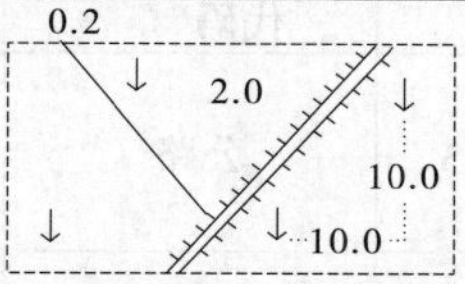
8	低压线	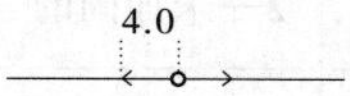	20	旱地	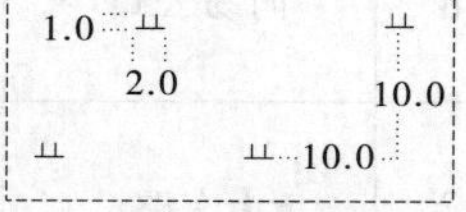
9	高压线	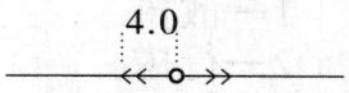	19	灌木林	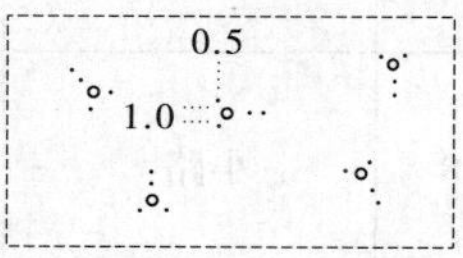
10	围墙 1—依比例尺的 2—不依比例尺的	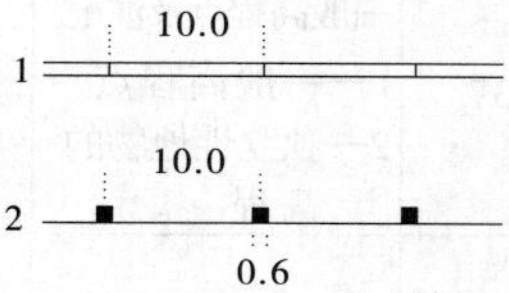	20	菜地	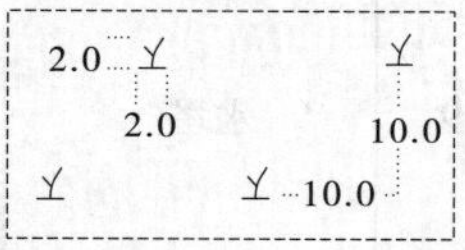
11	挡土墙	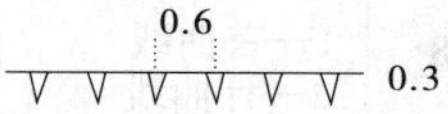			
12	栅栏 栏杆	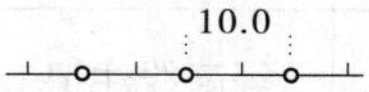			

续表 8-3

编号	符号名称	符号
21	沟渠 1—有堤岸的 2—一般的 3—有沟堑的	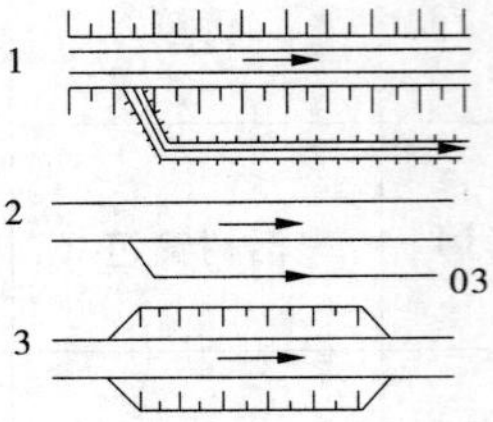
22	人行桥 1—依比例的 2—不依比例的 3—级面桥	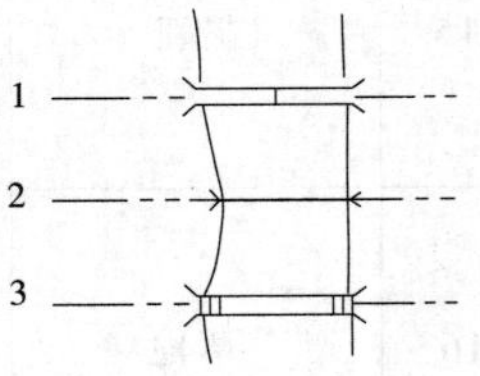
23	过街天桥	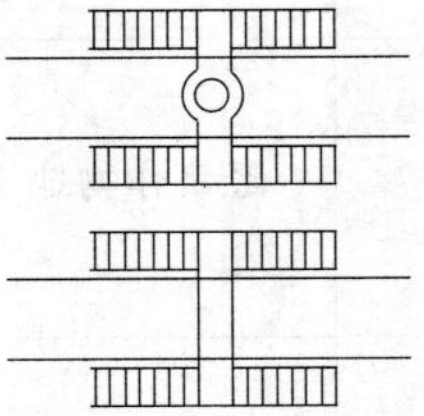
24	高速公路 a—收费站 0—技术等级代码	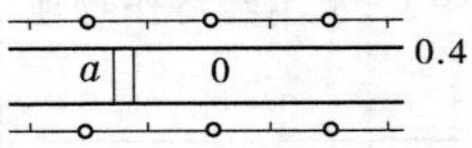
25	公路	
26	简易公路	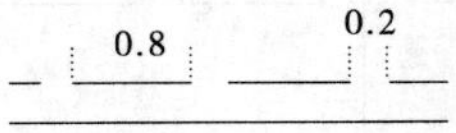
27	大车路	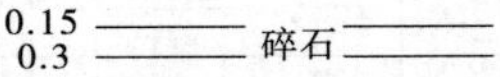
28	小路	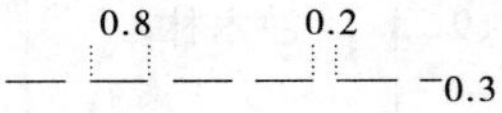
29	水塔	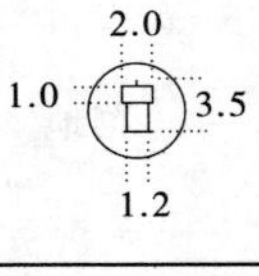

编号	符号名称	符号
30	烟囱	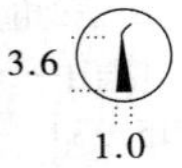
31	窑洞 1—住人的 2—不住人的 3—地面下的	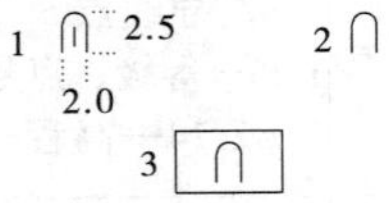
32	加油站	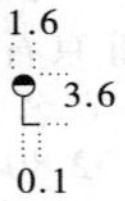
33	路灯	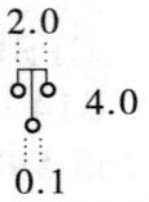
34	独立树 1—阔叶 2—针叶 3—果树 4—棕榈、椰子、槟榔	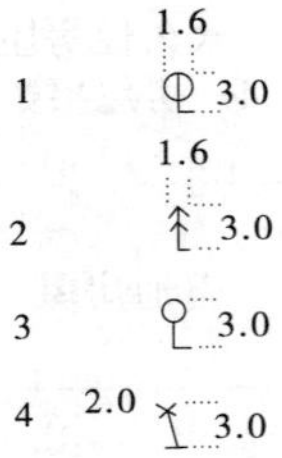
35	陡坎 1—加固的 2—未加固的	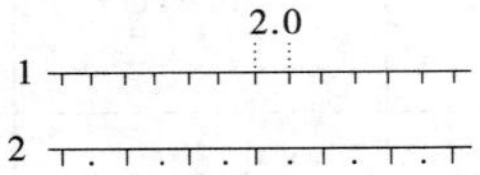
36	行树 1—散树 2—行树	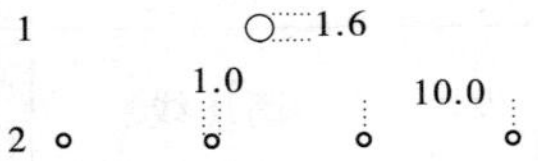
37	一般高程点及注记 1——一般高程点 2—独立性地物的高程	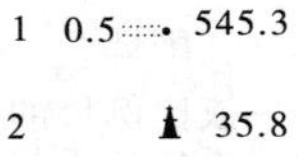
38	等高线 1—首曲线 2—计曲线 3—间曲线	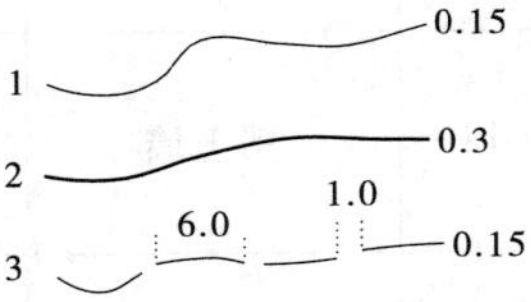
39	等高线注记	

(1)规则单个几何图形符号，如圆形、三角形或正方形等，其定位点在图形的几何中心上，如水准点、三角点、钻孔等。

(2)宽底符号，如烟囱、水塔、蒙古包等，其定位点在符号底部中心点上。

(3)底部为直角形的符号，如独立树、风车、路标等，其定位点在符号的直角的顶点上。

(4)几种几何图形组合成的符号，如气象站、消火栓、雷达站等，其定位点在符号下方图形的几何中心或交叉点上。

(5)下方没有底线的符号，如亭、窑洞等，其定位点在符号下方两端点连线的中心点上。

(三)半依比例符号

对于某些带状延伸的地物，其长度能按测图比例尺缩绘在图上，而宽度不能按测图比例尺缩绘在图上，须按规定的符号在图上表示，这种符号称为半依比例符号，又称线形符号。如铁路、公路、通信线、电力线、围墙等，在地形图上可采用线形符号表示。线形符号只能表示地物中心线在图上的位置(符号的中心线)及长度，不能表示其宽度。地形图上铁路、公路、通信线、电力线等半依比例符号的中心线，一般表示其实地地物的中心位置，但是城墙和垣栅等地物，中心位置在其符号的底线上。

必须指出，对于不同的测图比例尺，比例符号和半依比例符号的界定是相对的，即某些地物所采用的比例符号和半依比例符号并非一成不变，应依据测图的比例尺大小来确定是采用比例符号还是半依比例符号。如铁路、公路等一些地物，若测图比例尺采用1∶500，则在地形图上是用比例符号绘出的。而同样这些地物，若测图比例尺小于1∶5 000，则在地形图上是用半依比例符号绘出的。比例符号与非比例符号之间也有类似的情况。一般来说，测图的比例尺越大，用比例符号描绘的地物越多；测图的比例尺越小，用比例符号描绘的地物越少。

三、地貌在地形图上的表示方法

在大比例尺地形图中，通常用等高线来表示地貌。等高线不仅能够直实反映出地面的高低起伏，而且能科学地表示出地面的坡度和地面点的高程。

(一)等高线的基本知识

1. 等高线的概念

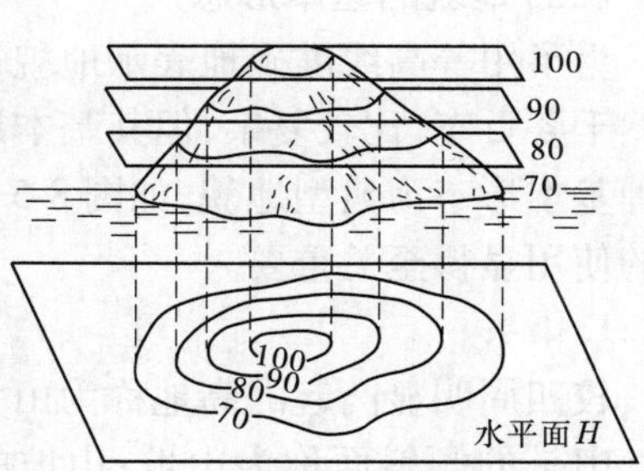

图8-4 等高线

等高线是地面上高程相等的各相邻点所连成的闭合曲线。如图8-4所示，设想有一座小山与某一静止的水面相交，水面绕山相交成一条闭合曲线，在这条曲线上的所有各点高程相等，这条曲线就是等高线。如果此时水平面的高程是70 m，那么这条曲线就是70 m的等高线。假想此时水面上升10 m，水面绕山又相交成另一条闭合曲线，这条曲线则为80 m的等高线。以此类推，水面每次上升10 m，可分别与山相交出90 m和100 m的等高线。设想将这些与山交出的等高线垂直投影到同一个水平面H上，并按一定的比例尺缩绘在图纸上，即可得到一张在地形图上用等高线来表示这座小山的地貌图，这张图客观地显示了小山的实际空间形态。

2. 等高线的平距和等高距

地形图上相邻两条等高线之间的高差，称为等高距，常用 h 表示。在图 8-4 中其等高距为 10 m。在地形图上相邻两条等高线之间的水平距离，称为等高线的平距，常用 d 表示。在地形图上，h 与 d 的比值就是地面的坡度 i，即

$$i = \frac{h}{dM} \tag{8-2}$$

式中 M——比例尺分母。

在同一张地形图上，等高距 h 是一个定值，由式(8-2)可知，坡度 i 与等高线的平距 d 成反比，即等高线的平距 d 随地形的陡缓而变化。这样在地形图上我们可以通过等高线的形状和等高线的平距的变化来了解实地地貌特征，等高线的平距越小，地面坡度越陡，其等高线越稠密；反之，等高线的平距越大，地面坡度越平缓，其等高线越稀疏。因此，由等高线的疏密可以判断地面坡度的陡缓变化情况。

由于同一幅地形图的等高距是一个定值，选择的等高距愈小，其地貌表示的愈详细；选择的等高距愈大，其地貌表示的愈粗略。然而，等高距如果选择得过小，不但会增加测绘工作量，而且影响图面的清晰和使用。因此，一幅地形图等高距大小的选择要视测图比例尺的大小、地面坡度的变化、地形图的用途等因素而定。地形图等高线的等高距的规定见表 8-4，表中所列的等高距，称为测图的基本等高距。

表 8-4 等高线的基本等高距

（单位：m）

地形类别	比例尺			说明
	1∶500	1∶1 000	1∶2 000	
平地	0.5	0.5	0.5（或 1）	平地指地面倾角在 2°以下的地区，丘陵指地面倾角在 2°～6°的地区，山地指地面倾角在 6°～25°的地区，高山地指地面倾角在 25°以上的地区
丘陵	0.5	0.5（或 1）	2	
山地	0.5（或 1）	1	2	
高山地	1	1（或 2）	2	

(二)地貌的基本形态

为了用等高线准确地表示地貌，我们需要对千姿百态的地貌形态有所了解。地貌形态虽然千姿百态，比较复杂，但其基本形态归纳起来为山头、盆地、山脊、山谷和鞍部，我们称这五种基本形态为典型地貌，如图 8-5 所示。了解地貌基本形态的特征，对于地貌测绘和地形图的使用显得至关重要。

1. 山头

较四周明显凸起的高地称为山头。山头的最高部位称做山顶，有尖顶、圆顶、平顶等形状。山头的倾斜面称为山坡；山坡的倾斜面在 20°～45°的称陡坡；坡度在 70°以上的称陡崖；上下垂直的陡崖称峭壁，也称绝壁；上部凸出、下部凹进的陡崖称悬崖；山坡与平地的交界处称山脚；大的山头（山脚与山顶的高差大于 200 m）称为岳，小的山头称为丘。

2. 盆地

四周高而中间低的地形称盆地。盆地的最低处称盆底，小范围的盆地称洼地或坑洼。

3. 山脊

由山顶沿某一方向延伸凸起的窄长高地称山脊。山脊上的最高点的连线称为山脊线，

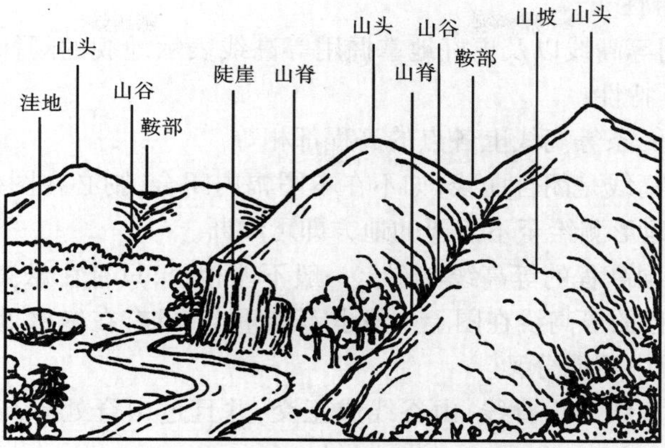

图 8-5 典型地貌

由于山脊附近的雨水必然以山脊线为分界线，分别流向山脊的两侧，因此山脊线又称分水线。

4. 山谷

相邻两山脊之间沿某一方向延伸的低洼部分称山谷。山谷中最低点的连线称山谷线。由于在山谷中，雨水必然经两侧山坡流向谷底，向山谷线汇集，因此山谷线又称集水线。

5. 鞍部

相邻两山顶之间低凹处，形似马鞍状的地貌，称鞍部。

(三)等高线的分类

为了方便用图、阅读地形图及满足某些工程的需要，将等高线分为以下四种类型。

1. 首曲线(基本等高线)

按照地形图测绘规定的基本等高距勾绘的等高线，称为首曲线，又称基本等高线。在地形图上基本等高线规定用 0. 15 mm 的细实线勾绘，线上不注记高程。如图 8-6 中高程为 38 m、40 m、42 m 等的等高线均为首曲线。

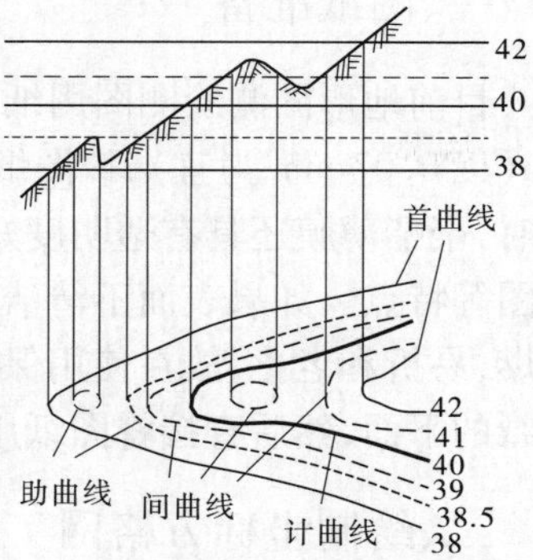

图 8-6 等高线的种类

2. 计曲线

在地形图上，凡是高程能被 5 倍基本等高距整除的等高线称为计曲线，也称加粗等高线。为了计算和读图的方便，在地形图上计曲线要加粗描绘并注记高程，一般是每隔 4 条或每 5 条的首曲线，计曲线用 0. 3 mm 粗实线绘出，如图 8-6 中高程为 40 m 的等高线。

3. 间曲线

为了显示首曲线不能表示出的局部地貌，按二分之一基本等高距描绘的等高线称为间曲线，也称半距等高线。间曲线用 0. 15 mm 的细长虚线表示。如图 8-6 中高程为 39 m、41 m 的等高线。

4. 助曲线

用间曲线还不能表示出的局部地貌，可按四分之一基本等高距描绘等高线，称为助曲线。助曲线用 0. 15mm 的细短虚线表示。如图 8-6 中高程为 38. 5 m 的等高线。

(四)等高线的特性

为了正确地使用等高线以及更好地掌握用等高线表示地貌的规律,应了解等高线的特性。等高线具有如下特性:

(1)等高性。同一条等高线上各点的高程都相等。

(2)闭合性。等高线是闭合曲线,如不在本图幅内闭合,则必在图外闭合。间曲线和助曲线例外,根据实际地形测绘至不需要的地方即可中断。

(3)非交性。不同高程的等高线在图上一般不能相交,只有在悬崖处才能相交,其交点数量为偶数;不同高程的等高线在图上一般也不能重合,只有在绝壁处才会有等高线重合。同一条等高线在图幅内不能分叉。

(4)正交性。等高线与山脊线、山谷线成正交,并且过山脊处等高线凸向低处,过山谷处等高线凸向高处。

(5)陡缓性。等高线的平距小,表示坡度陡,平距大表示坡度缓,平距相等则表示坡度相等。

第三节　模拟测图前的准备工作

目前大比例尺地形图测绘,主要采用模拟测图(也称白纸测图或传统法测图)和数字测图两种方法。本节主要介绍模拟测图前的准备工作。

模拟测图前,应收集测区内已有的测绘成果,须踏勘、了解测区地形;抄录控制点的平面及高程成果并了解精度;按测图技术规范要求,进行测图技术设计,编制测图技术书及方案;准备测图所需的测绘仪器、工具、器材和材料,检查和校正仪器;拟订作业计划及图纸的选用,在图纸上绘制坐标格网和展绘图根点。

一、图纸准备

目前地形图测绘测图用纸大多采用聚酯薄膜,有一面表面打毛,其厚度为 0.05 ~ 0.10 mm(以 0.07 mm 为宜),该图纸经过热定型处理后伸缩率小于 0.3‰,具有非常好的伸缩性。同时,聚酯薄膜还具有透明度好、柔韧结实、不怕潮湿、牢固耐用、可直接在底图上着墨复晒蓝图等特点。如果表面不清洁,还可用水洗涤,因而方便和简化了成图的工序。但聚酯薄膜易燃,易折和老化,故在使用保管过程中应注意防火防折。使用时,用一张浅色的纸衬放在图纸的下面,然后直接将图纸用夹子或透明胶纸固定在图板上。

二、绘制坐标方格网

在图根控制测量中,我们已经将各控制点或图根点的坐标计算出来了,那么在进行地形图测绘时,我们得根据这些控制点或图根点坐标数据将点展绘在图纸上。为了能准确无误地将各控制点或图根点展绘在图纸上,首先需要在图纸上精确地绘制直角坐标方格网,每个方格的大小一般为 10 cm × 10 cm。

绘制坐标方格网的方法有对角线法、坐标格网尺法及计算机绘制等。另外,现在市场上已有一种印制好坐标方格网的聚酯薄膜图纸,使用更为方便。这里主要介绍对角线法绘制坐标方格网。

如图 8-7 所示，先用直尺在图纸上绘出任意两条对角线相交于 o，以交点 o 为圆心分别沿对角线方向量取四段相等长度，得出 a、b、c、d 四个点，用直线顺序连接四点，可得矩形 $abcd$。再从 a、d 两点起各沿 ab、dc 方向每隔 10 cm 截取一点，从 d、c 两点起各沿 da、cb 方向每隔 10 cm 截取一点。而后，沿着方格网的纵、横方向连接矩形对边上的相应点，并将方格补齐，擦去多余的线条，即得大小为 10 cm×10 cm 坐标方格网。

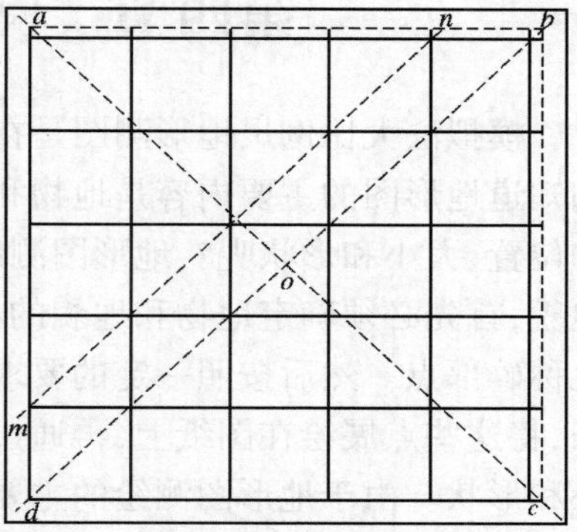

图 8-7　对角线法绘制坐标方格网

坐标方格网绘制的好坏，直接影响测绘成果的质量。因此，坐标方格网绘好后，要进行格网的检查，确定坐标方格网是否符合测图的精度要求。检查的项目及精度要求主要有：

（1）方格网线线粗不得超过 0.1 mm。

（2）方格网中各小方格的边长用标准直尺进行检查，每 10 cm 的边长与理论值之差不应超过图上 0.2 mm。

（3）纵横方格网线必须垂直相交。检查方法是将直尺边沿方格的对角线方向放置，如图 8-7 中 mn 直线，各方格的角点应在一条直线上，偏离不应大于 0.2 mm。

如检查值超过限差，必须对方格网进行修改或重新绘制。若是从市场上购买已印制好坐标方格网的聚酯薄膜图纸，也应认真检查上述几个项目，检查合格后，方可使用。

三、展绘控制点

坐标方格网绘制好之后，就可以在坐标方格网上根据已计算出的各控制点的坐标，将各控制点的位置按坐标展绘在图纸上。按坐标展绘控制点时，首先要根据控制点的坐标，确定控制点所在的方格。如图 8-8 所示（比例尺1:1 000），例如现要展绘 17 号控制点，其坐标为 $x = 1\ 150.12$ m，$y = 620.05$ m，根据 17 号点的坐标值，可确定其位置应在 $abcd$ 方格内。分别从 a 点和 d 点向上按测图比例尺各量取 50.12 m，得出 e、f 两点，然后从 a、b 两点向右按测图比例尺量取 20.05 m，得出 m、n 两点，则 ef 和 mn 两线的交点即为 17 号控制点图上的位置。用同样的方法可将本图幅内所有控制点展绘在图纸上。所有的控制点展绘完之后应进行检查，可用比例尺量取各相邻控制点之间的图上距离，然后与相应的实地距离进行比较，其差值不应超过图上 0.3 mm，对超限的控制点应重新展绘。

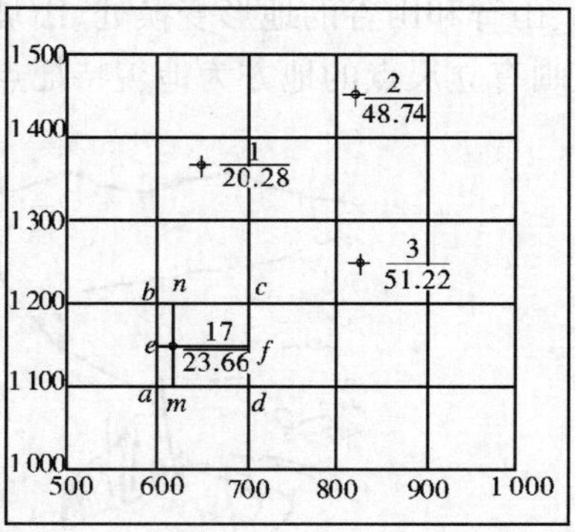

图 8-8　控制点的展绘

当控制点的平面位置在图纸上确定以后，按图式要求绘出相应的图式符号，并在其右侧以分数形式注记其点号和高程，分子为点名，分母为高程，如图 8-8 中 1、2、17 等点。控制点展绘完后，坐标格网要擦去，仅在边线（内图廓）上画 5 mm 的短线，图内各方格顶点画 10 mm 的“+”线即可。

第四节 模拟法大比例尺地形图测绘

模拟法大比例尺地形测图是在野外将观测值用图解的方法转化为图形的测绘方法。我们知道地形图的主要内容是地物和地貌,那么在地形图的测绘过程中,怎样测定地物和地貌的位置、大小和形状呢?地形图测绘是在已建立的控制点上设站,为了在测站上测绘地物和地貌,首先必须确定地物和地貌的特征点(地物特征点和地貌特征点统称为地形特征点),也称碎部点。然后按照一定的要求和方法,利用测绘仪器将地物、地貌位置的特征点测定下来,将这些点展绘在图纸上,再通过一定的方法绘制,即可获得地物和地貌在图上的位置、大小和形状。由于地形图测绘的主要任务之一就是测定碎部点的平面位置和高程,因此地形图测绘也称碎部测量。

一、特征点的选择

由于地形测绘就是测定地形特征点的位置和高程,因此能否依据测图的比例尺和测区内地物、地貌状况合理选择地形特征点,将直接关系到测图的质量和速度。

(一)地物特征点的选择

地物特征点主要是地物轮廓线的转折点,如房屋的房角、电力线的转折点、道路的中心线或边线的转折点、河岸线的转弯点及交叉点等。连接这些特征点,便可得到与实地相似的地物形状。由于地物形状极不规则,一般规定,主要地物凹凸部分在图上大于0.4 mm时,均应表示出来;在地形图上小于0.4 mm,可以用直线连接。一些非比例符号表示的地物,如独立树、纪念碑和电线杆等独立地物,其特征点则应选在地物的中心点位置。

(二)地貌特征点的选择

地貌特征点应选在最能反映地貌特征的山脊线、山谷线、山脚线等地性线上,如山顶、鞍部、山脊和山谷的地形变换处、山坡倾斜变换处和山脚地形变换的地方。如图8-9所示,图上画有立尺点的地方为地貌特征点。

图8-9 地貌特征点的选择

碎部点的密度应适当,碎部点在地形图上的间距为2~3 cm,各种比例尺的碎部点间距可参考表8-5。在地面平坦或坡度无显著变化地区,地貌特征点的间距可以采用最大值。

表 8-5　城市测量碎部点的最大间距和最大视距

测图比例尺	地形点最大间距（m）	最大视距（m）	
		地物点	地貌点
1∶500	15	40	70
1∶1 000	30	80	120
1∶2 000	50	150	200

二、碎部点平面位置测定的基本方法

碎部点选定之后，下一步的工作就是如何测定碎部点的平面位置。测定碎部点平面位置的基本方法有极坐标法、直角坐标法、方向交会法和距离交会法。

（一）极坐标法

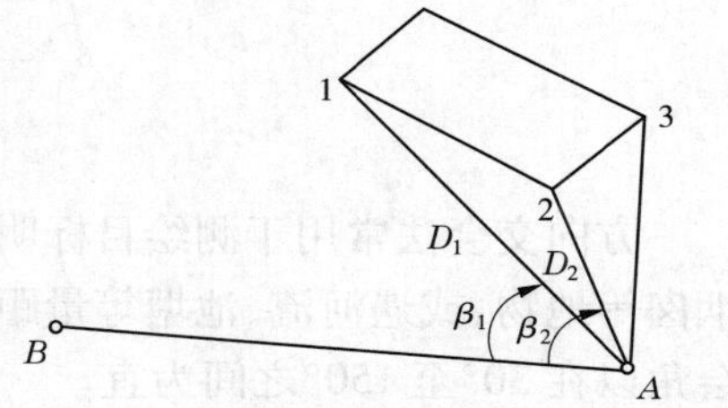

图 8-10　极坐标法

极坐标法是测定碎部点平面位置最基本的方法，也是最常用的方法。它是以测站点为极点，以过测站点的某已知方向作为极轴，测定测站点至碎部点的连线方向与极轴间的夹角，并测出测站点至碎部点的水平距离，从而确定碎部点的平面位置的一种方法。如图 8-10 所示，设 A、B 为地面上的两个控制点，欲测定碎部点（房屋转折点）1、2 在图上的位置，可以将仪器安置在 A 点，以已知的 AB 方向作为起始方向（极轴），观测水平角 β_1、β_2、，测定距离 D_1、D_2。然后根据水平角大小和测图的比例尺将水平距离缩小后，用图解法就可将碎部点直接展绘在图纸上。

极坐标法适用于通视良好的开阔地区，由于碎部点的位置都是独立测定的，因此不会产生误差积累。但对于难以到达的碎部点，用此方法就比较困难了。

（二）直角坐标法

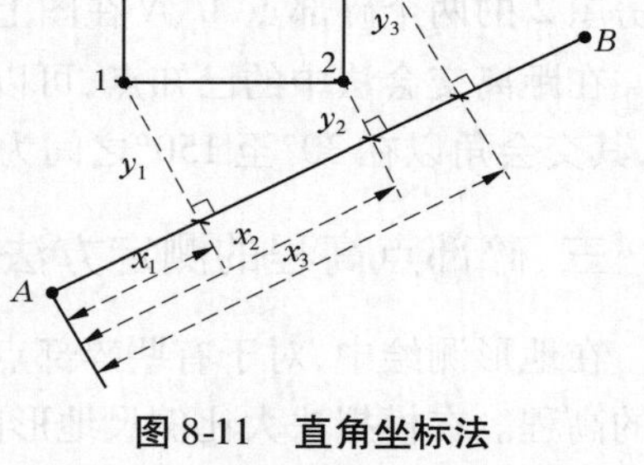

图 8-11　直角坐标法

直角坐标法是以地面上已知两点（一般为控制点）所在的直线为坐标轴，通过实地量测待测碎部点到坐标轴的垂直距离和垂足到控制点的距离，从而确定出碎部点在图上的平面位置的一种方法。如图 8-11所示，待测碎部点 1、2、3 靠近两个控制点 A、B 所连的直线，以这条直线为 x 轴，分别找出碎部点在 x 轴上的垂足，量出其垂距和垂足到控制点 A 的距离，即可在图上定出碎部点的位置。

直角坐标法适用于地物离控制点的连线比较近，碎部点在控制点连线上的垂足位置能用简单的工具确定，且垂距较短、量距也方便的平坦地面。

（三）方向交会法

方向交会法又称角度交会法，是分别在两个已知控制点上对同一碎部点瞄绘方向线，以两条方向线相交得碎部点位置的一种方法。如图 8-12 所示，A、B 为已知点，为测定河流对岸的碎部点 1(或点 2)，在 A 点测定 A 点至 1 点方向(或至 2 点方向)与 A 点至 B 点方向的水平角 α_1(或 α_2)。在 B 点测定 B 点至 1 点方向(或至 2 点方向)与 B 点至 A 点方向的水平角 β_1(或 β_2)。根据观测的水平角或方向线在图上绘出方向线 $A1$(或 $A2$)和 $B1$(或 $B2$)，这样方向线 $A1$ 与 $B1$ 相交的交点即为地面点 1 在图上的位置(如果是方向线 $A2$ 与 $B2$ 相交的交点，则为地面点 2 在图上的位置)。

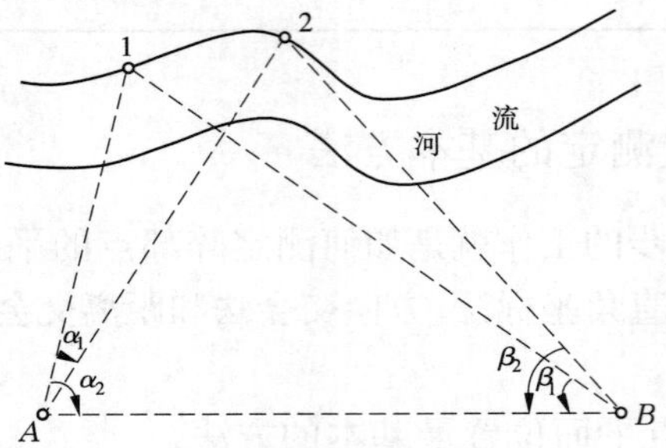

图 8-12　方向交会法

方向交会法常用于测绘目标明显、距离控制点较远、易于瞄准的碎部点，如电杆、水塔、烟囱等地物，或遇河流、池塘等量距不方便或人不易到达的地方。采用方向交会法时，其交会角以在 30°至 150°之间为宜。

(四)距离交会法

距离交会法是通过测定两个已知点至待测碎部点的距离，从而在图上交会出碎部点的平面位置的一种方法。如图 8-13 所示，A、B 两点所在的房屋 1 在图上已经绘出，M、N 为待测绘房屋 2 的两个碎部点。用距离交会法确定 M、N 两点在图上的位置时，我们在实地先分别测定 A 点至碎部点 M 和 N 的距离 D_{AM} 和 D_{AN}，B 点至碎部点 M 和 N 的距离 D_{BM} 和 D_{BN}。然后，在图上分别以已测房屋的 A、B 两个点为圆心，以所测定的距离为半径画圆弧，即可交会出房屋 2 的两个碎部点 M、N 在图上的位置。

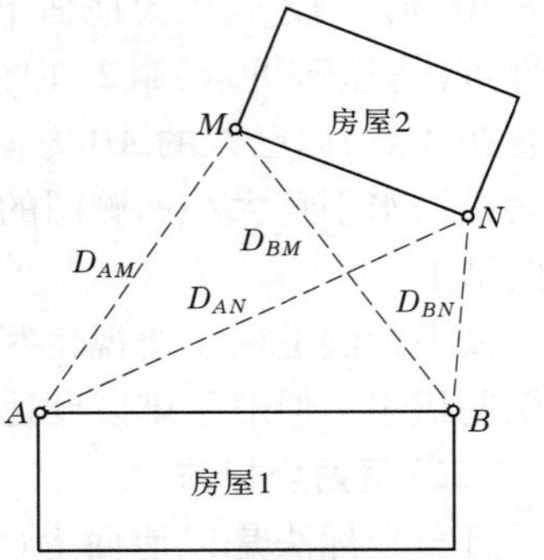

图 8-13　距离交会法

在距离交会法中的已知点，可以是控制点，也可以是已测出的碎部点。采用距离交会法时，其交会角以在 30°至 150°之间为宜。

三、碎部点高程的测定方法

在地形测绘中，对于有些碎部点，我们不仅需要测定它们的平面位置，而且需要测定它们的高程。在模拟法大比例尺地形图测绘中，碎部点高程的测定一般采用视距测量方法，碎部点高程 H 的计算公式为

$$H = H_{测} + D\tan\alpha + i - v \tag{8-3}$$

式中　H——碎部点的高程；

$H_{测}$——测站点的高程；

D——测站点至碎部点的水平距离；

α——竖直角；

i——测站点的仪器高；

v——碎部点标尺的中丝读数。

四、地形图测绘的方法

地形图的测绘是根据图纸上的控制点，在地面对应的控制点上，将其周围地物和地貌的碎部点的平面位置和高程测定出来，然后在图纸上绘制出地物和地貌。模拟法大比例尺地形图测绘的方法根据所使用的测量仪器设备不同，主要有经纬仪测绘法、大平板仪测绘法和小平板配合经纬仪测绘法等。由于测绘技术和电子仪器的快速发展，目前数字化测图越来越普及，已逐步替代了模拟法测绘地形图。因此，我们在这里主要介绍经纬仪测绘法。数字化测图将在后面作简单介绍。

（一）经纬仪测绘的基本方法

经纬仪测绘法实际上仍是采用了极坐标法测定碎部点的方法及原理。测绘时，先将经纬仪安置在测站上，绘图板安置于测站旁，用经纬仪测出碎部点方向与已知方向之间的水平角，并用视距测量方法测出测站点到碎部点的水平距离及碎部点的高程。然后根据测定的水平角和水平距离，用量角器和比例尺将碎部点的平面位置展绘在图纸上，并在点的右侧注记其高程。再对照实地情况，按照地形图图式规定的符号绘出地形图。

（二）经纬仪测绘法的施测方法

如图 8-14 所示，经纬仪测绘法在一个测站上的具体施测方法如下。

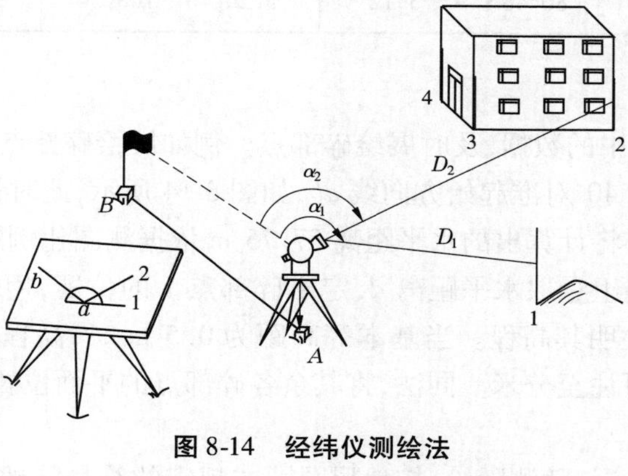

图 8-14　经纬仪测绘法

1. 安置仪器和图板

观测员将经纬仪安置在控制点 A 上，经对中、整平后，量取仪器高 i，并记入表 8-6。绘图员将绘图板置于测站旁边适当的位置，尽量不影响观测员对碎部点的观测。

2. 定向

在另一控制点 B 处安放标尺，并以 B 点作为定向点，用经纬仪以盘左照准 B 点，配置水平度盘读数为 0°00′00″，称 AB 为定向边，也称起始方向。绘图员在图板上将测站点与定向点连线方向绘一短线，短线应在量角器刻划线附近并稍长于量角器的半径，作为量角器读数的起始方向线，然后通过量角器圆心的小孔用大头针将量角器的中心固定在图上 a 点。同时，旋转图板使图纸上控制边方向与地面上相应控制边方向大致一致。

3. 立尺

在立尺之前，跑尺员应根据实地情况及本测站测量范围，与观测员、绘图员共同商定跑尺路线，然后依次将标尺立在待测的地物、地貌特征点上。如图8-14中的1、2、3、4点上。

4. 观测

观测员旋转经纬仪照准部，照准立尺员所立碎部点1的标尺，读取水平角，竖直度盘读数，标尺上的上、中、下三丝读数。采用同样的观测方法观测碎部点2、3、4等其他各点。

5. 记录与计算

将所观测数据逐项记录于表8-6中。根据观测数据，计算尺间隔，用视距测量计算公式，计算出水平距离和高程，填入表8-6内。在表8-6的备注栏内注明重要碎部点的名称，如房角、山脚、鞍部等，以便必要时查对和绘图。

表8-6　碎部测量手簿

测站 $\underline{A}$　定向点 $\underline{B}$　仪器高 $\underline{1.540\ m}$　测站高程 $\underline{428.70\ m}$　指标差 $\underline{x=0''}$　仪器 $\underline{DJ_6}$

测点	尺间隔 l(m)	中丝读数 v(m)	竖盘读数 L	竖直角 α	高差 h(m)	水平角 β	水平距离 D(m)	高程 H(m)	备注
1	0.58	1.540	93°46′	−3°46′	−3.80	148°40′	57.75	424.90	山脚
2	0.85	1.540	94°00′	−4°00′	−5.93	119°45′	84.59	422.77	房角
5	0.75	1.540	93°25′	−3°42′	−4.84	85°00′	74.69	423.86	道路
8	0.94	1.540	86°48′	3°12′	5.24	168°54′	93.70	433.94	栅栏

6. 展绘碎部点

绘图员依据表8-6中的数据，及时展绘碎部点。例如展绘碎部点1，转动量角器，将碎部点1的水平角角值148°40′对准起始方向线 ab，如图8-14所示，此时量角器上零刻划线方向便是碎部点1的方向。将计算出的水平距离57.75 m依据测图比例尺将其换算成图上长度 d，然后在零刻划线方向上量取水平距离 d，定出碎部点1的位置，用铅笔在图上点示（或用针刺），并在点的右侧注明其高程。当基本等高距为0.5 m时，高程注记应注至厘米；基本等高距大于0.5 m时可注至分米。同法，将其余各碎部点的平面位置及高程展绘于图上。

7. 绘图

绘图员参照实地情况，随测随绘，按地形图图式规定的符号将地物和等高线绘制出来。测绘地物时，应对照地物的外轮廓，将特征点连接成地物平面投影的轮廓线，随测随绘。测绘地貌时，应先绘出地性线，再对照地性线和特殊地貌外缘点勾绘等高线和描绘地貌符号。勾绘等高线时，应先勾出计曲线，经对照检查无误，再加密其余等高线。在测绘地物、地貌时，必须遵守"看不清不绘"的原则。地形图上的线划、符号和注记一般在现场完成。要做到点点清、站站清、天天清。

为了相邻图幅的拼接，每幅图应测出图廓外5 mm。自由图边（测区的边界线）在测绘过程中应加强检查，确保无误。

（三）注意事项

（1）在观测过程中，每测20～30个点和结束前，观测员应照准定向点进行归零差检查，其归零差不应大于 4′。否则,应重新定向并复测已观测的碎部点。

(2)立尺人员应将标尺竖直,并随时观察立尺点周围情况,弄清碎部点之间的关系,注意综合取舍碎部点,地形复杂时绘制草图。

(3)每一测站测绘前,先对在另一控制点所测碎部点进行复测检查和对测区内已测碎部点进行复测检查,检查点应不少于两个。检查无误后,才能开始测绘。

(4)绘图人员应注意图面正确、整洁,注记清晰,并做到随测点随展点随检查。

(5)当该站工作结束时,应检查有无漏测、测错,并将图面上的地物、地性线、等高线与实地对照,发现问题及时纠正。

经纬仪测绘法的优点是现场随测随绘,对照实地使测绘的地形直观逼真,绘图板可置于测站附近的任何位置。整个过程操作简单、灵活,适于各类地区的地形图测绘。

五、增设测站点

在测绘地形图时,应充分利用图根控制点设站测绘碎部点,但当图根控制点不够使用时,如因视距限制或通视影响,在图根控制点上不能完全测出周围的地物和地貌时,常需要在已有控制点的基础上增设临时性的测站点。增设测站点的方法比较多,可以采用测边交会、测角交会等方法增设测站点,也可以根据图根控制点布设经纬仪视距支导线增设测站点。如果是用平板仪测绘地形图,可采用图解支导线。由于布设经纬仪视距支导线的方法简便易行,在测图时经常利用,因此我们这里主要介绍这种方法。

布设支导线的精度要求不得超过表 8-7 的规定。竖直角不宜过大,最多只允许连续设置 2 个支点。

表 8-7　视距支导线技术要求

测图比例尺	总长(m)	最大视距(m)	边数	距离往返相对误差	高差往返较差
1:1 000	100	70	2		
1:2 000	200	100	2	1/150	1/7 等高距
1:5 000	400	250	2		

经纬仪视距支导线法的具体施测步骤如下:如图 8-15 所示,从图根控制点 A 测定支导线点 1。

(1)将经纬仪安置在控制点 A 上,对中、整平。用测回法观测 AB 与 $A1$ 之间的水平角 β,做一个测回,根据水平角 β 的大小用量角器在图上画出 $a1$ 方向线。

(2)用视距法测出 A、1 两点间的水平距离 D_{A1} 和高差 h_{A1},概略定出 1 点在图上的位置。

(3)再将经纬仪安置在 1 点上,在控制点 A 上立标尺,用同样的方法测定两点间的水平距离 D_{A1} 和高差 h_{A1}。

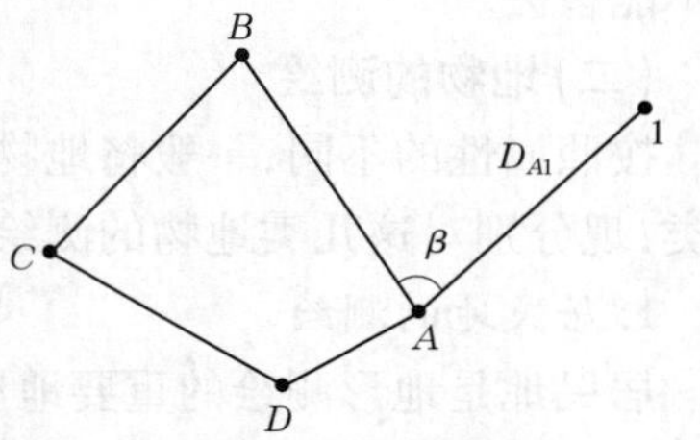

图 8-15　经纬仪视距支导线法

(4)若往、返两次测得距离之差不超过表 8-7 的规定,则取其平均值,在图上按测图比例尺在方向线上定出增设的测站1点。

由于支导线缺乏检核条件,因此要对观测和展绘工作加强检查,防止错误。

第五节　地形图测绘内容

地形图测绘包括地物测绘和地貌测绘两大内容。

一、地物测绘

(一)地物的综合取舍原则

在进行地形图测绘时,由于地物的种类和数量繁多,不可能将所有的地物一点不漏地测绘到地形图上。因此,无论采用何种比例尺测绘地物,为了既能显示和保持地物分布的特征,又能保证图面的清晰易读,都必须对尺寸较小、在图上难以清晰表示的地物进行综合取舍,且不会给用图带来重大影响。地物综合取舍的基本原则如下:

(1)国家测绘局制定的各种比例尺的规范和图式,是测绘地形图的依据,必须遵守。测绘地物必须根据规定的测图比例尺,按规范和图式的要求,对地物作综合取舍,以使所测的图既清晰易读、位置准确、主次分明,又能满足相应的用图需要。

(2)由于测图比例尺的限制,在一处不能同时清楚地描绘出两个或两个以上的地物符号时,可将主要地物符号精确表示,而将次要地物移位、舍弃或综合表示。移位时应注意保持原地物之间相对位置的正确;综合取舍时要保持其总貌和轮廓特征,防止因综合取舍影响地物的性质。如道路、河流图上太密时,只能取舍,不能综合。

(3)对于易于变化、临时性或对用图意义不大的地物,如临时工棚,可不测绘。

(4)对于专业用图,要根据不同的用图要求决定测绘内容的取舍。为此,测图前应会同用图单位到现场踏勘,商定测图内容,拟定取舍原则。

总而言之,综合取舍的实质是在保证测图精度要求的前提下,按需要和可能,正确合理地处理地形图内容中的"繁与简"、"主与次"的关系。当内容繁多,图上无法完整地描绘或影响图纸的清晰性时,原则上应舍去一些次要内容或将某些内容综合表示。各种要素的主次关系是相对而言的,且随测区情况和用图的目的不同而异。对于某些标志性或具有经济、文化和军事意义的各种地物(如独立树、独立房屋、烟囱等),虽然很小,但也要在图上表示出来。另外,在荒漠或半荒漠地区,水井和再小的水塘都不能舍弃;沙漠中的绿洲(树木)同样不能舍去。

(二)地物的测绘

按照属性的不同,一般将地物分为居民地、道路、管线、水系、植被、境界、独立地物等几大类,现分别对这几类地物的测绘介绍如下。

1. 居民地的测绘

居民地是地形测绘的重要地形要素,主要是测设建筑物及附属设施。测绘居民地根据所需测图比例尺的不同,在综合取舍方面就不一样。对于居民地的外轮廓,都应准确测绘。其内部的主要街道以及较大的空地应区分出来。对散列式的居民地、独立房屋应分别测绘。对于1∶1 000或更大的比例尺测图,房屋应逐个测绘;对于1∶2 000的比例尺测图,房屋的测绘可适当综合取舍。

(1)居民地的测绘主要是测绘出各建筑物轮廓线的主要转折点(房角点),然后连接成图。测绘房屋时,一般只要测定出房屋三个角点的位置,即可在图上绘出房屋。对于转折点比较多的房屋,可实量其边长并绘制草图,然后在图上依据草图绘制成图。对于整列式居民地,多数房屋为排列整齐而有一定间隔的建筑群,可只测其外轮廓中几个重要的转折点,配合量距就可在图上绘出建筑群的位置。

(2)固定建筑物应实测其墙基外角,并注明结构和层次;建筑物的结构应从主体部分来判断,其附属部分(如裙房、亭子间、晒台、阳台等结构)应不作为判别对象;建筑物楼层数的计算应以主楼为准,假半层不算,工厂车间中间无楼板者应以1层计。

(3)房屋附属设施:廊、建筑物下的通道,台阶,室外扶梯,院门,门墩和支柱(架),墩应按实际测绘,并以图式符号表示;台阶和室外楼梯长度在图上小于3 mm或宽度在图上小于1 mm的可免测;永久性门墩、支柱大于图上1 mm的依比例实测,小于图上1 mm的测量其中心位置,用符号表示。重要的墩、柱无法测量其中心位置时,要量取并记录偏心距和偏离方向;天井面积在比例尺为1∶500且测图小于10 m^2、比例尺为1∶1 000且测图小于20 m^2、比例尺为1∶2 000且测图小于20 m^2 时可免测。

(4)建筑物凹凸的取舍:房屋墩、柱的凸出部分在图上大于0.4 mm(简单房屋大于0.6 mm)的必须逐个如实测绘,否则可以墙基外角为主综合取舍。建筑物上突出的悬空部分应测量最外范围的投影位置,主要的支柱也要实测。

(5)简易屋及棚的取舍:结构较好,以及位于海滩、海岛等建筑物稀少地区的必须测出;依附在正规建筑物上零星搭建的及农村宅基内村前屋后不住人,面积不足10 m^2 的可免测;临时性的活动房屋、施工单位搭建的零星非正规的临时工棚(房)及材料棚等可免测;度假村中蒙古包式的建筑可按蒙古包测绘。

(6)每一幢房屋地基的高程一般相同,甚至附近若干幢房屋的地基高程也相同,如整列式居民地。因此,其高程也不需在每一个轮廓转折点处标注,只代表性地注记即可。若每一幢房屋的高程不同,则需分别注记。

(7)垣栅:对于围墙在进行1∶500、1∶1 000测图时,围墙在图上宽度小于0.5 mm的可放宽至0.5 mm,图上宽度大于0.5 mm的应依比例尺绘制,在进行1∶2 000测图时,应按不依比例尺的符号绘制;起境界作用的栅栏、栏杆、篱笆、活树篱笆、铁丝网等必须测绘,有基座的应实测外围,隔离道路或保护绿化的可免测。

2. 独立地物的测绘

独立地物多数以非比例符号表示,如塔、井、独立树等,它对判定方位、指示目标和地形图的判读都有重要意义。因此,独立地物应精确测定。

独立地物的中心往往不能或不便竖立标尺,遇此情况,可采用交会的办法测定,也可在该地物的旁边与测站等距处测定距离,用照准设备瞄准该地物的几何中心瞄绘方向线来确定独立地物的中心点。

3. 道路及桥梁的测绘

道路分为铁路及其他轨道、公路、大车路、乡村路、人行小路等,包括道路的附属设施。

1)铁路及其他轨道

(1)铁路轨道、电车轨道、缆车轨道等应按实测绘,架空索道应实测铁塔位置;高架轨道应实测路边线的投影位置和墩柱,地面上的轨道及岔道应实测,架空的轨道可沿路线走向配置绘出,但必须与地面轨道衔接平顺。架空的岔道可免测。高架轨道应按电气化铁路符号绘示。

(2)测绘铁路及其他轨道时,标尺应立于铁轨的中心线上,即应实测轨道中心线,直线部分立尺点可稍稀一些,在曲线部分及道岔部分立尺点要密一些,这样才能正确地表示出轨道的实际位置。符号按国家规定的图式表示。对于铁路,在进行 1∶500、1∶1 000 比例尺地形图测绘时,应按比例尺描绘轨道的宽度,并应将两侧的路肩、路堤、路沟准确测出,如图 8-16所示。铁路及其他轨道上的高程应测轨面高程(曲线部分测内轨面),但标高仍注在中心位置,高架轨道的高程免测,路基高程应设在路基面上。铁路两侧的附属性建筑物,应按实际位置,根据现行图式要求进行描绘。

图 8-16　铁路的测绘及其表示方法

(3)火车站及附属设施。站台、天桥、地道、岔道、转盘、车挡、信号设备、水鹤等应按实测绘。站台、雨篷应实测范围,符号绘示,坡脚线可不测绘。地道应按实测绘出入口。

2)公路

(1)高速公路、等级公路、等外公路等在图上均应按其实测宽度依比例尺绘出,并在图上每隔 15 ~20 mm 注记公路技术等级代码,国道应注出国道路线编号。在测图比例尺为 1∶500、1∶1 000 的地形图上,城市道路和马路岛的边线应以虚线绘出,在测图比例尺为 1∶2 000的地形图上应用实线绘出。道路的边沿有房脚线的,房脚线可代替路边线。

(2)高架路的路面宽度及其走向应按实际投影测绘并用实线绘出。露天的支柱应用实线绘出;路面下的支柱按比例测绘的用虚线表示,不按比例测绘的可用符号表示。直线部分支柱密集的可按 5 cm 左右的间距取舍。

(3)公路在图上一律按实际位置测绘。在测量时,可将标尺立于公路路面中心,或将标尺立在路面的一侧,实量路面的宽度,按比例尺绘制;也可将标尺交错立在路面两侧,分别连接相应一侧的特征点,绘出公路在图上的位置。作业时可视实际的具体情况而定。公路的转弯处、交叉处,立尺点应密一些,路边是规则曲线的应按相应的曲线(如圆曲线、缓和曲线等)进行绘制。公路两旁的附属建筑物都应按实际位置测出,公路路堤、路堑应按实地宽度绘出边界,并应在其坡顶、坡脚适当处标注高程。

(4)公路、街道按其铺面材料分为水泥路、沥青路、砾石路、条石或石板路、硬砖路、碎石路和土路等,应分别以砼、沥、砾、石、砖、碴、土等注记于图中路面上,铺面材料改变处应用点线分开。公路的高程应测量公路中心线的高程,并注记在中心线上。

(5)道路通过居民地不宜中断,应按真实位置绘出。高速公路应绘出两侧围建的栅栏(或墙)和出入口,注明公路名称。中央分隔带视用图需要表示。市区街道应将车行道、过街天桥、过街地道的出入口、分隔带、环岛、街心花园、人行道与绿化带绘出。

3）其他道路

（1）大车路。大车路一般指路基未经修筑或经简单的修筑，能通行大车，甚至汽车的道路。大车路路面宽度不均匀，变化大，道路边界有时不太明显。测绘大车路时，标尺立于道路中心，应按其实宽依比例尺测绘，如实地宽窄变化频繁，可取其平均路宽，以地形图图示规定的符号绘制。

（2）乡村路。乡村路应按其实宽依比例尺测绘。乡村路中通过宅村仍继续通往别处的，其在宅村中间的路段应尽量测出，以求贯通，不使中断。路边紧靠房屋或其他地物的，则可利用地物边线，不另绘路边线。沿河滨边线的，其路边线仍应绘出，不得借用河滨边线。

（3）人行小路。人行小路主要是指居民地之间来往的步行通道，可通行单轮车，一般不能通大小汽车。田间劳动的小路一般不测绘，上山小路应视其重要程度选择测绘，如该地区小路稀少应少舍去。测绘时标尺立于道路中心，由于小路弯曲较多，标尺点的选择要注意弯曲部分的取舍。既要使立尺点不至于太密，又要正确表示小路的位置，取舍后的位置离其实际位置不应大于图上 0.4 mm。人行小路若与田埂重合，应绘小路不绘田埂。有些小路虽不是直接由一个居民地通向另一个居民地，但它与大车路、公路或铁路相连，这时应根据测区道路网的情况决定取舍。小路应实测中心位置，单线绘制。

4）道路的附属设施

路堑、路堤、挡土墙应按实测绘；涵洞应按实测绘，一般小涵洞可免测；路标应按实测绘，双柱的路标应实测中间的位置；里程碑应实测位置，并注记里程。

郊区的汽车停车站应按实测绘，点位在站牌处；简、小的候车棚可按相应的符号表示，并免予注记。

铁路平交道口应按实测绘，其他道路应在铁路处中断。

立体交叉路，当铁路在上时，公路应在铁路路基处中断；反之，当公路在上时，铁路应在公路处中断。

5）桥梁

公路桥、铁路桥的桥头、桥身应按实测绘，并注记建筑结构；水中的桥墩可不测绘。漫水桥、浮桥应加注“漫”、“浮”等字。桥面上的人行道，图上宽度大于 1 mm 的应表示。通航及车行的桥梁应在桥顶中部测定高程。

双层桥的主桥、引桥和桥墩应按实测绘；人行桥在图上宽度大于 1 mm 的应按比例尺表示，否则可按不依比例尺表示。

6）渡口

渡口应区分行人渡口或车辆渡口，分别标注“人渡”或“车渡”，同时绘出航线，有名称的应加注名称；固定码头、浮码头，码头轮廓线应实测，按其建筑形式以相应的符号绘出，有名称的应加注名称。

4. 管线的测绘

管线包括地上、地下和空中的各种管道、电力线和通信线等，管线应测定其交叉点、转折的中心位置，并分别依比例符号或非比例符号表示。

1）电力线

高压线应全部测绘，图上以双箭头符号表示。成组的高压电杆，按杆的实际位置测绘，中间用实线连接。

低压线在图上应以单箭头符号表示。街道、郊区集镇、棚户区等内部主要干道上的低压线，应全部测绘，分支在小巷内的可免测。工矿、机关、学校、新村等单位内部的无特殊需要可免测。郊外农田及地物稀少地区，正规的必须测绘，仅有3根电杆的分支线路可免测。临时性的均免测。

电线架、电杆应按其实际位置测绘，不分建筑材料、断面形状，用同一符号表示，电杆之间可连线；多种电线在同一根杆柱上时，可只表示主要的电线。电杆上有变压器时，变压器的位置要按其与电杆的相应位置绘出。

电线塔应依实际形状表示，实测电线塔底脚的外角。测图比例尺大于1∶2 000，图上电线塔大于符号的，应依实测绘；否则应实测中心位置，并以非比例尺符号表示。

电线杆上的变压器应按实际位置及方向用符号表示，支柱可不表示。

2）通信线

集束的、长期固定的通信线均应测绘，符号绘示，电杆之间可不连线；线路不满4对（8根）和沿房屋或墙上通过者，可不测绘。进房入室的方向线可不表示。测绘入地口时，应实测入地口位置，符号方向垂直于连线方向绘示。

3）管道

架空的、地面上管道应按实际位置测绘。管道的使用性质宜注明，不明性质者可不注记。多管并列者，可只注记主要的。临时性的管道可不测绘。

单柱的架空管道支柱尺寸在图上大于1.0 mm×1.0 mm的应依比例测绘，否则以不依比例符号表示，符号为1.0 mm×1.0 mm的黑块，管线从支柱中心通过；双柱和四柱的架空管道支柱，支柱尺寸在图上大于1.0 mm×1.0 mm的应依比例测绘，支柱之间用实线连接，管线在支柱连线中心通过，否则以非比例符号逐个绘出支柱符号，符号为1.0 mm×1.0 mm的黑块，如逐个绘出支柱符号时符号有重叠，可在双柱或四柱的中心绘出单个支柱符号，符号为1.0 mm×1.0 mm的黑块，管线从中心通过。小于1∶2 000测图比例尺的以非比例符号表示。当架空管道直线部分的支架过于密集时，可适当取舍。

4）地下检修井

地下检修井应实测井盖的中心位置，井框可不测绘（地下管线测量除外），并按检修井类别用相应符号表示。工矿、机关、学校等单位内的检修井，应测出进单位的第一只井位，单位内部的可免测（如果是在单位内测绘大比例尺地形图，则应测绘出井位）。1∶2 000测图比例尺的地下检修井可免测。

5）管道附属设施

污水箅子、消防栓、阀门、水龙头、电线箱、电话亭、路灯均应实测中心位置，以符号表示。

各种有砌框的地下管线的阀门均应测绘，当阀门池在图上大于符号尺寸时，应依比例尺表示，内绘阀门符号。

5. 水系及附属设施的测绘

水系包括河流、渠道、湖泊、水库、池塘、泉、井等及其他水利设施，在测绘时，江、河、湖、水库、池塘等地物，通常无特殊要求时均以岸边为界，准确测绘表示，有名称的加注名称。根据需要可测注水深，也可用等深线或水下等高线表示。如果要求测出水涯线（水面与地面的交线）、洪水位（历史上最高水位的位置）及平水位（常年一般水位的位置）时，应按要求在调查研究的基础上进行测绘。各种水系有名称的应注记名称。属于养殖或种植的水域,应注记类别,如“鱼”、“藕”等。

1)岸线与水涯线

江、河、湖等的岸线和水涯线均应按测图时的水位测绘,并注记高程。对平水位水涯线的测定应按要求在调查研究的基础上进行绘制,必要时要注记测图时间。

河流、溪流图上宽度大于0.5 mm的,在两岸分别竖立标尺进行实测,在图上按测图比例尺以实宽双线绘出;否则,只需测定河流、溪流的中线位置,用单线表示。当水涯线与陡坎线在图上投影距离小于1 mm时以陡坎线符号表示。

2)沟渠

渠道应实测外肩线,其宽度在图上大于1 mm(1:2 000地形图上小于0.5 mm)的应双线表示,堤顶的宽度、斜坡、堤基底宽度均应实测依比例尺绘出。否则,应实测渠道中线位置用单线表示。必要时可标注水流方向。

水沟应实测岸线,每一侧用单线绘示。水沟的宽度及深度均不满1 m的可免测;如宽度及深度有一项达1 m且长度达100 m的应测出,如大部分达到应测标准,而中间一段不足应测标准的,仍应全部测出,不应间断。公路两旁的排水沟,应按上述标准取舍。对于测图比例尺为1:2 000,当水沟宽度小于2 m时,应用单线表示。高出地面0.5 m的沟渠土堤应按实测绘。

地下灌渠可只测绘出水口,地下走向可不表示(地下管线测量除外)。

3)泉、井

可选居民地外围主要的泉、井测绘,在水网地区,当其密度较大时,可视需要进行适当取舍。土井或废弃的水井以及房子内的机井可免测。泉、井应实测其出水口或中心位置,并注记高程与类别,如“矿”、“温”等,根据需要测定井台高程或注记井台至水面的深度。

4)沼泽地

沼泽地按其范围依比例尺实测,以图式符号绘注,能否通行要以相应的图式符号区分表示。

5)其他水利设施

(1)水闸,其宽度在图上大于4 mm的应按比例尺测绘,否则可按不依比例尺测绘,以图式符号绘示,符号中的尖角指向主要进水方向,水闸高程应测在其顶部。水闸的孔数及水底高程可不测绘,水闸注专名的,可不绘水闸符号,当符号与房屋建筑有矛盾时,可省略符号,注“闸”字。

(2)对防波堤应按实测绘,以符号绘出。

(3)防洪墙应按实宽测绘,以双线绘出,当图上宽度小于0.5 mm时,可放宽至0.5 mm,定位线为靠陆地一侧边线。河流边沿人工修筑的墙体构筑物,可用防洪墙符号表示,墙体上的栅栏、栏杆可不表示。

(4)输水槽,其槽宽在图上小于1 mm时,可放宽至1 mm绘出;槽宽在图上小于2 mm时,槽中的渠线可免绘;两端无明渠的输水槽必须绘流向符号。

6.植被的测绘

植被是覆盖在地球表面所有植物的总称,包括天然的森林、草地、灌木林、竹林、芦苇地等,以及人工栽培的花圃、苗圃、经济作物林、水田、旱地、菜地等。植被的测绘主要是各种植被的边界，以地类界点绘出面积轮廓，并在其范围内配制相应的符号。

(1)地形图上应正确反映出植被的类别特征和分布范围。对耕地、园地应实测范围，配置相应的符号表示。大面积分布的植被在能表达清楚的情况下，可采用注记说明。同一地段生长有多种植物时，可按经济价值和数量适当取舍，符号配制不得超过3种(连同土质符号)。

(2)地面较平整而能种植水稻的田地，宜以稻田表示。旱地包括种植小麦、杂粮、棉花、烟草、大豆、花生和油菜等的田地，经济作物、油料作物应加注品种名称。有节水灌溉设备的旱地应加注“喷灌”、“滴灌”等。一年分几季种植不同作物的耕地，应以夏季主要作物为准配置符号表示。水、旱作物轮作的，宜以稻田表示，常年种植旱谷的以旱地表示。

(3)田埂宽度在图上大于1 mm的应用双线表示，小于1 mm的用单线表示。田块内应测注有代表性的高程。

(4)林地应测其实地所占有的范围，按比例尺描绘地类线，并在其范围内填充相应的地类符号。图上面积在25 cm^2 以上的林地及人工种植的排列较整齐的防护林带应注出树名，树高可免注。范围较大的多种树木混合生长范围的林地，其比例相差不大时，可将各树木的图式符号同时绘注；如某一树木占该林地面积的80%以上，则以该树木的图式符号绘注。

(5)独立树应实测中心位置，并以相应的符号绘示。有铭牌的古树名木，应按独立树测绘，并加注“古树”两字。

(6)居民地、大块耕地的地类界和地物范围线应分开；毗连宅基在图上不足2 cm^2 的零星菜畦、空荒地、竹林、散树地等，可并入宅基地范围以内，但应在其相应位置加绘植被符号；各种不同地类的分界线应闭合。

7. 工矿建(构)筑物及其他设施的测绘

工矿建(构)筑物及其他设施的测绘，在图上应准确表示其位置、形状和性质特征。

工矿建(构)筑物及其他设施按比例尺表示的，应实测其外部轮廓，并配置符号或按图式规定用比例尺符号表示；按不依比例尺表示的，应准确测定其定位点或定位线，用不依比例尺符号表示。

过于复杂而密集成群的设施，可仅测绘其范围，并注记其名称或用“设备”符号表示。

8. 境界的测绘

境界是国家间及国内行政规划区之间的界线，包括国境线、省级界线、地区(市级)界线、县级界线、乡(镇)级界线五个级别。国境线的测绘非常严肃，它涉及国家领土主权的归属与完整，应根据国与国之间的边界协议、政府文件及有关的资料进行测定。国内各级境界线应按照有关规定和规范要求精确测绘，以界桩、界碑、河流或线状地物为界的境界，应按图示规定符号绘出。不同级别的境界重合时，只绘高级境界线，各种其他地物注记不得压盖境界符号。

9. 地形图上各地形要素的配合

地形图上各地形要素的配合表示是地形测图中的一个重要内容，其配合表示的基本原则如下：

(1)当两个地物中心重合或接近，难以同时准确表示时，可将较重要的地物准确表示，次要地物移位0.3 mm或缩小1/3表示。

(2)独立性地物与房屋、道路、水系等其他地物重合时，可中断其他地物符号，间隔0.3

mm,将独立性地物完整绘出。

(3)直接建筑在陡坎或斜坡上且建筑物边线与陡坎上沿线重合的,可用建筑物边线代替坡坎上沿线;当坎坡上沿线距建筑物边线很近时,可移位间隔0.3 mm表示。

(4)悬空建筑在水上的房屋与水涯线重合时,可间断水涯线,房屋照常绘出。

(5)水涯线与陡坎重合时,可用陡坎边线代替水涯线;水涯线与斜坡脚线重合时,仍应在坡脚将水涯线绘出。

(6)双线道路与房屋、围墙等高出地面的建筑物边线重合时,可以建筑物边线代替路边线。道路边线与建筑物的接头处应间隔0.3 mm。

(7)地类界线与地面上表示有形地物的线状符号(田埂、道路、河流、沟渠、围墙等)重合时,可以用该线状地物符号代替地类界线;地类界线与地面上表示无形地物的线状符号(如电力线、通信线)或等高线重合时,应移位0.3 mm绘出。

(8)等高线遇到房屋及其他建筑物、双线道路、路堤、路堑、坑穴、陡坎、斜坡、湖泊、双线河以及注记等均应中断。

二、地貌测绘

地貌的变化形态千姿百态,但从几何的观点分析,可以认为它是由许多不同形状、不同方向、不同倾角和不同大小的面组合而成的。这些面与面的相交棱线,称为地性线。地性线有两种:一种是由两个不同走向的坡度面相交而成的棱线,称为方向变化线,如山谷线、山脊线;另一种是由两个不同倾斜的坡面相交而成的棱线,称为坡度变化线,如陡坡与缓坡的交界线、山坡与平地交接的坡麓线等。在实际地貌测绘中,确定地性线的空间位置,并不需要确定棱线上的所有点,而只需测定各棱线交点的空间位置就够了,这些棱线交点也就是我们所说的地貌特征点。测定地貌特征点,确定出地性线,以地性线构成地貌的骨架,再用一定的方法勾绘出等高线,这样地貌的形态就容易表示出来了。因此,地貌的测绘,主要是测绘这些地貌特征点及其地性线,并勾绘等高线。

(一)测定地貌特征点

测绘地貌与测绘地物一样,首先需要确定地貌特征点,属于地貌特征点的如山的最高点、洼地的最低点、谷口点、鞍部的最低点、地面坡度和方向的变化点、山脚与平地相交点等。测定地貌特征点时,可利用碎部点平面位置测定的基本方法,逐一将测绘范围内的地貌特征点的平面位置和高程,用小点标注于图上,并在小点的旁边注出高程数字。

(二)等高线的勾绘

在模拟法大比例尺地形测图中,等高线的勾绘是依据图上已测定出的地貌特征点的平面位置和高程,根据等高线的性质,再对照实地情况,按规定的等高距绘出等高线。具体步骤如下。

1.连接地性线

我们知道,在测定地貌特征点时,地貌特征点是选在坡度和方向变化处,这样两相邻特征点间可视为坡度均匀,它们之间的连线即为地性线。当图上有了一定数量的地貌特征点后,就应及时按实地情况连接地性线。通常用细实线连成分水线,用细虚线连成集水线,如图8-17所示。这些地性线构成了地貌的骨干网线,从而基本确定了地貌的起伏形态。勾绘地性线最好是边测边绘,以免连错点。另外,连接地性线是为了勾绘等高线之用,当等高线绘制完毕之后要把地性线全部擦掉，因此地性线的连接要轻绘。

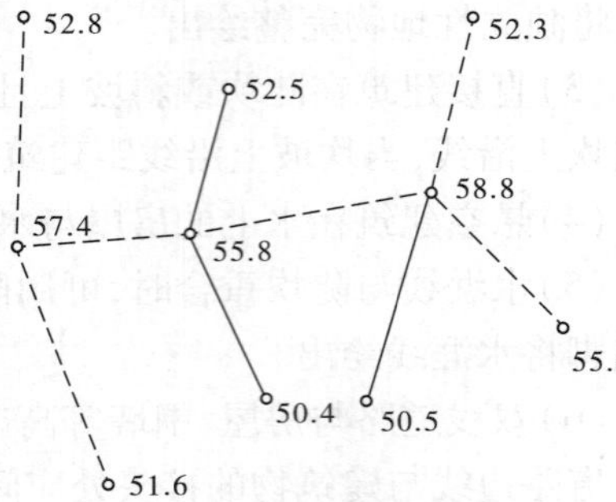

图 8-17　连接地性线

2. 确定基本等高线的通过点

由于要勾绘的等高线是基本等高线，基本等高线的高程是等高距的整倍数，而所测地貌特征点的高程并非都是整数，即所测的地貌特征点不一定都正好落在要勾绘的基本等高线上，因此根据图上地性线勾绘等高线，需确定地性线上等高线通过的点位。由于地性线上两相邻特征点间坡度是均匀的，在选择了一定等高距的条件下，同一地性线上等高线通过点的间距应是相等的。为此，可按高差与平距成比例的关系来求算在地性线上等高线通过的点位。通常我们用内插法来确定地性线上等高线通过的点位，也称内插法勾绘等高线，方法是：首先确定出相邻地貌特征点之间的地性线上基本等高线通过的位置，即内插点，然后用光滑曲线连接高程相同的相邻内插点，即完成等高线的勾绘。

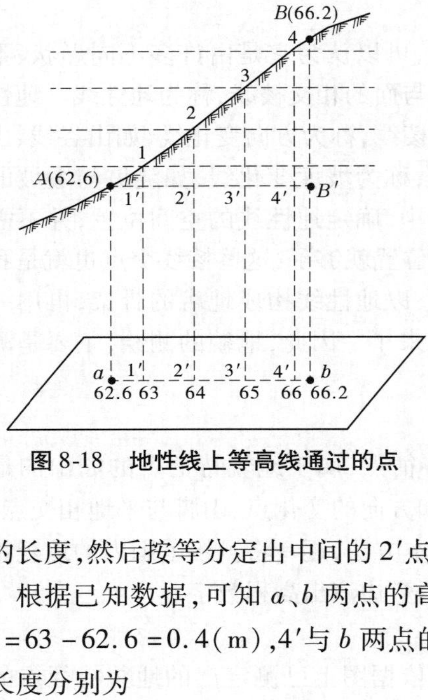

图 8-18　地性线上等高线通过的点

我们以下面的实例来说明内插法确定地性线上等高线通过的点位的方法。如图 8-18 所示，在地形图上，已知在同一坡度上有相邻的 a、b 两个地貌特征点，其高程分别为 62.6 m 和 66.2 m，量得其图上长度为 25 mm。现要在两个地貌特征点 a、b 之间按 1 m 的基本等高距内插基本等高线通过的点的位置。

依据 a、b 两点的高程和 1 m 的等高距，可以判定在 a、b 两点的地性线上会有 63 m、64 m、65 m、66 m 这四条基本等高线通过，其通过的点分别为 1′、2′、3′、4′。由于 a、b 两点间的坡度是均匀的，那么这四个点间的距离是相等的，因此只需先确定出 1′和 4′点的位置，即计算出 $a1'$ 和 $b4'$ 在图上的长度，然后按等分定出中间的 2′点和 3′点。

根据已知数据，可知 a、b 两点的高差 $h_{ab} = 66.2 - 62.6 = 3.6(\mathrm{m})$，$a$ 与 1′两点的高差 $h_{a1'} = 63 - 62.6 = 0.4(\mathrm{m})$，4′与 b 两点的高差 $h_{4'b} = 66.2 - 66 = 0.2(\mathrm{m})$，则 $a1'$ 和 $b4'$ 在图上的长度分别为

$$a1' = \frac{ab}{h_{ab}} h_{a1'} = \frac{25}{3.6} \times 0.4 = 2.8(\mathrm{mm})$$

$$b4' = \frac{ab}{h_{ab}} h_{4'b} = \frac{25}{3.6} \times 0.2 = 1.4(\mathrm{mm})$$

根据上面计算的数据结果，先在地性线 ab 上量取 $a1'$ 和 $b4'$ 的长度，分别得到 63 m 和 66 m 等高线通过的位置 1′点和 4′点，然后三等分线段 1′4′，分别得到 64 m 和 65 m 等高线通过的位置 2′点和 3′点。这样，图上地性线 ab 上所通过的 63 m、64 m、65 m、66 m 这四条基本等高线的位置 1′、2′、3′、4′这四个点就确定出来了。

从确定地性线上等高线通过的点的方法可以看出,确定地性线上等高线通过的点时,头尾的两个点是关键,而中间的点则是按已确定的头尾两点间的线段长度进行等分的,这种定点方法简称为“取头定尾,等分中间”。

上述按比例计算地性线上等高线的通过点的方法,仅用来说明其内插等高线的原理。在实际的测绘工作中,根据上述原理而常采用目估法来内插等高线通过的点。目估法的要领则是前面所述的“取头定尾,等分中间”,即首先确定两地貌特征点之间的地性线上通过的等高线条数,然后按平距与高差成比例的关系,目估确定地性线上等高线通过头尾的两个点,再将所确定的头尾两点间的长度按通过等高线的条数进行等分,从而确定出地性线上其他等高线通过的点。这样可以有效地提高测绘地貌的速度。

3. 勾绘等高线

在地性线上,内插确定出各等高线的通过点后,就可依据实际地貌,用圆滑的曲线依次连接地性线上同高程的各点,即勾绘出一条条等高线,如图 8-19 所示。

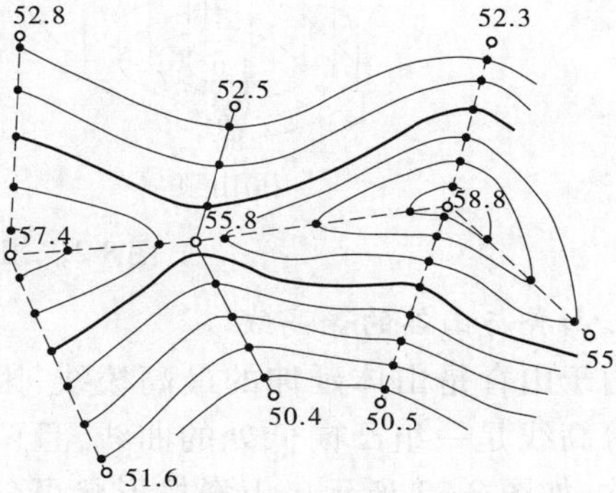

图 8-19　勾绘等高线

在地形图上,地貌一般都是用等高线表示的,对于不能用等高线表示的地貌,如悬崖、峭壁、土堆、冲沟、雨裂等,应按图式中规定的符号表示。

注意,在两点间进行内插时,这两点间的坡度必须均匀,即必须在两个相邻特征点之间的地性线上进行内插。在实地进行等高线勾绘时,不能等到把全部等高线在地性线上的通过点确定下来后再勾绘等高线,而应一边内插出相邻地性线上的同高程等高线通过的点,一边依实际地貌勾绘出等高线,即等高线应随测随绘。但在时间紧迫、地形又不复杂的情况下可先行内插勾绘计曲线,然后内插勾绘首曲线。勾绘等高线是一项比较困难的工作,因为勾绘时依据的图上点只是少量的特征点和地性线上等高线的通过点,对于显示两地性线间的微型地貌来说,还需要一定的判断和描绘的实践技能,否则就不能更加客观地显示地貌的变化。待等高线勾绘完后,所有地性线应全部擦掉。

(三)几种典型地貌的等高线测绘

1. 山头与盆地

山头的最高部分是山顶,是主要的地貌特征点,必须立尺测绘。山顶按其形状大小可分为尖山顶、圆山顶和平山顶,各种山顶用等高线表示的形状都不一样,如图 8-20 所示。

图 8-20　山顶等高线

由于盆地是中间低、四周高的地形，因此其等高线的特点与山头相似。这样，在地形图上，山头和盆地的等高线都是一组闭合曲线。为了在地形图上区分山头与盆地，我们在等高线上注记高程数字或标注示坡线。山头内圈等高线的高程大于外圈等高线的高程，如图 8-21(a)所示；盆洼地则相反，如图 8-21(b)所示。示坡线是垂直于等高线并指示坡度降落方向的短线。示坡线往外标注的是山头，往内标注的则是盆地。测绘时，需在盆地的最低处、盆底四周及盆壁坡度和走向变化处立尺。

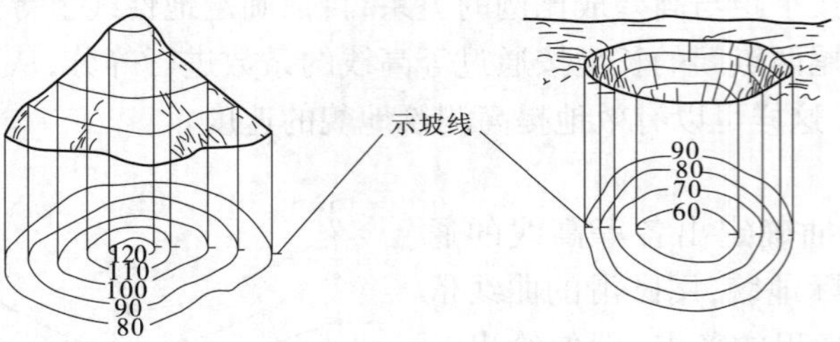

(a)山顶　　(b)盆地

图 8-21　山顶与盆地的等高线

2. 山脊与山谷的等高线

由于山脊是山体延伸的最高棱线，因此山脊的等高线是一组凸向低处的曲线，且两侧基本对称，如图 8-22 所示。山脊按形状可分为尖山脊、圆山脊和平山脊，如图 8-23 所示。尖山脊的等高线依山脊延伸的方向呈尖角状。圆山脊的等高线依山脊延伸的方向呈圆弧状。平山脊的等高线依山脊延伸的方向呈疏密悬殊的长方形状。山脊的坡度变化反映了山脊纵断面的起伏情况，山脊等高线的尖圆程度反映了山脊横断面的形状。

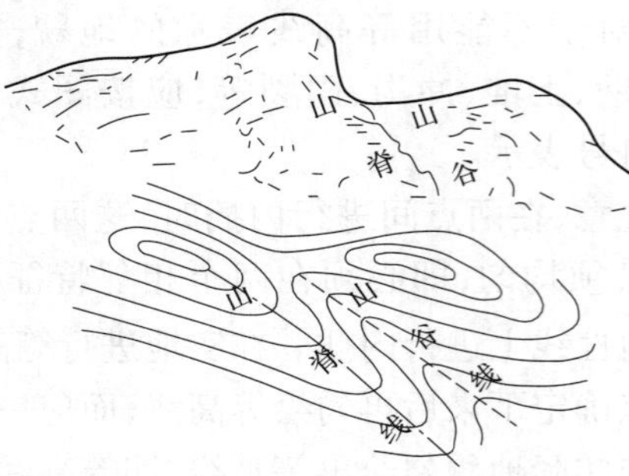

图 8-22　山脊与山谷的等高线

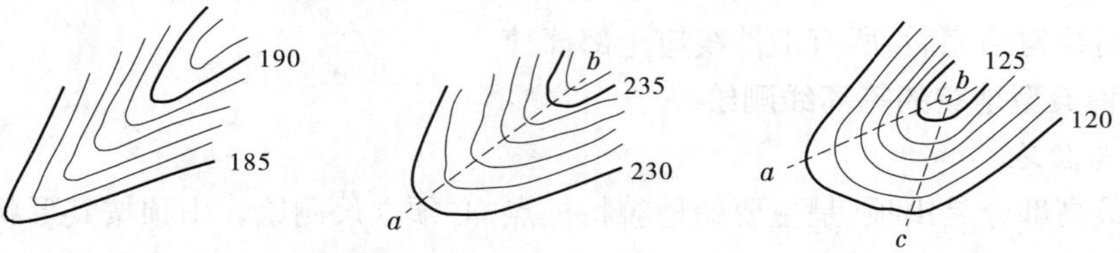

尖山脊　　圆山脊　　平山脊

图 8-23　不同山脊等高线

山谷的等高线是一组凸向高处的曲线，与山脊等高线所表示的恰好相反，如图 8-22 所示。山谷按形状可分为尖形谷(V 形)、圆形谷(U 形)和槽形谷三种，如图 8-24 所示。尖形谷等高线过谷底处呈 V 字形转折，谷坡上均匀密集。圆形谷等高线的特点是在谷底处呈 U 字形转折，在谷坡上比较密集，且由谷缘向谷底逐渐变稀。槽形谷等高线的特点是过谷底处在其两侧呈近于直角形，谷坡谷底转化明显。在山谷线上，等高线通过谷底的弯曲形状反映出山谷横断面的类型。

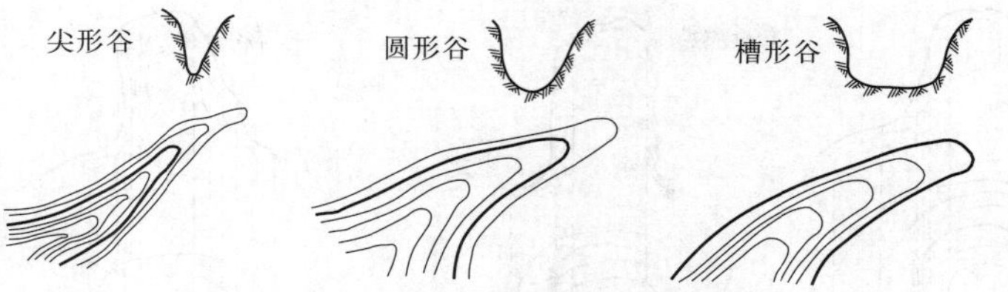

图 8-24　不同形状的山谷等高线

无论是山脊还是山谷,在测绘时都要真实地表现出其坡度和走向,要注意在山脊线和山谷线的方向变化和坡度变化处立尺。

3. 鞍部

由于鞍部是相邻两山顶之间低凹处,因此鞍部的等高线由两组相对的山脊和山谷的等高线组成,即在一圈大的闭合曲线内,套有两组小的闭合曲线,如图 8-25所示。在图 8-25 中我们可以看出,鞍部两个山头上山脊线与山谷线的交点,就是鞍部的最低点,在该点必须立尺。鞍部附近的立尺点应视坡度变化情况选择。

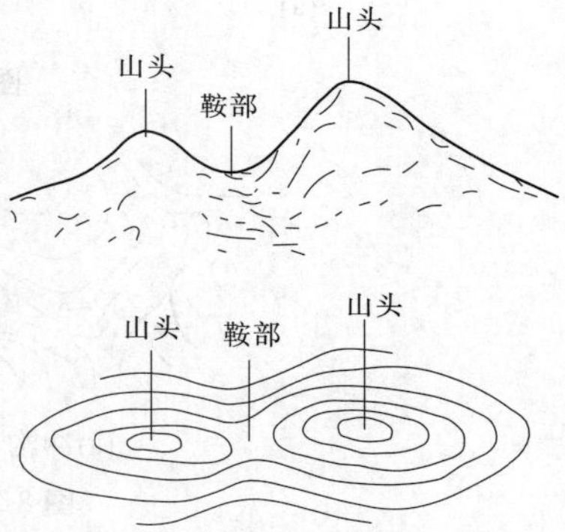

图 8-25　鞍部的等高线

在上述几种地貌之间都有山坡相连。山坡为倾斜的坡面,表示坡面的等高线近似于平行曲线。坡度变化小时,其等高线的平距近似相同;坡度变化大时,等高线的疏密不同。测绘时,立尺点应选择在坡度变换的地方。此外,还应适当注意使一些不明显的小山脊、小山谷等小地貌显示出来,为此,须注意在山坡方向变换处立尺。

4. 特殊地貌

一般的地貌我们可以用等高线将基本形态表示出来,但有些地貌,如峭壁、冲沟、悬崖、梯田坎等,用等高线却无法在地形图上表示。对于不能用等高线表示的地貌,我们称为特殊地貌。对于特殊地貌,我们必须用地形图图式中规定的符号加以表示。测绘时,采用测绘地物的方法,测绘其轮廓位置,再用图式中规定的符号和注记表示。

由于峭壁处的等高线非常密集,甚至会重叠,因此在峭壁处不再绘制等高线,改用峭壁符号表示,如图 8-26 所示。图 8-26(a)、(b)为峭壁的表示方法,从中我们可以看到不同高程的等高线都终止在峭壁符号处。图 8-26(c)为悬崖的表示方法,悬崖地貌的等高线出现相交,悬崖上部的等高线投影到水平面时与下部的等高线相交,下部凹进的等高线用虚线表示。

在特殊地貌中还有如冲沟和梯田坎。梯田坎是依山坡或谷地由人工修成阶梯式农田的陡坎。梯田坎的测绘一般测定梯田坎上边缘的转折点位置,以规定的符号表示,并适当注记高程或比高。梯田坎坡顶及坡脚宽度在图上大于 2 mm 时,应实测坡脚。在测图比例尺为 1:2 000时,若梯田坎过密或两坎间距在图上小于 5 mm,可适当取舍。梯田坎比较缓且范围较大时,可用等高线表示。冲沟的测绘与梯田坎的测绘类似。在图 8-27 中所表示的是特殊地貌中的冲沟和梯田坎的符号。

上述所说的特殊地貌及其在地形图中所使用的符号只是特殊地貌中的几种,其目的是

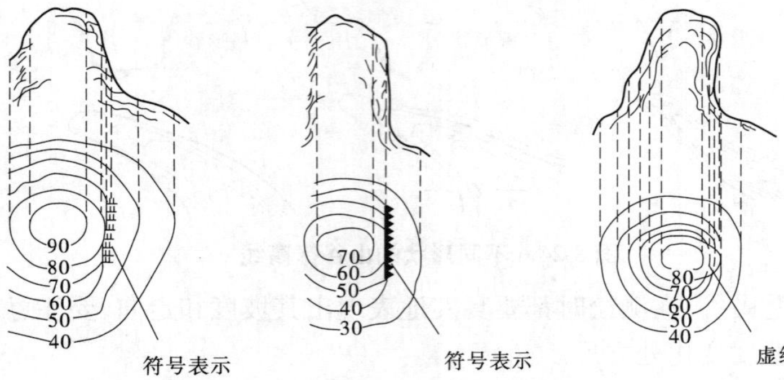

图 8-26　峭壁和悬崖的表示

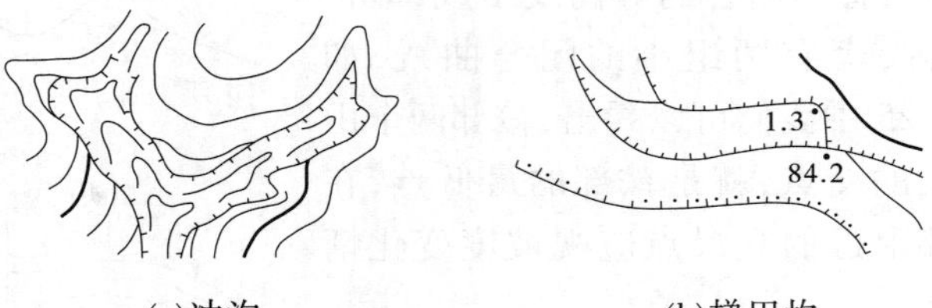

图 8-27　冲沟和梯田坎的表示方法

说明在地形图上不是所有的地貌都能用等高线表示，在测绘和使用地形图时应熟悉地形图图式的规定。

第六节　地形图的拼接、检查与整饰

一、地形图的拼接

在地形图测绘时，当测绘的区域面积较大，不能在一幅图内将测区内的所有地物和地貌表示出来时，则必须采用分幅测图，即将所测区域划分为若干图幅进行测绘。当各分幅图测绘完毕之后，这时就需对各分幅图中相邻图幅进行拼接，才能获得一张完整的测区地形图。为了保证相邻图幅的正确相互拼接，每幅图的四边均须测出图廓线外 5 mm。最好能在建立控制网时，就应考虑到在图边附近布设一定数量的图根点，并成为相邻图幅的公共测站点。

由于在测绘过程中受测量和描绘误差的影响，在相邻两图幅的连接处的地物轮廓线和等高线一般都不会完全吻合。如图 8-28 所示，Ⅰ、Ⅱ两张相邻图幅上下拼接，在衔接处房屋、道路、河流、等高线等都有偏差。因此，整个测区的地形图施测之后，必须对相邻图幅进行严格的拼接。

在拼接时，对于使用聚酯薄膜测的图，由于具有半透明性，故只需把相邻两张图纸相应图边的坐标格网线重叠在一起，就可检查接边处地物和等高线的偏差大小。如果是使用非聚酯薄膜测的图，则需用一张长 55 ~ 60 cm、宽 4 ~ 5 cm 的透明纸蒙在一幅图的接图边上，用铅笔把距图廓线 1 ~ 1.5 cm 范围内的所有坐标格网、地物、等高线及图廓线描绘在透明纸上。然后将此透明纸按坐标格网蒙到相邻图幅的接图边上，描下相同的内容，在透明纸上就

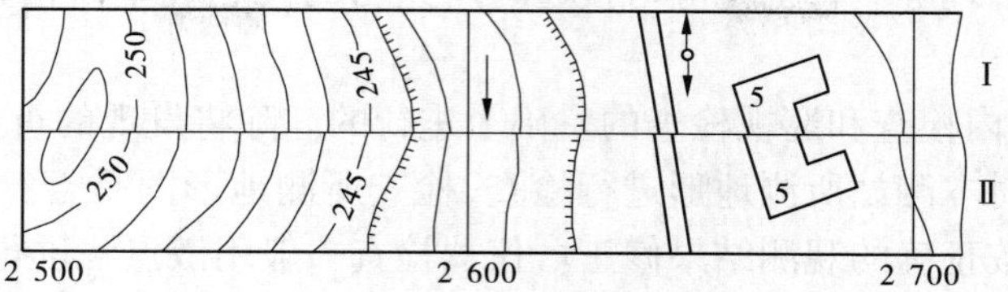

图 8-28　地形图的拼接

可看出这两张图纸在接边处相应地物与等高线的吻合情况，如图 8-28 所示。如果不吻合，估算出地物和等高线的接边误差。图的接边误差不大于表 8-8 中规定的碎部点平面位置中误差、等高线高程中误差的 $2\sqrt{2}$ 倍时，可先在透明纸上按平均位置修改，再依此修改相邻两图幅，但应保持地物、地貌相互位置和走向的正确性。若接边误差超过限差，应到现场检查，予以纠正或重测。

表 8-8　地物点中误差平面位置、点间距和等高线高程中误差

地区类别	点位中误差（图上，mm）	地物点间距中误差（图上，mm）	等高线高程中误差（等高距）			
			平地	丘陵地	山地	高山地
平地、丘陵地和城市建筑区	0.5	0.4	1/3	1/2	2/3	1
山地、高山地和施测困难的旧街坊内部	0.75	0.6				

二、地形图的检查

为了确保地形图成果的质量，除在测图过程中测绘人员应做到随绘随检查外，在地形图测完之后，还必须对成图的质量做全面的检查，作业人员和作业小组必须对完成的成果成图资料进行严格的自检和互检，确认无误后方可上交。图的检查可分为室内检查和野外检查两部分。

（一）室内检查

室内检查首先是对所有地形控制资料做全面详细的检查，包括：各种观测计算数据和计算手簿的记载是否齐全、清楚和正确，各项限差是否符合规定。也可视实际情况重点抽查其中的某一部分。原图的室内检查，主要查看格网及控制点展绘是否合乎要求，图上控制点及埋石点数量是否满足测图要求，图面地形点数量及分布能否保证勾绘等高线的需要，等高线与地形点高程是否适应，综合取舍是否合理，符号应用是否合乎要求，图边是否接合等。如发现错误和疑点，不可随意修改，应加记录，并到野外进行实地检查、修改。

（二）野外检查

野外检查是在室内检查的基础上进行重点抽查。检查方法分巡视检查和仪器检查两种。

巡视检查应根据室内检查的重点按预定的路线进行。检查时将原图与实地对照，查看原图上的综合取舍情况，地物、地貌有无遗漏，地貌的真实性，符号的运用，名称注记是否正确,等高线是否逼真合理等。特别是应对接边时所遗留的问题和室内检查时发现的问题做重点检查。

仪器检查是在室内检查和巡视检查的基础上进行的。除将发现的重点错误和遗漏进行补测和更正外,还要对本测站所测地形进行检查,检查所测地形图是否符合要求,如果发现点位的误差超限,应按正确的观测结果修正。仪器检查一般用散点法进行,即在测站周围选择一些地形点,测定其位置和高程,然后与原图进行对照检查。检查时除对本站所测地形点重新立尺进行检查外,还应注意检查用其他测站点来观测本站所测地形点是否正确。检查结果,各项误差应不超过规范所规定的要求。仪器检查量每幅图一般为10%左右。

在检查过程中对所发现的错误和缺点应尽可能予以纠正。如错误较多,应按规定退回原测图小组予以补测或重测。

测绘资料经全面检查认为符合要求,即可予以验收,并按质量评定等级。

检查验收工作是对成果成图进行的最后鉴定。通过这项工作,不仅要评定其质量,而更重要的是最后地消除成图中可能存在的错误,保证各项测绘资料的正确、清晰、完整,真实地反映地物地貌,为各项工程的顺利进行提供正确的地面定位依据。

三、地形图的整饰

原图经过拼接和检查合乎规定要求后,还应按规定的地形图图式符号对地物、地貌进行清绘和整饰,整饰的目的是使图面更加合理、清晰、美观。整饰的顺序是先图内后图外、先地物后地貌、先注记后符号。地形图上的线条粗细、采用字体、注记大小等均应按地形图图式的规定要求绘制。文字注记(如地名、河名、道路去向和等高线高程等)应该在适当位置,既能说明注记的地物和地貌,又不遮盖符号,字头一般朝北。图上的地物符号按照图式规定描绘清楚;地貌按规定符号绘制,修饰等高线,使之圆滑、清晰,并加粗计曲线。绘制内外图廓线、接边图及三北方向等,最后按图式要求写出图名、图号、比例尺、坐标系统及高程系统、测绘方法、施测单位、测绘人员及测绘日期等。

第七节 数字化测图简介

一、数字化测图概述

模拟法大比例尺地形测图是利用大平板仪、经纬仪等常规测量仪器和分度器、比例尺等工具,对地球表面局部区域内的各种地物、地貌的空间位置和几何形状进行测定,并按一定的比例尺、图式、符号绘制成图。因为其测量成果是由人工绘制到白纸(或聚酯薄膜)上的,所以又称白纸测图。

随着科学技术的进步、电子计算技术的迅猛发展及其向各专业的渗透,以及电子测量仪器的广泛应用,促进了测绘技术向自动化和数字化的方向发展,也促进了地形测绘从白纸测图向数字化测图变革。20世纪80年代逐步地形成野外测量数据采集系统与内业机助成图系统结合,建立了从野外数据采集到内业绘图全过程的数字化和自动化的测量成图系统,通常称为数字化测图(简称数字测图)或机助成图系统。数字化测图使得测量的成果不仅可在纸上绘制地形图,更重要的是提交可供传输、处理、共享的数字地形信息。传统测图一般是人工在野外实现的,劳动强度大,成图周期长,产品单一。同时,测图质量管理难,尤其在信息剧增的今天,一纸之图难以反映诸多地形信息,并且变更、修改也极为不方便,难以适应经济建设的需要。数字测图外业实现了地形信息采集自动记录,自动解算处理,缩短野外作业时间;内业将大量手工作业转化为计算机控制下的自动成图,效率高,劳动强度小,错误概率小,观测精度损失大大降低。所绘地形图精确、美观、规范。

数字测图的实质是将图形模拟量(地面模型)转换为数字量,这一转化过程通常称为数据采集。然后由计算机对其进行处理,得到内容丰富的电子图件,需要时由计算机的图形输出设备(如显示器、绘图仪)输出地形图或各种专题图。因此,数字测图系统是以计算机为核心,在外连输入、输出硬件设备和软件的支持下,对地形空间数据进行采集、传输、处理编辑、绘图、入库管理和成图输出的测绘系统,称之为自动化数字测绘系统。全过程可归纳为数据采集、数据处理与成图、成果输出与存储三个阶段。数据采集阶段通过野外和室内电子测量与记录仪器获取数据,这些数据要按照计算机能够接收的和应用程序所规定的格式记录。由采集的数据转换为地图数据,需要借助计算机程序在人机交互方式下进行复杂的处理,如坐标转换、地图符号的生成和注记的配置等,这就是数据处理阶段。地图数据的输出以图解和数字方式进行。图解方式即绘图仪绘图,数字方式则是数据的存储、建立数据库。

广义的数字测图包括地面数字测图、数字化仪成图、摄影与遥感数字化测图。综合起来,其系统配置如图 8-29 所示。可见,数字测图就是通过采集有关地物、地貌的各种信息并记录在记录设备(便携机、PC 卡、电子手簿等)中,在室内通过数据接口将采集的数据输入计算机,由成图软件进行处理、成图、显示,经过编辑修改,形成符合国标的绘图数据文件,最后由计算机控制绘图仪自动绘制所需的地形图,并可由存储介质(软盘、光盘、闪存等)保存绘图数据文件,供归档、即时编辑或输出所需要的图件。若有原图或像片(航摄、地面摄影、遥感等),则可在室内用专用设备(数字化仪、扫描仪等)直接将地形信息采集到计算机中,经过数据处理、编辑等工序,最后成图。

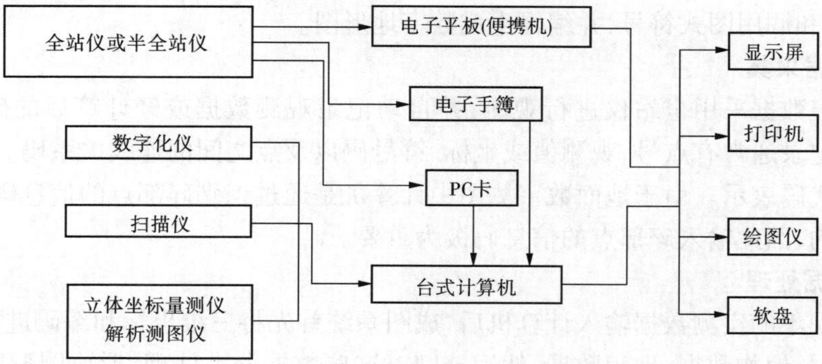

图 8-29 数字测图系统综合框图

由上述可见,数字测图是一种全解析的计算机辅助测图方法,是目前一种先进的测图方法,与白纸测图相比具有明显的优越性和广阔的发展前景。其优点如下:

(1)自动化程度高。数字化测图的野外测量能自动记录存储,然后将数据直接传输给计算机进行数据处理、绘图,由计算机建立数据和图形数据库,生成数字地图,便于成果应用和信息管理工作。

(2)点位精度高。数字化测图记录的是观测数据或坐标,在记录、存储、处理、成图的全过程中，数据是自动传输并由计算机处理的，不受测图比例尺和一些人为因素的影响，精度取决于对地物和地貌点的野外数据采集的精度。

(3)现势性强。数字测图的测量数据及成果是以数据的形式存储于计算机上的，当实地有变化时，只需输入变化信息，经过编辑处理，即可得到更新的图，而不需要重新绘制，从而可以确保地面形态的可靠性和现势性。

(4)避免图纸伸缩影响。图纸上的地理信息随着时间的推移，图纸产生变形而产生误差。数字测图的成果以数字信息保存，可以直接在计算机上进行量测或其他需要的测算、绘图等作业，无须依赖图纸。

(5)成果输出多样化。计算机与显示器、打印机、绘图仪联机，可以显示或输出各种需要的资料信息、不同比例尺的地形图、专题图，以满足不同的专业需要。

(6)可实现信息资源共享。地理信息系统(GIS)以有方便的信息查询检索功能、空间分析功能以及辅助决策功能，在国民经济建设、办公自动化及人们日常生活中都有广泛的应用。数字测图能提供现势性强的地理基础信息，可以作为它的重要信息资源，为 GIS 的建立节约人力、物力。同时，也可利用现代通信工具非常便利地为其他数据库提供数据资源，实现地理信息资源共享。

在大比例尺数字测图中，采用全站仪进行实地测量，由计算机自动生成数字地图，并控制绘图仪自动绘制地形图，称为全站仪地面数字测图，也称全野外数字测图。由于用全站仪直接测定地物点和地形点的精度很高，所以全站仪地面数字测图是几种数字测图方法中精度最高的一种，也是城市大比例尺地形图最主要的测图方法。本节主要简要介绍全站仪数字化测图的作业过程、数据采集步骤及作业模式。

二、全站仪野外数字测图作业过程

全站仪数字测图是指先由全站仪完成野外采集数据，然后由计算机对这些数据进行识别检索、连接和调用图式符号，并编辑生成数字地形图。

(一)数据采集

野外采集数据采用全站仪进行观测，并自动记录观测数据或经计算后的碎部点坐标。每个碎部点记录通常有点号、观测值或坐标、符号码以及点之间的连线关系码。这些信息用规定的数字代码表示。由于地面数字测图中计算机是通过识别碎部点的信息码来自动绘制地形图符号的，因此输入碎部点的信息码极为重要。

(二)数据处理

将野外采集的实测数据输入计算机后，成图系统首先将三维坐标和编码进行初处理，形成控制点数据、地物数据、地貌数据，然后分别对这些数据分类处理，形成图形数据文件，包括带有点号和编码的所有点的坐标文件和所有点的连接信息文件。绘图程序根据输入的比例尺、图廓坐标、已生成的坐标文件和连接信息文件，按编码分类，分层进入地物、地貌等各层进行绘图处理，生成绘图文件，并在屏幕上显示所绘图形。根据实际地形进行必要的编辑、修改，生成修改后的图形文件。

(三)地形图数据输出

经过修改后所形成的图形数据文件，其数据是以高斯直角坐标的形式存放的，而图形输出无论是在显示器上显示图形，还是在绘图仪上自动绘图，都存在一个坐标转换的问题。另外，还有图形截幅、绘图比例尺确定、图式符号注记及图廓注记整饰等，都是计算机绘图不可缺少的内容。在完成上述工作后，可将数字地形图存储在计算机内或其他介质上，或者由计算机控制绘图仪绘制地形图。

三、全站仪野外数据采集的步骤

模拟法测图作业步骤是先控制测量后碎部测量、先整体后局部。数字化测图可以采用与之相同的作业步骤进行，也可将图根控制测量与碎部测量同步进行，称为一步测量法。

(一)一步测量法

在图根导线踏勘、选点工作完成之后，可将图根导线测量与碎部测量同步进行，即在一个测站上，先进行导线数据的观测，如角度、边长等的观测，然后立即在该测站上进行碎部测量。现以附合导线为例说明其方法。如图 8-30 所示，A、B、C、D 为已知控制点，a、b…为图根点，1、2…为碎部点。其作业步骤如下：

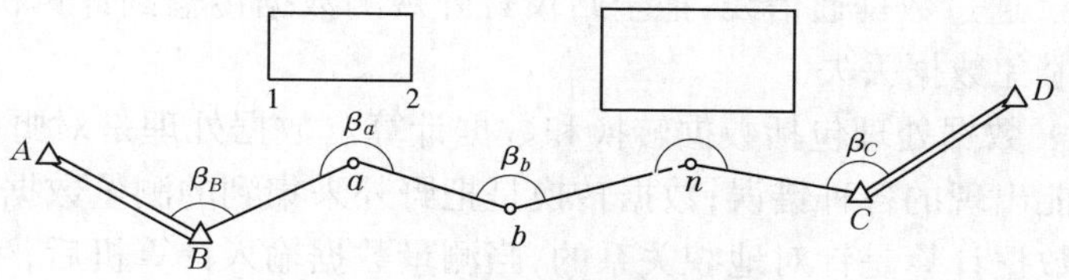

图 8-30　野外数据采集

(1)在控制点 B 上安置全站仪并输入控制点的坐标及仪器高。观测 B 处的转折角 β_B 及 B 点至 a 点的水平距离等。由 B 点坐标即可计算出 a 点的坐标。

(2)仪器不动，以后视点 A 进行定向，施测测站点 B 处附近的碎部点 1、2 等，将观测数据保存或根据碎部点的坐标、连接信息及编码，在计算机上实时展绘成图。

(3)仪器搬迁至 a 站，重复(1)的做法，可得出 b 点的坐标，并对测站 b 附近的碎部点进行施测。

同理，依次测得各图根点的坐标和碎部点的坐标，即在一测站上，先测出下一导线点的坐标，然后测本站的碎部点坐标，并保存或实时展绘成图。

(4)当导线测至控制点 C 时，可根据已知控制点 B 和 C 的数据，计算附合导线闭合差。若导线闭合差在限差范围内，则经过平差之后计算出各图根点的坐标值。如有必要(即平差前、后的图根点坐标值相差较大时)，可根据平差后的坐标值重新计算各站碎部点的坐标，然后作绘图处理。若导线闭合差超限，则应找出原因或错误，重测导线。成果满足要求后，打印成果表。

显然，一步测量法显著提高了外业测图的工作效率，但是它只适用于数字测图。

(二)碎部点测绘步骤

不论是一步测量法，还是先控制后碎部的测量方法，测碎部点时，其图根点的坐标应为已知的，并且存入坐标数据库中，这是实时测图的必要条件。

(1)测站设置与检校。碎部测量时，首先需要进行测站的设置。将全站仪安置在测站点上，经对中、整平后量取仪器高，连接电子手簿或便携机，启动野外数据采集软件，按菜单提示键输入测站信息。接着选择定向点，照准好后，输入定向点点号和水平度盘读数。然后选择一图根点(或测站点)作为检核点，用全站仪瞄准检核点上的棱镜，测量水平角、竖直角及距离,输入棱镜高,即可自动算出检核点的三维坐标,并与该点已知信息比较,若检核通过则继续碎部测量,如果不通过则不能继续碎部测量。检核定向是数字化测图的一项十分重要的工作,切不可忽视。

(2)野外数据采集。测站设置与检校完毕之后,就可以用全站仪进行碎部测量,即碎部点的数据采集,一般用解算法采集碎部点定位信息及其绘图信息,并用电子手簿记录下来。记录时的点号每次自动生成并顺序加1。也可以用全站仪的数据采集功能,直接将碎部点的观测数据存入全站仪内存,如果对碎部点点号没有特别的要求,可以选择由全站仪自动累计方式进行编号,这样将可以避免同一数据中出现重复点号。进行碎部点数据采集时,可通过绘制草图来记录碎部点的位置信息,如点号、连接信息等,因此在采集碎部点时要及时绘制观测草图。

四、数字测图数据、图形处理

(1)数据传输。通过数据通信线,把全站仪野外观测数据传输到计算机中,每次观测的数据要及时传输,避免数据丢失。

(2)数据处理。数据处理包括数据转换和数据计算。数据处理是对野外采集的数据进行预处理,检查可能出现的各种错误;数据转换是把野外采集到的测量数据转化成绘图系统所需的编码格式;数据计算是针对地貌关系的,当测量数据输入计算机后,生成平面图形、建立图形文件、绘制等高线。

(3)图形处理与成果输出。编辑、整理经数据处理后所生成的图形数据文件,对照外业草图,将漏测或错测的部分进行补测或重测,消除一些地物、地形的矛盾,修改整饰新生成的地形图。进行文字注记说明及地形符号的填充,然后加注高程、注记等,进行图幅整饰,按照数字化测图规范的要求,最后成图并由绘图仪输出模拟图。

五、全站仪数字测图的作业模式

(一)全站仪数字测图的作业模式

由于采用的设备和绘图软件的不同,数字测图作业模式不尽相同,有普通测量仪器+电子手簿、平板仪测图+数字化仪、原图数字化、电子平板、镜站遥控电子平板、航测像片量测等测(成)图模式。目前,全站仪数字测图的作业模式主要采用全站仪+电子手簿测图模式(称数字测记模式)和电子平板测图模式。

(1)数字测记模式。该模式使用全站仪将野外测得的数据,通过一定的编码方式,直接记录于电子手簿,同时配以人工画草图和编码系统,供室内成图时参考对照。在室内将野外测量数据从电子手簿直接传输到计算机中,再配以成图软件,根据编码系统以及参考草图编辑成图。使用的电子手簿可以是全站仪原配套的电子手簿,也可以是专门的记录手簿,或者直接利用全站仪具有的存储器和存储卡作为记录手簿。随着全站仪存储能力的不断增强,此模式进行小面积地形测绘时,具有一定的灵活性。

(2)电子平板测图模式。该模式为野外测绘,实时显示,现场编辑成图。即将全站仪与装有成图软件的便携机联机,在测站上全站仪实测地形点,计算机屏幕现场显示点位和图形,并可对其进行编辑,满足测图要求后,将测量和编辑数据存盘。这样,相当于在现场就得到一张用经纬仪(或平板仪)测绘的地形图,因此无须画草图,并可在现场将测得的图形和实地相对照,如果有错误和遗漏,也能得到及时纠正。

(二)数字测图软件简介

由于以上所述的数字测图数据处理、图形成图及图形输出等,都需要由数字测图软件来完成,即数字测图的内业工作是通过测图软件在计算机上进行的,因此数字测图软件是数字测图系统的关键。一个完整的数字测图软件应具有数据采集、输入,数据处理,数据管理,成图,图形编辑、修改和绘图功能。软件必须通用性强、稳定性好,数据的表示和编辑直观、简洁,使用方便。

目前,在国内市场上有许多数字测图软件,其中较为成熟,并且应用也较为广泛的主要有南方测绘仪器公司的 CASS 地形成图软件、武汉瑞得公司的 RDMS 数字测量系统、北京清华山维的 EPSW 电子平板测图系统等。这几种数字测图软件都能用于全站仪数字测图的作业模式,均可用于地形图、地籍图等的测绘,并能按要求自动生成相应的图件和报表等。因各软件的设计不同,因此各软件的使用方法也不尽相同。由于篇幅的原因,关于数字测图软件的使用本书不再表述,可参见相关课程或阅读软件的使用说明书。

(三)数据编码

为了便于在计算机上生成图形文件,进行图形处理,野外数据采集,仅测定碎部点的位置(坐标)是不能满足计算机生成图形文件进行图形处理的需要的,必须将所测地物点的连接关系和地物属性(或地物类别)等绘图信息记录下来。一般用有一定规则的符号串来表示地物的属性和连接关系等信息,这种有一定规则的符号串称为数据编码。数据编码的基本内容包括地物要素码(或称地物特征码、地物属性码、地物代码)、连接关系码(点号连接、连接顺序、连接关系)、面状地物填充码等。数字测图系统内的数据编码一般有 6 ~ 12 位,有的全部用数字,有的用字符、数字混合表示。

目前,国内开发的数字测图软件,一般都是根据各自的需要、作业方式、仪器设备及数据处理方法等设计自己的数据编码方案,还没有形成固定的标准。目前,数据码从结构和输入方法上分,主要有全要素编码、块结构编码、简编码和二维编码。

本章小结

地形图测绘是测量学的主要任务之一,是测量学基础知识的综合运用,也是本教材的重点内容之一。学习本章应掌握如下内容:

(1)大比例尺地形图的测绘,又称碎部测量。大比例尺地形图测绘是以控制点或图根点为测站,利用测量仪器和工具,将地面上的地物和地貌的现状、空间位置及相互之间的关系,通过合理的取舍,并采用正射投影的方法,依据地形图图式规定的符号,按一定的比例尺真实准确地测绘于图纸上。

平面图、地形图、断面图和地图是测绘中常采用的图件,需要正确理解并能正确应用。测图比例尺的概念和比例尺的精度是测绘地形图必备的知识,比例尺分为数字比例尺和直线比例尺,比例尺有大比例尺、中比例尺和小比例尺,要学会正确使用各种比例尺。

(2)地物和地貌在地形图上是按地形图图式规定的统一符号来表示的,地形图图式中有地物符号、地貌符号和注记符号三类。地物符号是用以表示地物的,它分为比例符号、非比例符号和半依比例符号。地貌符号是用以表示地貌的,在地形图中以等高线来表示地貌,复杂地貌也可辅以其他符号,如峭壁、冲沟等。等高线是地形图中的重要概念,要理解等高线的概念及特性。等高线的特性有等高性、闭合性、非交性、对称性、陡缓性。等高线按其特征可分为首曲线、计曲线、间曲线和助曲线四种。测绘地形图必须熟悉地形图图式。

(3)采用模拟法进行大比例尺地形图的测绘之前,应做好测区内资料的收集工作,准备好测图所需的测量仪器和工具,绘制坐标方格网并展绘控制点。

(4)测定碎部点的位置的基本方法有极坐标法、直角坐标法、方向交会法和距离交会法,常用的方法是极坐标法。地形图的测绘方法有多种,重点应掌握经纬仪测绘地形图的方法。

(5)地形图测绘的内容主要是地物测绘和地貌测绘。地物测绘和地貌测绘都是测定其特征点的位置,然后根据实地的地物和地貌用规定的符号表示。

地物测绘按其属性的不同,可分为居民地、道路、管线、水系、植被、境界和独立地物等几大类的测绘。

地貌测绘主要是等高线的勾绘。地貌的形状虽然是错综复杂的,但主要是山头、洼地、山脊、山谷、鞍部等几种典型形态的综合。要勾绘好等高线,除掌握典型形态的表示方法外,还必须掌握地性线和等高线的特性。地性线是山脊线和山谷线的总称。勾绘等高线的基本规则是:把相邻点之间的地面坡度当成是均匀变化的,因而相邻两点间的水平距离和高差就可认为是成直线比例关系。勾绘等高线的步骤是先根据特征点的平面位置和高程,连接地性线,用目估法对照实地勾绘出等高线。应注意的是,每幅图上基本等高距只能有一种。

(6)地形图室外测绘完成之后,由于是分幅测图和因测绘等误差的影响,需要进行图幅的拼接及整饰。在进行拼接及整饰之前,检查测绘成果是否达到碎部测量的要求,只有在满足碎部测量的要求后,方可进行后面的工作。图纸应按规定要求严格拼接。然后按整饰的顺序:先图内后图外,先地物后地貌,先注记后符号,进行地形图的整饰。

(7)地形图的检查分为室内检查和野外检查,检查工作可以按地形图测绘流程进行。地形图经检查符合要求后,应按其质量评定等级,予以验收。

(8)从野外数据采集到内业绘图全过程的实现数字化和自动化的测量成图系统,通常称为数字化测图。全站仪野外数字测图作业过程可分为数据采集、数据处理和成果输出与存储三个阶段。掌握全站仪野外数据采集的步骤。全站仪数字测图作业模式有数字测记模式和电子平板测图模式两种。了解数字测图的特点及数字测图的软件。

思考题与习题

1. 何谓地形图?它与平面图有何异同?
2. 什么是地形图比例尺及其精度?地形图比例尺可分为哪几类?
3. 什么是地形图图式?地形图图式包含哪些内容?
4. 何谓地物和地貌?地形图上的地物符号分为哪几类?试举例说明。
5. 什么是等高线、等高距、等高线平距?它们与地面坡度有何关系?
6. 何谓山脊线、山谷线、鞍部?试用等高线绘之。
7. 等高线有哪些特性?
8. 碎部点的平面、高程位置的测定方法有哪些?

9. 试述经纬仪测绘法测绘地形图的工作步骤。

10. 地物综合取舍的原则有哪些？地形图上各要素配合表示应遵循的原则是什么？

11. 举例说明勾绘等高线的步骤。

12. 如何进行地形图的检查？

13. 什么是数字化测图？它有哪些特点？

14. 说明全站仪野外数据采集的步骤。

第九章　地形图的应用

重点提示：本章主要介绍地形图的分幅与编号方法，地形图的图廓注记，地形图地物和地貌的识读方法。在地形图上确定点的坐标、两点间的距离、直线的方向、点的高程及确定图上直线的坡度的方法。利用地形图按给定坡度选定最短路线、绘制已知方向的断面图、确定汇水面积，在地形图上量算面积等方法和地形图在场地平整及土石方量估算的应用。

第一节　概　述

测绘地形图主要是为了在经济和国防等建设中使用地形图，国土整治、资源勘测、城乡建设（社会主义新农村）、交通工程（车辆导航）、土地利用、环境保护、工程设计、矿藏采掘、河道整理、国防建设都离不开地形图。而地形图作为测量工作的主要成果，具有丰富的信息量，在地形图上可以获取地貌、地物各方面的信息，如居民点、水系、交通、通信、管线、农林等多方面的自然地理和社会政治经济等信息。正因为如此，经济建设和国防建设等各部门均需要以地形图作为规划、设计、施工、决策和组织管理工作的基本资料，用途十分广泛。应用地形图就是根据要解决的实际问题，能从图上获取相关的数据信息去解决实际问题。所以，正确地阅读和使用地形图，对每个测绘人员和从事工程建设的技术人员来说是必须具备的基本技能。

地形图是全面反映地球表面上地物、地貌的图件。从图上可以了解一个地区的高低起伏、坡度变化、建筑物位置、道路交通网、水系、植被等情况。在地形图上可以确定点位、两点间的距离和直线的方位及直线间的夹角；能用地形图进行实地定向；可以确定点的高程和两点间高差；可以在地形图上进行面积和体积量算，从而能确定建筑物或土地等的面积大小、土石方的方量、蓄水量、矿产量等；可以从地形图上了解到各种地物、地类、地貌的分布情况，汇水面积，水库淹没范围；从图上获取各设计对象的施工数据，绘制设计线路方向的断面图；利用地形图作底图可以编绘出一系列专题地图，如土地利用现状图、土地规划图、土地分等定级图、农田水利规划图、建筑物总平面图、地质图及水文图等。

从上述可知，在每一项新的建设工程项目进行之前，都必须先拥有一张规定比例尺的地形图。为了快速方便地获得所需的地形图，必须掌握地形图分幅与编号方法。

第二节　地形图的分幅与编号

为了便于测绘和拼接、储存和保管以及检索和使用系列地形图，需将大面积的各种比例尺地形图统一分幅和编号。地形图分幅是指按照一定的规定和大小，将地面分划成若干个规则、大小一致的图块，每一图块的地面地形绘制在一张图上，称之为一幅图。分幅的目的是便于对各种比例地形图进行统一管理。对所测的每一幅地形图，都有一个有系统的、有规则的编号，以示区别，称为地形图的编号。

地形图分幅方法分为两类:一类是按经纬线分幅的梯形分幅法(又称为国际分幅),另一类是按坐标方格网分幅的矩形分幅法。前者用于国家基本图的分幅,后者则用于城市或工程建设大比例尺地形图的分幅,但有些大面积的1∶5 000和1∶2 000比例尺基本图也采用梯形分幅法。

一、梯形分幅和编号

梯形分幅是国际性的统一分幅方法,即从起始子午线和赤道开始,按经纬线度数与经差、纬差值进行地形图分幅,其图幅形状为梯形,并将各图幅进行统一编号。如果我们知道了某地区或某点的经纬度,就可以求出该地区或该点所在图幅的编号,通过编号,我们则能快速地调用该地区的地形图。我国国家基本比例尺地形图都是以经纬线分幅,采用行列式法与自然序数法相结合的方法进行编号的。目前,我国使用梯形分幅编号法的地形图有两种形式:一种是1990年以前地形图分幅编号标准所产生的,称为旧分幅与编号;另一种是1990年以后新的国家地形图分幅编号标准所产生的,称为新分幅与编号。下面分别介绍这两种分幅编号系统。

(一)国际分幅法(旧分幅与编号)

我国基本比例尺地形图是以国际1∶100万比例尺地形图分幅为基础的,其梯形分幅地形图的比例尺依次为1∶100万、1∶50万、1∶25万、1∶10万、1∶5万、1∶2.5万、1∶1万、1∶5 000和1∶ 2 000。

1.1∶100万地形图的分幅与编号

我国1∶100万地形图采用国际1∶100万地形图分幅标准。如图9-1所示,国际分幅是将整个地球用经纬线分成格网状。自赤道向两极纬差每隔4°为一横列,每一横列用大写英文字母表示。即从纬度0°开始至南北纬88°为止,南北半球各22横列,分别用A～V表示。以极点为圆心,纬度88°的圆用Z表示。北半球在英文字母前加N,南半球加S。我国国土皆处于北半球,故省去字母N。用每隔6°的经线从经度180°起自西向东将地球分成60纵行,用数字1～60表示。这样,任一幅1∶100万比例尺地形图的大小就是由纬差4°的两纬线和经差6°的两经线所围成的面积,以“横列(字符码)-纵行(数字码)”相结合为每一幅图的编号。例如,已知北京某A点的经纬度是:北纬39°54′30″,东经116°28′25″(以下所说的

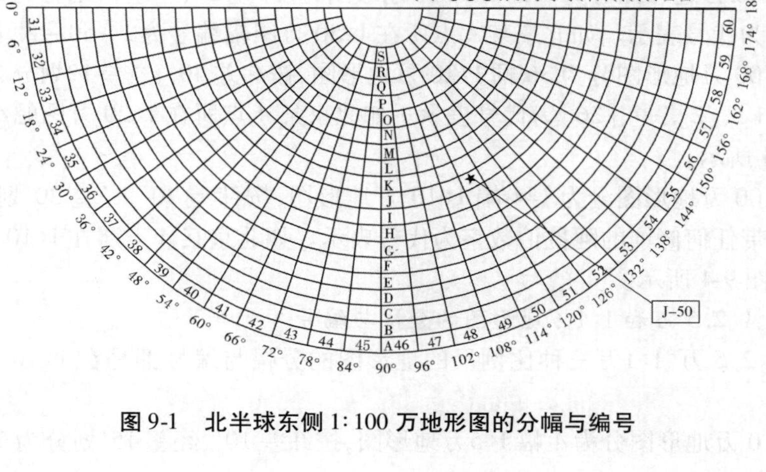

图9-1 北半球东侧1∶100万地形图的分幅与编号

北京某 A 点,其经纬度均为此值),则 A 点所在 1∶100 万地形图图幅编号为 J－50。

根据测区的经纬度,可在图 9-1 的分幅图中查出其所在的梯形格及编号,但如果没有分幅图,也可根据测区经纬度计算出其所在 1∶100 万地形图的图幅编号。设某点的大地坐标为 (L,B),则该点在 1∶100 万地形图图幅中横列字符码所对应数字和纵行数字码所对应的数字分别为

$$a = \left[\frac{B}{4°}\right] + 1 \tag{9-1}$$

$$b = \left[\frac{L}{6°}\right] + 31 \tag{9-2}$$

式中 [ ]——取整数商;

a——横列字符码所对应的数字;

b——纵行数字码所对应的数字。

注意:式(9-1)和式(9-2)只适用于点在北半球东侧时,用于计算点所在 1∶100 万地形图的图幅编号。

例如,已知北京某 A 点的大地坐标是(116°28′25″,39°54′30″),用式(9-1)和式(9-2)计算可得

$$a = \left[\frac{39°54'30''}{4°}\right] + 1 = 9 + 1 = 10 \text{(即所对应的横列字符码为 J)}$$

$$b = \left[\frac{116°28'25''}{6°}\right] + 31 = 19 + 31 = 50$$

则 A 点所在 1∶100 万地形图的图幅编号为 J－50。

由于经线向两极收敛,随着纬度升高地形图面积迅速缩小,所以规定在纬度 60°～76°双幅合并,即每幅图的纬差为 4°,经差为 12°。在纬度 76°～88°四幅合并,即每幅图的纬差为 4°,经差为 24°。由于我国的经度处于 60°以下,故没有合幅问题。

2. 1∶50 万、1∶20 万和 1∶10 万地形图的分幅与编号

1∶50 万、1∶20 万、1∶10 万三种比例尺的地形图的分幅与编号都是在 1∶100 万地形图的基础上进行的,其编号是在 1∶100 万的编号后用连字符“－”连接该幅图在 1∶100 万图幅中自己的代号组成。

每幅 1∶100 万地形图分为 4 幅 1∶50 万地形图,按纬差 2°、经差 3°划分为 2 行 2 列,分别以 A、B、C、D 为代号表示。如北京某 A 点所在 1∶50 万图幅编号为 J－50－A,如图 9-2 所示。

每幅 1∶100 万地形图分为 36 幅 1∶20 万地形图,按纬差 40′、经差 1°划分为 6 行 6 列,分别以方括号[1]、[2]、…、[36]为代号表示。如北京某 A 点所在 1∶20 万图幅编号为J－50－[3],如图 9-3 所示。

每幅 1∶100 万地形图分为 144 幅 1∶10 万地形图,按纬差 20′、经差 30′划分为 12 行 12 列,分别以不带任何修饰的阿拉伯数字为代号表示。如北京某 A 点所在 1∶10 万图幅编号为 J－50－5,如图 9-4 所示。

3. 1∶5万、1∶2.5 万和 1∶1万地形图的分幅与编号

1∶5万、1∶2.5 万、1∶1万三种比例尺的地形图的分幅与编号都是在 1∶10 万地形图的基础上进行的。

每幅 1∶10 万地形图分为 4 幅 1∶5万地形图,按纬差 10′、经差 15′划分为 2 行 2 列,分别

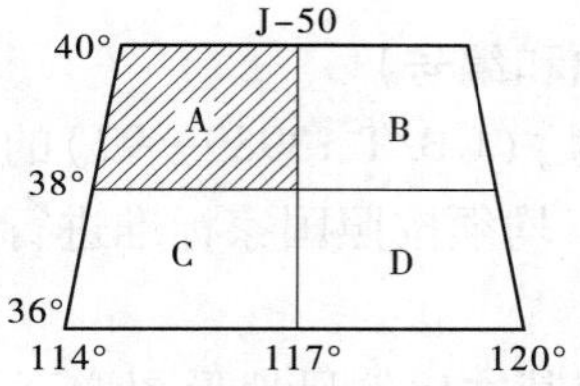

图 9-2　1∶50 万地形图的分幅与编号

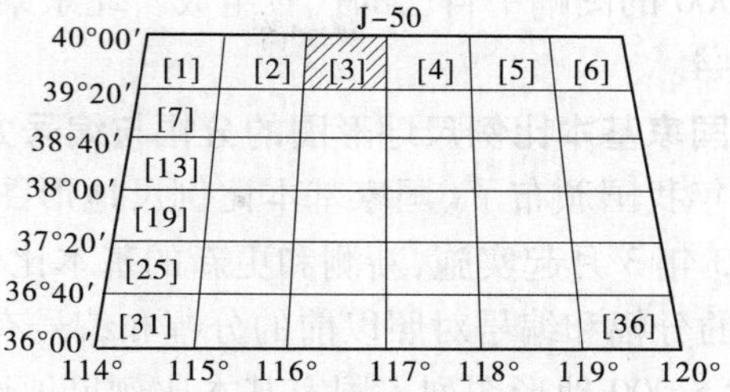

图 9-3　1∶20 万地形图的分幅与编号

以 A、B、C、D 为代号，其编号是在 1∶10 万的编号后用连字符“－”连接该幅图在 1∶10 万图幅中自己的代号组成。如北京某 A 点所在 1∶5万图幅编号为 J－50－5－B，如图 9-5 所示。

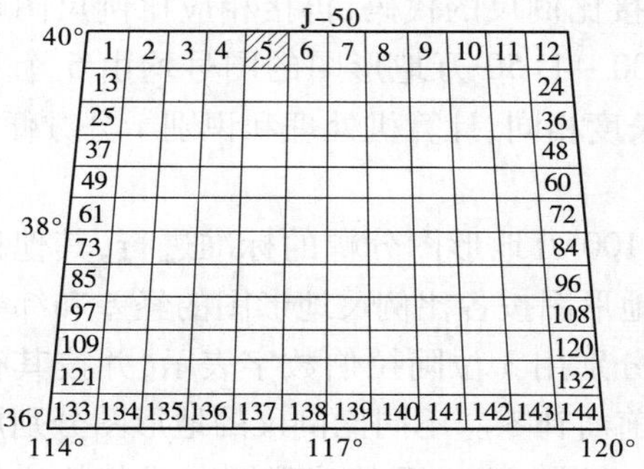

图 9-4　1∶10 万地形图的分幅与编号

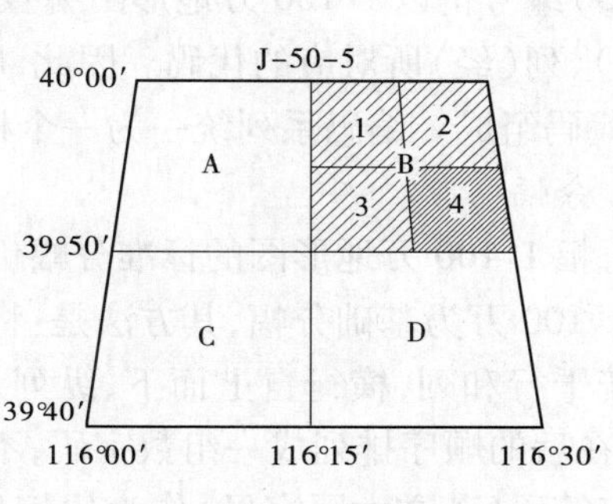

图 9-5　1∶5万地形图的分幅与编号

每幅 1∶5万地形图分为 4 幅 1∶2.5 万地形图，按纬差 5′、经差 7′30″划分为 2 行 2 列，分别以阿拉伯数字 1、2、3、4 为代号，其编号是在1∶5万的编号后用连字符“－”连接该幅图在 1∶5万图幅中自己的代号组成。如北京某 A 点所在 1∶2.5 万图幅编号为 J－50－5－B－4，如图 9-5 所示。

每幅 1∶10 万地形图分为 64 幅 1∶1万地形图，按纬差 2′30″、经差 3′45″划分为 8 行 8 列，分别以方括号(1)、(2)、…、(64)为代号，其编号是在 1∶10 万的编号后用连字符“－”连接该幅图在 1∶10 万图幅中自己的代号组成。如北京某 A 点所在 1∶1万图幅编号为 J－50－5－(24)，如图 9-6 所示。

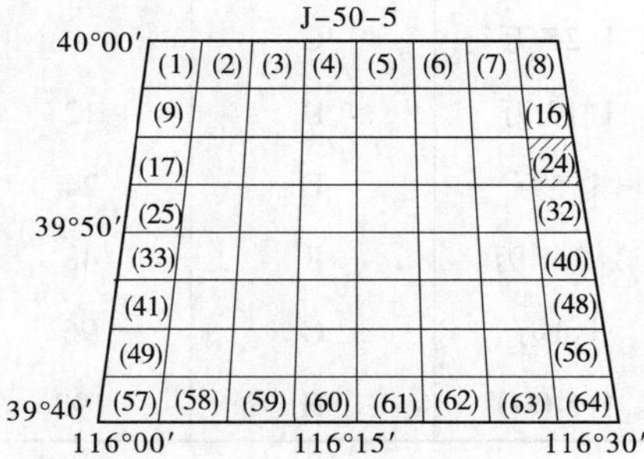

图 9-6　1∶1万地形图的分幅与编号

4. 1∶5 000、1∶2 000 地形图的分幅与编号

每幅 1∶1万地形图分为 4 幅 1∶5 000 地形图，按纬差 1′15″、经差 1′52.5″划分为 2 行 2 列，分别以小写英文字母 a、b、c、d 为代号，其编号是在 1∶1万的编号后用连字符“－”连接该幅图在 1∶1万图幅中自己的代号组成。北京某 A 点所在 1∶5 000 图幅编号为 J－50－5－(24)－b。

每幅 1∶5 000 地形图分为 9 幅 1∶2 000 地形图，按纬差 37.5″、经差 25″划分为 3 行 3 列，分别以阿拉伯数字 1、2、…、9 为代号，其编号是在 1∶5 000 的编号后用连字符“－”连接该幅图在 1∶5 000 的图幅中自己的代号组成。北京某 A 点所在 1∶2 000 图幅编号为 J－50－5－(24)－b－4。

(二)国家基本比例尺地形图的分幅与编号方法(新分幅和编号)

1992 年我国颁布了《国家基本比例尺地形图分幅和编号》(GB/T 13989—92)的国家标准,自 1993 年 3 月起实施,新测和更新的基本比例尺地形图,均须按照国家标准进行分幅和编号。新的分幅和编号对照以前的分幅和编号有以下特点:

(1)1∶5 000 地形图列入国家基本比例尺地形图系列,使基本比例尺地形图增至 8 种。

(2)分幅虽仍以 1∶100 万地形图为基础,图幅经纬差也没有改变,但划分的方法不同,即全部在 1∶100 万地形图的基础上逐次加密划分而成。此外,过去的列(纬)、行(经)现在改称行、列。

(3)编号仍以 1∶100 万地形图编号为基础,后接比例尺的代码,再接相应比例尺图幅的行(纬)、列(经)所对应的代码。因此,所有 1∶5 000～1∶50 万地形图的图号均由 5 个元素 10 位代码组成。编码系列统一为一个根部,编码长度相同,计算机处理和识别十分方便。

1. 分幅

每幅 1∶100 万地形图的标准分幅仍按国际 1∶100 万地形图分幅的标准进行,其他比例尺以 1∶100 万为基础分幅,其方法是:将 1∶100 万地形图按各比例尺地形图的经差和纬差划分成若干行和列,横行自上而下、纵列从左至右,分别用 3 位阿拉伯数字表示,并按其行在前、列在后的顺序排列成一组数字码,不足 3 位的前面补零。不同比例尺的地形图分别用不同的字符码(英文大写字母)作为比例尺的代码。一幅 1∶100 万的地形图分成其他比例尺的地形图的分幅情况见表 9-1。

表 9-1　1∶100 万的地形图分成其他比例尺的地形图的分幅情况

比例尺	比例尺代码	行列数		图幅数	图幅大小	
		行数	列数		纬差	经差
1∶50 万	B	2	2	4	2°	3°
1∶25 万	C	4	4	16	1°	1°30′
1∶10 万	D	12	12	144	20′	30′
1∶5万	E	24	24	576	10′	15′
1∶2.5 万	F	48	48	2 304	5′	7′30″
1∶1万	G	96	96	9 216	2′30″	3′45″
1∶5 000	H	192	192	36 864	1′15″	1′52.5″

2. 编号

(1)1∶100 万地形图的编号。1∶100 万地形图的编号与国际分幅编号一致,只是行和列的称谓相反,1∶100 万地形图的图号是由该图所在的行号(字符码)和列号(数字码)组合而成的,中间不再加连字符"－"。如北京在 1∶100 万地形图的图号为 J50。

(2)1∶50 万～1∶2 000 地形图的编号。1∶50 万～1∶2 000 地形图的编号均由其所在 1∶100万地形图的行号及列号、比例尺代码、在 1∶100 万地形图相应比例尺下图幅所在的行号和列号等 5 个元素(5 节)共 10 位代码组成,如图 9-7 所示。

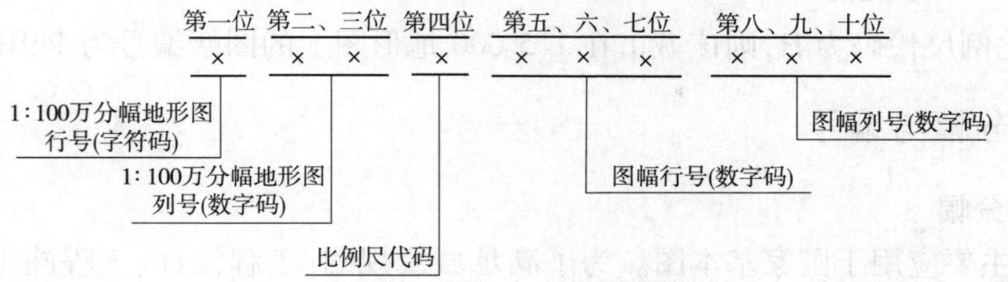

图 9-7　新分幅的编号方法

在前面我们介绍了点在北半球东侧时,用计算方法确定点所在 1∶100 万地形图的图幅编号。对于新的分幅和编号,同样可用计算方法确定某地所求比例尺(1∶50 万 ~1∶2 000 各种比例尺)在 1∶100 万地形图图号后的行、列号,计算公式如下

$$c = \frac{4°}{\Delta B} - \left[\frac{(B/4°)}{\Delta B}\right] \tag{9-3}$$

$$d = \left[\frac{(L/6°)}{\Delta L}\right] + 1 \tag{9-4}$$

式中　[　]——取整数商;

(　)——取商的余数;

c——与比例尺相对应的点的行代码;

d——与比例尺相对应的点的列代码;

ΔB——纬差;

ΔL——经差。

【例 9-1】　已知某城市的大地坐标 $L = 113°22'25''$, $B = 23°11'41''$。试分别确定该地在 1∶100 万、1∶10 万和 1∶5 000 比例尺地形图上新的图幅与编号。

解　将该城市的经纬度代入式(9-1)和式(9-2)得

$$a = \left[\frac{23°11'41'}{4°}\right] + 1 = 5 + 1 = 6(\text{即所对应的行号字符码为 J})$$

$$b = \left[\frac{113°22'25''}{6°}\right] + 31 = 18 + 31 = 49$$

则该城市在 1∶100 万地形图上的图幅编号为 J49。

由于 1∶10 万地形图的纬差是 20′,经差是 30′,将该城市的经纬度代入式(9-3)和式(9-4)得

$$c = \frac{4°}{20'} - \left[\frac{(23°11'41''/4°)}{20'}\right] = 12 - [3°11'41''/20'] = 12 - 9 = 3$$

$$d = \left[\frac{(113°22'25''/6°)}{30'}\right] + 1 = [5°22'25''/30'] + 1 = 10 + 1 = 11$$

1∶10 万比例尺代码为 D,则该城市在 1∶10 万地形图上的图幅编号为 J49D003011。

由于 1∶5 000 地形图的纬差是 1′15″,经差是 1′52.5″,将该城市的经纬度代入式(9-3)和式(9-4)得

$$c = \frac{4°}{1'15''} - \left[\frac{(23°11'41''/4°)}{1'15''}\right] = 192 - [3°11'41''/1'15''] = 192 - 153 = 39$$

$$d = \left[\frac{(113°22'25''/6°)}{1'52.5''}\right] + 1 = [5°22'25''/1'52.5''] + 1 = 171 + 1 = 172$$

1∶5 000 比例尺代码为 H,则该城市在 1∶5 000 地形图上的图幅编号为 J49H039172。

二、矩形分幅与编号

(一)矩形分幅

梯形分幅主要应用于国家基本图。为了满足城镇规划、工程设计、工程施工等需要,通常需测绘 1∶500、1∶1 000、1∶2 000 和 1∶5 000 等大比例尺地形图,而大比例尺地形图大多采用矩形分幅法,它是按统一的直角坐标格网来划分的。大比例尺地形图图幅一般为50 cm×50 cm 或 40 cm×50 cm,以纵横坐标的整千米数或整百米数的坐标格网作为图幅的分界线,称为矩形分幅或正方形分幅,以 50 cm×50 cm 图幅最常用。矩形分幅的规格见表 9-2。

表 9-2　矩形分幅的规格

比例尺	矩形分幅		正方形分幅		一幅 1∶5 000 图所含幅数
	图幅大小 (cm×cm)	实地面积 (km^2)	图幅大小 (cm×cm)	实地面积 (km^2)	
1∶5 000	50×40	5	40×40	4	1
1∶2 000	50×40	0.8	50×50	1	4
1∶1 000	50×40	0.2	50×50	0.25	16
1∶500	50×40	0.05	50×50	0.062 5	64

(二)矩形分幅的编号

矩形分幅的编号方法常用的有坐标编号法、数字顺序编号法和行列编号法。

1. 坐标编号法

坐标编号法是取其图幅西南角 x 坐标和 y 坐标(以 km 为单位),x 坐标在前,y 坐标在后,中间用连字符"-"连接作为它的编号。如某图幅的西南角坐标是 x = 3 410.0 km,y = 1 500.0 km,则该图幅的编号为 3410.0 - 1500.0。在编号时要注意:1∶5 000 地形图坐标取至 1 km,1∶2 000、1∶1 000 地形图坐标取至 0.1 km,1∶500 地形图坐标取至 0.01 km。

2. 数字顺序编号法

如果测区范围比较小或图幅数量少,可采用数字顺序编号法。其方法一般是将测区统一按矩形分幅方法分幅,图幅从左至右、自上而下用阿拉伯数字进行编号,如图 9-8 所示。

3. 行列编号法

行列编号法一般是将已划分好的图幅,由上到下为横行,以一定的字符码(如 A、B、C、D…)为代号;从左至右为纵列,以阿拉伯数字为代号。按行在前列在后的顺序将其代号用连字符"-"连接作为图幅的编号。如在图 9-9 中,横行以字符码 A、B、C、D 为代号,纵列以阿拉伯数字 1、2、3、4、5 为代号,若某图幅位于第二行第三列,则该图幅的编号为 B - 3。如果是分测区进行,可在编号的前面加上测区号。

某些工矿企业和城镇的面积较大,而且测绘几种不同比例尺的地形图,其编号应以正方形分幅及 1∶5 000 地形图为基础,按坐标编号法对图幅进行编号,并作为在本图幅内的较大比例尺图幅的基本图号。在图 9-10 中,假设该图幅在 1∶5 000 地形图的编号为 34 - 15,分

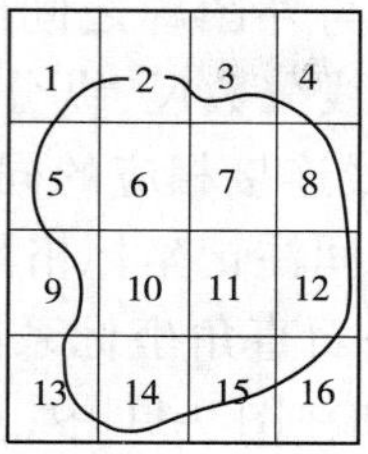

9-8　数字顺序编号法

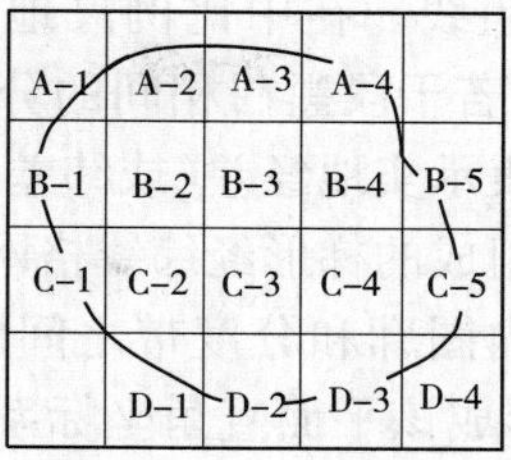

图 9-9　行列编号法

别测绘有 1∶2 000、1∶1 000、1∶500 三个大比例尺地形图，则这三个大比例尺地形图应以如下方法进行分幅与编号：

将 1∶5 000 地形图四等分便得四幅 1∶2 000 地形图，图幅按由左至右、由上到下的顺序排列，每幅图以罗马数字Ⅰ、Ⅱ、Ⅲ、Ⅳ为代号表示。编号是在 1∶5 000 地形图的基本图号后用连字符“－”加各自的罗马数字代号Ⅰ、Ⅱ、Ⅲ、Ⅳ，如图 9-10 中较大阴影图的编号为 34－15－Ⅰ。

以此类推，将 1∶2 000 地形图四等分便得四幅 1∶1 000 地形图，每幅图排列和代号与 1∶2 000 地形图一样。编号是在 1∶2 000 地形图的基本图号后用连字符“－”加各自的罗马数字代号Ⅰ、Ⅱ、Ⅲ、Ⅳ，如图 9-10 中中等大小阴影图的编号为 34－15－Ⅳ－Ⅰ。

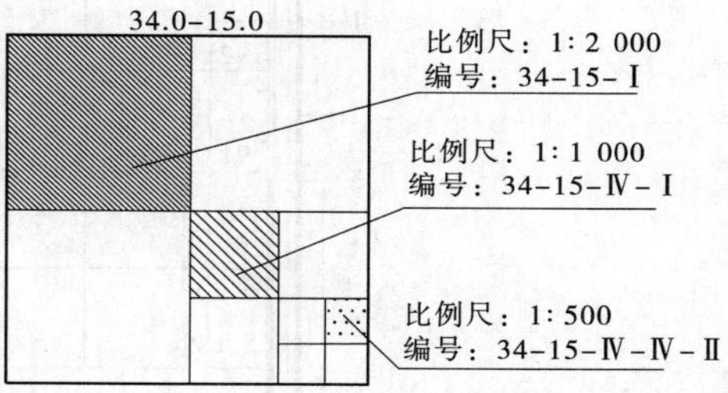

图 9-10　1∶5 000 图幅内不同比例尺正方形分幅和编号

将 1∶1 000 地形图再四等分便得四幅 1∶500 地形图，每幅图排列和代号仍与 1∶2 000 地形图一样。编号是在 1∶1 000 地形图的基本图号后用连字符“－”加各自的罗马数字代号Ⅰ、Ⅱ、Ⅲ、Ⅳ，如图 9-10 中较小阴影图的编号为 34－15－Ⅳ－Ⅳ－Ⅱ。

第三节　地形图的识读

判断和识别地形图上所有线划、符号和注记的含义就是地形图的识读，能否正确地应用地形图，首先就应解决地形图的识读。地形图识读的基本方法是：先图外后图内，先地物后地貌，先注记后符号，先主要后次要。

一、地形图图廓及图廓外注记

为了图纸的管理和使用的方便，在地形图的图框外有许多注记，如图号、图名、接图表、图廓、坐标格网、三北方向和坡度尺等。

（一）地形图图廓

图廓是地形图的边界，有内图廓和外图廓之分，内图廓是地形图分幅时的坐标格网或经纬线，也是图幅的边界线。在内图廓外四角处注有坐标值，并在内廓线内侧，每隔 10 cm 绘有 5 mm 的短线，表示坐标格网线的位置。在图幅内绘有每隔 10 cm 的坐标格网交叉点。

外图廓是最外边的粗线。在中比例尺地形图中，内图廓与外图廓之间绘有分图廓（分度带）。分图廓绘成为若干段黑白相间的分格，横分格为经线分数尺，纵分格为纬线分数尺，每一个分格的长度表示实地经差（或纬差）1′。如果用直线连接相应的同名分数尺，即构成由子午线和纬度圈组成的梯形经纬线格网。在内、外图廓间注记坐标格网线的坐标或图廓角点的经纬度。在内图廓和分度带之间的注记为高斯平面直角坐标系的通用坐标值（以 km 为单位），由此形成该平面直角坐标系的千米格网。如在图 9-11 中，直线坐标格网左起第二条纵线的纵坐标为 22 482 km，其中 22 是该图所在投影带的带号，该项格网实际上与 x 轴相距 482 km − 500 km = −18 km，即位于中央子午线以西 18 km 处。在该图中，南边的第一条横向网线的 x =5 189 km，表示位于 y 轴（赤道）以北 5 189 km。由经纬线格网可以决定图中各点的地理坐标。千米格网可以用来确定图上任一点的平面坐标和任一直线的方位角。

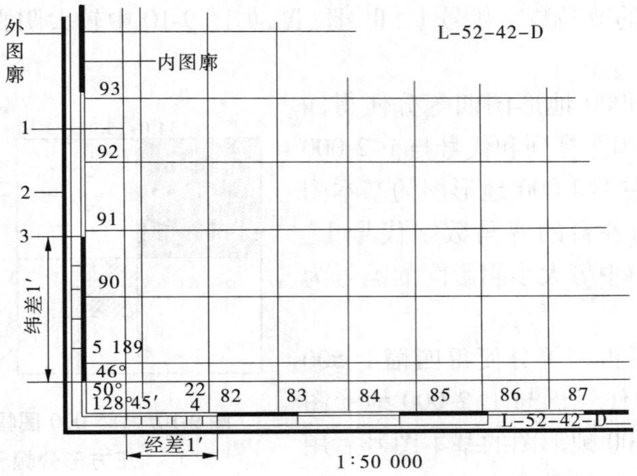

图 9-11　图廓及坐标格网

内图廓以内的内容是地形图的主体信息，包括坐标格网和经纬网、地物符号、地貌符号及注记。外图廓以外的内容是为了充分反映地形图特性和用图的方便而布置在外图廓以外的各种说明、注记，统称说明资料。在外图廓以外还有一些内容，如图示比例尺、三北方向、坡度尺等，是为了便于在地形图上进行量算而设置的各种图解，称为量图图解。

（二）图名、图号和接图表

图名就是本幅图的名称，是以所在图幅内最著名的地名、名胜、厂矿企业、村庄或突出的地物地貌的名称给予命名的。为了区别各幅地形图所在的位置关系和拼接关系，每幅地形图上都编有图号，图号是根据地形图分幅和编号方法编定的。图名和图号标在北图廓上方的中央，如图 9-12 所示。在北图廓的左上方绘有表明该图幅与四邻图幅相互关系的接图表，以供查索相邻图幅时使用。通常是中间一格画有斜线的代表本图幅，四邻分别注明相应的图号（或图名）。此外，在中比例尺各种地形图上，除接图表外，还把相邻图幅的图号分别注在东、西、南、北图廓线中间，进一步表明与四邻图幅的相互关系。

（三）比例尺

在每幅图南图廓外的中央均注有该地形图的数字比例尺，如果是小比例尺地形图，则在

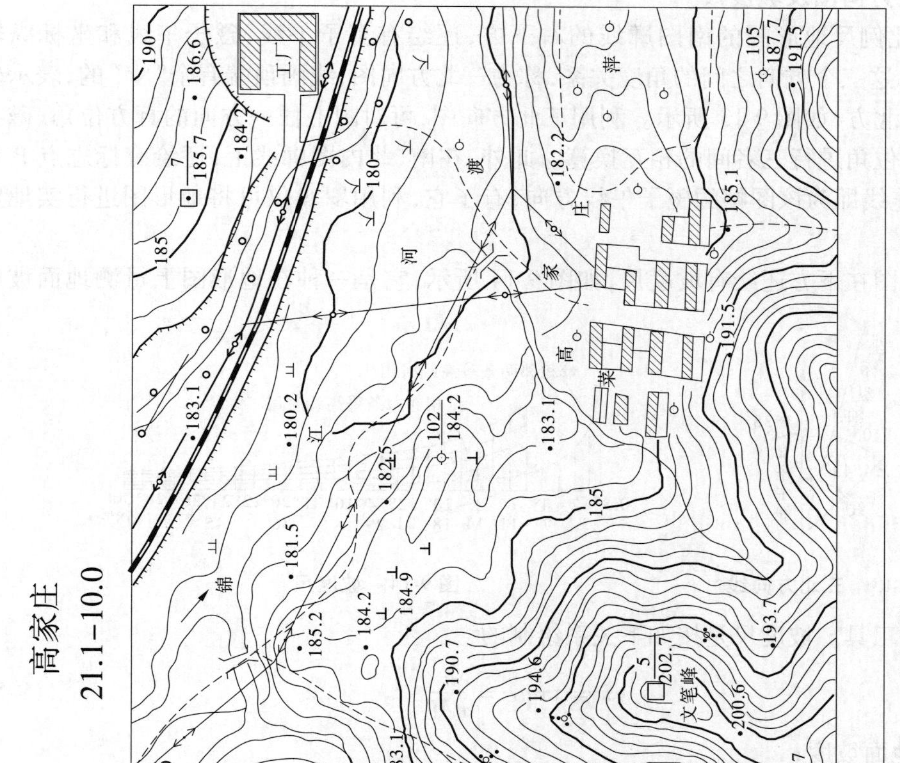
高家庄
21.1-10.0
大渡口
天生电站
红岩
石竹
江口站
小河口
大兴
老羊坪
1:1 000
任意直角坐标系
1985国家高程基准 等高距1 m
1988年版图式
二〇〇五年经纬仪测绘法测图
测量队:
文笔峰
高家庄
工厂
锦江河
21.0
21.0

图9-12 地形图图样

数字比例尺下方还绘有直线比例尺,利用直线比例尺可以用图解法确定图上的直线距离,或将实地距离换算成图上长度。

(四)三北方向图及坡度尺

在中、小比例尺地形图的南图廓线的右下方,还绘有真子午线、磁子午线和坐标纵轴(中央子午线)这三个方向之间的角度关系,称为三北方向图,线画顶端有个"∨"的,表示坐标纵线所指的北方,如图 9-13 所示。利用三北方向图,可对图上任一方向的真方位角、磁方位角和坐标方位角进行三者间的相互换算。此外,在南、北内图廓线上,还绘有标志点 P 和 P′,该两点的连线即为该图幅的磁子午线方向,有了它,利用罗盘仪可将地形图进行实地定向。

有些地形图在下方还绘有坡度尺,如图 9-14 所示,它是一种在地形图上量测地面坡度

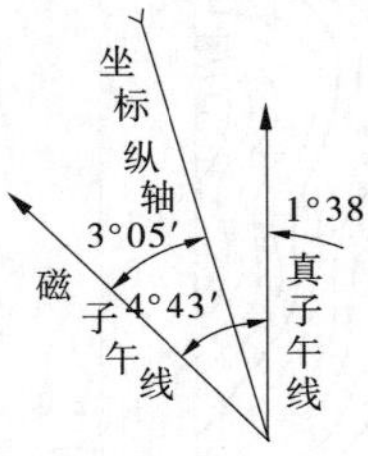

图 9-13　三北方向线

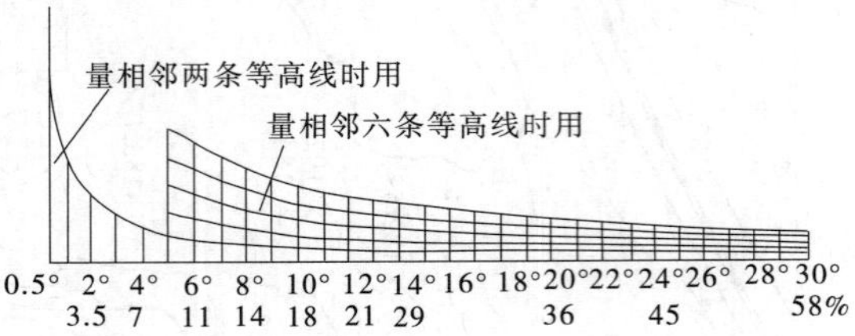

图 9-14　坡度尺

和倾角的图解工具。坡度尺是按如下关系绘制的

$$i = \tan\alpha = \frac{h}{dM} \tag{9-5}$$

式中　i——地面坡度;

α——地面倾角;

h——等高距;

d——相邻等高线的平距;

M——比例尺分母。

使用坡度尺时,用分规先卡出地形图上相邻等高线的平距 d 后,然后在坡度比例尺上使分规的一个针尖对准下面底线,另一个针尖对准上面曲线,即可在坡度比例尺上读出地面坡度 i(百分比值)和地面倾角 α(度数)。

(五)地形图的坐标系统、高程系统

1. 坐标系统

一般在地形图的左下方说明该图所采用的坐标系统和高程系统。目前,我国地形图主要采用以下平面直角坐标系统:1954 年北京坐标系统,1980 年国家大地坐标系统,城市独立坐标系统(城市地形图、城镇规划图),独立平面直角坐标系统(如工程独立坐标系,工程建设范围比城市更小时,例如建筑坐标系)。过去的旧图,大部分采用的是 1954 年北京坐标系统。对于各坐标系统之间可以用坐标转换的数学方法进行换算。

2. 高程系统

了解地形图的高程系统所采用的高程基准,才能对地面高程作出正确的判断。我国目前所采用的高程基准有三种:1956 年黄海高程系,1985 国家高程基准,独立测区的地方高程

系(相对高程)。过去的旧图,大部分采用的是1956年黄海高程系。各高程系统之间只需加减一个常数即可进行换算。

(六)测图时间、测图方法和图式版本

地形图上所反映的是测绘当时的地形情况,因此地形图上应注明测图的时间,需要知道测图的具体日期,以便了解地形图的现势性和时效性。对于测图后的地面变化情况,应根据需要予以修测或补测。

地形图的成图方法主要有航测成图、平板仪测图、经纬仪测绘法成图和数字化测图等。

由于地形图图式每隔一定的时间需要修编一次,有些地物的表示可能会因图式版本的不同而发生变化。因此,要注明地形图图式版本。

二、图的定向和定位

在地形图原图上,注记的字头规定朝北。但在以地形图为底图的复制图上,往往根据用图单位的方便自行选定,然后在图上加绘指北方向。对于专业用图人员,可以通过纵横坐标数值辨认出东西南北四个方向。

要确定图上某点的位置,就必须利用图上的坐标格网及其公里注记。在野外识图和用图时,通常利用图上的突出地物、地貌和实地对照,先使图上方向和实地方向一致,从中认出用图者站立点的图上位置,然后才能对照地形图在现场观察分析周围的地形。

三、地物识读

由于我国将所有的地物符号按不同的类别编制了《地形图图式》,它们都是识图和用图的工具。因此,地物识读前,必须首先熟悉《地形图图式》,特别要熟悉一些常用地物符号和注记符号,了解地物符号和注记的确切含义。地物符号一般都能反映出地物的外形特征,可以直观地表示出地物的分布情况。在识读时根据地物符号,了解图内主要地物的分布情况,如城镇及居民点的分布、村庄名称,道路、河流的级别、分布、走向,输电线路、供电设备、水源、热源、气源等的位置,地面植被分布情况,农田性质等。由于同一个地物可能会因测图比例尺不同,而在地形图上的表示方法有所不同,所以对地物的识读要注意区别比例符号和非比例符号,若是非比例符号,还应注意表示方法。对于采用非比例符号和半依比例符号表示的地物,要了解表示地物实际位置的定位点。在判读地物和在地形图上量测地物间的距离、地物本身的面积时,一定要知道各种地物符号表示相应地物在图上的真实位置,这样才能对地形进行正确的识读和应用。在地物识读过程中,还应充分利用地形图上的注记和地物之间及地物与地貌之间的相对逻辑关系,例如在地形图中绘有公路桥,那么公路桥跨越的双线可能是河流,也可能并不是河流,这就要与周边的地物、地貌进行对比、分析等,再作出判断。对于室内不能判读的地物,应在实地依据相关位置进行对照判读。

另外,要注意地物符号的主次让位问题,掌握符号之间不准重叠、低级给高级让位的原则。例如铁路和公路的并行,地形图上是以铁路中心位置绘制铁路符号,而公路符号让位。其次,还应充分利用地物符号的颜色和注记来帮助识读,有时也可对照实地进行识读。

四、地貌识读

地貌在地形图上主要是用等高线表示的。地貌的识读就是依据图内等高线对实地的地貌进行判明,地貌识读前,要熟悉等高线表达地貌要素和表示基本地形的方法,以及等高线的特性,根据等高线便可发现地貌的变化规律,从而了解图内的地貌情况。地貌识读时,首先判别图内各部分地貌的类别,即通过等高线的疏密及图形特征确定大的地貌类型——山地、平原、丘陵等的分布。如山地等高线数量多而且密集;丘陵等高线间距较大,且多呈闭合图形;平原等高线平直、稀疏;盆地等高线多呈闭合图形,外面高,中间低。然后找出最高点和最低点,确定山脊线和山谷线,研究山脊和山谷的形态特征、山坡的坡形和坡度等。如为山地、丘陵,则搜寻其山脊线、山谷线,即地性线所在位置,从山脊线可以看出山脉的连绵,从山谷线可以找出水系的分布,以便了解图幅内的山川走向及汇水区域;再从等高线及高程注记,判别各部分地势的落差及坡度的大小等。

对地貌的识读,我们可以从分析它的水系入手,水系走向对了解地貌总的地势是很有帮助的,若一幅图中水系的流向是由北向南,则可以判断由北向南的地势是越来越低的。分析水系应根据河流的位置找出最大的集水线,称一等集水线;在一等集水线的两侧可以找出二等集水线,同样也可以找出三等集水线……不同等级的集水线又形成相互联系的网络,其形状如树枝。俗话说"无脊不成谷",在集水线之间总是由明显或不明显的山脊分开,这些如树枝状的网脉又分布在各山谷线之间,这样再与各种地貌形态联系起来,分析地形起伏的特征及分布规律,就可对整个地貌有比较完整的了解。总之,地貌的识读要从实际出发,从整体到局部;先综观全局,再分析细部。

在进行地形图的识读时,还应注意读图的顺序,一般是先了解图幅内的整体情况,即由山脊线可看出山脉连绵及主要山脉的走向,由山谷线便可了解水系的分布、流向,居民点的分布及主要交通情况等。在此基础上,再根据用图的需求,对图幅内某一区域或需了解对象的地物和地貌进行详细的辨别、分析,辨清地物的类别、各地物之间的相对位置关系及与其有关的地势变化。有些时候我们还可以通过在图上量取一些数据,帮助我们识图。在地形图绘制时,我们知道作为地形图的地物和地貌并不是独立存在的,那么在识读地形图的过程中,不能将地物和地貌的识读完全分开进行。即不能将不同的地物孤立识读,不能将各个山丘分开来看,要看到各个不同个体的情况,又要分析出不同的个体之间是否有存在的关系,这样在识读过程中就会自然形成一个整体概念。另外,在识读地形图时,还应将在地形图内所有识读到的信息综合起来,根据地物、地貌识读到的结果,进行社会经济要素的识读,因为很多社会经济要素是隐含在地物和地貌符号以及注记中的。现以图 9-12 为例说明如何进行地形图的识读。

图 9-12 是一幅某地区 1:1 000 地形图西南角部分的缩图,通过阅读,我们可获得以下信息:从地势上看,本图西南部山岭较高,最高处在南图廓边上,可从等高线查出为 207 m;锦江河最低处的高程不到 180 m。由此可见,图中最大高差不超过 28 m。山岭走向大致与锦江河平行,岭中有比较明显的鞍部,南面文笔峰山脊向北延伸,四面山脊向东北延伸至古塔堡下,其中都有不明显的鞍部,其余还有不明显的山脊。因此,锦河南面地形变化较大,形成三条较大山谷,谷中均有小溪,古塔堡西北的小溪,源头上有两处冲沟。山岭、山脊坡度较陡,溪河附近较缓。根据等高线平距 d 和等高距 h,可知地面坡度一般为 5° ~25°,属浅丘地貌。锦江河北面山坡无明显变化,东北角最高高程不到 191 m,最大高差不超过 11 m,地面坡度均匀,一般为 5° ~8°。

高家庄位于图的东南部,坐落在较大的平缓地带,庄北有锦江河,由西北向东南流,近于正北中部斜穿东图边中部。对岸东图边有一工厂,沿河铁路在工厂的南面通过,高家庄的低压线从沿铁路的低压线中接入,再接通锦江河南面沿河低压线。铁路之上有一条公路,公路至工厂前转向南行,穿过铁路堤下后平行而去,公路两旁均有行道树。铁路堤下与河岸线之间,上游为旱地,下游是菜地。公路中部的路堑山坡上,有测量7号埋石图根点。

工厂与高家庄之间有一小路及人渡连接,小路过高家庄后南行后山,高家庄西面小溪在菜窖旁转向庄前流入锦江河,溪上有拱桥通接沿河小路。西图边的山脊伸向古塔堡,两侧有两条小溪汇合于堡下流入锦江河,其上有石桥继续沿河通行。石桥的一头有一小路沿锦江河上游北行,另一头沿锦江河而下,在下游的桥头处有两条小路,一条西行,另一条南行。鞍部北面有土地庙,南面山堡上有A51三角点,文笔峰上有5号埋石点,其余庄前、庄后和古塔山脊的坡地上有102、105、103三个图根点。102点南有砖瓦窖,西有坟地。高家庄周围有护庄树,庄东为苹果园;文笔峰周围有灌木林;古塔堡周围有林地。南行沿溪而上,再转向西上至鞍部分路。

综合上述,高家庄庭院整齐,村庄的布局较为合理,地形条件还是比较好的,周围青山绿水,果树、林木、砖瓦窖、供电线分布其中,对岸又有工厂,有铁路、公路通过,还有可供耕作的平缓土地。该地区的天然地理环境,是发展农、林、牧、副业的好地方,交通、电力条件也不错,城乡产销密切,生活较为富裕,应该是中等发达地区的农村。

第四节　地形图应用的基本内容

一、确定图上点的坐标

在地形图上进行规划设计时,往往需要从图上量算一些设计点的坐标。在地形图上可以通过对坐标格网和经纬线的量算,以求出图上任一点的平面直角坐标和地理坐标。如图9-15所示,欲求出图中A点的平面直角坐标,先从图中找出A点所在千米格网西南角的坐标为$x_a=3\ 342$ km,$y_a=19\ 236$ km(前两位数19为高斯投影带带号)。过A点分别作平行于x轴和y轴的两条直线gh和ef,然后用尺子分别量取ag和ae在图上的长度,假设为:$ag=21$ mm,$ae=11$ mm。将ag和ae在图上的长度依测图比例尺(1∶2.5万)换算成实地距离分别为$ag=0.525$ km和$ae=0.275$ km(也可以用直线比例尺直接量取ag和ae的实地距离),则A点的坐标为

$$x_A = x_a + ag = 3\ 342 + 0.525 = 3\ 342.525(\text{km})$$

$$y_A = y_a + ae = 19\ 236 + 0.275 = 19\ 236.275(\text{km})$$

为了校核和消减图纸伸缩误差的影响,量取ag和ae的同时还应量取gb和ed,假若坐标格网边长为l,那么所量长度应满足:$ag+gb=ae+ed=l$。

当$ag+gb\neq l$时,A点坐标应按下式计算

$$\left.\begin{aligned} x_A &= x_a + \frac{ag}{ag+gb}lM \\ y_A &= y_a + \frac{ae}{ae+ed}lM \end{aligned}\right\} \qquad (9\text{-}6)$$

式中　M——地形图比例尺分母。

用相同方法，可以求出图上 B 点的坐标 x_B、y_B 及图上任一点的平面直角坐标。

有时需求图上某一点的地理坐标（经度 λ、纬度 φ），则可通过分度带及图廓点的经纬度注记数或用图解求得任一点的经纬度。

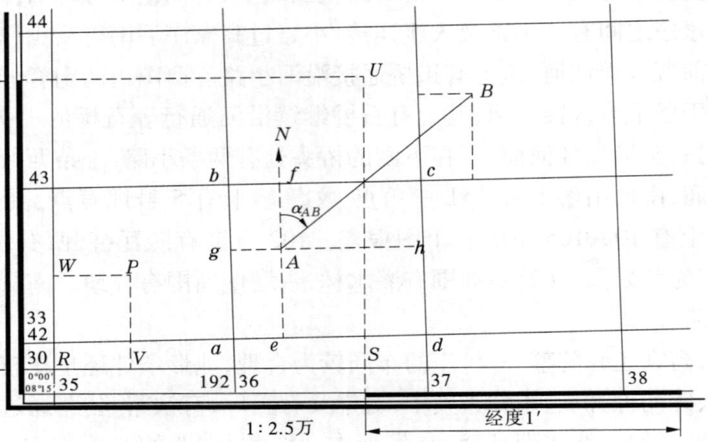

图 9-15　求图上一点坐标

二、图上两点间的距离量测

在地形图上量测两点之间的距离，可分为两点之间的水平距离和曲线长度的量测。

（一）两点之间的水平距离量测

1. 图解法

如果量测的两点间的直线距离在同一图幅内，并且对其量距精度要求不高，则可用图解法量测水平距离，即用直尺量取直线两端点之间的图上长度，再以图上长度乘以该图的比例尺分母则可换算成实地水平距离，或用直线比例尺在图上直接量取直线两端点之间的水平距离。例如在图 9-15 中，假设量得 A、B 两点之间的图上长度为 $d=38.4$ mm，该地形图的比例尺为 1:2.5 万，则 A、B 两点之间的水平距离 D_{AB} 为

$$D_{AB} = 38.4 \text{ mm} \times 25\,000 = 960 \text{ m}$$

2. 解析法

对于量测的距离要求精度比较高，或者是在图纸变形比较大的地形图上量测距离，或量测的两点间的直线距离不在同一图幅内，则可用解析法计算两点之间的水平距离。例如在图 9-15 中，仍要确定 A、B 两点之间的水平距离 D_{AB}，先用确定图上点的坐标的计算式(9-6)求出直线 A、B 两端点的坐标值，然后将计算出的坐标值代入坐标反算公式

$$D_{AB} = \sqrt{(x_B - x_A)^2 + (y_B - y_A)^2}$$

中，则可计算出 A、B 两点之间的水平距离。

（二）两点之间的曲线长度量测

在地形图应用中，经常要量测道路、河流、境界线、地类界等不规则曲线的长度，其最简便的方法是取一细线，使之与图上曲线吻合，记下始、末两点标记，然后拉直细线，量其长度并乘以地形图比例尺分母，即得相应实地曲线长度。也可使用曲线计在图上直接量取，曲线

计的齿轮从曲线上的起点开始滚动时,指针便跟随转动,到了曲线终点只需在盘面上读取相应比例尺的数值即为曲线的实地长度。需要提高精度时,可往返进行多次测量,并取其平均值。

三、图上直线的坐标方位角量测

(一)图解法

用量角器直接量取某直线在图上的坐标方位角的大小,称为图解法在图上量测直线的坐标方位角,此方法简单并且速度快,但精度不高。以图9-15中量测直线AB的方位角为例说明其方法。连接A、B两点为一直线,如果A、B两点在不同的方格内,则所连的直线一定与x轴(坐标格网纵线)相交,如果A、B两点在同一方格内,应延长AB连线使之与x轴相交。也可以过A点作x轴的平行线,其直线与平行线在图上相交的交角$\angle NAB$就是直线AB的方位角(或直线与x轴相交所成的交角),然后用量角器直接量取$\angle NAB$的大小即为所求直线AB的方位角α_{AB}。

(二)解析法

解析法量测直线的坐标方位角是利用直线两端点的坐标值,通过计算求出直线的方位角。如图9-15所示,现要确定直线AB的方位角α_{AB},首先仍然是先用确定图上点的坐标的计算式(9-6)求出直线A、B两端点的坐标值,然后将计算出的坐标值代入坐标反算公式

$$\alpha'_{AB} = \arctan\frac{y_B - y_A}{x_B - x_A} = \arctan\frac{\Delta y_{AB}}{\Delta x_{AB}}$$

求出初算方位角α'_{AB},然后确定α_{AB}的值,具体方法见第五章第四节。

四、确定图上点的高程和两点间的坡度

(一)确定点的高程

利用地形图上的等高线,可以确定出图上任意一点的高程。图上任意一点高程的确定分为点的位置在等高线上和点的位置不在等高线上两种情况。

(1)如果所求点的位置恰好位于某一条等高线上,则该点高程就等于这条等高线的高程。如在图9-16中,A点的位置恰好位于107 m的等高线上,故A点的高程为107 m。

(2)如果所求点的位置不在等高线上,而位于两条等高线之间,如图9-16所示,B点和C点均不在等高线上,其高程的确定可用比例内插法求出。例如欲求B点的高程,该点位于103 m和104 m两条等高线之间,可先通过B点作一条大致垂直于两相邻等高线的线段mn,与两条等高线相交于m、n两点。分别量取线段mn和mB的长度,以d和d_1表示。假设在图上量得$d = 8$ mm,$d_1 = 3$ mm,该图的等高距$h = 1$ m,则B点对较低一条等高线的高差按比例内插得

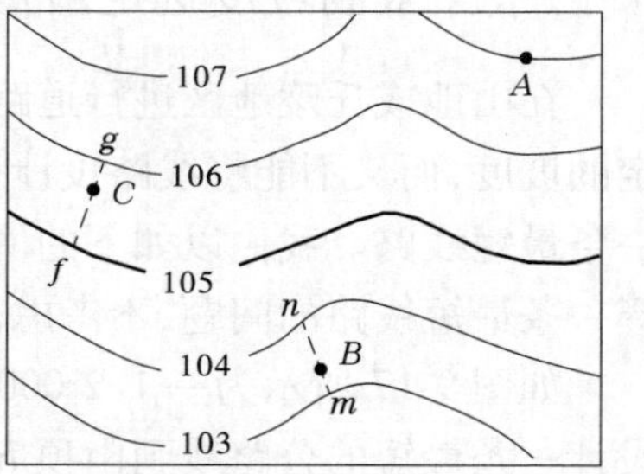

图9-16 确定点的高程

$$h_{mB} = \frac{d_1}{d}h = \frac{3}{8} \times 1 = 0.37(\text{m})$$

在图9-16中,B点对较低一条等高线是m点所在的等高线,其高程是103 m,则B点的

高程为

$$H_B = H_m + h_{mB} = 103 + 0.37 = 103.37(\text{m})$$

当然也可以用 n 点所在等高线来求 B 点的高程,即用 n 点所在等高线的高程减去 B 点对较高一条等高线的高差 h_{Bn}。

按比例内插的原理实质上就是按高差与平距成比例的关系来确定点的高程。因此,在实际工作中,一般常用目估确定点的高程。如图 9-16 中,C 点的高程目估确定为 105.75 m。

(二)确定图上直线的坡度

直线的坡度是直线两端点的高差与水平距离之比,常用 i 表示,即

$$i = \frac{h}{dM} = \frac{h}{D} = \tan\alpha \tag{9-7}$$

式中 h——直线两端点的高差;

d——图上直线的长度;

M——地形图比例尺分母;

D——直线实地水平距离;

α——直线的倾斜角。

由式(9-7)可知,在地形图上确定直线的坡度需要确定出直线两端点的高程和直线在图上的长度,然后计算出高差 h 和实地水平距离 D,代入式(9-7)则可算出直线的坡度。直线的坡度常用百分率(%)或千分率(‰)表示,如某直线的坡度为3%,不要写成坡度为0.03。坡度是有正负的,正负由高差的符号决定。"+"号表示上坡,"-"号表示下坡。如果直线两端点间通过了很多条等高线且等高线平距基本相等,即坡度的变化基本一致,那么用式(9-7)求出的直线坡度与实地的坡度基本一致;如果直线两端点间通过了很多条等高线且等高线平距不相等,即坡度的变化比较大,那么用式(9-7)求出的直线坡度只是直线两端点间实地的平均坡度。

第五节 地形图在工程建设中的应用

一、按限制坡度选定最短线路

在山地或丘陵地区进行道路、管道等线路工程规划设计时,对所选线路要求不能超过规定的坡度,而又不能将线路设计得过长,以免增加工程量,即在地形图上按限制的坡度选择一条最短线路。我们以如下的例子仅说明在规划设计时,如何在地形图上按限制的坡度选择一条最短线路的问题,不考虑其他因素。

如图 9-17 所示为一 1:2 000 的地形图,地形图的等高距为 1 m。现要在该图上从 A 点设计一条最短的公路线到山顶 B 点,公路线最大限制坡度为 $i=5\%$。具体方法如下:

(1)求线路上两相邻等高线间的最小等高线平距 d

$$d = \frac{h}{iM} = \frac{1}{0.05 \times 2\,000} = 0.01(\text{m}) = 10 \text{ mm}$$

这个计算说明,在地形图上,公路线在两条相邻等高线之间的长度不小于 10 mm 时,其坡度不会超过5%。

（2）以 A 点为圆心，以 d 为半径画弧交 242 m 等高线于 1 点，再以 1 点为圆心，以 d 为半径画弧交 243 m 等高线于 2 点，依次进行下去定出其他各点，直到 B 点附近，然后把相邻点连接起来，便得同坡度路线 A—1—2—…—B，即为所求路线。

在选线过程中，有时会遇到两相邻等高线间的最小平距大于 d 的情况，即所作圆弧不能与相邻等高线相交，这种情况说明该处的地面坡度小于设计坡度 i，此时可按相邻等高线之间的最短平距画延伸线。

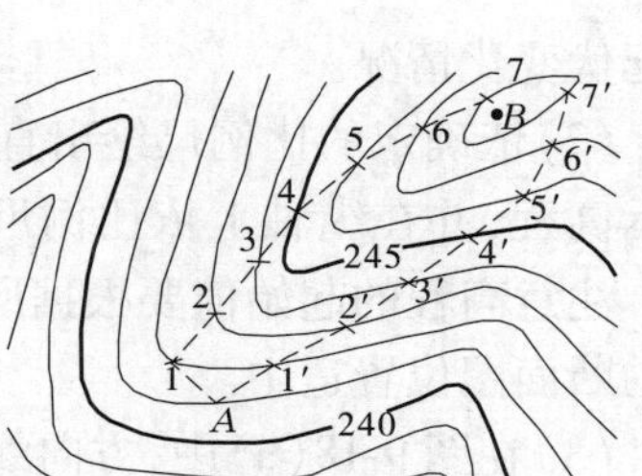

图 9-17　按规定坡度选定最短路线

（3）在图 9-17 中，用同样的办法还可以在地形图上定出另一条线路 A—1′—2′—…—B，也符合设计要求，设计人员可根据实际情况，对方案进行比较，确定一条最佳线路。

二、绘制已知方向的断面图

由于断面图可以更加直观、形象地反映地面某特定方向的高低起伏、地势变化情况，因此在进行铁路、公路、渠道及各种管线工程的设计中，往往需要根据地形图绘制线路方向的断面图，以了解线路所经过的地面起伏变化情况，选择设计方案，依据设计方案进行工程量的估算等。如图 9-18 所示，由于规划设计需要了解沿 AB 方向的地面起伏情况，即需要了解 AB 方向的断面情况，我们可根据地形图绘制 AB 方向的断面图。其方法步骤如下：

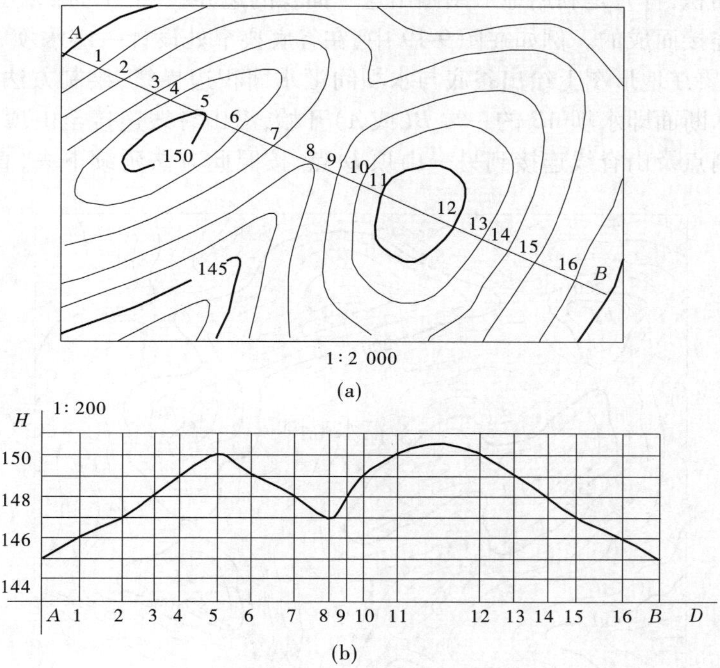

图 9-18　断面图的绘制

（1）首先确定断面图的水平比例尺和高程比例尺。一般情况下断面图上的水平比例尺与地形图的比例尺一致，而高程比例尺往往比水平比例尺大 10 ~ 20 倍，以便明显地反映地面起伏变化情况。

(2)依确定的比例尺绘出直角坐标系，如图9-18(b)所示，以横轴表示水平距离，以纵轴表示高程，并在纵轴上依比例尺标出各等高线的高程，过各等高线高程点处作横轴的平行线。注意高程的起始值要根据所绘方向线在地形图上最低点的高程恰当选择，以便使所绘制的断面图位置适中。

(3)在图9-18(a)中，方向线 AB 与等高线产生一系列的交点1、2、3、…、n，从图上分别量取各点1、2、3、…、n、B 与 A 点的水平距离。在图9-18(b)中将方向线 AB 的起点 A 标注在横轴与纵轴的交点处，沿横轴正方向依次将在图9-18(a)中所量取各点1、2、3、…、n、B 与 A 点的水平距离转绘在横轴上，在横轴上过所得的各点1、2、3、…、n、B 作横轴的垂线，在垂线上按各点相应的高程值对照纵轴所标注的高程确定各点在断面图上的位置，即垂线的端点即是断面点，用平滑的曲线连接各相邻断面点，便得到 AB 线路的方向断面图，如图9-18(b)所示。

三、在地形图上确定汇水面积

在水利、道路中的桥涵和排水管等工程的设计过程中，都需要知道汇水面积的大小，以确定水利工程、排水管道、涵洞和桥梁孔径设计的大小。某一区域雨水降临地面后，能汇集于河流、湖泊或谷底，并通过某一断面的这个区域面积，称为汇水面积。汇水面积越大，汇集的水量也就越大。

确定汇水面积，首先是利用地形图画出这个面积的边界线，汇水面积的边界线是由一系列相邻分水线连接而成的。例如在图9-19中，在谷底狭窄处设计一座水坝 AB，为了解该水库的容量，现需要在地形图上绘出谷底与水坝间汇水面积边界线，绘制方法如下：先从地形图上设计的集水断面即水坝 AB 的一端 B(或 A)开始，沿山脊线连接至山顶 C 点，又沿山脊线经鞍部的最高点及山脊线连接到另一山顶 D 点，按照此方法延续下去，直至连接到大坝

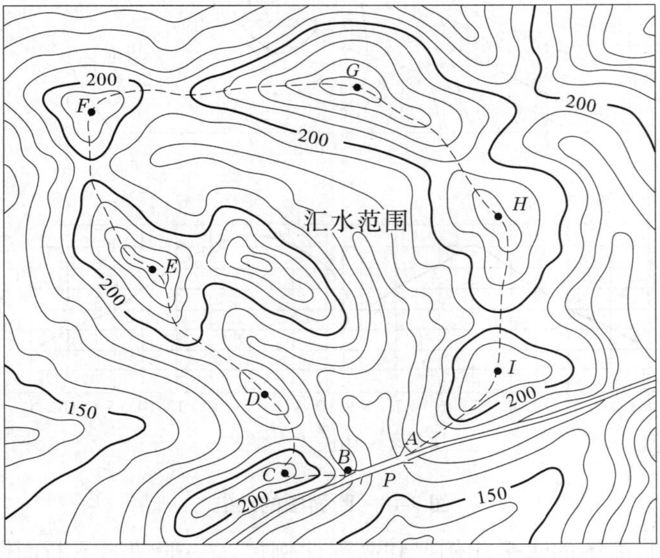

图9-19 确定汇水面积的界线

的另一端点 A（或 B）。图 9-19 中虚线和集水断面水坝 AB 所形成的闭合环线即是汇水面积的边界线。雨水降落地面后，凡在分界线范围内的，就通过沟、溪汇集到水库。而降落在分界线以外的，则流向别处。所以，汇水面积实际上就是用分水线圈定的流域面积。汇水面积确定以后，就可用在地形图上求面积的方法求出汇水面积的大小。

确定汇水面积边界线时应该注意：

（1）边界线往往与山脊线一致，并处处与等高线正交。

（2）边界线是经过一系列山头和鞍部的曲线，并与集水断面形成闭合环线。

第六节　在地形图上量算面积

在地形图应用中，面积的量算是较为常用的内容之一。如在规划设计和工程建设中，工程建设用地面积的量算；在城镇规划设计时，某一区域面积的量测；在土地详查中各地类面积的量算；在地籍测量中宗地面积的量测；在农田水利建设中需要计算水库汇水面积、灌溉面积和坡改梯平地面积；在计算渠道和道路等线路工程的土方量时，填、挖断面的断面面积的量算等。在地形图上量算图形的面积的方法较多，可根据不同的目的、用途和精度要求选择合适的方法。如果对面积的量测精度要求较高，可到野外现场用测量的手段进行实测。本节中我们介绍在地形图上进行面积量测的几种常用方法。

在地形图上量测出的面积是图上面积，不是实地面积，须按地形图的比例尺换算成实地面积。由于地形图上的面积表示的是实地水平面积，不是实地倾斜面积，因此图上面积与相应的实地面积是相似关系，由几何学可知，地形图上的面积 s 与实地面积 S 之比等于相似比的平方，即

$$\frac{s}{S} = \frac{1}{M^2}$$

则

$$S = sM^2 \tag{9-8}$$

式中　M——地形图比例尺分母。

例如，在 1∶500 地形图上，量得某土地图上面积为 28 cm²，则该土地的实地面积应为 $S = sM^2 = 28\ \text{cm}^2 \times 500^2 = 700\ \text{m}^2$。

一、几何图形法

若所求面积的图形是由折线围成的多边形，可用几何法量算其面积。方法是将图形划分为若干个简单规则的几何图形，如三角形、矩形、梯形等几何图形，然后用分规、比例尺等工具在图上分别直接量取各几何图形在面积计算时所需的元素（如长、宽、高等），再应用几何图形的面积计算公式求出各个简单几何图形的面积。然后将所有图形的面积相加，即为所求多边形的面积。

如图 9-20 所示，欲求多边形 $ABCDEFH$ 所围成图形的实地面积时，可先将图形划分为 5 个三角形和 1 个梯形。分别量算 5 个三角形和 1 个梯形的面积并相加，即可得出多边形 $ABCDEFH$ 所围的图上面积，然后用式（9-8）将图上面积换算成实地面积。

二、坐标计算法

坐标计算法是根据几何图形各顶点的平面直角坐标值计算面积的方法。当要求测定面

积具有较高精度，图形为多边形且面积较大，各多边形顶点的坐标值为已知值或根据坐标格网容易求得时，常采用坐标计算法量算面积。

如图 9-21 所示，欲求以 1、2、3、4、5 为顶点所围成的多边形 12345 的面积，已知其顶点坐标分别为 $1(x_1,y_1)$、$2(x_2,y_2)$、$3(x_3,y_3)$、$4(x_4,y_4)$和 $5(x_5,y_5)$。过这五个顶点向 y 轴作垂线，可得出若干个梯形，所求的五边形 12345 面积 S，就是这些梯形面积的代数和。设梯形 122′1′的面积为 S_1，梯形 233′2′的面积为 S_2，梯形 433′4′的面积为 S_3，梯形 544′5′的面积

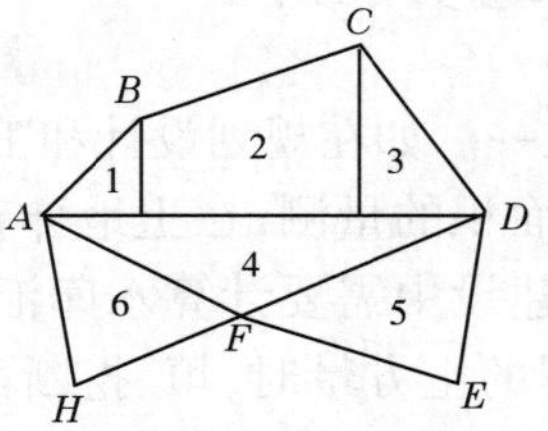

图 9-20　几何图形计算法

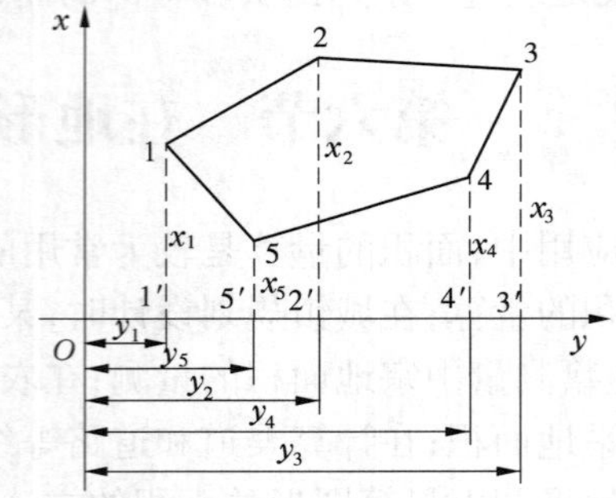

图 9-21　坐标计算法

为 S_4，梯形 155′1′的面积为 S_5，则五边形 12345 面积 S 为

$$
\begin{aligned}
S &= S_1 + S_2 - S_3 - S_4 - S_5 \\
&= \frac{1}{2}(x_1 + x_2)(y_2 - y_1) + \frac{1}{2}(x_2 + x_3)(y_3 - y_2) - \\
&\quad \frac{1}{2}(x_3 + x_4)(y_3 - y_4) - \frac{1}{2}(x_4 + x_5)(y_4 - y_5) - \\
&\quad \frac{1}{2}(x_5 + x_1)(y_5 - y_1)
\end{aligned}
$$

整理后，得

$$
S = \frac{1}{2}[x_1(y_2 - y_5) + x_2(y_3 - y_1) + x_3(y_4 - y_2) + x_4(y_5 - y_3) + x_5(y_1 - y_4)]
$$

由上式计算过程我们可以得出，对于顶点为 n 点的任意多边形，其面积公式的一般形式为

$$
P = \frac{1}{2}\sum_{i=1}^{n} x_i(y_{i+1} - y_{i-1}) \tag{9-9}
$$

或

$$
P = \frac{1}{2}\sum_{i=1}^{n} y_i(x_{i+1} - x_{i-1}) \tag{9-10}
$$

式中　i——多边形各顶点的序号，当 $i=1$ 时，$i-1=n$，当 $i=n$ 时，$i+1=1$。

三、透明方格法

对于图形的边界是由不规则曲线围成的图形，可采用透明方格法进行面积量算。采用此方法需要预备一张透明方格网纸或透明胶片，上面绘有一定边长的正方形格网，方格边长一般为 1 mm、2 mm、5 mm、10 mm，这种透明方格网纸在市场上有售。

如图 9-22 所示，欲量算曲线区域的面积，将透明方格网纸完全覆盖在要量算的曲线区

域面积的图形上。如果要量算的曲线区域面积的图形比较大,透明方格网纸覆盖不完,可将要量算的面积的图形分块后再分别量算。固定好透明方格网纸,先数出图形内方格的整格数 n_1,再数出图形边界处不满整格的方格数 n_2,将不满整格的方格数 n_2 以二分之一折格,折算成整格方格数,也可以将不满整格的方格数用目估拼成整格方格数。那么所量算的面积图形内折算成完整的方格总数为 $n = n_1 + n_2/2$。以每个方格所代表的实地面积乘以方格总数,即为所量算图形的面积,即

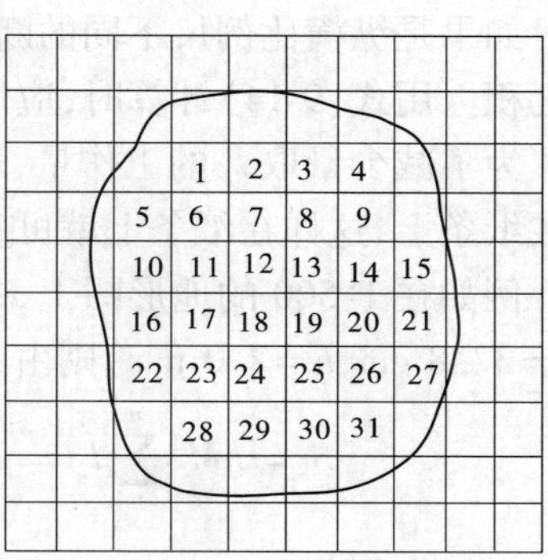

图 9-22　透明方格法量算面积

$$S = nA \tag{9-11}$$

式中　S——所量算图形的面积;

n——方格总数;

A——1 个方格所代表的实地面积。

例如在图 9-22 中,如果方格边长为 1 cm,图的比例尺为 1∶1 000。完整方格数 $n_1 = 31$ 个,图形边界处不完整的方格 $n_2 = 25$ 个,于是所量算的面积图形内折合成完整的方格总数 $n = n_1 + n_2/2 = 31 + 25/2 = 43.5$。因

$$A = 1\ \text{cm} \times 1\ \text{cm} \times 1\ 000^2 = 100\ \text{m}^2$$

由式(9-11)得该图形的面积为

$$S = nA = 43.5 \times 100\ \text{m}^2 = 4\ 350\ \text{m}^2$$

四、平行线法

透明方格法的缺点是数方格困难,并且量算受到方格凑整误差的影响,精度较低。为提高量算精度,可采用平行线法量算面积。如图 9-23 所示,若要量算曲线所围成的图形的面积,可先在面积的图形上绘等间距的平行线,或将绘有等间距为 h(一般为 1 mm 或 2 mm)的平行线组的透明纸覆盖在待量算面积的图形上,转动透明纸使任意两条平行线与图形边缘相切,则整个图形被平行线截割成若干个等高的近似梯形,梯形的高就是平行线的间距 h,图内平行虚线是梯形的中线,可认为是梯形上、下底的平均值,以 l_i 表示。量各中线的长度 l_i,则每一个梯形的面积可用下面的公式进行计算

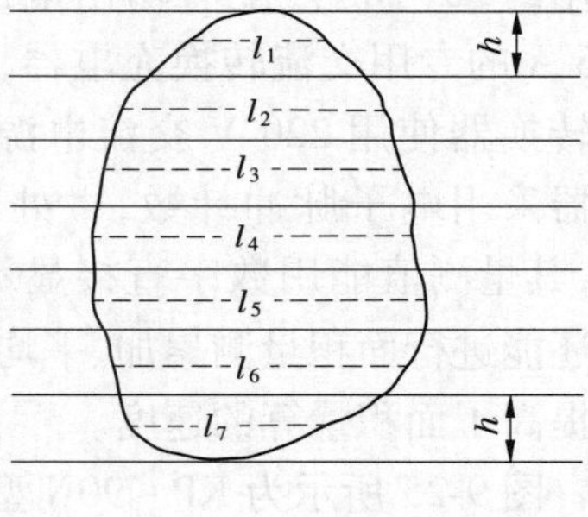

图 9-23　平行线法

$$A_i = hl_i \tag{9-12}$$

图形的总面积为

$$A = A_1 + A_2 + \cdots + A_n = h(l_1 + l_2 + \cdots + l_n) = h\sum_{i=1}^{n} l_i \tag{9-13}$$

实地面积为

$$S = h(l_1 + l_2 + \cdots + l_n)M^2 = hM^2\sum_{i=1}^{n} l_i \tag{9-14}$$

式中　M——地形图比例尺分母。

如果是纵横比例尺不同的断面图,其实地面积则应将式(9-12)乘上纵横两个比例尺分母之积。用式(9-14)计算时,应注意长度单位的统一,实际长度与图上长度的统一。

为了减少量取 l_i 的工作量,通常我们用一长直纸条,依次把 l_1、l_2、…、l_i 长度左右相接地划在纸条上,这样在纸条上就可直接量出 $l_1+l_2+\cdots+l_i$ 的总长度,故平行线法也称积距法。

例如在1∶500的地形图上,采用平行线法量算某图形的面积,量得图形的全部中线长 $\sum l=37.8\ \mathrm{cm}$,$h=2.0\ \mathrm{mm}$,则由式(9-14)得此图形的实地面积为

$$S=hM^2\sum_{i=1}^{n}l_i=2.0\times10^{-3}\times37.8\times10^{-2}\times500^2=189(\mathrm{m}^2)$$

五、求积仪法

求积仪是一种直接在地形图上量测面积的仪器。其特点是操作简便,量算速度快,能保证一定的精度,并适用于各种不同图形的面积量算。求积仪分机械求积仪和电子求积仪(或数字求积仪)两种,由于目前电子求积仪已基本上取代了机械求积仪,因此这里仅对电子求积仪的使用方法进行介绍。电子求积仪有定极式和动积式两种,现普遍使用的是KP-90N型动积式电子求积仪,该仪器能快速精确地量测任何形状的面积,现将其主要部件及其用法介绍如下。

(一)KP-90N型动积式电子求积仪的构造

图9-24为KP-90N型动积式电子求积仪外观图,该仪器主要由微处理器、功能键、显示窗、交流转换器插座、跟踪臂、跟踪放大镜、与微处理器相连的动极轴及动极等组成。仪器电源为内藏式可充电的镍-镉电池,充满电后,可以连续使用约30小时。配有输出电压为5 V、电流为1.6 A的专用交流转换充电器,可通过专用的交流转换器使用220 V交流电源并进行充电。该仪器采用电子脉冲计数,微处理器装有专用程序,其量测值能用数字直接显示出来,使用功能键还能进行面积量测累加、平均面积测算,可以进行面积单位的换算、比例尺设定等,这些功能提高了面积量算的速度。

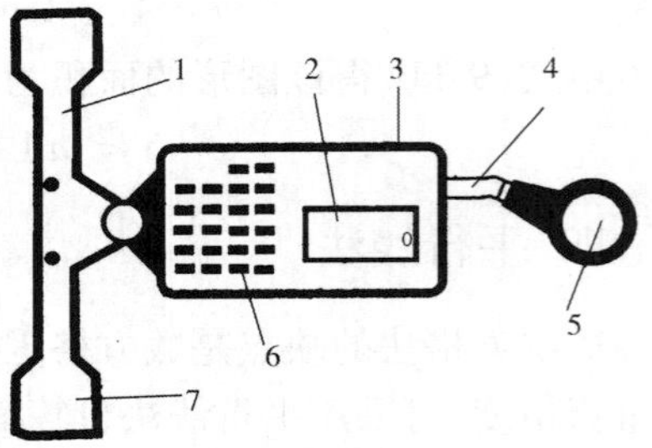

1—动极轴;2—显示窗;3—交流转换器插座;4—跟踪臂;5—跟踪放大镜;6—功能键;7—动极

图9-24　KP-90N型动积式电子求积仪

图9-25所示为KP-90N型动积式电子求积仪的操作面板,各功能键的作用及其使用方法如下:

(1)ON:打开电源键。

(2)OFF:关闭电源键。

(3)0~9:数字键。

(4).:小数点键。

(5)START:测量启动键。按下此键,蜂鸣器发出响声,显示窗上显示“0”,可开始测量。

(6)C/AC:清除键。按一次,清除显示窗上的数据和计数;连续按二次,清除存储器中记忆的全部面积量算值。

(7)HOLD:测量暂停键。按下此键后,显示窗中的“HOLD”字符被显示,当前的面积量

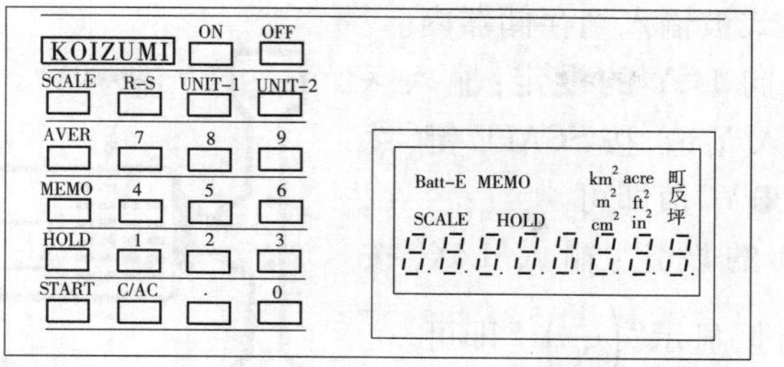

图 9-25　KP－90N 型动积式电子求积仪的操作面板

算值暂时被固定和存储,并暂时停止面积测量,此时移动跟踪放大镜,显示的面积值不变;当要继续量算面积时,再次按下此键,"HOLD"字符消失,固定状态被解除,原测数据不变,面积量算再次开始,继续进行测量。该键主要用于分块量算面积。

(8)MEMO:测量结束和存储键。面积量算结束后,每按下此键,即将每次显示的面积量算值存储在仪器的存储器中,此时显示窗中的"MEMO"字符被显示。测定平均值时,在各次测量结束后按下该键,显示"MEMO",显示窗的数据脉冲计数变为所定单位、比例尺的面积值,并被固定、存储。

(9)AVER:计算平均值、测量结束键。按下此键,测量结束,显示"MEMO"字符,显示窗中显示存储器中各次量算面积的平均值。

(10)UNIT－1:面积单位选择键 1。仪器的面积单位有米制(cm^2、m^2、km^2)、英制(acre、ft^2、in^2)和日制(町、反、坪),它们在状态区按顺序排列。每按一次 UNIT－1 键,可按米制→英制→日制依次循环选择所需的单位。

(11)UNIT－2:面积单位选择键 2。单位选定后,每按一次 UNIT－2 键,则在已选定的某个单位制内循环单位,假如选定了米制单位,则在 km^2→m^2→cm^2 内循环单位。

(12)SCALE:设定图纸的纵、横比例尺键。仪器允许所测图形的纵、横比例尺不相同,这对测量纵断面图的面积非常有用。如果已经量测了面积,则进行了新的比例尺设置后,显示窗的面积值将自动转换成新设比例尺的面积值。自动关闭电源或关闭电源,设置的比例尺仍被记忆。用数字键输入图形比例尺分母,按下此键,比例尺即被设定,并显示符号"SCALE",然后按比例尺确认键 R－S,如果显示比例尺分母,表示已正确设定好。

(二)面积量算方法

1. 准备

用电子求积仪进行面积测量时,先将图纸水平地固定在图板上,把电子求积仪的跟踪放大镜放在图形中央,并使动极轴与跟踪臂成 90°,如图 9-26 所示。用跟踪放大镜沿边界线运行 2～3 周,以检查能否平滑移动,如发现运转不灵活,可调整动极轴的位置,使之能平滑移动。

2. 开机

按 ON 键开机,显示窗立即显示"0"。

3. 面积单位设置

用 UNIT－1 键设定单位(米制、英制、日制),用 UNIT－2 键设定同一单位制的单位。

4. 比例尺设置与确定

(1)比例尺 1∶M 的设定:用数字键输入比例尺分母 M,按 SCALE 键,再按 R－S 键确认,

则所需比例尺以 M^2 形式被输入到存储器内。

(2)横向 1∶X、纵向 1∶Y 的设定：输入 X 值，按 SCALE 键，再输入 Y 值，按 SCALE 键，然后按 R－S 键，显示"X●Y"值即可。

(3)比例尺 X∶1 的设定：输入 1/X，按 SCALE 键，再按 R－S 键，显示"$\left(\frac{1}{X}\right)^2$"即可。

(4)改变和清除已设定的比例尺：改变已设定的比例尺时，先按 C/AC 键，然后重新设定新的比例尺并按 SCALE 键。

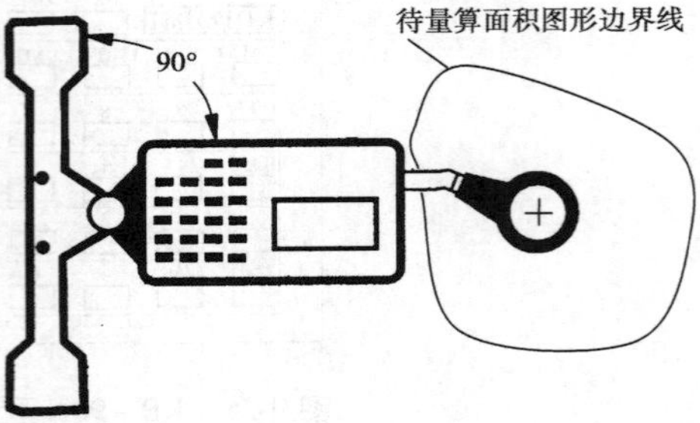

图 9-26　数字求积仪量算面积示意图

5. 面积测量

在图形边界线上任意选定一点作为起点，该点尽可能位于图的左侧边界中心，并与跟踪放大镜的中心重合，然后按 START 键，蜂鸣器发出响声，显示窗显示"0"，用跟踪放大镜中心准确地沿着图形的边界线顺时针移动，直到返回起点，按 MEMO 键，则显示窗显示的值为按设定单位和比例尺所测的图形面积。如果要测定若干块面积的总和，即进行累加测量，当第一块面积测量结束后(回到起点)，不按 MEMO 键而改按 HOLD 键；若对同一块面积要测定数次并取其平均值时，则按 MEMO 键，测量结束时，最后按 AVER 键，平均面积即被显示出来。

当图形面积比较大时，最好采取分块累加测量法。

6. 累加测量

利用 HOLD 键，能把大面积图形分割成若干块进行累加测定。当第一个图形测定后按下 HOLD 键，即把已测得的面积值固定并存储；将仪器移到第二个图形，按 HOLD 键，解除固定状态并进行累加测量。同法可以对第三、第四……直到最后一个图形进行累加测量。最后按 AVER 键或 MEMO 键，显示出累加面积值。

7. 平均值测量

为了提高面积量算的精度，可以对同一图形重复多次测量，然后取平均值。具体做法是：每次测量结束后，按下 MEMO 键，最后按 AVER 键，则显示 n 次测量的平均值。每次测量前均应按 START 键，重复测量次数不能超过 10 次。

(三)注意事项

(1)电子求积仪不能在太阳直射、高温、高湿的地方，特别要远离暖气装置。严防强烈冲撞和粗暴使用。

(2)量测面积时，台面和图纸都应平整、光滑，不能有异物、皱褶等影响测轮的自由转动。

(3)不能使用稀释剂、挥发油及湿布等擦洗，而应用柔软、干燥的布擦拭。

(4)除更换电池外，不允许随便打开电池盒盖。当电池取出后，严禁把仪器和交流转换器连接使用，这样会使仪器遭受严重损坏。

第七节　地形图在场地平整及方量估算方面的应用

在工程建设中常需要将某一区域的自然地表按要求整理成一定高程的水平地面或一定

坡度的倾斜地面，并进行土石方的估算，这项工作称为场地平整。如农田基本建设中的坡改梯，建筑工程中施工场地的平整，大型停车场、田径运动场、广场等场地平整工作。在进行场地平整时，应先将所要平整的场地的地形图绘出，如果没有其他的设计要求，一般是利用地形图依据场地填、挖土石方量基本平衡的原则，对填、挖土石方量进行估算，然后制订出合理的规划设计方案。在地形图上根据平整场地的要求不同，可以将场地平整为水平地面或有一定坡度的倾斜地面。

一、将场地平整为水平地面

在地形图上进行场地平整的常用方法有方格网法、断面法和等高线法。

(一)方格网法

在地形图上进行场地平整，如果需平整的场地地形起伏不大或地形变化比较均匀，可用方格网法。方格网法计算要复杂一点，但精度较高，其应用比较广泛。

如图 9-27 所示，该地形图的比例尺为 1∶1 000，现拟将原高低不平的地面平整为同一高程的水平地面，要求使填、挖方量基本平衡，其操作方法如下。

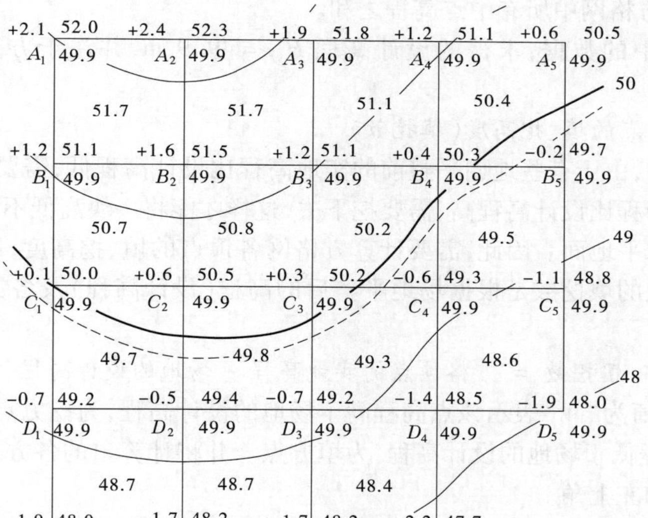

图 9-27　水平面场地平整

1. 绘制方格网

采用方格网法进行场地平整时，不论是将场地平整为水平场地或有一定坡度的倾斜面，首先应在地形图上在所要进行场地平整的区域内绘制方格网，每个小方格网的边长所对应的实地距离一般为 10 m×10 m 或 20 m×20 m，也可根据地形图比例尺的大小及方量估算精度的要求选择方格网的边长，方格网的边长选择越短，方量的估算值越准确，但计算的工作量也就越大。在图 9-27 中，每个小方格的边长为 2 cm×2 cm，按该地形图的比例尺，每个小方格的边所对应的实地距离为 20 m×20 m。对方格网进行编号，以方格网横线从上到下依次用字符 A、B、C、D、E 等编成行号，以方格网纵线从左至右依次用阿拉伯数字 1、2、3、4、5 等编成列号。这样，所有方格顶点就用所在的行号和列号进行编号，如第一行第一列方格顶

点的编号为 A_1，第三行第四列方格顶点的编号为 C_4，并标注在各方格的左下角。

2. 求各方格顶点的地面高程

根据地形图上的等高线，用内插法求出各方格顶点的地面高程，并标注在方格的右上角，如图 9-27 所示。

3. 计算设计高程

为了使填、挖土石方量基本平衡，需计算出地面平整后的高程，即场地平整时的设计高程。计算方法如下：把每一个方格四个顶点的高程相加，除以 4，得每一个方格的平均高程；然后，将各方格的平均高程求和并除以方格数 n，即得到设计高程 H。也可以按下式计算设计高程

$$H_{设} = \frac{\sum H_{角} \times 1 + \sum H_{边} \times 2 + \sum H_{拐} \times 3 + \sum H_{中} \times 4}{4n} \tag{9-15}$$

式中 $\sum H_{角}$——方格网中所有角点高程之和；

$\sum H_{边}$——方格网中所有边点高程之和；

$\sum H_{拐}$——方格网中所有拐点高程之和；

$\sum H_{中}$——方格网中所有中点高程之和。

根据图 9-27 中的数据，求得的设计高程 $H_{设} = 49.9$ m，并注于方格顶点右下角，如图 9-27所示。

4. 确定方格顶点的填、挖高度（填挖数）

在场地平整时，由于有些地面平整前的实地高程比设计高程低，需要填起来，而有些地面平整前的实地高程比设计高程高，需要挖下去，这样才能将一块高低不平的场地平整为与设计高程相同的水平地面。因此，需要计算方格网各顶点的填、挖高度，即填挖数。在地形图上方格网各顶点的填挖数是根据场地平整后的高程（设计高程）及各方格顶点的实地高程计算而得的，即

填挖数 = 方格顶点的实地高程 − 场地的设计高程

式中：填挖数计算值为“+”表示该点高程高于场地的设计高程，为挖方点；填挖数计算值为“−”表示该点高程低于场地的设计高程，为填方点。并将计算出的各方格顶点的填挖数标注在各方格顶点的左上角。

5. 确定填挖边界线

在场地平整时，有些地面点平整前的实地高程正好和设计高程相同，将这些点依次连接所得的连线就是填挖边界线，也就是在场地平整中不挖也不填的位置线。在地形图上填挖边界线是由方格中既不需要填也不需要挖的相邻点的连线构成的，这种既不需要填也不需要挖的点称为零点。要确定填挖边界线，就得确定零点的位置，零点的位置在既有填方点又有挖方点的方格边上。确定了场地中各零点位置后，将相邻的零点依顺序连接起来即可得填挖边界线。零点和填挖边界线是计算填挖方量和施工的重要依据。

在地形图上，由于零点的位置在既有填方点又有挖方点的方格边上，我们可以依据等高线内插图解几何法的原理，确定出零点在方格网中的位置。如图9-28 是图9-27 方格网中纵线 B_4C_4 及地面的放大示意图，因 B_4 点为挖方点，挖填数为 $h_1 = +0.4$ m；C_4 点为填方点，挖填数为 $h_2 = -0.6$ m。所以，在方格边 B_4C_4 上必有一零点 O，设 O 点与 B_4 的水平距离为 x，则 O 点与 C_4 的水平距离为 $20 - x$。由几何原理知

$$\frac{x}{h_1}=\frac{20-x}{h_2}$$

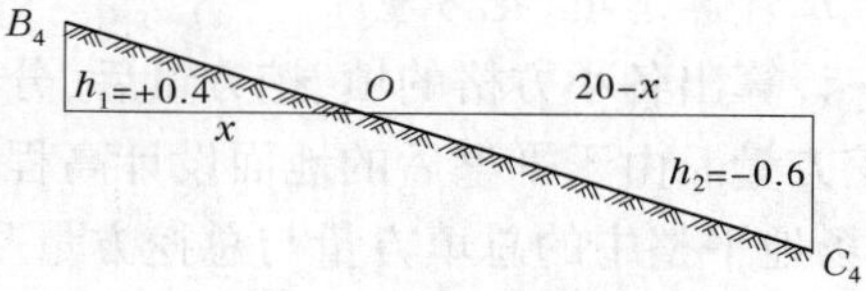

图 9-28　比例内插法确定零点

式中的填挖数 h_1、h_2 在计算零点位置时，不需要带符号。则

$$x=\frac{h_1}{h_1+h_2}\times 20=\frac{0.4}{0.4+0.6}\times 20=8(\mathrm{m})$$

即在方格网中纵线 B_4C_4 上距 B_4 点 8 m 处为零点 O。我们可以用同样的方法通过计算确定出其他方格边上的零点位置，并依次连接相邻的零点后就可得出填挖边界线，填挖边界线在方格网中用虚线绘出，如图 9-27 所示。

6. 计算各小方格的填、挖方量

计算各小方格的填、挖方量时分两种情况：一种是整个小方格均为填方或挖方，另一种是小方格内有挖方也有填方。不论是哪一种情况，首先用面积量算的方法将各小方格内的填方区域的实地面积 $S_{填}$ 和挖方区域的实地面积 $S_{挖}$ 量算出来，然后进行填、挖方量的计算。每个小方格的填、挖方量的计算方法如下：

(1) 整个小方格均为填方或挖方，则填、挖方量为（单位：m^3）

$$填方量 = 小方格四个顶点的填挖数平均值 \times S_{填} \tag{9-16}$$

$$挖方量 = 小方格四个顶点的填挖数平均值 \times S_{挖} \tag{9-17}$$

式(9-16)、式(9-17)中的填挖数要带正负号，以区别填方与挖方。

如图 9-27 中由顶点 $A_2A_3B_3B_2$ 组成的编号为 2 号（编号按从左至右、自上而下，下同）的小方格为全挖方，挖方量为

$$V_{2挖}=\frac{1}{4}\times(2.4+1.9+1.2+1.6)S_{2挖}$$

又如图 9-27 中由顶点 $C_4C_5D_5D_4$ 组成的编号为 12 号的小方格为全填方，填方量为

$$V_{12填}=\frac{1}{4}\times(-0.6-1.1-1.9-1.4)S_{12填}$$

(2) 小方格内有挖方也有填方，则填、挖方量分别为（单位：m^3）

$$填方量 = 小方格内填方区域顶点的填挖数平均值 \times S_{填} \tag{9-18}$$

$$挖方量 = 小方格内挖方区域顶点的填挖数平均值 \times S_{挖} \tag{9-19}$$

如图 9-27 中由顶点 $B_3B_4C_4C_3$ 组成的编号为 7 号的小方格有填方也有挖方，则填、挖方量分别为

$$V_{7填}=\frac{1}{3}\times(-0.6+0+0)S_{7填}$$

$$V_{7挖}=\frac{1}{5}\times(1.2+0.4+0.3+0+0)S_{7挖}$$

又如图 9-27 中由顶点 $C_2C_3D_3D_2$ 组成的编号为 10 号的小方格有填方也有挖方，则填、挖方量分别为

$$V_{10填}=\frac{1}{4}\times(-0.5-0.7+0+0)S_{10填}$$

$$V_{10挖}=\frac{1}{4}\times(0.6+0.3+0+0)S_{10挖}$$

7. 计算总填、挖方量

计算出各小方格的填、挖方量后，分别对填方量和挖方量进行求和，计算出总填方量和总挖方量。由于平整后的地面设计高程是以填、挖方量基本平衡来进行设计的，因此一般来说，场地平整中的总填方量与总挖方量基本上是相等的，但是由于在计算中较多地使用了近似值，两者之间的值是有一定的出入的，如果相差比较大，可能是计算有误，应及时对数据进行检查，或重新计算。

(二)断面法

在场面起伏较大的地区，或在道路和管线的建设场地中，常需在地形图上根据设计方案，计算沿中线至两侧一定范围内的填、挖土石方量，此时宜采用断面法来计算。该方法是在地形图上确定出施工场地的边界线，并在地形图上绘出一定间距的平行断面图，这样以一组等距(或不等距)的相互平行的截面将拟平整场地的地形分截成若干"段"，计算出每个断面的填、挖面积，再利用两相邻平行断面间的距离，可分别计算出这些"段"的体积，再将各段的体积累加，从而求得总的填、挖土石方量。

在图 9-29(a)中，*ABCD* 是某施工场地在 1:1 000 地形图上的边界线，拟将 *ABCD* 矩形区域按设计高程 67 m 平整成一水平面，现采用断面法计算填、挖土石方量。根据 *ABCD* 场地边线内的地形图，每隔一定的间距 *L*(实地 10～40 m)在图上绘出一组垂直于左、右边界线的平行线，图 9-29(a)采用的是以图上间距为 1 cm(实地间距 *L* = 10 m)在图上绘出一组平行线，然后按一定的比例尺分别绘出相应的断面图，图 9-29(b)分别是图 9-29(a)中 *A*—*B*、1—1和 8—8 的断面图(其他断面图省略)。在每个断面图上，凡是高于 67 m(场地平整高程)的地面和 67 m 的设计高程线所围成的面积即为该断面处应挖的面积；凡是低于67 m 的地面和 67 m 的设计高程线所围成的面积即为该断面处应填的面积。

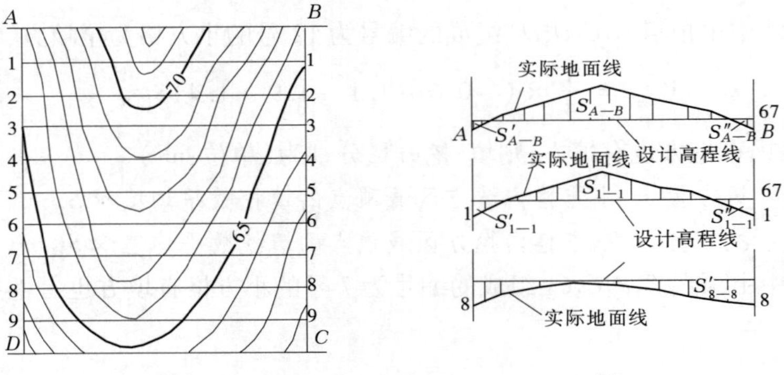

图 9-29　断面法平整

计算土方量时，先分别计算出各断面应填(挖)的总面积，然后计算相邻两断面间应填(挖)的总面积的平均值，用这个平均值乘以两相邻断面之间的距离，可计算出这个两相邻断面间的填(挖)方量。

例如在图 9-29(b)中 *A*—*B* 和 1—1 断面间的填、挖土方量分别为

$$V_{填} = \frac{S'_{A-B} + S'_{1-1}}{2}L + \frac{S''_{A-B} + S''_{1-1}}{2}L = \frac{S'_{A-B} + S''_{A-B} + S'_{1-1} + S''_{1-1}}{2} \times 10 \quad (m^3)$$

$$V_{挖} = \frac{S_{A-B} + S_{1-1}}{2}L = \frac{S_{A-B} + S_{1-1}}{2} \times 10 \quad (m^3)$$

用这个方法我们可将平整场地内的所有相邻断面间的填、挖土方量计算出来,最后把各相邻断面间的填土方量和挖土方量分别进行累加,即可得出该施工场地按设计高程进行平整的总填方量和总挖方量。

(三)等高线法

当地面高低起伏较大且变化较多时,且仅计算挖方量或填方量时,可以采用等高线法。此法是先在地形图上求出各条等高线所包围的面积,乘以等高距,得各等高线间的土方量,再求总和,即为场地内设计高程等高线以上的总挖土方量,或场地内设计高程等高线以下的总填土方量。例如在图 9-30 中,地形图的等高距为 1 m,场地平整的设计高程为 102 m,在地形图上标出设计高程的等高线,图中虚线即为设计高程等高线。如果图上没有设计高程的等高线,例如设计高程的等高线如果为 102.3 m,则需用内插法,在 102 m 和 103 m 之间内插出 102.3 m 的等高线,并用虚线表示。确定了设计高程的等高线后,从设计高程的等高线 102 m 开始,按 1 m 的等高距,依次在地形图上量出 102 m、103 m、104 m、105 m、106 m 五条等高线所围成的面积 S_{102}、S_{103}、S_{104}、S_{105}、S_{106},则从最低的一条等高线 102 m 开始,依次往高处每一层相邻两条等高线间的土方量分别为

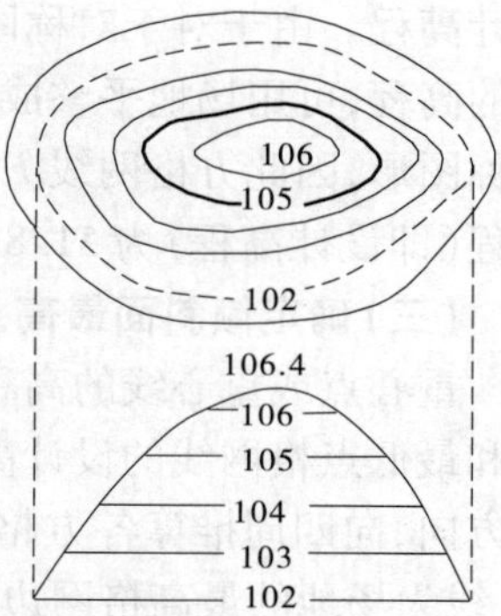

图 9-30

$$V_1 = \frac{S_{102} + S_{103}}{2} \times 1$$

$$V_2 = \frac{S_{103} + S_{104}}{2} \times 1$$

$$V_3 = \frac{S_{104} + S_{105}}{2} \times 1$$

$$V_4 = \frac{S_{105} + S_{106}}{2} \times 1$$

$$V_5 = \frac{S_{106}}{3} \times 0.4$$

总土方量为

$$V = V_1 + V_2 + V_3 + V_4 + V_5$$

二、将场地平整为一定坡度的倾斜面

有时为了充分利用自然地势,减少土石方工程量,以及场地排水的需要,在填、挖方量基本平衡的原则下,可将场地平整成具有一定坡度的倾斜面。如图 9-31 所示,在比例尺为 1:1 000的地形图上,拟根据实地的自然坡降,平整为从北到南坡度为 8% 的倾斜场地,并使填、挖方量基本平衡,方法如下。

(一)绘制方格网并求各方格顶点的地面高程

同将场地平整成水平地面绘制方格网的方法一样。在图 9-31 中,每个小方格的边长为

1 cm×1 cm,按地形图的比例尺每个小方格的实地边长为 10 m×10 m。同样根据地形图上的等高线,用内插法求出各方格顶点的地面高程,并标注在方格的右上角,如图 9-31 所示。

(二)计算设计高程

若使填、挖土石方量基本平衡,对于平整成倾斜地面的场地,应首先确定出场地几何重心点,以重心点的高程作为设计高程(平均高程),再依据设计高程求出其他各方格顶点的设计高程。由于对于对称图形,重心点或重心线为图形的中心或对称线,所以重心点或重心线的高程,可用场地平整成水平地面设计高程计算的方法求出。在图 9-31 中,由于场地为对称图形,因此方格网线 *FE* 即为重心线。用图 9-31 中的数据计算场地几何重心线 *FE* 的高程(即设计高程)为 51.8 m。

(三)确定倾斜面最高点格网线和最低点格网线的设计高程

重心点或重心线的高程确定以后,根据方格点间距和设计坡度,确定倾斜面最高点格网线和最低点格网线的设计高程,如果对南北和东西方向都有倾斜度要求,则自重心点起沿方格方向,向四周推算各方格顶点的设计高程。如图 9-31 所示,按设计要求为北高南低,则 *AB* 线为场地的最高格网边线,而 *DC* 线为场地的最低格网边线。因每个小方格的实地边长为 10 m×10 m,所以 *AD* 边长为 40 m。于是,我们可以根据设计坡度 8% 和 *AD* 边长 40 m,计算出场地南北方向最高边线与最低边线的高差 h,即

$$h = 40 \times 8\% = 3.2(\text{m})$$

在图 9-31 中,场地最高边线 *AB* 的设计高程是

$$H_A = H_B = 51.8 + 3.2/2 = 53.4(\text{m})$$

最低边线 *DC* 的设计高程是

$$H_D = H_C = 51.8 - 3.2/2 = 50.2(\text{m})$$

由 *AB* 的设计高程或 *DC* 的设计高程可计算出各方格横线的高程,并将其高程值及最高边线与最低边线的高程值标注在方格点的右下方,如图 9-32 中五条方格网横线的设计高程值为 53.4 m、52.6 m、51.8 m、51.0 m、50.2 m。

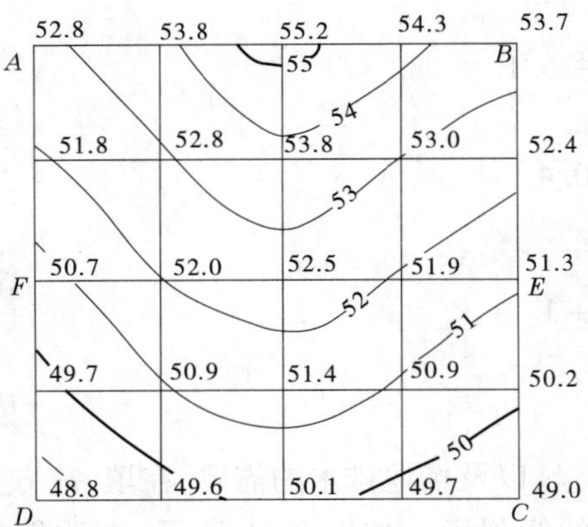

图 9-31 倾斜场地平整方格网

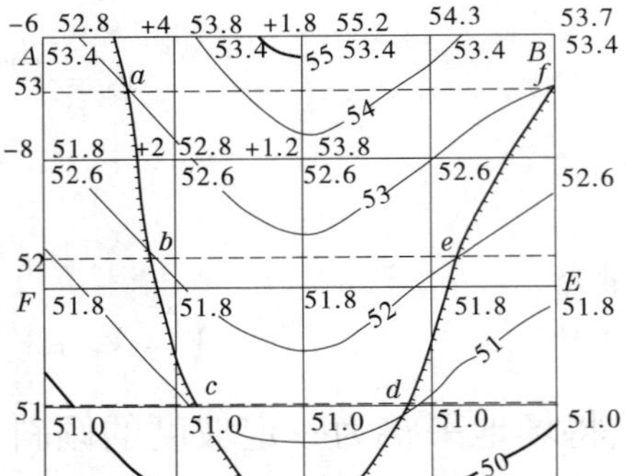

图 9-32 确定格网线高程和边界线

(四)确定填、挖边界线

由于场地平整成有一定坡度的倾斜面后,倾斜面上的等高线是相互平行的直线,因此我们可依据场地的倾斜方向,在场地最高边线和最低边线的设计高程之间内插出等高线经过

的位置。如在图9-32中，在 AD 和 BC 边线上有51 m、52 m、53 m三条等高线通过，于是沿 AD 和 BC 边线，在 AD 和 BC 边线之间内插出51 m、52 m、53 m三条平行等高线，如图9-32中的虚线，这些虚线即为8%倾斜场地上的设计高程。在图上依次连接设计高程（虚线）与等高线的交点，即是场地的填挖边界线，如图9-32中 a、b、c、d、e、f 所连成的有短线的曲线。

之后，确定方格顶点的填、挖高度（填挖数），计算各小方格的填、挖方量及计算总填、挖方量，均与水平场地平整的计算方法相同，这里不再赘述。

本章小结

学习本章主要应重点掌握如下的知识内容：

（1）地形图的分幅有梯形分幅与矩形分幅两种方法，一般小比例尺地形图采用梯形分幅，大比例尺采用矩形分幅。在学习地形图的分幅与编号时，要区分国际分幅法与国家基本比例尺地形图分幅和编号方法，通过学习地形图的分幅与编号，掌握根据已知某地的经纬度，确定该地在不同比例尺地形图上的图幅编号。反之，通过某地的图幅编号，求出该地所在图幅图廓线的经纬度。

（2）地形图的识读必须熟悉下列一些问题：地形图的分幅、编号；地形图图廓及图廓外注记，如地形图的坐标系、高程系统、比例尺和方位等；地形图图式、等高线及特性等。通过学习，初步掌握地形图内地物、地貌识读的基本方法以及要领，并且根据地物、地貌的识读结果，进行社会经济要素的识读。在进行地形图的识读时，能正确地识读地形图上各种地物和地貌符号是基础，在此基础上注意读图的顺序。

（3）地形图的应用的基本内容是测绘工作人员必备的基本知识，也是地形图综合应用的基本技能，包括在图上确定点位的坐标、高程，确定直线的坐标方位角、水平距离和坡度等。

（4）地形图在工程中的应用是本章的重点内容，在学习过程中应掌握在地形图上按限制坡度选定最短路线、绘制已知方向的断面图、确定汇水面积等知识。绘制已知方向的断面图主要用在路线工程中，绘制时关键是要建立好坐标系和选择好水平距离与高程的比例尺，一般水平距离的比例尺与地形图的比例尺相同，而高程的比例尺则比水平距离的比例尺大10～20倍。

（5）在地形图上量算面积是在工程规划建设中经常会遇到的问题。在地形图上量算面积的主要方法有几何图形法、坐标计算法、透明方格法、平行线法和求积仪法，根据所要量算的面积图形的不同，选择合适的量算面积方法。重点应掌握电子求积仪量算面积的方法，它是目前在地形图上量算面积较为常用的方法。

（6）在工程规划设计过程中，经常会在地形图上进行场地平整，并按设计方案在地形图上进行填、挖土石方量的估算。方法有方格网法、断面法和等高线法，其中方格网法是最为常用的方法，因此在学习过程中应重点掌握用方格网法将场地平整成水平地面和平整成倾斜地面的方法，并学会计算填、挖土石方量的估算值。

思考题与习题

1. 地形图的分幅与编号的方法有哪些？

2. 设某地位于东经132°25′46″、北纬38°15′38″，分别采用新、旧分幅与编号方法，写出该地所在的1∶10万和1∶1万的地形图编号。

3. 地形图图廓外注记内容有哪些？其中直线比例尺、三北方向和坡度尺有什么作用？

4. 对地形图识读应注意些什么？

5. 地形图应用的基本内容有哪些？

6. 设图9-33为1∶1 000的地形图，图下有直线比例尺，用以从图上量取长度。根据地形图用图解法解决以下三个问题：

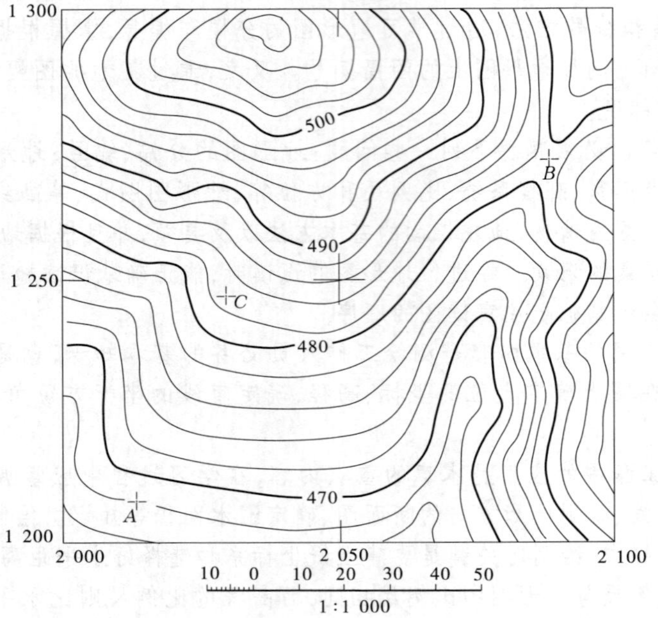

图9-33 第6题图

(1)求A、B两点的坐标及AB连线的方位角；

(2)求C点的高程及AC连线的坡度；

(3)从A点到B点设计出一条地面坡度$i=8\%$的最短路线。

7. 什么是纵断面图？绘制纵断面图时为何要将纵向比例尺较横向比例尺放大10～20倍？

8. 根据图9-34所示的地形图，沿图上AB方向绘出其地形断面图。

9. 常用的面积量算方法有哪些？各有什么特点？

10. 如图9-35所示为某施工场地实地区域地形图，现要求在图上绘制2 cm×2 cm的方格网，以填、挖土石方量基本平衡的原则，计算出平整成一平坦场地时的填、挖土石方总量，并在图上勾绘出填挖边界线。

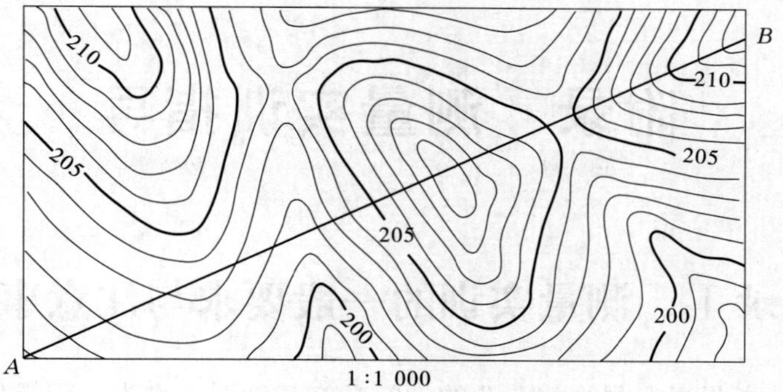

图 9-34　第 8 题图

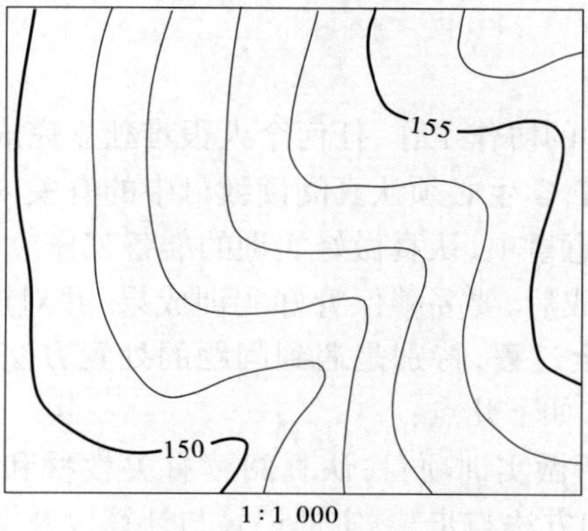

图 9-35　第 10 题图

附录　测量实训指导

附录Ⅰ　测量实训的一般要求与注意事项

测量学基础是高职高专测绘类专业的一门必修基础课。作为一门操作性很强的技术课程，其课间实训和集中实习是一个不可缺少的重要环节。因此，做好测量实训，对于掌握测量仪器的操作技能，有效地将课堂内所学的理论与实际相结合，就显得尤其重要。

一、测量实训要求

测量工作是一项集体性的协作工作，任何个人很难独立完成，因此测量实训过程通常以小组为单位进行。实训之前，学生必须认真阅读教材中的有关内容，了解实训的目的、要求、内容、方法步骤及有关的注意事项，认真做好实训的准备工作。实训时，要做到积极参与、互相配合、共同完成。实训完成后，要妥善保管好实训成果，并对成果进行认真的整理。要认真思考回顾和体会实训的全过程，特别是遇到问题的处置方法，以巩固课堂所学的理论知识。测量实训的要求主要有如下几点：

(1)实训前，必须预习所做实训项目，认真阅读有关教材和实训指导书，初步了解实训目的、实训内容与要求、实训方法与步骤、实训记录与计算以及实训注意事项等，以便更好地完成实训任务。同时，在实训前应准备好所需的工具，如铅笔、小刀、计算器等。

(2)实训与实习过程以小组为单位进行，组长负责组织和协调小组工作，办理所用仪器工具的借领和归还。每位同学都必须仔细认真操作，培养独立工作的能力和严谨的科学态度，同时要发扬协作精神。组长要对小组负责，并对小组成员进行适当的分工以及工作轮换。

(3)如果初次接触仪器，未经实训指导人员讲解注意事项、开箱方法和程序，不得擅自开箱取用仪器，以免发生损坏。

(4)爱护测量仪器和工具，在实训中如出现故障，应及时向指导老师报告，不可随意自行处理。如有仪器损坏或遗失，先进行登记，待查明原因后，视情节轻重，按学校仪器管理的相关条例进行处理。

(5)实训结束时，应把观测记录、计算结果和实训报告交给指导教师审阅，符合要求并经允许，方可清洁收装仪器工具，并按领取仪器的位置，归还仪器与工具。

(6)实训过程中，应遵守纪律，爱护场地上的花草、树木和农作物，爱护周围的各种公共设施，任意砍折、踩踏或损坏者应予赔偿。

目前大多数测量仪器都是比较贵重的精密仪器，并且各种测量仪器正向电子化、数字化方向发展，其使用更为方便，功能更为强大，价格当然也就更加昂贵。因此，必须正确使用测量仪器，并精心爱护和科学保养。这是测量工作者必须具备的素质和技能，也是保证测量成果质量，提高工作效率和延长仪器使用年限的必要条件。

二、测量仪器工具的使用注意事项

(一)测量仪器工具的借领与归还

(1)以实训、实习小组为单位到测量实训室借领测量仪器及工具,填写测量仪器使用登记表。仪器和工具都有编号,借领时应现场清点和检查仪器、工具的数量是否齐全,仪器、工具是否完好,如有缺损,应立即补领或更换。

(2)搬运仪器前,应检查仪器背带和提手是否牢固,仪器箱是否盖好并扣紧(或锁好)。搬运仪器时,应做到轻拿轻放,避免剧烈震动和碰撞。

(3)实训或实习结束时,应及时清点仪器、工具的数量,清理仪器、工具上的泥土,及时收装仪器、工具,送还测量实训室时,交给指导教师检查,认可后,归放回原位。

(4)如有仪器损坏或遗失,应根据实际情况,写出书面报告进行说明,先进行登记,待查明原因后,视情节轻重,按学校仪器管理的相关条例进行处理。

(二)仪器安置

(1)架设三脚架时,先将三条架腿抽出并固定,三条架腿抽出的长度和三条架腿分开的跨度要适中,架头要大致水平。如果安放三脚架处为松软地面,应将架腿脚尖踩入松软地面并踏实,防止三脚架出现下沉;在硬化的光滑地面上架设三脚架,则要特别注意保证三脚架的稳定性,防止脚架打滑;在斜坡面上架设三脚架,应使一条架腿在坡上,另外两条架腿在坡下。

(2)仪器应平稳放在地面上或其他平台上才能开箱。开箱后,看清仪器在箱中安放的位置,保证以后能正确地装箱。

(3)取仪器时,不能手拿望远镜或竖盘,应一手持仪器基座或支架等坚实部位,另一手托住仪器,并注意轻取轻放。

(4)提取仪器之前,应注意先松开制动螺旋,再用双手握住支架或基座轻轻取出仪器,放在三脚架上,保持一手握住仪器,一手去拧连接螺旋,力度要适宜,最后旋紧连接螺旋,使仪器与脚架连接牢固。尚未连接好之前,不能松开握住仪器的手,以防仪器从三脚架上摔下来。

(5)仪器从箱中取出之后,应随即将仪器箱盖好,以免沙土、杂草等进入箱内,仪器箱上严禁坐人。

(三)仪器的使用

(1)仪器架好后,任何时候,必须有专人保护,做到人不离仪器,特别是在街道、施工场地等人车来往比较多的地方实训时,更应注意保护仪器设备。切勿将仪器靠在墙边或树上,以防跌损。

(2)操作仪器要手轻心细,动作要准确、轻捷,用力要均匀。各制动螺旋不要拧得过紧。仪器制动后,切不可用力转动仪器被制动的部位,以免损坏仪器的轴系机构。各微动螺旋和脚螺旋不可旋至极端位置,以免损伤螺纹。千万不可旋转仪器轴座固定螺旋,以防仪器松开或掉下。

(3)转动仪器时,应先松开制动螺旋,再平稳转动。使用微动螺旋时,应先旋紧制动螺旋。

(4)若发现仪器的光学部分(包括物镜、目镜等)表面有灰尘、水汽或其他污物,应先用软毛刷轻轻拂去,再用镜头纸擦拭,严禁用手、纸巾、粗布、衣物或其他纸张擦拭,以免损坏镜头，观测结束后应及时套好物镜盖。若因条件的限制，无清洁工具，可先将实训项目做完，待回到实训室后再做清洁。

(5)在使用仪器时，如出现某部位失灵或发生故障，切不可强行转动或使用，更不能任意拆卸或自行处理，应用时向指导教师报告。

(6)野外观测时，在阳光或细雨下使用仪器，必须撑伞，严防日晒雨淋，特别注意不得使仪器受潮。雨天禁止观测。

(四)仪器的搬迁

(1)仪器搬迁时，对于长距离或难行地段，应将仪器装箱，再行搬迁。在短距离和平坦地段，先检查连接螺旋是否拧紧，将仪器的制动螺旋松开，再收拢脚架，一手握基座或支架，一手抱住脚架，并使仪器在上、脚架在下，呈近乎竖直状态进行搬迁，严禁将仪器扛在肩上进行搬迁。装有自动归零补偿器的经纬仪搬站时，应先旋转补偿器关闭螺旋将补偿器托起才能搬站，观测时应记住及时打开。

(2)仪器搬迁时，应带走仪器所有附件及仪器箱，防止丢失。

(五)仪器的装箱

(1)仪器使用完后，应及时清除仪器上的灰尘和仪器箱、脚架上的泥土。

(2)仪器装箱前，应先检查仪器各部件是否齐全，然后将各固定螺旋松开后，所有的微动螺旋旋至中央位置。一手握住仪器，一手松开连接螺旋，双手取下仪器。

(3)按取仪器时的位置把仪器再放入箱中，检查箱内的附件是否缺少。装入箱后先试关一次，在确认安放稳妥后，再拧紧各制动螺旋，以免仪器在箱内晃动而受损，最后关箱上锁。

(六)测量工具的正确使用

(1)水准尺、标杆禁止横向受力，如用来抬物品或垫坐，以防弯曲变形，应平放在地面或斜靠在墙角处。

(2)作业时，水准尺、标杆应由专人认真扶直，不准贴靠树上、墙上或电线杆上，不能磨损尺面分划和漆皮。塔尺在使用时，还应注意接口处的正确连接，用后及时收尺。

(3)测图板的使用，应注意保护板面，不得乱写乱扎，不能施以重压。

(4)皮尺要严防潮湿，万一潮湿，应晾干后再收入尺盒内。

(5)钢尺的使用，应防止扭曲、打结和折断，防止行人踩踏或车辆碾压，尽量避免尺身着水。携尺前进时，应将尺身提起，不得沿地面拖行，以防损坏分划。用完钢尺，应擦净、涂油，以防生锈。

(6)小件工具如垂球、测钎、尺垫等使用完后应立即收回，防止遗失。勿用垂球尖冲击地面，以防球尖碰坏。

(7)测距仪或全站仪使用的反光镜，若发现反光镜表面有灰尘或其他污物，应先用软毛刷轻轻拂去，再用镜头纸擦拭。严禁用手、纸巾、粗布、衣物或其他纸张擦拭，以免损坏镜头，观测结束后应及时装入袋中。

三、测量记录与计算的注意事项

(一)测量记录注意事项

(1)测量观测数据须用2H或3H铅笔记入正式的表格内，字体应端正清晰，字的大小一般占格子高的一半左右，字脚靠近底线，一旦记录中出现错误，便可在留出的空隙处对错误数字进行更改。

(2)记录前须填写实训日期、天气、仪器编号、班级、组别、观测者、记录者等观测手簿的表头内容。凡表格上规定填写的项目内容应填写齐全。

(3)各项观测的数据必须直接填写在规定表格内，不准另用其他纸张记录，事后再转抄。观测数据一定要保证原始性、真实性，不允许转抄、伪造或涂改。

(4)观测者读数后，记录者应随即在测量手簿上的相应栏内填写，并复诵回报，让观测者听清楚并检查，以防出现听错、记错现象。

(5)测量记录的书写要工整，不得潦草或不清，要保证实训记录清楚整洁、正确无误。

(6)禁止擦拭、涂改和挖补数据。记录数字如有差错，不准用橡皮擦去，也不准在原数字上涂改，应根据具体情况进行改正：如果是米、分米或度位数字读(记)错，则可在错误数字上划一斜线，保持数据部分的字迹清楚，同时将正确数字记在其上方；如果是厘米、毫米、分米或秒位数字读(记)错，则该读数无效，应将本站或本测回的全部数据用斜线划去，保持数据部分的字迹清楚，并在备注栏中注明原因，然后重新观测，并重新记录。测量过程中不得更改的测量数据位及应重测的范围的规定如附表 1 所示。

附表 1　不得更改的测量数据位及应重测的范围

测量种类	不准更改的数位	应重测的范围
水准测量	厘米及毫米的读数	一测站
水平角测量	分及秒的读数	一测回
竖直角测量	分及秒的读数	一测回
距离测量	厘米及毫米的读数	一尺段

(7)严禁连环更改数据。如已修改了算术平均值，则不能再改动计算算术平均值中的任何一个原始数据；若已更改了某个观测数据，则不能更改其算术平均值。

(8)记录数字要正确反映观测精度。对于要求读到毫米位的观测值，若读数为 1 米 2 分米 6 厘米，应记为 1260，不能记为 126；同理，如要求读到厘米，应记为 126，而不能记为 1260。一般水准测量的记录位数为四位。角度测量时，“度”最多三位数字，最少一位数字；“分”和“秒”都各占两位，如读数为 5′，应记为 05′，读数为 8″，应记为 08″。

(二)测量计算注意事项

(1)数据计算时，应根据所取位数，按“4 舍 6 入，5 前单进双舍”的规则进行凑整。若观测数据要求取至毫米，则对于数据 1.456 4 m、1.455 6 m、1.456 5 m、1.455 5 m，按规则都应记为 1.456 m。

(2)测量计算时，数字的取位规定：水准测量视距应取位至 1.0 m，视距总和取位至0.01 km，高差中数取位至 0.1 mm，高差总和取位至 1.0 mm；角度测量的秒取位至 1.0″。

(3)简单计算，如平均值、方向值、高差(程)等，应边记录边计算，以便出现超限时能及时发现问题并立即重测；较为复杂的计算，可在实训完成之后及时算出。

(4)实训计算必须仔细认真。测量实训时，严禁因超限等而更改观测记录数据。

(5)每个测站观测结束,应在现场完成计算和检核,确认合格后方可搬迁至下一站。

附录Ⅱ 测量实训

测量实训是测量课程课堂教学期间随堂安排的实践性教学环节,通过测量实训,可加深学生对测量基本概念和基本理论的理解,初步掌握测量仪器的使用方法并领会操作要领,提高学生的动手能力和技能水平。

实训一 水准仪的认识和使用

一、目的与要求

(1)了解 DS_3 水准仪的构造,认识水准仪各部件的名称及作用。

(2)初步掌握水准仪的安置、粗平、瞄准、精平与水准尺的读数方法。

(3)测量地面两点间的高差。

二、仪器及工具

DS_3 水准仪 1 台,水准尺 2 根,记录板 1 块,测伞 1 把。

三、实训内容与操作步骤

(一)水准仪的构造与使用

1. 安置仪器

将三脚架张开,使其高度在胸口附近,架头大致水平,若是松软地面,应将脚尖踩入松软地面;若是光滑地面,应有防滑措施。力求踩实,然后将仪器取出,用连接螺旋将仪器固定在三脚架上。

2. 认识仪器

指出仪器各部件的名称,了解其作用并熟悉其使用方法。同时熟悉水准尺的分划与注记,练习读数方法。

3. 粗略整平

按"左手拇指规则",先对向转动两只脚螺旋,使圆水准器气泡向中间移动,使气泡、圆水准器的圆圈及另一脚螺旋大致呈一直线。再转动另一脚螺旋,使气泡移至居中位置。通常需要反复进行。在操作中,要用心体会左手拇指转动脚螺旋的方向与气泡移动方向之间的关系。

4. 瞄准水准尺

转动目镜调焦螺旋,使十字丝清晰。在离水准仪不远的地面上选一点 A,并在其上立一水准尺。转动仪器,用准星和缺口瞄准 A 点水准尺,拧紧制动螺旋(手感螺旋有阻力即可)。转动微动螺旋,使水准尺成像在十字丝交点处。当成像不太清晰时,转动物镜对光螺旋,消除视差(观察视差现象,练习消除方法),使目标清晰,如目标较远,则物镜对光螺旋向后转动，如目标较近，则物镜对光螺旋向前转动。

5. 精平、读数

先观察管水准器中气泡的位置，如气泡在前端，则微倾螺旋向前转动，如气泡在后端，则微倾螺旋向后转动，使管水准器中的气泡基本居中，然后观察水准管气泡窗，缓缓转动微倾螺旋使符合水准管气泡两端的半影像吻合，视线即处于精平状态，在同一瞬间立即用中丝在水准尺上读取米、分米、厘米，估读毫米，即读出 4 位有效数字。读数后再检查一下符合水准管气泡两端的半影像是否吻合。若气泡不吻合，则应重新精平，重新读数。将读数作为后视读数记录于附表 2 中。

(二)测量地面两点的高差

在地面上另选择与 A 点大致等距的 B、C、D 等点，按上述 DS_3 水准仪的使用方法，再读出前视尺 B、C、D 的读数，并记录于附表 2 中。根据高差的计算公式计算 A 与 B、A 与 C，A 与 D 等两点的高差。

$$高差 = 后视读数 - 前视读数$$

四、注意事项

(1)将水准仪脚螺旋调到可上可下的中间位置，三脚架头应大致水平，仪器安放到三脚架头上，必须旋紧连接螺旋，使连接牢固。

(2)中心连接螺旋不宜拧得过紧，以防破损，仪器上的各部位的螺旋操作时用力需适当，不得用力过猛。

(3)瞄准目标后必须消除视差，水准尺必须扶竖直，掌握标尺刻划规律，读数应由刻划顺序读取(不管上下，只管由小到大)。

(4)每次读数时都必须转动微倾螺旋，使符合水准器中气泡居中，方可读数。读数后再检查一下符合水准管气泡是否居中。后视读数读取后，在读前视读数之前，切忌转动脚螺旋，如果确认已转动过脚螺旋，则需重新读取后视读数。

(5)水准仪到后视尺和前视尺的距离大致相等。

五、实习报告

附表 2　水准仪的观测记录表

日期：　　　　　　　　　　天气：　　　　　观测者：

班级：　　　小组：　　　　仪器编号：　　　记录者：

测站	点号	水准尺读数(m)		高差(m)		备注
		后视读数	前视读数	+	−	

实训二　普通水准测量

一、目的与要求

(1)进一步掌握水准仪的使用方法。

(2)掌握普通水准测量的观测、记录和计算检核的方法。

(3)每个实训小组选定一个已知的高程点和4~6个待测高程点,构成闭合水准路线。从已知水准点出发,观测各待测点的高程后,再测回至起点。

(4)采用双仪器高法,进行测站检核。

(5)视距小于100 m,前后视距差以小于10 m为宜。高差闭合差限差公式为

$$f_{h容} = \pm 40\sqrt{L}\text{mm}(平地) \quad 或 \quad f_{h容} = \pm 12\sqrt{n}\ \text{mm}(山地)$$

二、仪器及工具

DS_3水准仪1台,水准尺2根,测伞1把,计算器。

三、实训内容与操作步骤

(一)选定待测高程点和转点

在实训场地选定一个已知的高程点,再根据场地具体情况选择4~6个待测高程点,使其构成一闭合水准路线,依次可记为A、B、C、D等,假设A点为起始已知水准点。如果所测两高程点相距较远,在中间还需设置转点。

(二)第一测站的观测

(1)由假定已知点A出发,第1测站安置水准仪在A点与转点TP_1之间(如果没有转点,则为B点),要求前、后视距大致相等,粗略整平水准仪。

(2)瞄准后视A点上的水准尺,精平后用中丝读取后尺读数,即后视读数,记入附表3中。

(3)瞄准前视B点上的水准尺,精平后用中丝读取前尺读数,即前视读数,记入附表3中。

(4)升高或降低仪器的高度10 cm以上,重新安置仪器,重复(2)、(3)步的测量工作。

(5)计算该站所测的高差,若两次所测高差之差小于±6 mm,则取其平均高差作为本站的高差,并记录在附表3中。

(三)后继观测

将仪器搬迁至转点TP_1与B点之间(如果不能测至B点,中间可再加转点),进行第2测站的观测,继续上述操作程序。按上述相同的方法连续设站进行观测,直到最后回到起点A点。

(四)计算检核

$$高差总和 = 后视读数总和 - 前视读数总和$$

(五)高差闭合差的调整与计算

若高差闭合差在容许范围内,则对高差闭合差进行调整。计算与调整方法参见第二章

第四节的相关内容。

(六)计算各待定点的高程

根据已知点 A 的高程和改正后的高差,可计算出待定点 B、C、D 等点的高程,并计算出 A 点的高程,A 点计算出的高程应与原已知高程相等,以资校核。

四、注意事项

(1)在每次读数之前,要消除视差,并使符合水准管气泡严格居中。

(2)为了保证观测的精度,前、后视距应大致相等,中丝读数应高于地面 0.3 m 以上。

(3)在已知点和待定点上不能放置尺垫,但在松软的转点必须用尺垫,在仪器迁站时,前视点及尺垫不能移动。

(4)弄清每一个测站的前视点、后视点、前视读数、后视读数。记录员在听到观测员的读数后,必须向观测员汇报,经观测员默许后方可将读数记入手簿,以防因听错而记错读数。每一站的数据检查没有问题后,方可搬迁至下一站。

(5)在路线水准测量过程中必须对后视读数和前视读数认真观测记录计算,一旦有错将影响后面的所有测量,造成后面全部结果错误。

(6)分清测量路线、测段、测站的概念。要搞清各自的计算步骤和计算公式。

(7)注意检查高差闭合差是否超限,如超限应重测。

(8)各测站的视线高度不一样。

五、实训报告

各测站的操作可以轮流进行,其余同学必须确认操作及读数结果,各自记录、计算,每人上交一份实训报告。

(1)水准测量记录及高差计算。

附表 3 普通水准测量记录手簿

日期: 天气: 观测者:

班级: 小组: 仪器编号: 记录者:

测站	次数	点号	后视读数(m)	前视读数(m)	高差(m)	平均高差(m)	高程(m)	备注

续附表 3

测站	次数	点号	后视读数(m)	前视读数(m)	高差(m)	平均高差(m)	高程(m)	备注
校核计算								

(2)水准测量成果计算。根据附表 3 的计算结果,进行水准测量的成果计算,并将计算的结果填写在附表 4 中。

附表 4 水准测量成果计算表

点号	测站数(或路线长度)	实测高差(m)	改正数(mm)	改正后高差(m)	高程(m)	备注
1	2	3	4	5	6	7
Σ						
辅助计算						

实训三 DS_3 水准仪的检验与校正

一、实训目的与要求

(1)了解 DS_3 水准仪的主要轴线及它们之间应满足的几何关系。

(2)掌握 DS_3 水准仪的检验和校正方法。

(3)要求水准仪通过校正后，i 角值不超过 20″，其他校正到无明显偏差为止。

二、仪器及工具

DS_3 水准仪 1 台，水准尺 2 只，尺垫 2 个，钢尺 1 把，校正针 1 根，计算器。

三、实训内容与操作步骤

（一）圆水准器轴平行于竖轴的检验与校正

1. 检验

打开三脚架，将其支在地面上，并使高度适当，将水准仪置于三脚架头上固定并转动脚螺旋使圆水准器气泡居中。仪器绕竖轴旋转 180°，检查圆水准器气泡是否仍居中。若仍居中，说明两轴相互平行；若气泡偏离中心位置，说明两者相互不平行，需要校正。

2. 校正

先转动脚螺旋，使圆水准器气泡向中心移动偏离中心位置的一半，然后稍松圆水准器底部中央的固定螺钉，用校正针拨动圆水准器的校正螺钉，使气泡居中。将仪器绕竖轴旋转 180°，检查圆水准器气泡是否仍居中，如果不居中，重复上述的操作。如此反复进行，直到无论仪器旋转到任何位置，圆水准器气泡都在中心的分划圈内。最后旋紧圆水准器底部中央的固定螺钉。

（二）望远镜十字丝垂直于仪器竖轴的检验与校正

1. 检验

严格整平水准仪，用十字丝横丝的一端瞄准一目标点，旋紧制动螺旋，然后用微动螺旋使望远镜缓慢转动，如果目标点不离开横丝，说明横丝与仪器竖轴垂直，不需校正。反之，则说明两者关系不成立，需要校正。

2. 校正

卸下目镜的外罩，松开四颗固定螺钉，稍微转动十字丝环，使目标点与中丝重合。反复检验与校正，直到满足条件，再旋紧四颗固定螺钉。

（三）水准管轴平行于视准轴的检验与校正

1. 检验

在地面上选定相距约 80 m 的 A、B 两点，并放置尺垫，踩紧后并立上水准尺。安置水准仪于 A 与 B 的中点。仪器精确整平后，分别读出 A、B 两点水准尺的读数 a_1 和 b_1，则 A、B 两点的高差为 $h_1 = a_1 - b_1$（为提高精度，可两次测定 A、B 两点高差，取平均值作为最后结果）。再将仪器安置于距 B 点约 3 m 处，瞄准 B 点水准尺，精确整平后读得 B 点水准尺读数为 b_2，根据 b_2 和高差 h_1 可计算出当视线水平时 A 点水准尺上的正确读数为 $a_2' = b_2 + h_1$。然后，瞄准远尺 A 点水准尺，精平后读出中丝的读数 a_2。根据 a_2'与 a_2 的差值，计算 i 角值

$$i = \frac{a_2' - a_2}{D_{AB}} \rho''$$

如果 i 角值不超过 ±20″，说明此条件满足；如果 i 角值超过 ±20″，则需要校正。

2. 校正

转动微倾螺旋，使中丝对准 A 点水准尺上的读数 a_2'，此时视准轴已处于水平位置，但水准管气泡必然不居中，用校正针先拨松水准管一端左、右校正螺钉，再拨动上、下两个校正螺钉，使偏离的气泡重新居中。此项校正工作需反复进行，直至达到要求。最后拨紧左、右校正螺钉。

四、注意事项

(1)三项检验应按照上述顺序进行，不得颠倒。

(2)拨动校正螺钉时，一律要先松后紧，一松一紧，用力不宜过大，校正完毕时，校正螺钉不能有松动现象，应处于稍紧的状态。

五、实训报告

提交水准仪的检验与校正略图和说明。

实训四　DJ_6 经纬仪的认识

一、目的与要求

(1)熟悉 DJ_6 经纬仪的结构及各部件的名称和作用。

(2)初步掌握经纬仪的使用方法(对中、整平及读数方法)。

(3)掌握水平度盘的置盘方法。

二、仪器及工具

经纬仪 1 台，测钎 2 根，测伞 1 把。

三、实训内容与操作步骤

(一)认识经纬仪

取出经纬仪，用中心连接螺旋将仪器固定在三脚架上。指出仪器各部件的名称，了解其作用并熟悉其使用方法。

(二)经纬仪安置

(1)对中。将三脚架安置于测站点上，目估使架头大致水平，同时注意仪器高度要适中，安上仪器，拧紧中心连接螺旋。转动光学对中器目镜使中心圈清晰，拉伸镜筒，使测站点成像清晰，然后将一个架腿插入地面固定，用双手提起另外两个架腿，稍稍离开地面慢慢移动，眼睛观察光学对中器直至测站点处于圆圈的边缘处或中心，然后收放架腿于地面，并踩实。为保证后续操作顺利进行，整个粗略对中的过程中，三脚架架头要尽可能保持水平。

(2)整平。伸缩架腿，使圆水准器气泡居中。调节脚螺旋，使管水准器气泡居中(具体操作参见第三章第三节)。

(3)平推仪器,松开仪器中心连接螺旋,通过观察对中器,移动仪器,使测站点中心与圆圈中心十字线重合,然后拧紧中心连接螺旋。

重复(1)~(3)步骤,直至水准管气泡在任何位置都居中,且测站点中心与圆圈中心十字线重合。

(三)瞄准目标

(1)调节目镜对光螺旋,使十字丝清晰。

(2)用外瞄准器粗略瞄准目标,调节物镜对光螺旋,使影像清晰并消除视差,拧紧制动螺旋。

(3)调节微动螺旋,使目标像被十字单根竖丝平分,或被双根竖丝夹在中间。

(四)读数

(1)调节反光镜,使读数窗内亮度适宜。

(2)调节读数窗目镜,使读数窗内影像清晰,同时注意分清水平度盘读数影像窗和竖直度盘读数影像窗。

(3)读取位于分微尺中间的度盘刻划线注记度数,从分微尺上读取该刻划线所在位置的分数,估读至0.1′(即6″的整数倍)。

读数记入附表5。

四、注意事项

(1)仪器对中时,应使三脚架头大致水平,否则会导致经纬仪整平困难。仪器应严格对中。

(2)仪器整平后,照准部水准管气泡偏移时不得超过1格。

(3)使用制动螺旋,达到制动目的即可,不可强力过量旋转。

(4)只有将制动螺旋制动后,调节微动螺旋才起作用,微动螺旋不可强力过量旋转。

五、实训报告

附表5　DJ_6 经纬仪读数练习记录手簿

日期:　　　　　　　　　　天气:　　　　　　观测者:

班级:　　　小组:　　　　　仪器编号:　　　　记录者:

观测目标	水平度盘读数	竖直度盘读数	备注

实训五　测回法观测水平角

一、目的与要求

(1)进一步掌握经纬仪的操作和读数方法。

(2)掌握测回法观测水平角的操作、记录及计算方法。

(3)在地面上选取彼此相距约 50 m 的三点 A、B、C,用测回法观测 $\triangle ABC$ 的三个内角,每个内角各观测两个测回。

(4)上、下半测回角值之差不得超过 ±40″,各测回角值互差不得超过 ±24″。

(5)所测内角之和与 180°之差不得超过 $\pm 60''\sqrt{3} \approx 104''$。

二、仪器及工具

经纬仪 1 台,测钎 2 根,花杆 2 根,测伞 1 把。

三、实训内容与操作步骤

(1)在地面上选择三个点构成一个三角形,每边的长度约 50 m,三角形的三个顶点分别编为 A、B、C。

(2)选择三角形的一个顶点 A 作测站,安置仪器,对中、整平。选定另外两个点作为目标。

(3)盘左观测,瞄准左侧目标,配置水平度盘读数为稍大于 0°00′00″,读取水平度盘读数,记入附表 6。顺时针瞄准右侧目标,读取水平度盘读数,记入附表 6。

(4)盘右观测,倒转望远镜成盘右位置,瞄准右侧目标,读取水平度盘读数,记入附表 6。逆时针瞄准左侧目标,读取水平度盘读数,记入附表 6。完成第 1 测回水平角的观测。

(5)水平角值的计算,半测回的角值等于右侧目标水平度盘读数减左侧目标水平度盘读数。

(6)如果要进行多个测回的水平角观测,各测回的水平角观测方法与第 1 测回的水平角观测方法相同,但是各测回间需要按 $180°/n$ 重新配置起始方向水平度盘始读数位置后,再进行观测。

(7)将仪器依次分别安置在另外两个顶点上,重复(3)~(6)的操作方法观测三角形的另外两个内角,并计算水平角角值。

四、注意事项

(1)盘左、盘右必须瞄准同一个目标,不能瞄错,并尽量用十字丝瞄准目标的底端。

(2)一测回内照准部水准管气泡偏移不得超过一格,否则,应重新整平仪器后,重新观测。

(3)同一测回观测时,切勿转动度盘变换手轮,以免发生错误。

(4)水平度盘为顺时针方向刻划,故计算角值时,应用右侧目标水平度盘读数减左侧目标水平度盘读数,不够减出现负角值时,应加上 360°。

五、实训报告

附表6　测回法观测水平角记录手簿

日期：　　　　　　　　　　　　天气：　　　　观测者：
班级：　　　　小组：　　　　　仪器编号：　　记录者：

测站	目标	盘位	水平度盘读数（° ′ ″）	半测回角值（° ′ ″）	一测回角值（° ′ ″）	各测回角值平均值（° ′ ″）	备注

实训六　方向观测法观测水平角

一、目的与要求

（1）进一步熟练掌握 DJ_6 经纬仪的使用方法。

（2）掌握方向观测法观测水平角的操作、记录及计算方法。

（3）任选4个目标点，用方向观测法进行两个测回的观测。

（4）各项限差为：半测回归零差为±18″，同一方向各测回限差为±24″。

二、仪器及工具

经纬仪1台，测钎4根，花杆2根，测伞1把。

三、实训内容与操作步骤

(1)在测站点 O 安置经纬仪,对中、整平后,选定 A、B、C、D 四个目标。

(2)盘左观测,瞄准起始目标 A,配置水平度盘读数为略大于 $0°00'00''$,读取水平度盘读数并记入附表 7;顺时针方向转动照准部,依次瞄准 B、C、D、A 各目标,分别读取水平度盘读数并记入附表 7,检查半测回归零差是否超限。

(3)盘右观测,倒转望远镜成盘右位置,逆时针方向依次瞄准 A、D、C、B、A 各目标,分别读取水平度盘读数并记入附表 7,检查半测回归零差是否超限。

至此,完成第 1 测回水平角的观测。

(4)如果要进行多个测回的水平角观测,各测回的水平角观测方法与第 1 测回的水平角观测方法相同,但是各测回间需要按 $180°/n$ 重新配置起始方向水平度盘始读数位置后,重复(2)、(3)的操作步骤进行各测回的观测。

(5)计算检核。

$$同一方向两倍照准轴误差\ 2C = 盘左读数 - (盘右读数 \pm 180°)$$

$$一个测回各方向的平均读数 = 1/2[盘左读数 + (盘右读数 \pm 180°)]$$

$$各方向的归零方向值 = 各方向的平均读数 - 起始方向的平均读数$$

四、注意事项

应选择远近适中、易于瞄准的清晰目标作为起始方向。其他与实训五相同。

五、实训报告

附表 7　方向观测法观测水平角记录手簿

日期:　　　　　　　　　　　　　　　天气:　　　　　　观测者:

班级:　　　　小组:　　　　　　　　　仪器编号:　　　　记录者:

测站点	测回数	目标	度盘读数		2C (″)	平均读数 (° ′ ″)	归零方向值 (° ′ ″)	各测回平均归零方向值 (° ′ ″)	备注
			盘左 (° ′ ″)	盘右 (° ′ ″)					
1	2	3	4	5	6	7	8	9	10

实训七　竖直角观测

一、目的与要求

（1）了解竖直度盘的构造及注记方式。

（2）掌握竖直角测量的观测、记录及计算方法。

（3）了解竖盘指标的计算。

（4）选择 2 ~ 3 个目标点，观测竖直角两个测回，两测回竖直角间互差、指标差互差不得超过 ±25″。

二、仪器及工具

经纬仪 1 台，测钎 2 ~ 3 根，测伞 1 把。

三、实训内容与操作步骤

（1）在地面上选一点 O 作为测站，在测站 O 上安置经纬仪，对中、整平。选定目标点 A、B 等。

（2）确定竖直角的计算公式（参见第三章第五节）。

（3）盘左观测，用十字丝横丝瞄准目标 A 点，转动竖盘指标水准管微动螺旋，使竖盘指标水准管气泡居中（或将竖盘指标自动归零装置的开关旋转至“ON”位置），读取竖盘读数 L，记入附表 8 并计算出竖直角 $\alpha_{左}$。

（4）盘右观测，倒转望远镜成盘右位置，用十字丝横丝瞄准目标 A 点，读取竖盘读数 R，记入附表 8 并计算出竖直角 $\alpha_{右}$。

（5）计算竖盘指标差

$$x = \frac{1}{2}(\alpha_{右} - \alpha_{左})$$

（6）计算一测回竖直角

$$\alpha = \frac{1}{2}(\alpha_{右} + \alpha_{左})$$

（7）以同样的方法可对其他的目标点观测其竖直角及计算竖盘指标差。

四、注意事项

（1）竖直角观测时，应尽量用十字丝横丝切准目标顶端或底端，且对同一目标的上、下半测回和各测回要用十字丝横丝切准同一位置。

（2）每次读取竖盘读数前，应使竖盘指标水准管气泡居中（或打开竖盘指标自动归零装置，当观测完毕后应关闭，以防损坏）。

（3）计算竖盘指标差时，应注意正、负号。

五、实训报告

附表8　竖直角观测记录手簿

日期：　　　　　　　　　　　　　　　　　　天气：　　　　观测者：

班级：　　　小组：　　　　　　　　　　　　仪器编号：　　记录者：

测站	目标	盘位	竖盘读数 (° ′ ″)	半测回角值 (° ′ ″)	一测回角值 (° ′ ″)	各测回角值 平均值 (° ′ ″)	指标差 (″)

实训八　钢尺量距

一、目的与要求

(1)掌握钢尺量距的一般步骤和方法。

(2)在较为平坦的地面上选定一段长约 80 m 的直线,用目估定线法将其分为若干测段,用规格为 30 m 的钢尺对该直线的水平距离进行往返丈量,往返丈量的相对误差不大于 1/3 000。

二、仪器及工具

钢尺(规格 30 m),测钎,花杆,木桩,记录板 1 块,记录计算表格。

三、实训内容与操作步骤

(1)在实地选定 A、B 两点,AB 两点距离约 80 m。

(2)目估定线,在 A、B 两点之间,用目估定线法由远至近在地面上确定出直线的位置。

(3)往测,后尺手站在起点 A 处,指挥前尺手沿直线方向前进,至一整尺长处停下,并指挥前尺手将钢尺拉在直线 AB 上,两人同时将尺拉紧、拉平和拉直。当钢尺稳定后,前尺手喊“预备”,后尺手将钢尺零点准确对准 A 点,并喊“好”,前尺手随即将测钎对准钢尺末端刻划竖直插入地面,完成第一尺段的测量。量完第一尺段后,后、前尺手举尺前进,同法丈量第二尺段。依次丈量,直到最后量出不足一整尺的余长,前尺手在钢尺上读取余长值。将所测的 A、B 两点的水平距离记入附表 9 中。

(4)返测。同往测步骤一样,前、后尺手从 B 点开始返测到 A 点。所测的 A、B 两点的水平距离同样记入附表 9 中。

四、注意事项

(1)量距时定线要直,拉力要均匀,钢尺不能松、曲,测钎要插准、插直。

(2)要认清钢尺是刻线尺还是端点尺,应看清零点位置,要记清整尺段数。

(3)防止钢尺扭结和行人、车辆碾压。

(4)钢尺使用时应做到不扭、不折、不压,应尽力避免钢尺沿地面拖拉,以防磨损尺面刻划。

五、实训报告

附表9　钢尺量距观测记录手簿

日期:　　　　　　　　　　　　　　　天气:　　　　　观测者:

班级:　　　　小组:　　　　　　　　仪器编号:　　　记录者:

直线起止点号	往测距离(m)	返测距离(m)	平均距离(m)	相对误差

实训九　视距测量

一、目的与要求

(1)掌握用视距测量法测定地面两点的水平距离与高差的观测、记录和计算。

(2)在地面上选择2个固定点,往返观测水平距离与高差,要求竖直角读数到秒,水平距离和高差均计算至0.1 mm。

(3)往返观测水平距离的相对误差不小于1/150,往返观测高差之差小于0.1 m。

二、仪器及工具

经纬仪1台,视距尺(或水准尺)1根,小钢尺1把,测伞1把,函数型计算器一个。

三、实训内容与操作步骤

(1)在地面上选择2个固定点A与B,在其中的一个点A上安置经纬仪,对中、整平后,量取仪器高i(精确到cm)。

(2)在B点竖立视距尺(或水准尺),用十字丝横丝瞄准目标B点标尺,转动竖盘指标水准管微动螺旋,使竖盘指标水准管气泡居中(或将竖盘指标自动归零装置的开关旋转至“ON”位置),分别读取上、下、中丝读数及竖盘读数α,并分别记入附表10中。用视距测量公式

$$D = Kl\cos^2\alpha \text{ 和 } h = \frac{1}{2}Kl\sin 2\alpha + i - v = D\tan\alpha + i - v$$

计算出 A、B 两点间的往测水平距离和高差。

(3)在 B 点安置经纬仪,用上述同样的方法进行观测,并计算出 A、B 两点间的返测水平距离和高差。

(4)若往返观测水平距离与高差满足规定的要求,则求往、返观测的平均值作为 A、B 两点间的水平距离与高差。否则,需重新观测。

四、注意事项

(1)视距测量前应校正竖盘指标差。

(2)标尺应严格竖直。

(3)仪器高度、中丝读数和高差计算精确到 cm,水平距离精确到 dm。

(4)计算竖直角时,竖直角应带有正、负号。

(5)上、下丝读数的平均值与中丝读数的差值尽量不要超过 ±2 cm,如果相差较大,应分析原因。

五、实训报告

附表 10　视距测量记录手簿

日期:　　　　天气:　　　　　　　　观测者:

班级:　　　　小组:　　　　仪器编号:　　　　记录者:

测站:　　　　测站高程:　　　　仪器高 i:　　　　竖盘指标差 x:

点号	下丝读数 上丝读数 (m)	视距间隔 l(m)	中丝读数 v(m)	竖盘读数 (° ′ ″)	竖直角 (° ′ ″)	水平距离 D(m)	初算高差 h'(m)	高差 h(m)	高程 H(m)

实训十　全站仪的认识与使用

一、目的与要求

(1)了解全站仪的基本结构与性能,认识各操作部件的名称和作用。

(2)熟悉操作面板的主要功能。

(3)掌握全站仪的基本操作方法。

(4)掌握全站仪测量角度、距离等项的方法。

(5)选择 3 个点(最好是已知的控制点),进行全站仪的基本测量和程序测量,要求观测的精度达到规定的要求。

二、仪器及工具

全站仪 1 台,棱镜 2 个。

三、实训内容与操作步骤

(一)全站仪的认识

(1)取出全站仪,用中心连接螺旋将仪器固定在三脚架上。指出仪器外形各部件的名称,了解其作用并熟悉其使用方法。

(2)熟悉操作面板上键盘符号及功能。

(3)熟悉显示屏内显示的符号及含义。

(二)全站仪的使用

1. 观测前的准备工作

(1)检查电池是否装好,如果没有则将电池装好。

(2)在选定的点上仪器安置,对中和整平。

(3)打开电源开关,准备进行观测。

(4)输入有关的参数。

(5)在另外两个点上竖立棱镜作为镜站。

2. 全站仪基本功能使用

(1)角度测量。在角度测量模式下,用测回法测两镜站间水平角 1 个测回;观测一镜站的竖直角。所测角值应满足相应的限差要求。

(2)距离测量。在距离测量模式下,用全站仪照准一个镜站的棱镜中心,输入棱镜高、仪器高,按测量键,可观测出测站至镜站的斜距、平距及高差。

3. 全站仪程序测量

(1)坐标测量。在坐标测量模式下,输入测站点的坐标、仪器高、棱镜高。选一个镜站作为后视方向,输入后视点的坐标后确认,照准该镜站的棱镜中心后按测量键。照准另一镜站的棱镜中心后按测量键。

(2)对边测量。在对边测量模式下选择功能。照准一个镜站的棱镜中心,输入棱镜高,按测量键。再照准另一镜站的棱镜中心,输入棱镜高,按测量键。根据所选择的功能显示出测站至镜站的距离与高差,或两个镜站之间的距离及高差。

(3)放样测量。在放样测量模式下,输入测站点的坐标、仪器高、棱镜高。选一个镜站作为后视方向,输入后视点的坐标后确认,照准该镜站的棱镜中心后按测量键。选择放样,输入放样点的点号、坐标和棱镜高后按确认键。先根据水平角的偏离值,旋转全站仪照准部,使其偏离值为 0。然后在望远镜所确定的方向线上移动棱镜,直至距离的偏离值为 0,此时棱镜所处的位置即为所要放样点的位置。

(4)悬高测量。选择悬高测量模式,输入棱镜高。照准一个镜站的棱镜中心,按距离测量键进行距离测量。再转动望远镜照准该镜站上方某一目标点,便能显示出镜站至目标点的高度。

四、注意事项

(1)实训之前应由教师讲解并作示范。

(2)全站仪是目前结构复杂、价格较贵的先进仪器之一,在使用时必须严格遵守操作规程,注意爱护仪器。

(3)在阳光下使用全站仪测量时,一定要撑伞遮阳,严禁用望远镜对准太阳。

(4)仪器、反光镜站必须有人看守。观测时应尽量避免两侧和后面反射物所产生的信号干扰。

(5)开机后先检测信号,停测时随时关机。

(6)更换电池时,应先关断电源开关。

五、实训报告

提交合格观测成果记录实训报告。

实训十一　四等水准测量

一、目的与要求

(1)进一步掌握水准仪的操作方法。

(2)掌握四等水准测量的观测、记录以及计算方法。

(3)熟悉四等水准测量的主要技术指标,掌握测站及水准路线的检核方法。

(4)每个实训小组选定 1 个已知的高程点和 4 ~ 6 个待测高程点,构成闭合水准路线。从已知水准点出发,观测各待测点的高程后,再测回至起点。

(5)高差闭合差限差及其他按四等水准测量的技术要求。

二、仪器及工具

DS_3 水准仪 1 台,双面水准尺 1 对,尺垫 2 个,测伞 1 把,计算器。

三、实训内容与操作步骤

(1)选定一条闭合水准路线,其长度以安置 4 ~ 6 个测站为宜。

(2)在起点与第一个立尺点之间设站,安置好水准仪后,前后视距差不能超过规定的要求。再按以下顺序观测:

①照准后视尺黑面,分别读取上、下、中三丝读数,并记为(1)、(2)、(3)。

②照准前视尺黑面,分别读取上、下、中三丝读数,并记为(4)、(5)、(6)。

③照准前视尺红面,读取中丝读数,并记为(7)。

④照准后视尺红面,读取中丝读数,并记为(8)。

将上述观测数据及时记入附表 11 中。

(3)完成附表 11 中相应的计算栏目(计算方法参见第七章第四节)。第 1 测站的数据计算完毕后,检查是否在规定的限差要求内,合乎要求,则可搬迁至下一测站。否则需检查或重新观测。

(4)仪器迁至第 2 站,第 1 站的前视尺不动,变为第 2 站的后视尺,第 1 站的后视尺移到下一个待测点或转点上,变为第 2 站的前视尺,按与第 1 站相同的方法进行观测、记录、计算,完成第 2 测站的观测。以后各站按相同方法依次设站进行观测,直至起点。在施测中每一页填写完毕,要进行每页的计算校核。

四、注意事项

严禁为了快出成果,转抄、照抄、涂改原始数据。记录的字迹要工整、整齐、清洁。双面水准尺每两根为一组,其中一根尺常数 $K=4.687$ m,另一根尺常数 $K=4.787$ m,观测时要分清楚,当第 1 测站前尺确定以后,两根尺要交替前进。在记录表中的方向及尺号栏内要写明尺号,在备注栏内写明相应尺号的 K 值。起点高程可采用假定高程。其他与实训二相同。

五、实训报告

附表 11　四等水准测量观测记录手簿

日期:　　　　　　　　　　　　天气:　　　　　　　　观测者:
班级:　　　　　　小组:　　　　仪器型号:　　　　　　记录者:

测站编号	点号	后尺 上丝 / 下丝	前尺 上丝 / 下丝	方向及尺号	水准尺读数(m)		黑 + K − 红(mm)	平均高差(m)	备注
		后视距	前视距		黑面	红面			
		视距差 d(m)	累计差 $\sum d$(m)						
		(1) (2) (9) (11)	(4) (5) (10) (12)	后 前 后 − 前	(3) (6) (15)	(8) (7) (16)	(13) (14) (17)	(18)	
									K_1 =
									K_2 =
本页校核									

实训十二 碎部测量(经纬仪测绘法)

一、目的与要求

(1)初步掌握用经纬仪测绘法进行碎部测量的方法。

(2)掌握用地形图图式表示地物,初步掌握等高线的勾绘方法。

(3)初步掌握地物和地貌的测绘方法。

二、仪器及工具

经纬仪1台,视距尺(或水准尺)1把,标杆1根,钢尺1把,绘图板1块,计算器,量角器,三角板,大头针。

三、实训内容与操作步骤

(1)在测区内选择一通视良好的点A作为测站点,最好是已知图根点,赋予该点一假定高程(如果是图根点则为已知高程)。在A点安置好经纬仪,并量取仪器高。

(2)在场地内选择另一合适的固定点B(如果实训场地内有其他控制点或图根点,则应采用其他控制点或图根点),作为后视点进行自由定向,用经纬仪照准B点,并将水平度盘置于0°00′00″。

(3)在图板中间选一点a作为测站点,另选一点b作为定向点,以这两点的连线作为定向线,并用一细针将量角器圆心固定在测站点a上。

(4)按已确定的测绘线路将视距尺立于碎部点上,用经纬仪照准碎部点上视距尺,按视距测量方法,读取水平度盘读数、下丝读数、上丝读数、中丝读数及竖直度盘读数,并将数据记入附表10中。

(5)根据竖直度盘读数,计算出竖直角,再利用测站点高程、仪器高、中丝读数计算出碎部点的高程和测站与碎部点之间的水平距离。

(6)将量角器上与水平度盘读数一致的刻度对准定向线,则量角器的零方向线便是所测碎部点的方向,在该方向上按测图比例量出视距后,展绘出该碎部点于图纸上,并在该点旁标上其高程。

(7)依步骤(4)~(6)测绘出其他的碎部点,直至测绘完该测站上能测的所有碎部点。

(8)将已绘制在图上的地物特征点或地貌特征点,对照实地地形用相应的图式符号表示地物,用目估法在地貌特征线上求等高线通过的点,并连接相关的点即可得等高线。在测绘时,要做到随测随连地物轮廓线和地貌特征线。

(9)对照实地检查有无漏测、错测的地方,确认无误后,将仪器搬迁至下一站。以相同的方法测绘,直至测完指定的范围。

四、注意事项

(1)在碎部测量过程中,要经常检查后视方向。每测10点左右用经纬仪照准一下后视点,看水平度盘读数是否仍为0°00′00″,如果不是,则将度盘读数再设为0°00′00″,且之前测的这组点应毁掉重测。

(2)碎部测量过程中,应及时将相关的碎部点的关系用线划表示出来,及时绘地物或依据地形将计曲线勾绘出来。

(3)视距应控制在 100 m 以内。

(4)如果绘图员在测站不清楚所测点的情况,立尺员应绘草图并回测站向绘图员说明清楚。

五、实训报告

实训结束时,每组交局部地形图一张以及视距测量记录手簿(附表 10)。

参考文献

[1] 李芹芳.测绘工程基础[M].北京:人民交通出版社,2007.
[2] 卞正富.测量学[M].北京:中国农业出版社,2002.
[3] 王金玲.测量学基础[M].北京:中国电力出版社,2007.
[4] 田文,唐杰军.工程测量技术[M].北京:人民交通出版社,2011.
[5] 潘松庆.工程测量技术[M].2版.郑州:黄河水利出版社,2011.
[6] 牛志宏,徐启杨,蓝善勇.水利工程测量[M].北京:中国水利水电出版社,2005.
[7] 杨晓平.工程测量[M].北京:中国电力出版社,2008.
[8] 武汉测绘科技大学测量学编写组.测量学[M].3版.北京:测绘出版社,2002.
[9] 魏静,王德得.建筑工程测量[M].北京:机械工业出版社,2010.
[10] 何习平,陈传胜,卢满堂.测量技术基础[M].重庆:重庆大学出版社,2003.
[11] 周宇.GPS测量技术[M].郑州:黄河水利出版社,2006.
[12] 徐宇飞.数字测图技术[M].郑州:黄河水利出版社,2005.
[13] 王依,过静郡.现代普通测量学[M].北京:清华大学出版社,2001.
[14] 中华人民共和国国家标准.GB/T 7929—1995 1:500,1:1 000,1:2 000 地形图图式[S].北京:中国标准出版社,1995.
[15] 中华人民共和国国家标准.GB/T 50026—1998 工程测量规范[S].北京:中国标准出版社,1998.
[16] 周建郑.GPS定位测量[M].2版.郑州:黄河水利出版社,2010.
[17] 罗聚胜,杨晓明.地形测量学[M].北京:测绘出版社,2001.